高等职业教育园林类专业“十三五”规划系列教材

计算机辅助园林设计

第3版

JISUANJI FUZHU YUANLIN SHEJI

主　编　潘冬梅　朱彬彬
副主编　陶良如　张晓红　孙　馨　周士锋
主　审　闫双喜

重庆大学出版社

内容提要

本书是高等职业教育园林类专业"十三五"规划系列教材之一,包括计算机园林辅助设计常用的 AutoCAD、Photoshop、3ds Max、SketchUp 4 个软件的基础知识、基本技能操作和案例实训,吸收了当前计算机辅助园林设计的最新成果,内容丰富、实例典型、图文并茂、循序渐进地讲解了软件在园林计算机辅助设计中的操作技能。本书以实用为原则,基础知识以够用为度,重点进行操作技能的训练,使读者能够轻松入门,在较短时间内了解和掌握计算机辅助园林设计制图的工作。本书光盘内容扫描书后二维码获取,内容包括书中提到的素材源文件。

本书可作为高职高专、应用型本科院校园林及相关专业、成人教育园林及相关专业教材,也可供从事园林设计工作的人员阅读参考。

图书在版编目(CIP)数据

计算机辅助园林设计 / 潘冬梅, 朱彬彬主编. -- 3版. -- 重庆 : 重庆大学出版社, 2019.7
高等职业教育园林类专业"十三五"规划系列教材
ISBN 978-7-5624-9117-0

Ⅰ. ①计… Ⅱ. ①潘… ②朱… Ⅲ. ①园林设计—计算机辅助设计—应用软件—高等职业教育—教材 Ⅳ. ①TU986.2-39

中国版本图书馆 CIP 数据核字(2019)第 124478 号

计算机辅助园林设计
(第 3 版)
潘冬梅 朱彬彬 主 编
责任编辑:何 明 版式设计:莫 西 何 明
责任校对:张红梅 责任印制:赵 晟
*
重庆大学出版社出版发行
出版人:饶帮华
社址:重庆市沙坪坝区大学城西路 21 号
邮编:401331
电话:(023) 88617190 88617185(中小学)
传真:(023) 88617186 88617166
网址:http://www.cqup.com.cn
邮箱:fxk@cqup.com.cn (营销中心)
全国新华书店经销
重庆共创印务有限公司印刷
*
开本:797mm×1092mm 1/16 印张:23.5 字数:586 千
2019 年 7 月第 3 版 2019 年 7 月第 6 次印刷
印数:9 501—11 500
ISBN 978-7-5624-9117-0 定价:49.00 元

编委会名单

编写人员名单

主　编　潘冬梅　唐山职业技术学院
　　　　朱彬彬　河南农业职业学院
副主编　陶良如　河南农业职业学院
　　　　张晓红　甘肃林业职业技术学院
　　　　孙　馨　唐山园林规划设计研究院
　　　　周士锋　内江职业技术学院
参　编　赵丽薇　唐山职业技术学院
　　　　曹秀云　唐山职业技术学院
　　　　郑　颖　重庆城市管理职业学院
　　　　阮　煜　杨凌职业技术学院
　　　　李俊霞　河南农业职业学院

第3版前言

随着我国社会经济的快速发展，高职高专教育以服务为宗旨，以就业为导向，走产学研结合的道路，进入了快速、健康的发展阶段。同时各类企业对高技能型人才的需求也在加大，并对高技能型人才提出了更具体的要求。

根据教育部《关于加强高职高专教育教材建设的若干意见》的有关精神，在本书的编写过程中，按照培养高技能型园林人才的具体要求，本着基础知识学习以“必需、够用”为度，岗位基本技能培养以“实际、实用”为目的的原则，重点进行操作技能和案例实战的训练，通过案例训练使学生掌握较多的实用知识和技能，力争以这样的教育理念和编写思路，来体现高职高专的教学特点，反映最新的园林计算机辅助设计成果，形成本书的特色。

计算机辅助园林设计课程是园林专业的主干课程，是园林专业学生必备的核心能力之一。增加“计算机辅助园林设计”课程的授课时数，增强课程的岗位针对性，提高学生使用计算机进行园林规划设计与制图的技能，是园林专业课程体系改革的必然趋势，具备熟练的计算机设计与制图技能已成为园林规划设计人员从业的基本条件。

本书自出版以来，受到了广大高职院校师生和读者的欢迎。但是，随着计算机辅助设计软件的更新升级，软件功能逐步改善和增加，软件的操作方法也有了一定的变化。为适应设计软件的变化，也为了全面提高本书的质量，我们对全书进行修订。关于本书的具体修订工作，特作以下几点说明：

(1)坚持原书“以实用为原则，以够用为度”的出发点，保留了原书的基本内容。

(2)遵循园林设计实践的工作顺序，对教材的结构进行了整合。

(3)根据有些院校的教学需要，增加了 SketchUp 软件的内容。

(4)对教材中选用的实例进行了调整，尽量突出园林专业特色，并对配套光盘的相应内容进行了调整。

本书共4篇，16章，包括计算机辅助园林设计常用的 AutoCAD、Photoshop、3ds max、Sketch-

Up 4 个软件的基础知识、基本技能操作和案例实训，吸收了当前计算机辅助园林设计的最新成果，内容丰富、实例典型、图文并茂，循序渐进地讲解了软件的操作技能，使读者能够轻松入门，在较短时间内了解和掌握计算机辅助园林设计制图的工作。

本书由潘冬梅、朱彬彬担任主编，全书由潘冬梅统稿。陶良如、张晓红、孙馨、周士锋担任副主编。具体编写分工如下：第 1 章、第 15 章，潘冬梅；第 2 章、第 10 章，潘冬梅、周士锋、郑颖、李俊霞；第 3 章、第 6 章、第 7 章，陶良如；第 4 章、第 5 章，赵丽薇、曹秀云；第 14 章、第 15 章、第 16 章、第 17 章、第 18 章、第 19 章，朱彬彬；第 8 章、第 9 章，孙馨、张晓红。

本书可作为高职高专院校、本科院校举办的职业技术学院园林及相关专业、五年制高职、成人教育园林及相关专业教材，也可供从事园林设计工作的人员阅读参考。

我们本着对读者负责和精益求精的精神，对原书进行了通篇研究和仔细修订，但由于水平所限，书中的缺点和错误在所难免，恳请读者批评指正。同时借此机会，向使用本套教材的广大师生，以及给予我们关心、鼓励和帮助的同行、专家学者致以由衷的感谢。

编　者

2019 年 6 月

目　录

第1篇　AutoCAD

第2篇 3ds Max

第3篇 Photoshop

第4篇 SketchUp

第1篇

AutoCAD

1 AutoCAD基础知识

【知识要求】

- 了解 AutoCAD 2013 操作界面的组成；
- 掌握计算机辅助园林设计的基本理论。

【技能要求】

- 掌握 AutoCAD 2013 的安装方法；
- 掌握 AutoCAD 2013 的基本操作方法；
- 掌握绘图环境的设置方法；
- 掌握计算机辅助园林设计的一般过程。

1.1 AutoCAD 安装和启动

1.1.1 AutoCAD 的安装

安装前关闭所有正在运行的应用程序及防病毒软件。

①将 AutoCAD 2013 安装光盘，系统自动弹出 AutoCAD 2013 安装对话框。

②启动安装程序（图 1.1），使用安装向导利用提示进行安装。

③单击“安装”按钮，打开【软件许可协议】窗口，在【国家和地区】下拉列表中选择【China】，点选【我接受】按钮（图 1.2）。

④单击“下一步”按钮，打开【序列号】对话框，在【软件许可协议】序列号文本窗口中将安装光盘盒上提供的安装序列号输入（图 1.3）。

⑤单击“下一步”按钮，勾选相应的安装选项。下方的安装路径为当前默认的安装路径，可按此路径安装，也可单击右侧“浏览”按钮指定安装路径（图 1.4）。

⑥单击“安装”按钮，开始安装，显示安装进度（图 1.5）。

⑦安装完成后自动弹出【安装成功】对话框，单击“完成”按钮（图 1.6），完成 AutoCAD 的安装。

AutoCAD 2013
AutoCAD 2013
Autodesk
安装说明：中文(简体) (Chinese (Simplified))
创建展开
安装工具和实用程序
安装
在此计算机上安装
安装帮助 | 系统要求 | 自述
退出

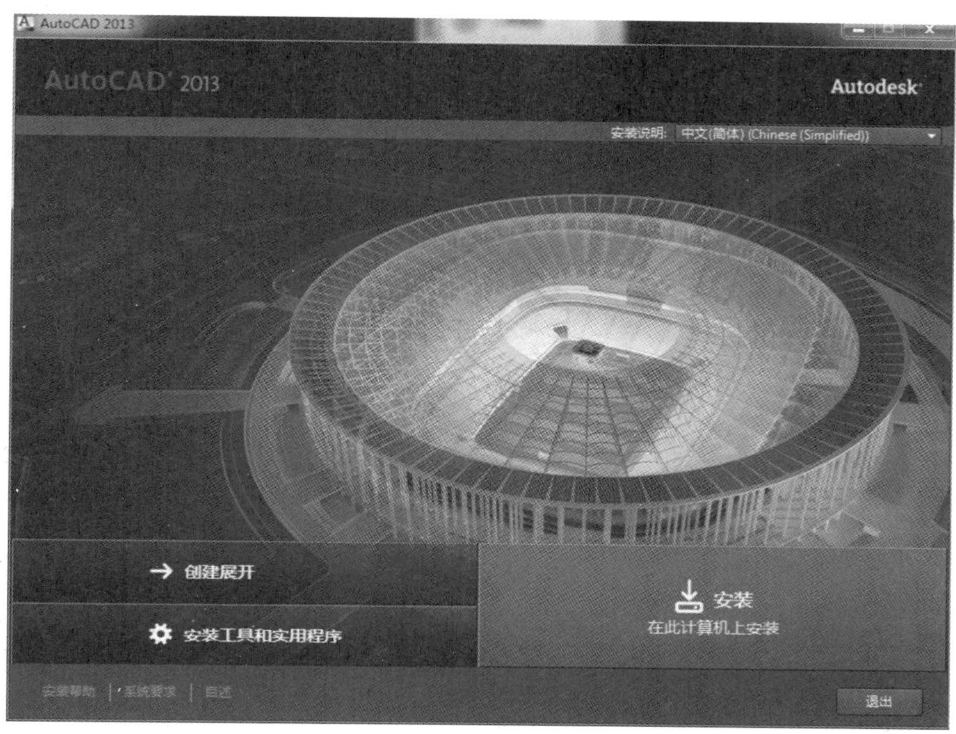

图1.1 安装向导

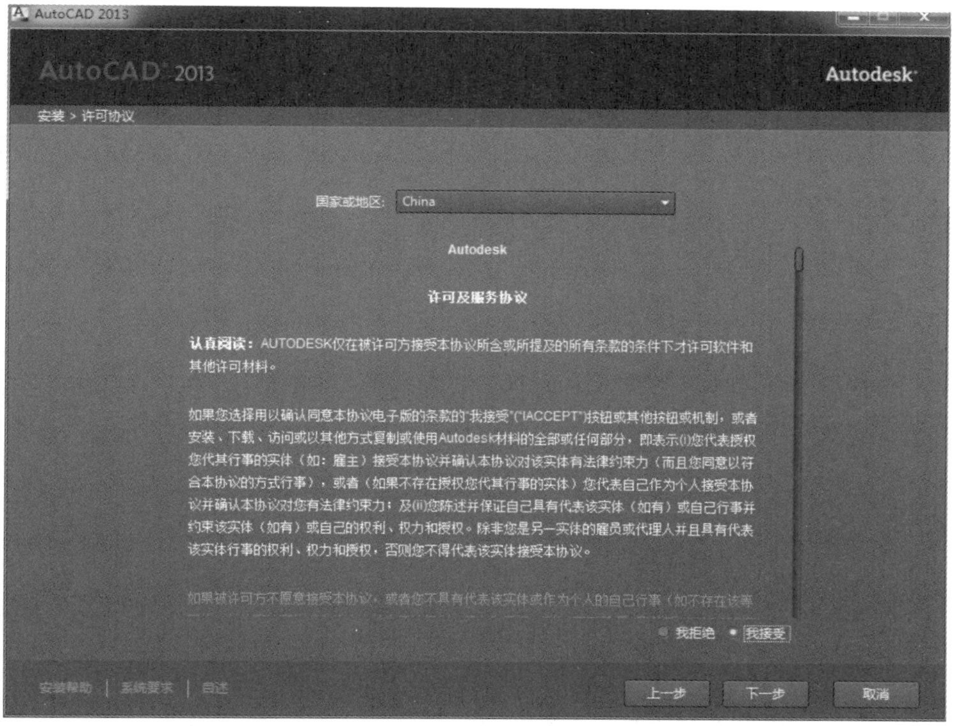
AutoCAD 2013
AutoCAD 2013
Autodesk
安装 > 许可协议
国家或地区：China
Autodesk
许可及服务协议
认真阅读：AUTODESK仅在被许可方接受本协议所含或所提及的所有条款的条件下才许可软件和其他许可材料。
如果您选择用以确认同意本协议电子版的条款的"我接受"("IACCEPT")按钮或其他按钮或机制，或者安装、下载、访问或以其他方式复制或使用Autodesk材料的全部或任何部分，即表示(i)您代表授权您代其行事的实体（如：雇主）接受本协议并确认本协议对该实体有法律约束力（而且您同意以符合本协议的方式行事），或者（如果不存在授权您代其行事的实体）您代表自己作为个人接受本协议并确认本协议对您有法律约束力；及(ii)您陈述并保证自己具有代表该实体（如有）或自己行事并约束该实体（如有）或自己的权利、权力和授权。除非您是另一实体的雇员或代理人并且具有代表该实体行事的权利、权力和授权，否则您不得代表该实体接受本协议。
我拒绝
我接受
安装帮助 | 系统要求 | 自述
上一步
下一步
取消

图1.2 接受协议

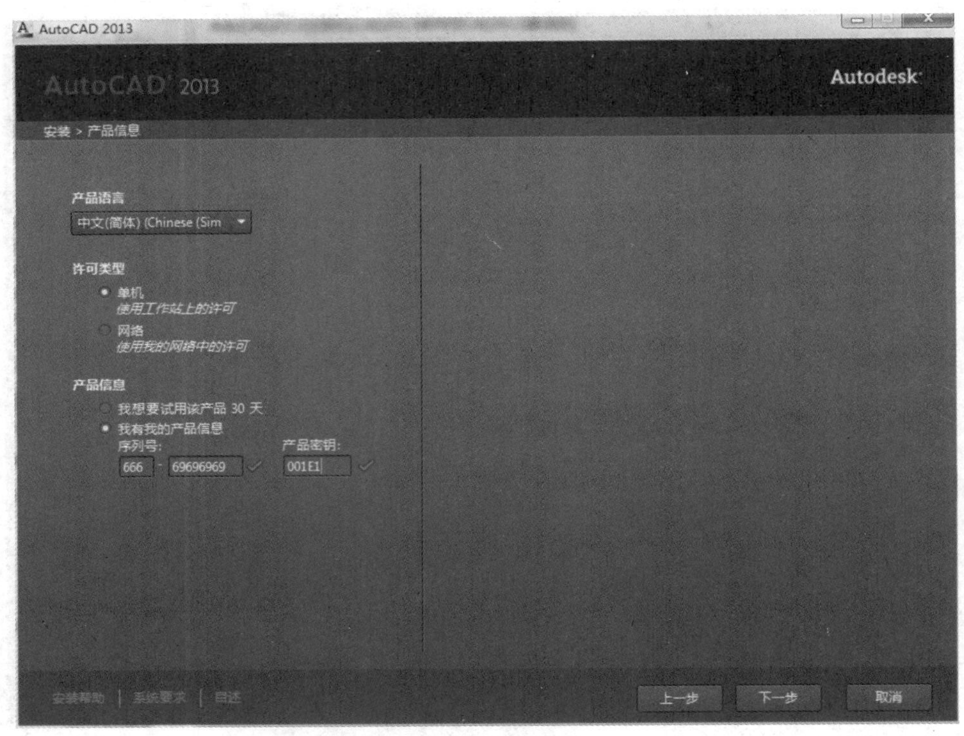

图 1.3　输入序列号

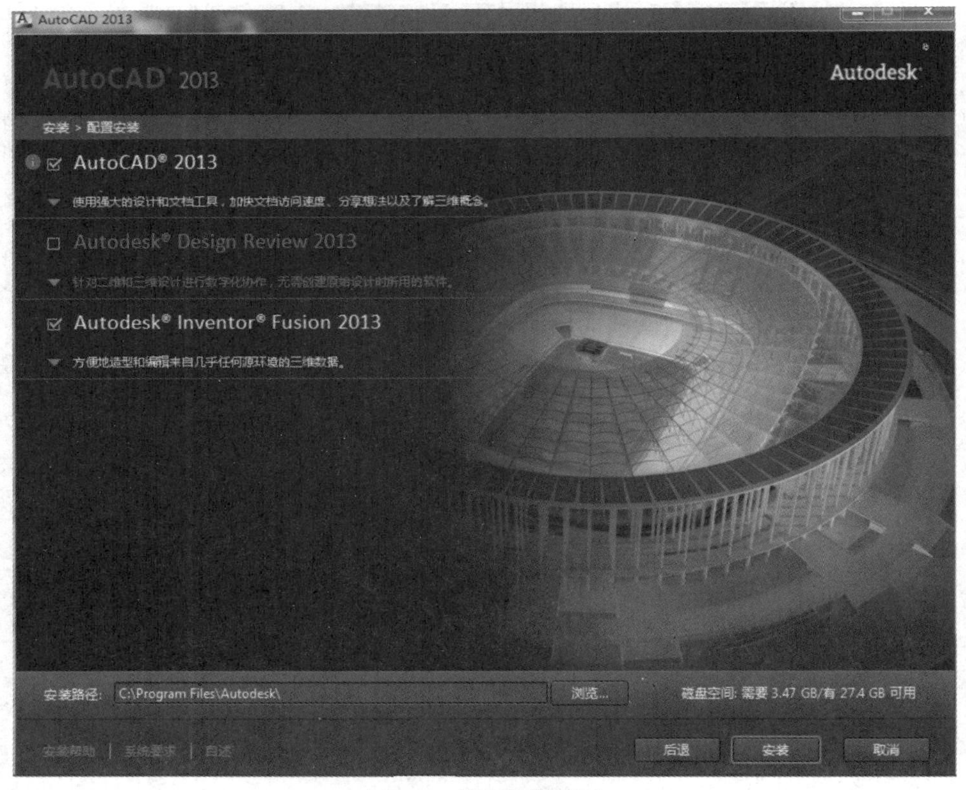

图 1.4　选择安装配置

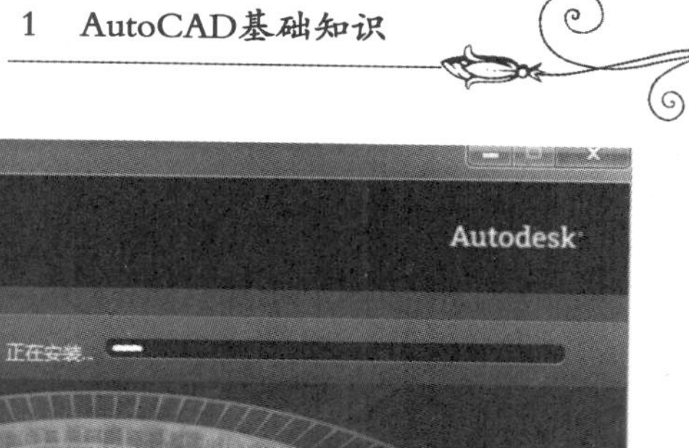

图1.5 显示安装进度

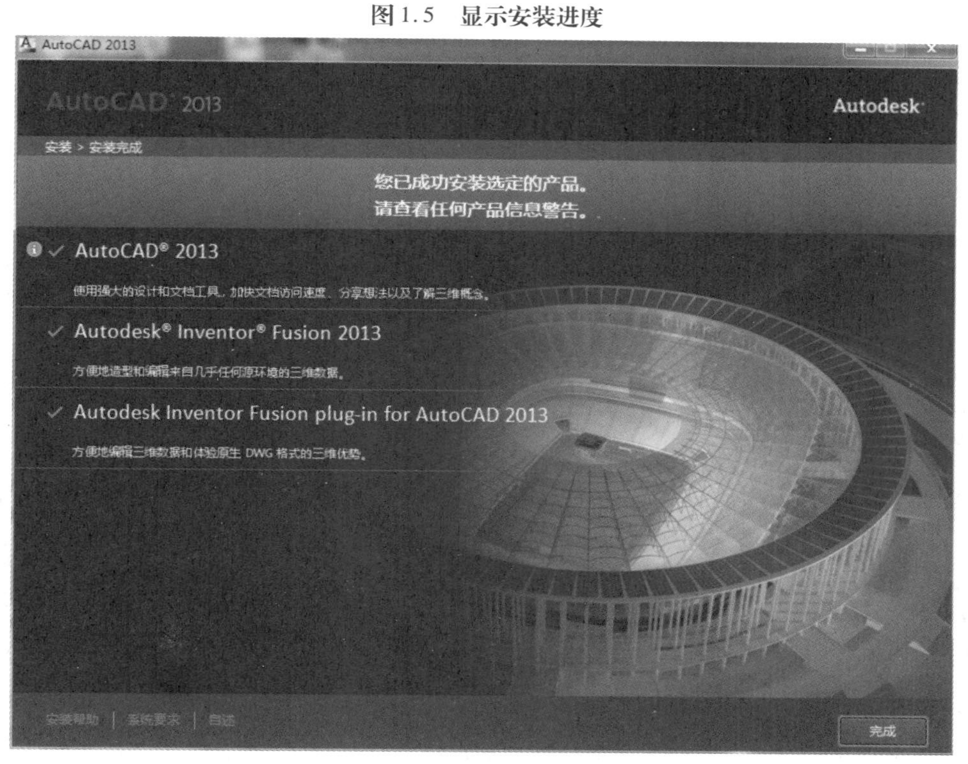

图1.6 安装完成

1.1.2 AutoCAD 的启动与退出

1)AutoCAD 的启动

AutoCAD 的启动方法有 3 种:

(1)双击桌面上的快捷方式。

(2)右击桌面上的快捷方式,在弹出的菜单中选择【打开】菜单项。

(3)单击按钮,在弹出的菜单中选择【开始】|【所有程序】|【Autodesk】|【AutoCAD 2013】菜单项。

2)AutoCAD 的退出

AutoCAD 的退出方法有 4 种:

(1)单击标题栏【关闭】按钮。

(2)选择【文件】|【退出】菜单项。

(3)按〈Ctrl + Q〉键。

(4)在命令行输入“QUIT”命令,按回车键。

1.2 AutoCAD 工作界面

打开 AutoCAD 2013,可利用草图与注释右侧的下拉三角形选择不同的工作空间,如绘制平面图常用的有 AutoCAD 经典、草图与注释。如图 1.7 所示为草图与注释的工作界面,以 CAD 经典工作空间(图 1.8)为例来学习,其工作界面主要由标题栏、菜单栏、工具栏、绘图区、命令行、状态栏、模型与布局选项卡等部分组成。

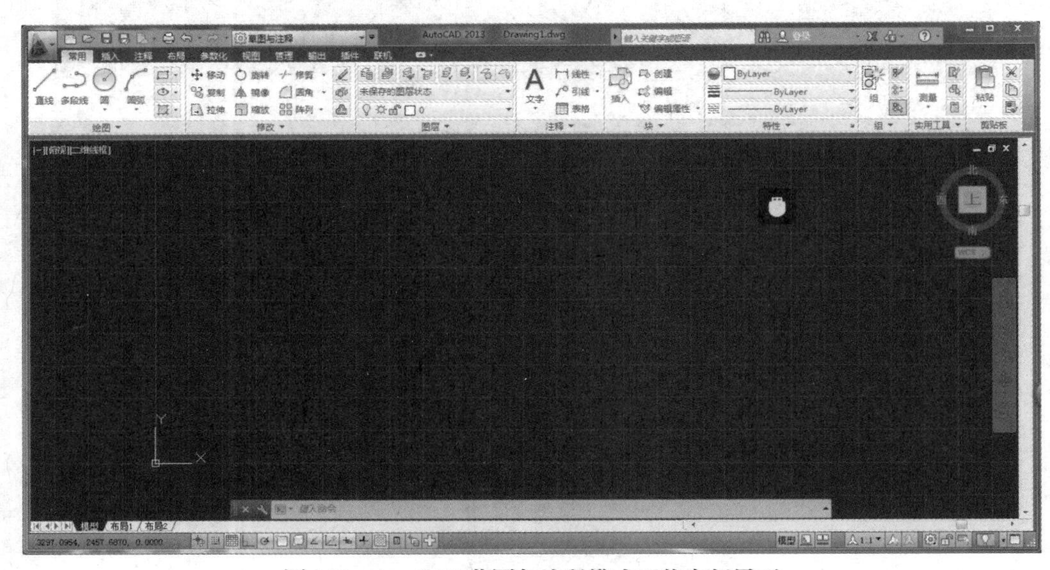

图 1.7 AutoCAD 草图与注释模式工作空间界面

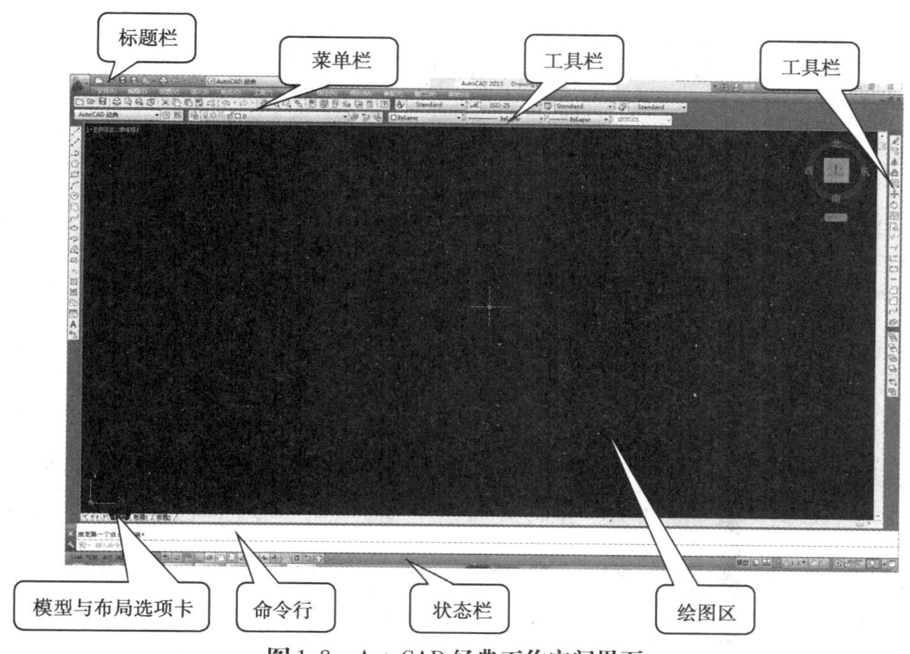

图 1.8 AutoCAD 经典工作空间界面

1.2.1 标题栏

标题栏位于操作界面的顶部。左侧显示软件图标、软件名称和当前的文件名称；右侧显示最小化（ ）、还原（ ）和关闭（ ）按钮，分别用于隐藏当前窗口、还原窗口和退出 AutoCAD 软件。

1.2.2 菜单栏

标题栏的下面为菜单栏。菜单栏包括文件、编辑、视图、插入、格式、工具、绘图、标注、修改、参数、窗口、帮助等。菜单栏及其下拉菜单、下拉菜单中的级联菜单中包括了软件中将要使用的所有功能选项。

1.2.3 工具栏

1）工具栏的组成

工具栏也称工具条，是用户使用最频繁的窗口之一，由一系列的命令组成，以命令按钮的形式显示。通过点选工具栏上的工具可以执行绘图及编辑任务。AutoCAD 2013 中文版共有 52 个标准工具条，比早期的版本增加了很多，例如 AutoCAD 2006 就只有 30 个标准工具栏。图 1.9

为文字属性工具栏，图 1.10 为图层工具栏。

图 1.9　文字属性工具栏

图 1.10　图层工具栏

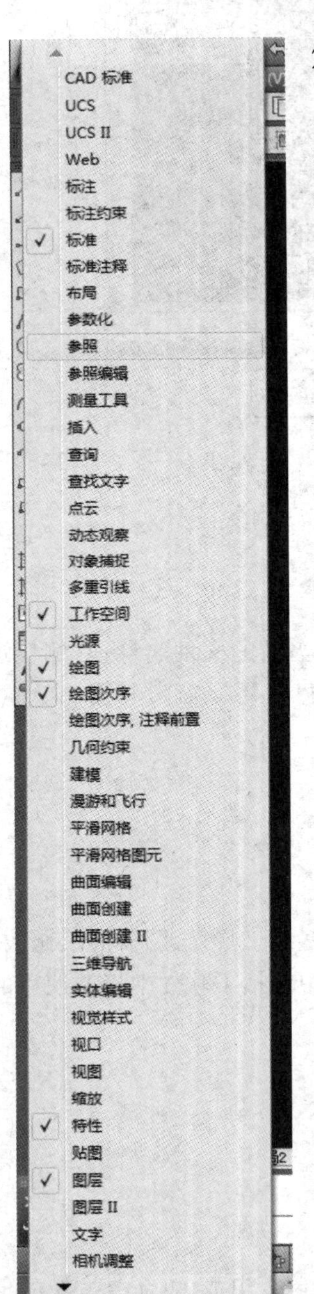

图 1.11　工具栏的调用

2）工具栏的调用

在绘图过程中可以随时调出所需工具栏。调用的方法为：将光标停留在任意工具按钮上，单击鼠标右键，在弹出工具栏中选择快捷菜单，在该菜单中单击需要调用的工具栏名称，即勾选该选项，该工具栏就会显示在界面中。如图 1.11 所示，工具栏前有“√”标记的即为正在打开状态的工具栏。再次在该菜单上单击该工具栏，“√”标记消失，则该工具栏关闭。快捷菜单中未能完全显示所有工具栏，未显示的工具栏可通过单击位于快捷菜单上方的上拉三角和下方的下拉三角来寻找。

3）工具栏的位置

工具栏可以在屏幕上显示多个，也能移动、浮动、固定、更改工具栏的内容等。

（1）移动工具栏　拖动浮动工具栏的标题栏，可以移动工具栏的位置。

（2）浮动工具栏　一个工具栏从绘图区边界移开后成为浮动工具栏，对浮动工具栏可缩放、固定或更改内容。

（3）缩放工具栏　把光标放在工具栏边界上拖曳可以改变工具栏的形状实现缩放。

（4）固定工具栏　当拖动工具栏到绘图区域的边界时，工具栏会自动调整形状，使浮动工具栏成为固定工具栏。

如图 1.12 所示，“视口工具栏”和“对象捕捉工具栏”被调用，成为浮动工具栏，“标注工具栏”调用后被拖动到文字工具栏的后边，成为固定工具栏。单击每个工具栏右侧的“×”可以关掉相应的工具栏。

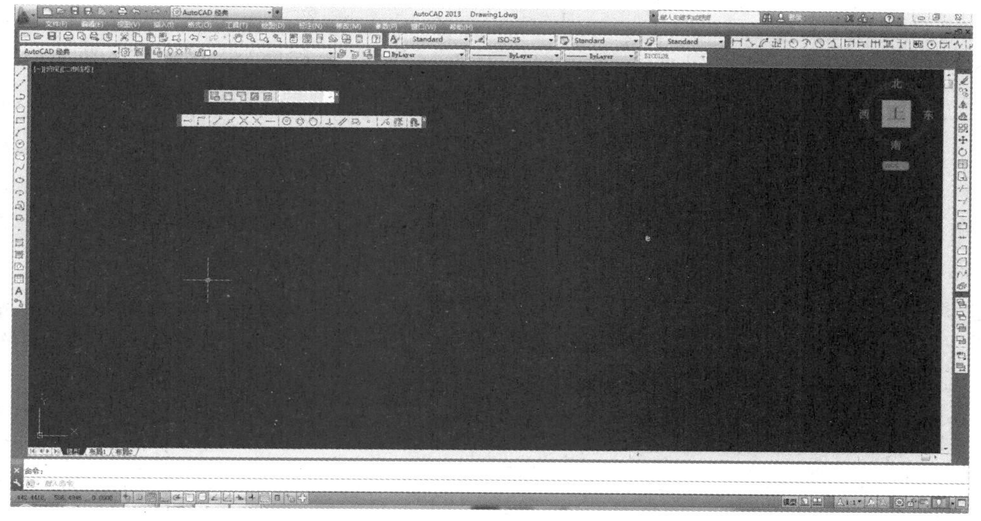

图 1.12 工具栏的调用

1.2.4 绘图区域

绘图区域是用户进行绘图工作的主要工作区域，用户所做的一切工作都将显示在该区域中。用户可以根据需要关闭一些不常用的工具栏以增大工作空间。

1.2.5 命令行及文本窗口

命令行窗口位于绘图区域的下方，用户可以通过命令行的信息反馈检验命令的执行情况，并根据命令行的提示进行下一步操作。

如果需要查看以前输入的所有命令的记录，可按"F2"键，将自动弹出"AutoCAD文本窗口"（图1.13），该窗口会显示所有输入命令的记录。

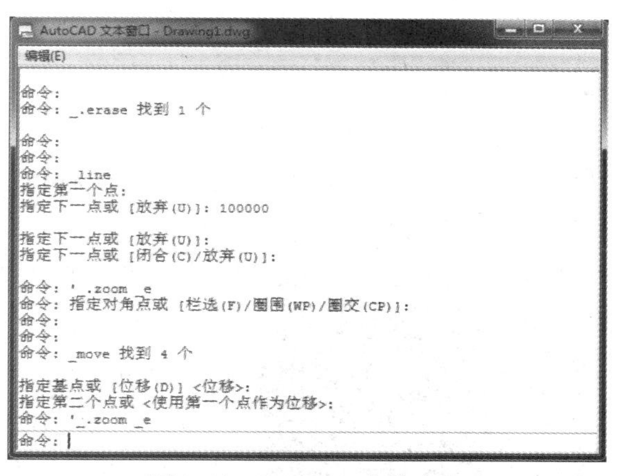

图 1.13 AutoCAD 文本窗口

1.2.6 模型与布局选项卡

模型布局选项卡位于绘图区域的下方，可以实现模型空间和图纸空间之间的转换。"模型"选项卡提供了一个无限的绘图区域，称为模型空间。在模型空间中，可以绘制、查看和编辑模型。在模型空间中，可以按1:1的比例绘制模型。布局选项卡提供了一个图纸空间，在图纸空间中，可以放置标题栏，创建用于显示视图的布局视口、标注图形以及添加注释。在布局选项卡上，可以查看和编辑图纸空间对象，也可以将对象（如引线或标题栏）从模型空间移到图纸空间（反之亦然）。在默认状态下，一般有两个布局选项卡，即“布局1”和“布局2”。如果需要多个布局，可以创建新的布局选项卡，方法如下：添加一个未进行设置的新布局选项卡，然后在页面设置管理器中指定各个设置。执行“插入”→“布局”→“新建布局”命令，在提示“输入新布局名 <布局3>：”下输入要新建布局的名称，并按 <Enter> 键，或者直接按 <Enter> 键保持默认的名称“布局3”，创建出新的布局选项卡，如图1.14所示。

图1.14 工具栏的调用

1.2.7 状态栏

状态栏位于操作界面的最下方，左边显示十字光标中心所在位置的坐标值，移动十字光标可以看到坐标值不断变化；右侧的图标是通信中心按钮，图标为工具栏和工具栏选项板位置是否锁定的按钮；状态栏中间为9个功能按钮，鼠标单击按钮凹下即为启动该功能。各按钮的功能如下：

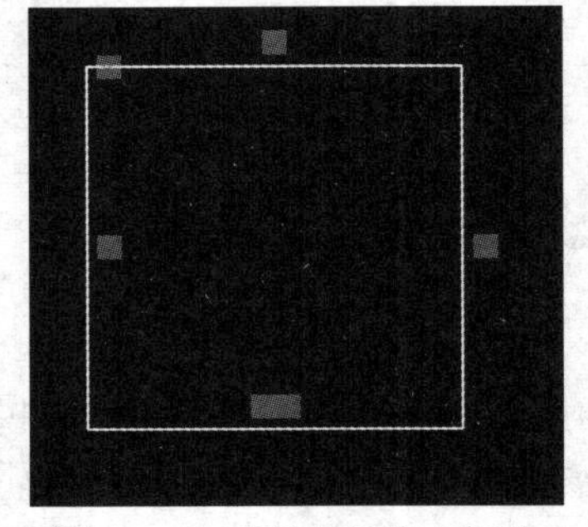

图1.15 矩形上的约束标志

1）推断约束（Ctrl + Shift + I）

启用 AutoCAD 2013“推断约束”模式会自动在正在创建或编辑的对象与对象捕捉的关联对象或点之间应用约束。打开了“推断约束”时，用户在创建几何图形时指定的对象捕捉将用于推断几何约束。但是，不支持交点、外观交点、延伸、象限的对象捕捉，无法推断固定、平滑、对称、同心、等于、共线的约束。在绘图窗口中启用相应的绘图工具室，即可显示约束标志（图1.15）。在约束标志上右键单击鼠标，从弹出的快捷菜单中，可

以选择删除约束标志,隐藏所选约束标志和隐藏所有的约束标志等。

2)捕捉模式(对应快捷键 F9)

单击该按钮,打开捕捉设置,此时光标只能在 X 轴、Y 轴或极轴方向移动固定的距离(即精确移动)。可以选择【工具】|【草图设置】命令,在打开的"草图设置"对话框中的"捕捉和栅格"选项卡中设置 X 轴、Y 轴或极轴捕捉间距。

3)栅格显示(对应快捷键 F7)

如果启用了栅格功能,可以在绘图窗口内显示出按指定的行间距和列间距均匀分布的栅格线,这些栅格线可以用于表示绘图时的坐标位置,与坐标纸的作用类似,栅格线打印到图纸上。在绘图过程中,可以根据需要随时启用或关闭栅格功能。

4)正交模式(对应快捷键 F8)

单击该按钮,打开正交模式,此时只能绘制垂直直线或水平直线。

5)极轴追踪(对应快捷键 F10)

单击该按钮,打开极轴追踪模式。在绘制图形时,系统将根据设置显示一条追踪线,可在追踪线上根据提示精确移动光标,从而进行精确绘图。默认情况下,系统预设了 4 个极轴,与 X 轴的夹角分别是 00、900、1 800、2 700(即角增量为 900)。可以使用"草图设置"对话框的"极轴追踪"选项卡设置角度增量。

6)对象捕捉(对应快捷键 F3)

单击该按钮,打开对象捕捉模式。因为所有几何对象都有一些决定其形状和方位的关键点,所以在绘图时可以利用对象捕捉功能,自动捕捉这些关键点。可以利用"草图设置"对话框的"对象捕捉"选项卡设置对象的捕捉模式。

7) 三维对象捕捉(对应快捷键 F4)

单击该按钮,打开三维对象捕捉模式。AutoCAD 2013 三维中的对象捕捉与它们在二维中工作的方式类似,不同之处在于在三维中可以投影对象捕捉(可选),可以捕捉三维顶点、三维边、三维面等。

8)对象捕捉追踪(对应快捷键 F11)

使用对象捕捉追踪功能时,应首先启用"极轴追踪" 和"对象捕捉" 功能,并根据绘图需要设置极轴追踪的增量角以及自动对象捕捉的默认捕捉模式。同时还应启用对象捕捉追踪。在 AutoCAD 2013"草图设置"对话框中的"对象捕捉"选项卡中,"启用对象捕捉追踪"复选框用于确定是否启用对象捕捉追踪。

9)允许/禁止动态 UCS (对应快捷键 F6)

动态 UCS 主要用于三维实体的绘制,动态 UCS 功能处于启用状态时,可以在创建对象时使 UCS 的 XY 平面自动与三维实体上的平面临时对齐。

10)动态输入(对应快捷键 F12)

启动动态输入,在执行命令时,除命令行出现相应的提示之外,同时在光标附近也显示出一个提示框(称之为"工具提示"),工具提示中显示出对应的提示和光标的当前坐标值(图 1.16)。

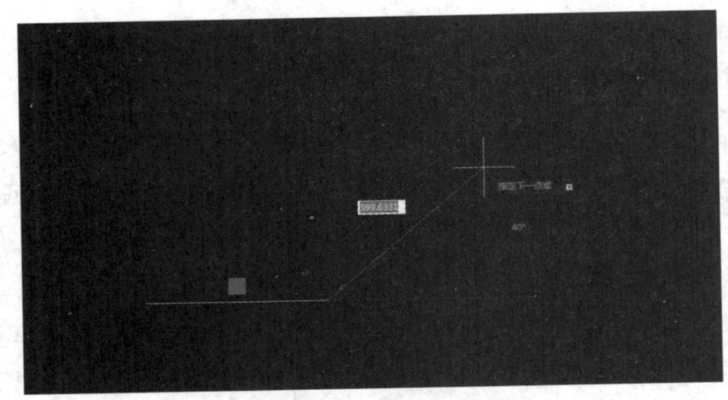

图 1.16 工具栏的调用

11）显示/隐藏线宽

在绘图时，如果为图层和所绘图形设置了不同的线宽，打开该开关，可以在屏幕上显示线宽，以标识具有不同线宽的对象。

12）显示/隐藏透明度

在绘图时，如果为图层和所绘图形设置了不同的透明度，打开该开关，可以在屏幕上显示透明度，以标识具有不同透明度的对象。图 1.17 左图为透明度 50%，打开该开关时的效果。

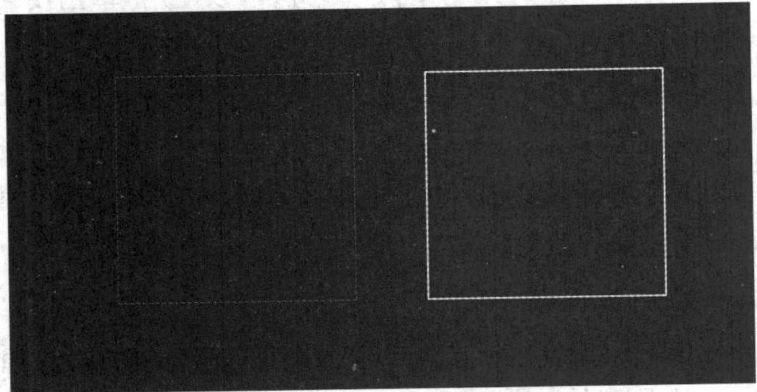

图 1.17 显示透明度

13）快捷特性（Ctrl + Shift + P）

启用快捷特性后，单击所绘制的图形，则显示该图形的特性面板。如图 1.18 所示，为启用快捷特性后，单击以前绘制的圆形，显示该圆形的全部参数。

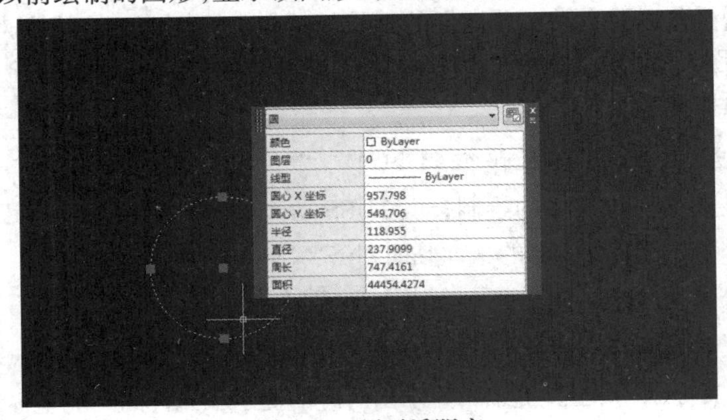

图 1.18 显示透明度

14）**选择循环**（Ctrl + W）

启用选择循环后，将光标移动到接近多个对象的地方，将看到一个图标，该图标表示有多个对象可供选择。单击鼠标左键，弹出“选择集”列表框，列出了附近的多个图形，此时可在列表中选择所需的对象，单击该对象即可准确选择（图1.19）。

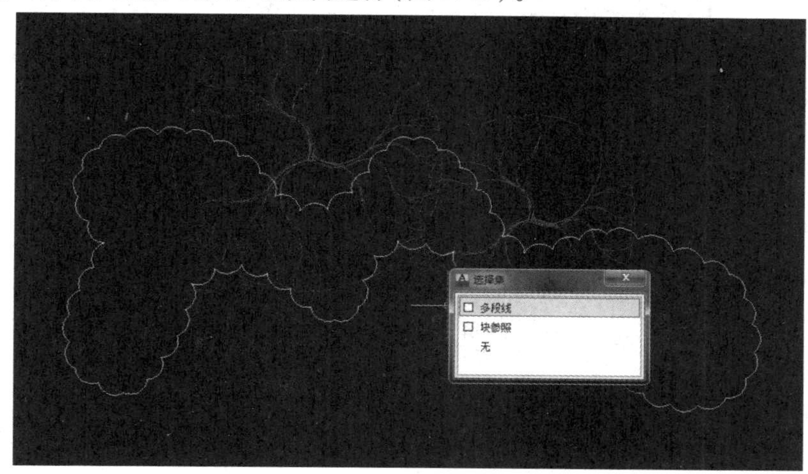

图1.19　选择集

1.3　AutoCAD 基本操作

1.3.1　新建图形

新建图形文件的方法常用的有4种：

（1）选择【文件】|【新建】命令。

（2）在【标准】工具栏中单击【新建】按钮。

（3）在命令行输入“New”，按 <Enter> 键。

（4）使用〈Ctrl + N〉快捷键。

使用以上4种新建文件的方法都会打开【选择样板】对话框，如图1.20所示。在【选择样板】对话框中，可以在【名称】下拉列表框中选中某一样板文件，这时在其右面的【预览】框中将显示出该样板的预览图像，单击【打开】按钮，完成图形的新建。

利用样板创建新图形，可以避免开始绘制新图形时要进行的有关绘图设置、绘制相同图形对象等重复操作，不仅提高了绘图效率，而且还保证了同类图形的一致性。

在 AutoCAD 提供的样板文件中，以 Gb_ax（x 为从 0 ~ 4 的数字）开头的样板文件为基础，符合我国制图标准的样板文件，与相应的图幅一一对应，如以 Gb_a0 与 0 号、Gb_a1 与 1 号图形的图幅相对应。

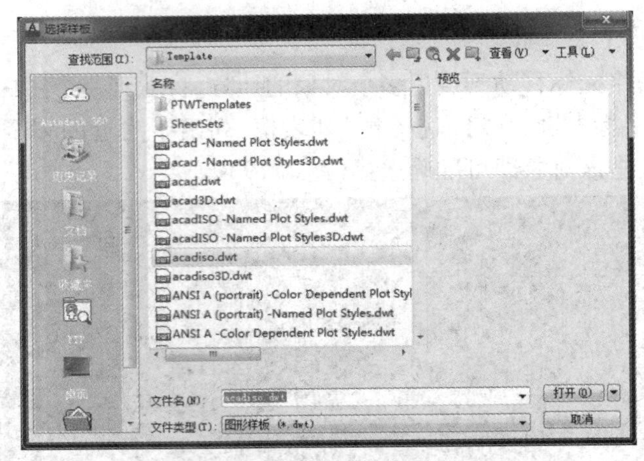

图 1.20 “选择样板”对话框

1.3.2 打开图形文件

AutoCAD 中,可以以“打开”“以只读方式打开”“局部打开”和“以只读方式局部打开”4 种方式打开图形文件。

1)正常打开图形

选择【文件】|【打开】命令,或在【标准】工具栏中单击【打开】按钮,可以打开已有的图形文件,此时将打开【选择文件】对话框, 在该对话框的【名称】下拉列表框中,在一定的路径下选择需要打开的图形,在右面的【预览】框中将显示出该图形的预览图像。双击打开或单击【打开】按钮,打开的图形文件为. dwg 格式。

2)局部打开图形文件或加载图形文件

局部打开文件的功能可以基于当前保存的视图或指定的图层仅打开一部分图形,从而提高软件的运行效率。在打开图形文件对话框中单击打开按钮右侧的下拉三角形,在下拉菜单中选择【局部打开】选项(图 1.21),打开如图 1.22 所示的【局部打开】对话框。

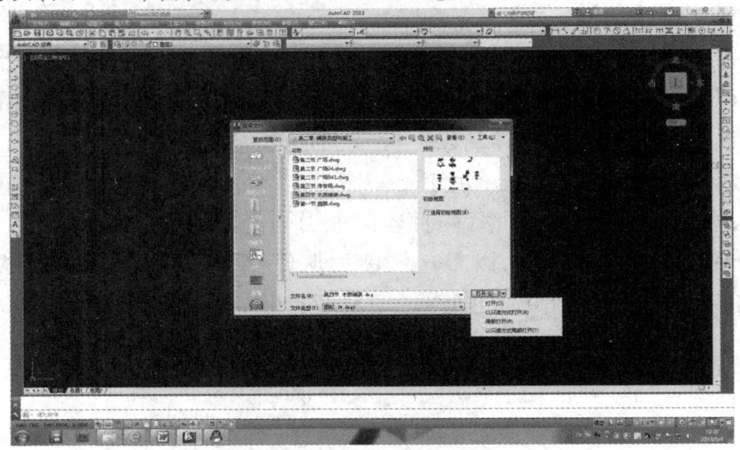

图 1.21 打开

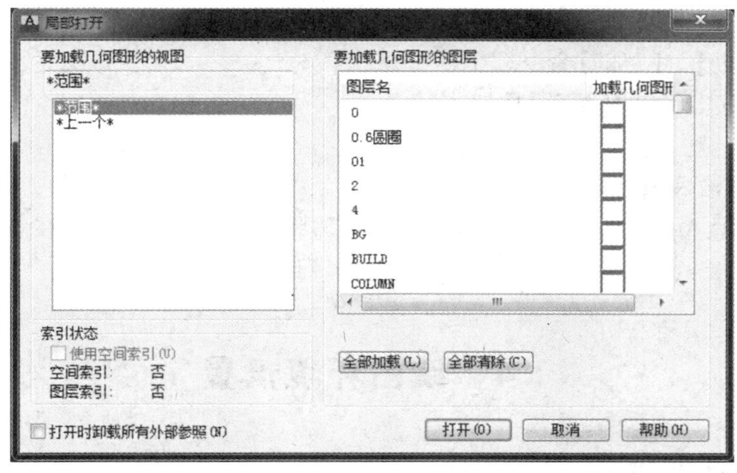

图 1.22 “局部打开”对话框

可以在“要加载几何图形的视图”列表框中选择要打开的视图,也可以在“要加载几何图形的图层”列表框中选择要打开的图形所在的图层,单击“打开”按钮。

当以【打开】→【局部打开】方式打开图形时,可以对打开的图形进行编辑。

3)以只读方式打开和以只读方式局部打开

选择以【以只读方式打开】或【以只读方式局部打开】打开图形,则打开的图形为只读文件,无法对打开的图形进行编辑。

1.3.3 保存图形文件

在 AutoCAD 2013 中,保存文件的方式主要有“保存”和“另存为”两种。第一次保存一个新图形时,单击【文件】→【保存】或单击,将弹出“图形另存为”对话框,确定保存路径,输入文件名,单击“保存”按钮。

1.3.4 退出 AutoCAD

执行【文件】→【退出】命令,或单击标题栏右侧的按钮,可以正常退出 AutoCAD。如果在退出系统前没有保存图形,将自动弹出如图 1.23 所示的 AutoCAD 提示窗,询问是否存盘,单击“是”按钮,即可保存文件。

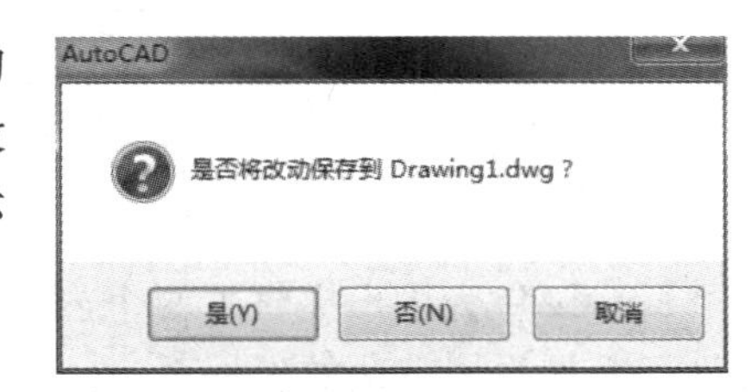

图 1.23 提示窗

1.3.5 使用帮助

AutoCAD 中提供了在线帮助功能,用户可随时调用 AutoCAD 的帮助文件来查询相关信息。

调用“帮助”命令有以下 4 种方式：

(1)执行【帮助】|【帮助】命令。

(2)单击标准工具栏的【帮助】按钮。

(3)按 <F1> 键。

(4)在命令行输入 HELP。

执行该命令后，AutoCAD 将显示【AutoCAD 2013 帮助】对话框，用户可在该窗口中查询相关的信息。

1.4 绘图环境设置

1.4.1 坐标和坐标系

1)坐标

坐标(X,Y)是表示点的最基本的方法。在 AutoCAD 中，点的坐标可以使用绝对直角坐标、绝对极坐标、相对直角坐标、相对极坐标 4 种方法。

(1)点的绝对直角坐标　点的绝对直角坐标可以表示为(X,Y)，其中 X 表示该点与坐标原点在水平方向的距离；Y 表示该点与坐标原点在垂直方向的距离。绝对直角坐标的输入方法为：在命令窗口中依次输入 X 坐标和 Y 坐标，中间用逗号隔开，如(300,200)、(312.5,363.8)等。

(2)点的绝对极坐标　点的绝对极坐标以点相对于原点的连线长度和倾斜角度来表示，可以表示为(L<α)，其中 L 表示极半径，即点到坐标原点之间的连线长度，α 表示极角，为连线与 X 轴正方向的夹角，<表示角度。如点(100<60)。

(3)点的相对直角坐标和相对极坐标　在 AutoCAD 中，计算一个点的坐标时以前面刚输入的一个点为定位点时，得到的坐标为相对坐标，输入时要在数值前加@。分为相对直角坐标和相对极坐标两种。

点的相对直角坐标是输入该点与上一点的绝对坐标之差，表示为(@X,Y)，其中的 X、Y 均为该点与上一点坐标的差值。相对坐标的输入方法为，依次输入“@”、X 值、逗号“,”、Y 值，然后按 <Enter> 键确认。

点的相对极坐标可以表示为(@L<α)，其中 L 表示极半径，即该点与上一输入点之间的距离；α 表示极角，即两点连线与 X 轴正方向之间的夹角。点的相对极坐标的输入方法为：依次输入“@”、极半径、小于号“<”和极角，然后按 <Enter> 键确认。

2)坐标系

AutoCAD 为用户提供了两个内部坐标系，即世界坐标系(WCS)和用户坐标系(UCS)。世界坐标系是系统默认的坐标系，坐标原点位于图形窗口的左下角，位移相对于原点计算，横向和纵向分别代表 X 轴和 Y 轴，它们的位置和方向是固定不变的。用户坐标系是由用户根据需要建立的坐标系，其原点和坐标轴可以移动和旋转。

坐标系图标位于绘图工作区的左下角，主要用来显示当前使用的坐标系及坐标方向等，用户可以对这个图标的可见性进行控制。具体操作方法如下：

①选择【工具】→【命名 UCS】,弹出“UCS”对话框,如图 1.24 所示。

②在对话框中选中【设置】选项卡,在该选项卡的“UCS 图标设置”选项组中勾选“开”复选框(图 1.25),单击“确定”按钮。

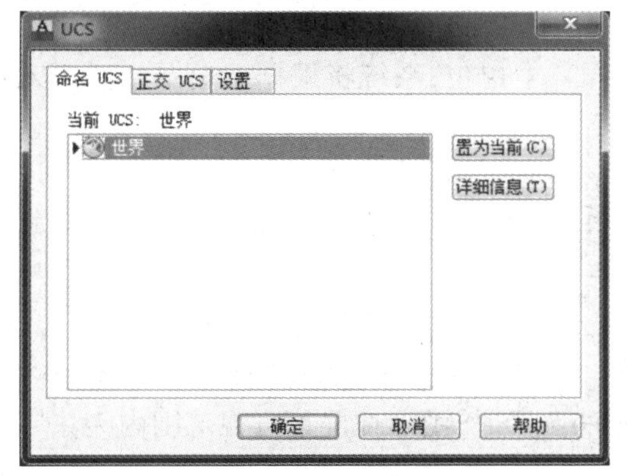

图 1.24 “UCS”对话框

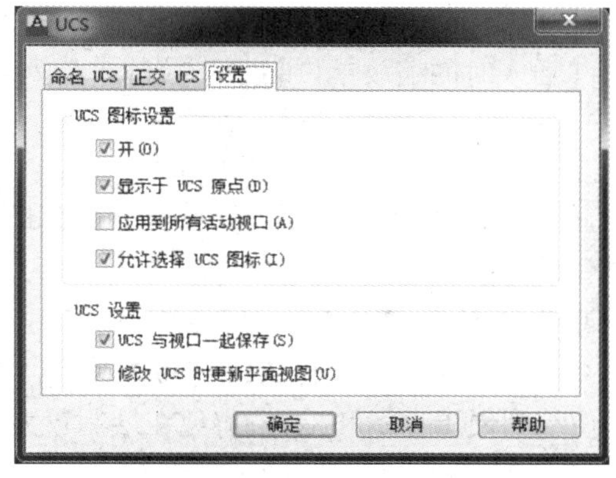

图 1.25 设置坐标系图标的显示状态

1.4.2 绘图环境

绘图环境是指绘图时所遵循或参照的格式标准,可以对图形的测量单位、角度测量单位、角度测量的起始方向以及图形界限进行设置。

1)设置图形单位

在使用 AutoCAD 绘制园林图纸时,一般使用 1:1的比例因子绘图,打印出图时再按图纸大小进行缩放。

AutoCAD 提供了毫米、英寸、英尺等多种绘图单位,选择【格式】|【单位】命令,打开【图形单位】对话框,对绘图时的长度单位、角度单位、角度类型和精度等参数进行设置,如图 1.26 所示。

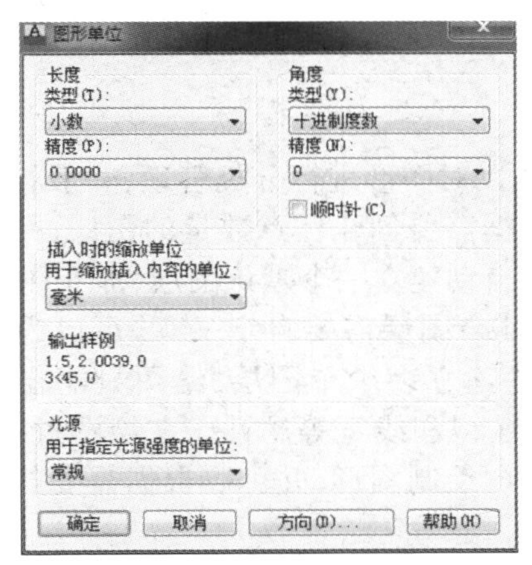

图 1.26 “图形单位”对话框

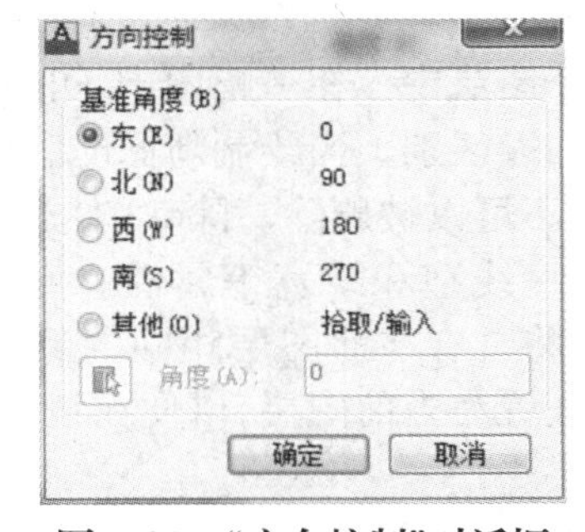

图 1.27 “方向控制”对话框

【图形单位】对话框中各选项的功能如下:

【长度】:包括“类型”和“精度”选项。系统默认状态下,长度单位的类型为“小数”,精度为小数点后 4 位。

【角度】:包括“类型”和“精度”选项。

【顺时针】:用于设置图形的测量方向。若勾选此选项,则以顺时针方向为角度增加的方向。

【插入时的缩放单位】:在下拉的单位列表中选择一个单位,系统将根据这个单位对插入图形中的块或其他内容进行比例缩放。

【光源】:用于指定光源强度的单位。

【方向】按钮:单击此按钮,将会弹出如图 1.27 所示的【方向控制】对话框,用于指定角度测量单位的起始方向。

2)设置图形界限

在 AutoCAD 中,绘图区域可以看成是一张无限大的纸,在绘图之前设置一个矩形绘图区域,使绘图便于显示和检查,避免在绘制较大或较小的图形时,图形在屏幕可视范围内无法完全显示。

执行【格式】→【图形界限】命令,或在命令行输入 Limits 命令,均能进行图形界限设置,此时命令行的提示如图 1.28 所示。

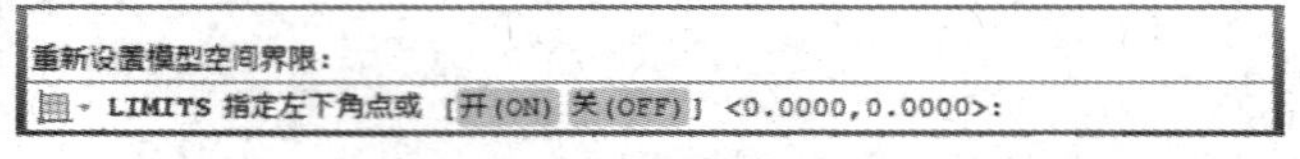

图 1.28　设置图形界限命令行

可以通过指定左下角和右上角两点的坐标来确定图形的界限。命令行中的“开(ON)/关(OFF)”选项是用于控制界限检查的开关状态:

选择开(ON):打开界限检查,AutoCAD 将检测输入点,并拒绝输入图形界限外部的点。

选择关(OFF):关闭界限检查,AutoCAD 将不再对输入点进行检测,可以在图形界限之外绘制对象或指定点。

如果在绘图前没有设置图形界限,出现图形在屏幕可视范围内无法完全显示的情况,可以双击鼠标中键,则图形将完全显示在作图区。

1.4.3　图层

图层是 AutoCAD 绘图时的基本操作,它可以对图形进行分类管理,一般将特性相似的对象绘制在同一个图层中。在一幅图中,可以根据需要创建任意数量的图层,并为每个图层指定相应的名称加以区别。当绘制新图时,系统自动建立一个默认图层,即 0 图层,0 图层不可以重新命名,也不可以被删除。除 0 图层外,其余图层需要自定义,并可以为每个图层分别指定不同的颜色、线型和线宽等属性。但无论建立多少个图层,绘图只能在当前图层上绘制,绘制的图形将具有与此图层相同的颜色、线型和线宽等属性。在绘图过程中,可以随时将指定的图层设置为当前图层,以便在该图层中绘制图形,并可以根据需要打开、关闭、锁定或冻结某一图层。

1)创建新图层

在 AutoCAD 2013 中创建新图层的操作方法如下:

选择【格式】→【图层】命令,单击【图层】工具栏中的【图层特性管理器】按钮,弹出如图

1.29所示的【图层特性管理器】对话框，或单击图层工具栏左侧的，也可弹出如图1.29的对话框，单击，生成一个新图层(图1.30)，第一次创建的新图层默认名称为图层1，可将其修改为容易识别的名称，如“建筑”“园路”“植物”等。

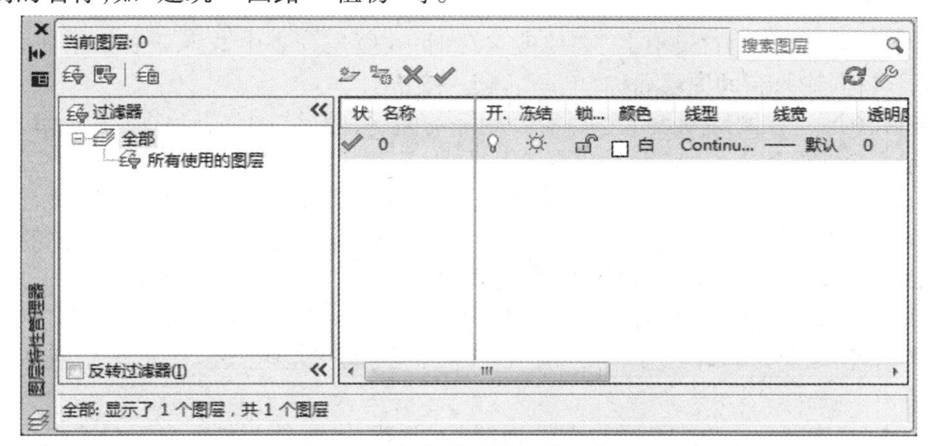

图1.29 “图层特性管理器”对话框

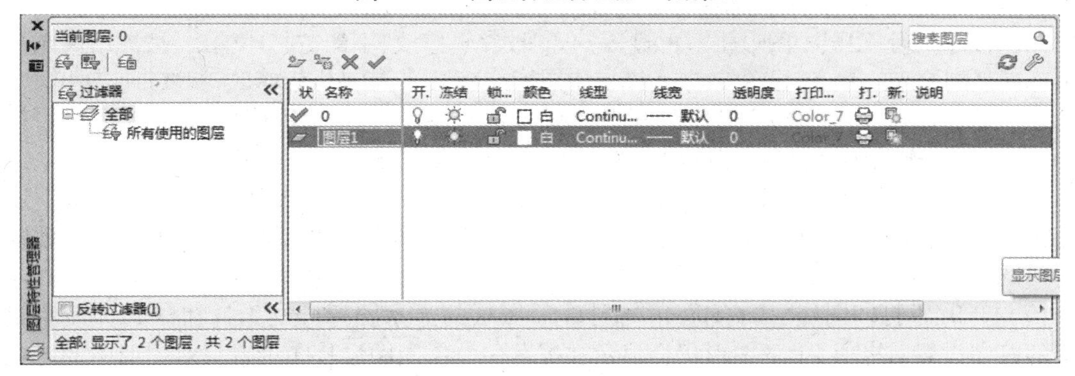

图1.30 创建新图层

2)设置图层颜色

颜色在绘图时具有重要的作用，图形对象的颜色一般以绘制该对象时所用的当前图层的颜色体现，因此对每个图层要设置相应的颜色，这样，绘制复杂的图形时还可以利用颜色的不同区分图形的不同部分。新建图层时，单击所建图层颜色色块，在【选择颜色】对话框中选择图层颜色，然后单击“确定”按钮。

3)设置图层线型

线型是线条的组成和显示方式，如实线、虚线、点画线等。单击所建图层右侧的线型名称，弹出【选择线型】对话框，在对话框中选择需要的线型，单击“确定”按钮。在默认状态下，【已加载的线型】列表框中仅有“Continuous”一种线型，如果不是需要的线型，可以单击“加载”按钮，加载该线型。

4)设置图层线宽

线宽即线条的宽度。单击所建图层右侧的线宽设置，弹出【线宽】对话框，在对话框中选择一种线宽，单击“确定”按钮。

5)管理图层

利用图层特性管理器对话框可以方便地管理图层,包括重命名图层、删除图层、设置当前图层以及打开/关闭图层等。

(1)重命名图层　建好的图层需要修改名称时,在图层列表中选择需要重新命名的图层,单击此图层名称,输入新的图层名称,单击"确定"按钮。

(2)删除图层　在图层列表中选择需要删除的图层,然后单击"删除图层"按钮,图层名称左侧将显示一个"删除"标记X,此时单击打开此图层。

(3)设置当前图层　在【图层特性管理器】对话框中,单击 中的 按钮,则可选中的图层置为当前图层。也可单击"图层"工具栏 右侧的下拉三角形,在下拉列表中选择某一图层,即将其置为当前图层。

(4)打开/关闭图层　在【图层特性管理器】对话框中,单击图标,使之变暗,即关闭该图层。再次单击,使之变亮,即打开。在"图层"工具栏 中,也可进行相似操作。

(5)冻结/解冻图层　在【图层特性管理器】对话框中,单击"在所有视口冻结"列对应的"图层未被冻结"和"图层被冻结"图标,可以冻结或解冻图层。

图层被冻结后,图层中图形将不再显示,不能被编辑修改,不能被打印输出,被冻结的图层可以解冻恢复到原来的状态,显示图标,图层中图形能够显示,能被编辑修改,能被打印输出。

在 AutoCAD 中,关闭图层和冻结图层时,图形都不可见,但当前图层可以被关闭,不可被冻结,如果当前层被关闭,仍可在当前层中绘制图形,但绘制的图形将自动隐藏。

(6)锁定/解锁图层　"图层未被锁定"和"图层被锁定"图标分别为和。被锁定的图层仍然显示在屏幕中,而且允许在锁定的图层中绘制新图形或打印输出,但不允许对锁定图层中的图形进行编辑修改。

(7)打印/不打印图层　"打印"和"不打印"图层的显示图标分别为和。即使关闭了图层的打印设置,该图层上的图形仍会显示在屏幕中。关闭图层打印设置只对图形中的可见图层(打开并解冻的图层)有效。

1.5　图形布局与打印输出

在完成了图形的绘制以后,接下来需要打印输出。在打印输出之前,必须了解"布局"的概念。另外,AutoCAD 为用户设立了两个工作空间:模型空间与图纸空间。模型空间是与真实空间相对应的。我们通常在模型空间中进行绘图设计,而需要在图纸空间中进行打印输出。

1.5.1　模型空间与图纸空间

AutoCAD 2013 中存在两个工作空间,即模型空间和图纸空间,以满足我们绘图和打印出图的需要。所谓模型空间,就是可以建立三维坐标系的工作空间,用户的大部分设计工作都在此空间完成。简单地说,模型空间就是用来制作三维模型或二维图形的,在这个空间里,即使绘制的是二维图形,也是处在空间位置的。而在图纸空间里,只能进行二维操作,绘制二维图形,主

要是用于规划输出图纸的工作空间。用户在图纸空间添加的对象，在模型空间是不可见的，在图纸空间也不能直接编辑模型空间的对象。也可以说，模型空间是设计空间，而图纸空间是表现空间。当系统处于模型空间或图纸空间时，屏幕上显示的坐标指示图标也不同，模型空间用的是一个路标形状的图标，而图纸空间显示的是一个三角板形状的图标。

AutoCAD 2013 标准窗口底部有一系列选项卡，其中一种是“模型”选项卡，另一种是“布局”选项卡。“布局”选项卡可以是一个或多个。创建和编辑图形的大部分工作都是在“模型”选项卡中完成的。而每个“布局”选项卡都提供了一个图纸空间绘图环境，每个布局代表一张单独的打印输出图纸。在布局中可以创建并放置视口，还可以标注尺寸、书写技术要求、添加标题栏或其他几何图形等。

1.5.2 创建布局

创建布局的功能是布局新图纸空间中的出图规划。在 AutoCAD 2013 中可以创建多个布局，每个布局都可以包含不同的打印设置和图纸尺寸。默认情况下，新图形最开始有两个布局选项卡，“布局 1”和“布局 2”。而如果使用样板图形，默认的布局配置可能会有所不同。创建布局的基本方法如下：

1）使用向导创建布局

菜　单：【工具】→【向导】→【创建布局】

命令行：LAYOUTWIZARD

弹出“创建布局-开始”对话框，如图 1.31 所示。

在该对话框的“输入新布局的名称”框中，系统默认的新布局名称是“布局 3”，可以重新输入其他的布局名称。在“创建布局-开始”对话框中单击“下一步”按钮，可以打开【创建布局-打印机】对话框，如图 1.32 所示。

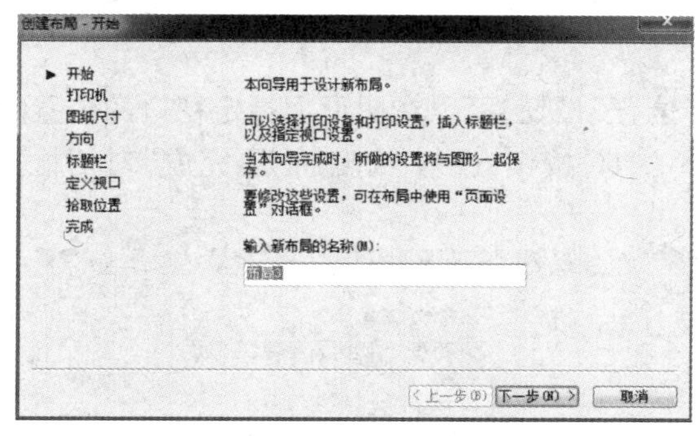

图 1.31 “创建布局-开始”对话框

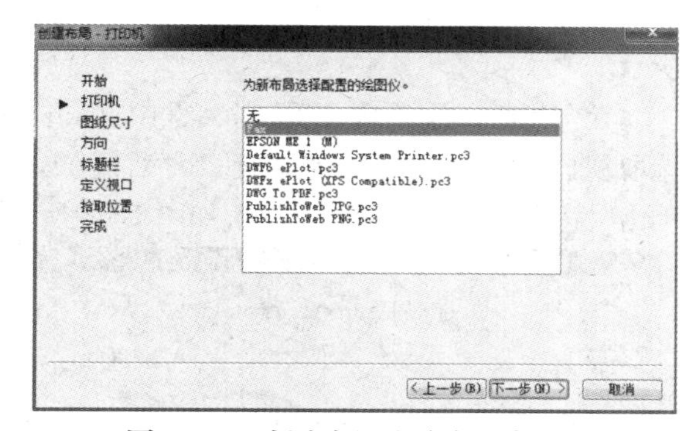

图 1.32 “创建布局-打印机”对话框

在该对话框的“为新布局选择配置的绘图仪”列表中，可以指定打印设备，再单击“下一步”按钮，打开“创建布局-图纸尺寸”对话框，如图 1.33 所示。

在“创建布局-图纸尺寸”对话框的布局使用的图纸尺寸列表框中可以选择所需的图纸尺寸，在图形单位框里，可以选择“毫米”或“英寸”作为图形的单位。单击“下一步”按钮，可以打开“创建布局-方向”对话框，如图 1.34 所示。

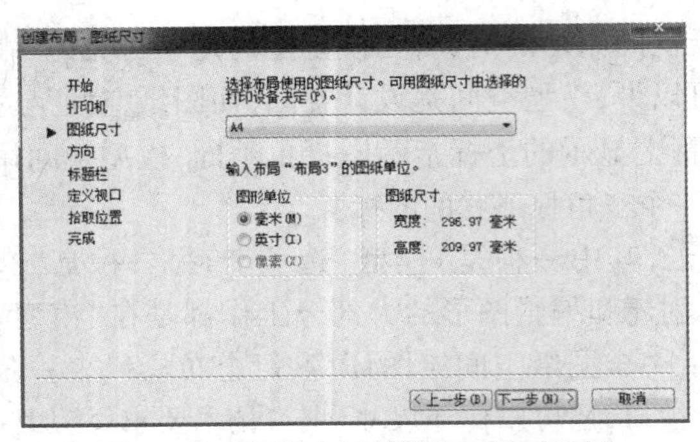

图 1.33 "创建布局-图纸尺寸"对话框

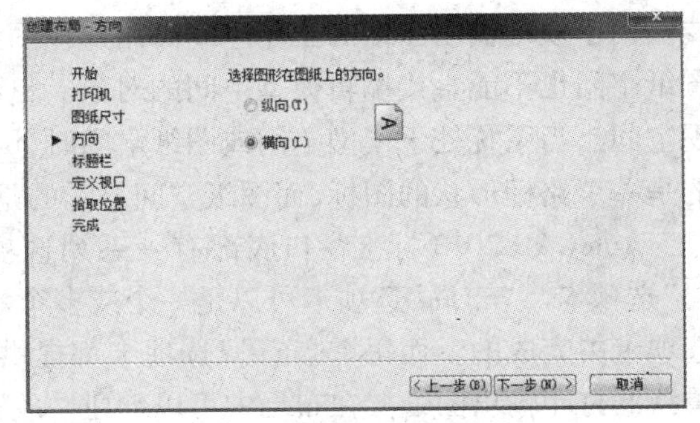

图 1.34 "创建布局-方向"对话框

在"创建布局-方向"对话框中，选择图形在图纸上的方向，有"横向"和"纵向"两种。单击"下一步"按钮，可以打开"创建布局-标题栏"对话框，如图 1.35 所示。

在"创建布局-标题栏"对话框中，为布局选择合适的标题栏。也可以选择自己绘制的并以块的形式存储起来的标题栏。再单击"下一步"按钮，打开"创建布局-定义视口"对话框，如图 1.36 所示。

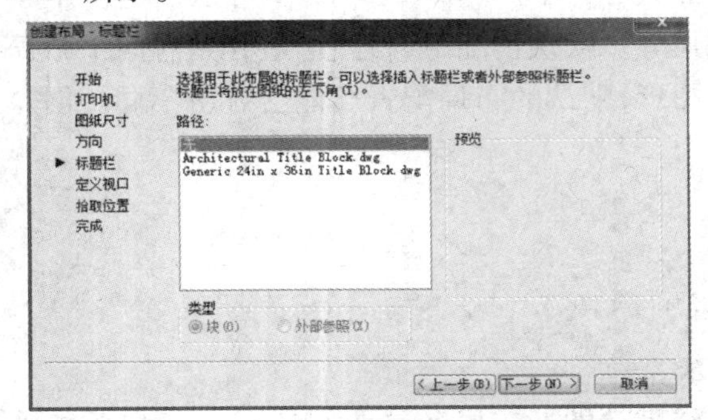

图 1.35 "创建布局-标题栏"对话框

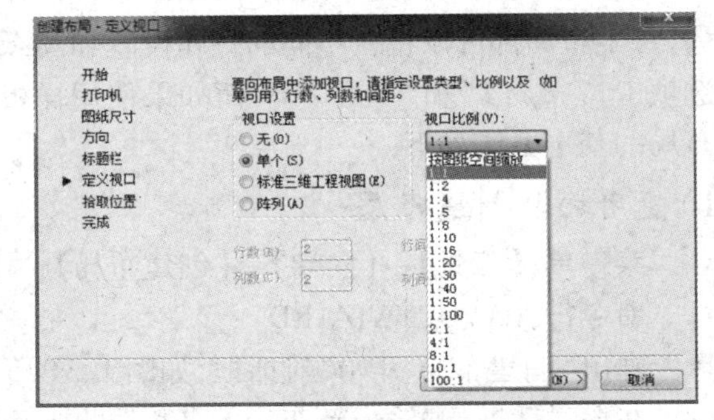

图 1.36 "创建布局-定义视口"对话框

在"定义视口"对话框中，可以向布局中添加视口，选择视口类型，设置视口比例，指定视口的行、列和间距。再单击"下一步"按钮，可以打开"创建布局-拾取位置"对话框，如图 1.37 所示。

在"创建布局-拾取位置"对话框中，单击"选择位置"按钮，可以在图形中指定视口的位置。选取视口位置后，即返回拾取视口对话框，单击"下一步"按钮，进入"创建布局-完成"对话框，单击"完成"按钮结束布局设置，如图 1.38 所示。

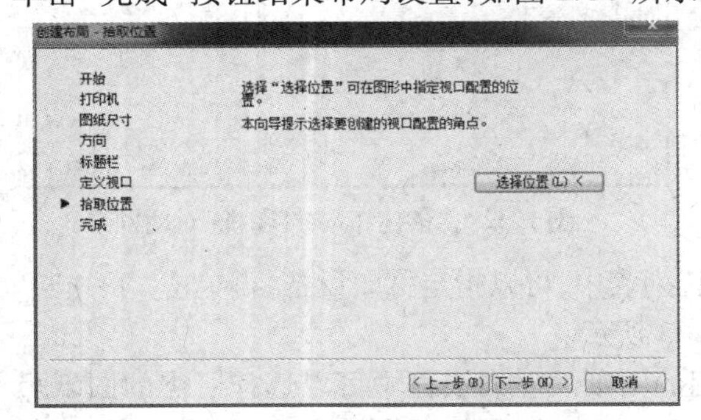

图 1.37 "创建布局-拾取位置"对话框

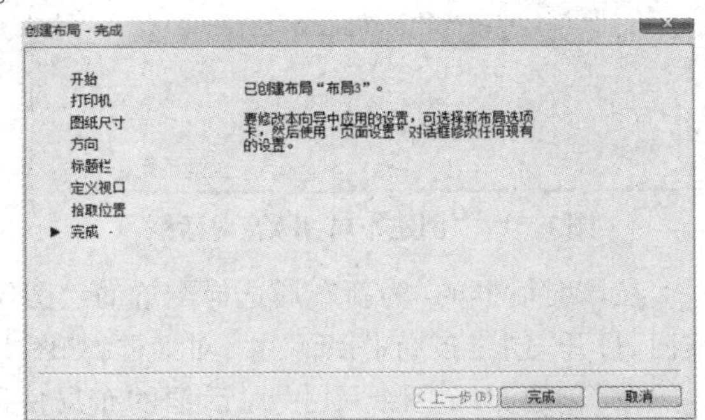

图 1.38 "创建布局-完成"对话框

布局设置完成后,可以在布局中调整视口的大小和位置,使其处于合适的区域。另外,为了在布局输出时不打印视口边框,可以将其放在“不打印”的图层。

2)使用插入菜单创建布局

菜　单:【插入】|【布局】

在布局的下一级菜单中有3项内容:新建布局、来自样板的布局和布局向导。

(1)新建布局　它的功能是命名一个新布局。

可以在“布局”选项卡上单击鼠标右键,在弹出的快捷菜单中,选择“新建布局”选项,还可以用键盘输入命令的方法。

键盘输入方式:LAYOUT

输入布局选项[复制(C)/删除(D)/新建(N)/样板(T)/重命名(R)/另存为(SA)/设置(S)/?] <设置>:N↙

输入新布局名〈布局3〉:输入新的布局名称回车或直接回车以取系统默认的名称。

(2)来自样板的布局　它的功能是从AutoCAD模板库中选择一种布局,也可以用键盘输入命令的方法。

键盘输入方式:LAYOUT

输入布局选项[复制(C)/删除(D)/新建(N)/样板(T)/重命名(R)/另存为(SA)/设置(S)/?] <设置>:T↙

命令执行后,出现如图1.39所示对话框。

在布局样板文件列表框中,选择合适的布局样板文件,单击“打开”按钮,打开插入布局对话框,如图1.40所示。单击“确定”按钮,即可完成,如图1.41所示。

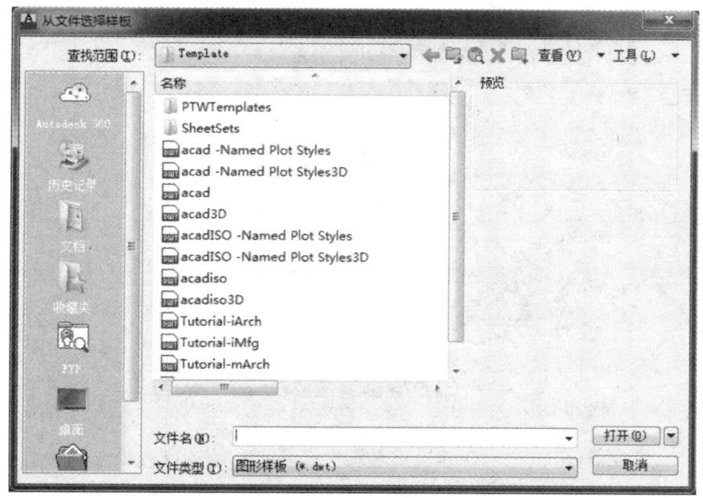

图1.39　“从文件选择样板”对话框

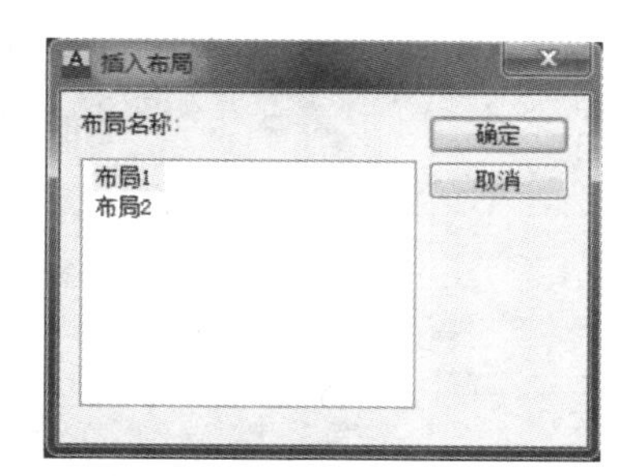

图1.40　“插入布局”对话框

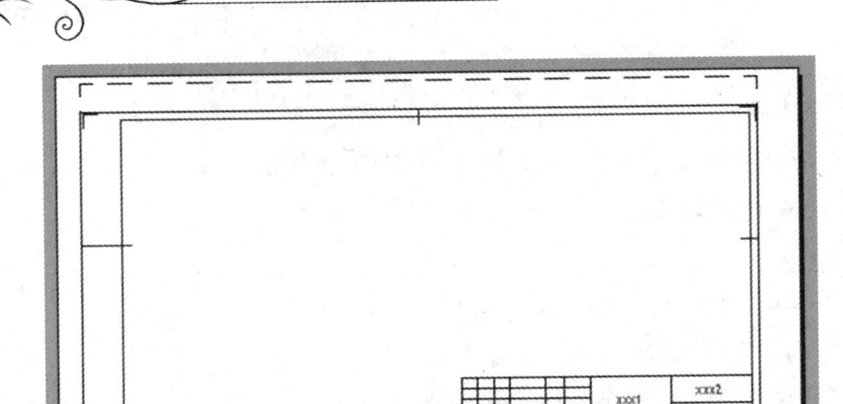

图 1.41　用样板设置的布局

3)布局向导

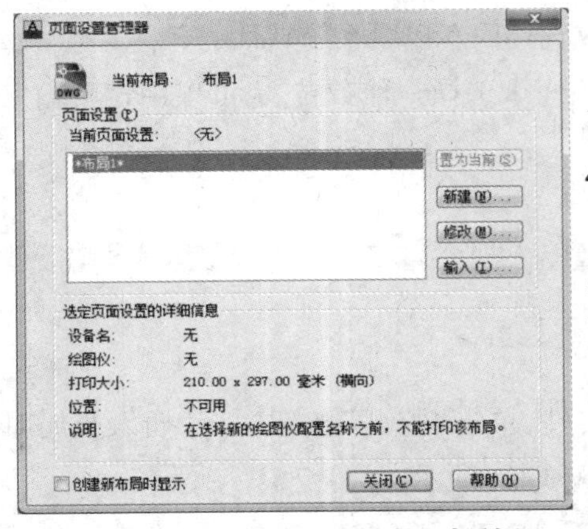

图 1.42　“页面设置管理器”对话框

键盘输入方式:LAYOUTWIZARD

布局向导方式与前面所述的用 LAYOUT 命令创建布局的方法相同。

4)用页面设置对话框创建布局

用鼠标左键点击“布局”选项卡,或在已经打开的某一布局中选择【文件】→【页面设置】,用页面设置对话框可以创建一个新布局,也可以用键盘输入方法。

键盘输入方式:PAGESETUP

弹出“页面设置管理器”对话框,如图 1.42 所示。

单击“新建”按钮,出现“页面设置-布局 1”对话框,如图 1.43 所示。在对话框中对打印机、图纸尺寸、打印比例、图形方向等进行设置。

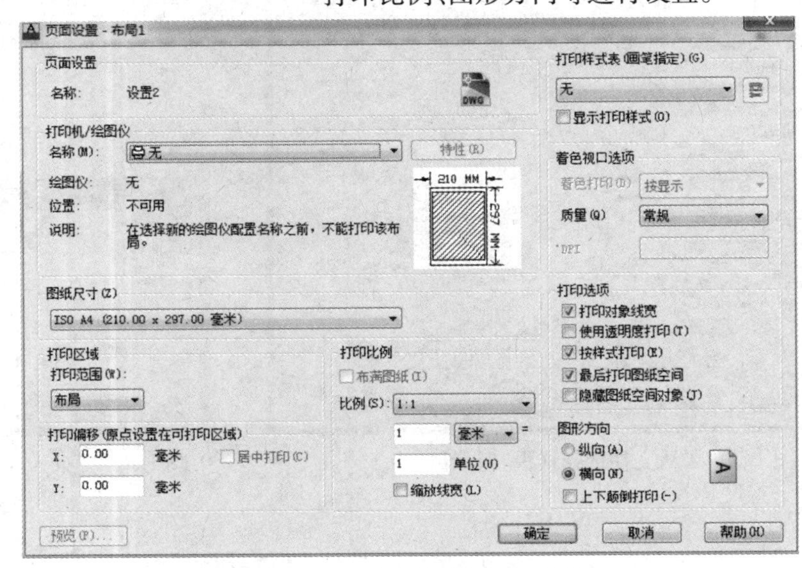

图 1.43　“页面设置-布局 1”对话框

1.5.3 图纸的打印输出

在 AutoCAD 中完成了图形绘制后，用户可以按照需要可以输出成图纸，也可以输出成图像文件。无论是打印成图纸还是输出成图像文件，输出可以在模型空间进行，也可以在图纸空间进行。多数情况下输出成图像文件在模型空间进行，而打印成图纸最好在图纸空间进行布局和输出，这样不仅能够提高工作效率，也使得图纸的规范性容易实现。

1）添加绘图设备

命令调用方式：

菜单方式：【文件】|【绘图仪管理器】

键盘输入方式：PLOTTERMANAGER

执行菜单栏里文件下拉菜单的打印机管理器命令，或者输入命令：PLOTTERMANAGER，则屏幕出现“打印机管理器”对话框，如图 1.44 所示。用鼠标左键双击“添加打印机向导”图标，就可以开始添加打印机工作，系统首先出现“简介”对话框，单击对话框中的“下一步”按钮，进入“添加打印机-开始”对话框，如图 1.45 所示。在该对话框里，选择“我的电脑”“网络打印机服务器”或“系统打印机”其中的一种，并按照各个对话框中的各项提示内容添加用户绘图设备。

图 1.44 “打印机管理器”对话框

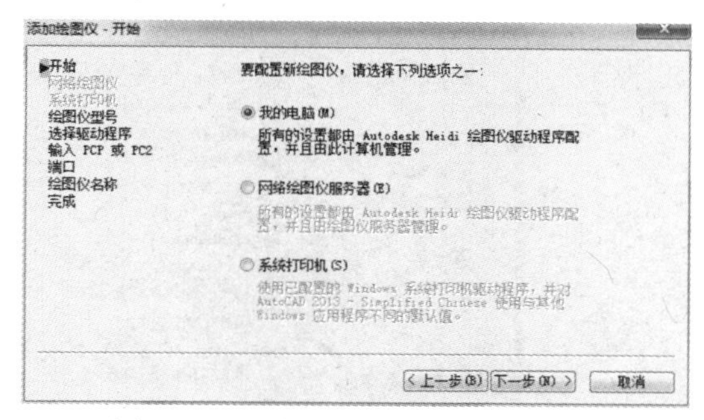

图 1.45 “添加打印机-开始”对话框

2）页面设置

如果在创建布局时没有进行有关的页面设置，可以在打印之前设置页面。方法是执行下拉菜单【文件】|【页面设置】命令，即可在页面设置对话框中的“打印设备”和“布局设置”中设置打印设备和页面布局。其方法与“用页面设置对话框创建布局”部分的操作方法相同，这里不再赘述。

3）打印样式

（1）打印样式类型设定　注意 AutoCAD 2013 提供了两种打印样式：颜色打印样式和命名打印样式。在绘图之前就应该设置好采取哪种样式。方法是：执行下拉菜单【工具】|【选项】或输入命令 OPTIONS，弹出“选项”对话框（图 1.46），在“选项”对话框中打开“打印和发布”选项卡，单击右下角“打印样式表设置”按钮，出现“打印样式表设置”对话框，选择“使用颜色相关打印样式”或“使用命名打印样式”，如图 1.47 所示。

选择“使用颜色相关打印样式表”或“使用命名打印样式表”，单击“确定”按钮。

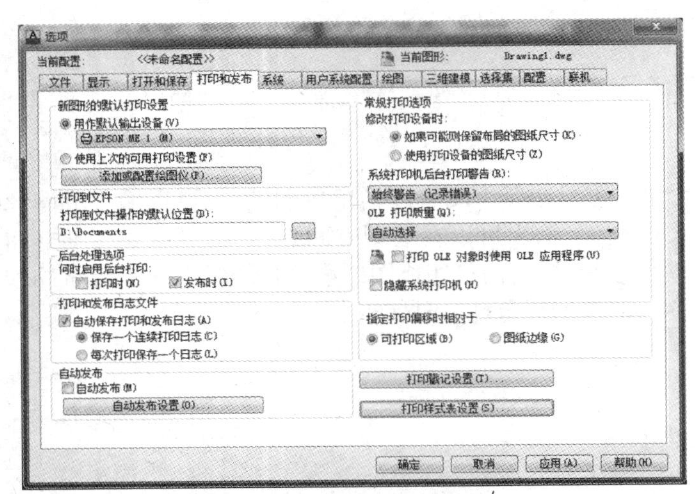

图 1.46 “选项”对话框

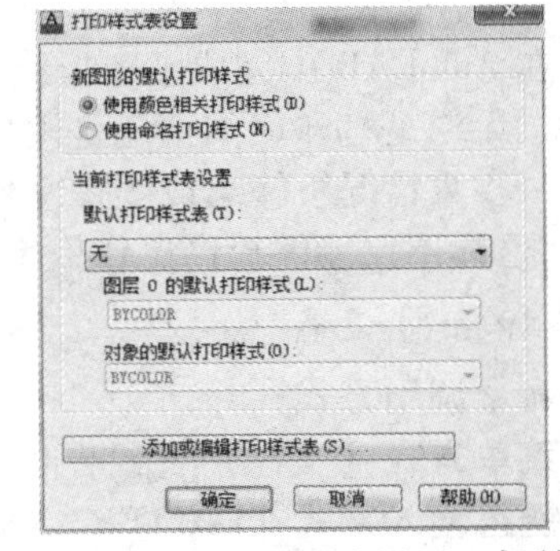

图 1.47 “打印样式表设置”对话框

(2)添加新的打印样式　执行【文件】→【打印样式管理器】或在命令行输入 STYLESMANAGER 命令,可以打开“打印样式”对话框,如图 1.48 所示。

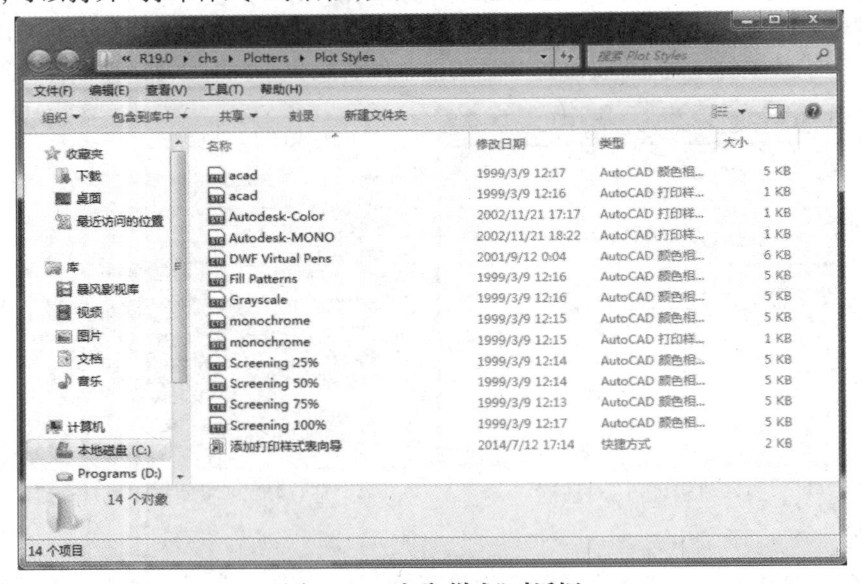

图 1.48 “打印样式”对话框

用鼠标键双击“添加打印样式表向导”,弹出“添加打印样式表”对话框,如图 1.49 所示。

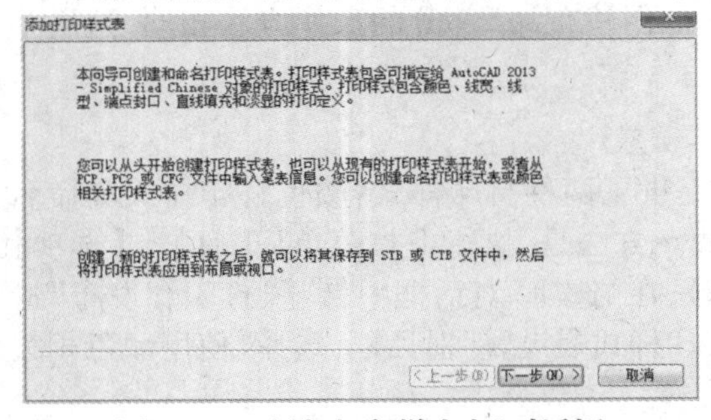

图 1.49 “添加打印样式表”对话框

单击“下一步”按钮,弹出图 1.50 所示的“添加打印样式表-开始”对话框。

在图 1.50 所示的对话框中选择“创建新打印样式表从头创建新的打印样式表”,单击“下一步”按钮,弹出图 1.51 所示的对话框,输入文件名,出现“添加打印样式表-完成”对话框,单击对话框中的,单击“打印样式表编辑器”即可对刚设置的打印样式的有关参数进行编辑。系统出现颜色相关打印样式表编辑器对话框(图 1.52)。

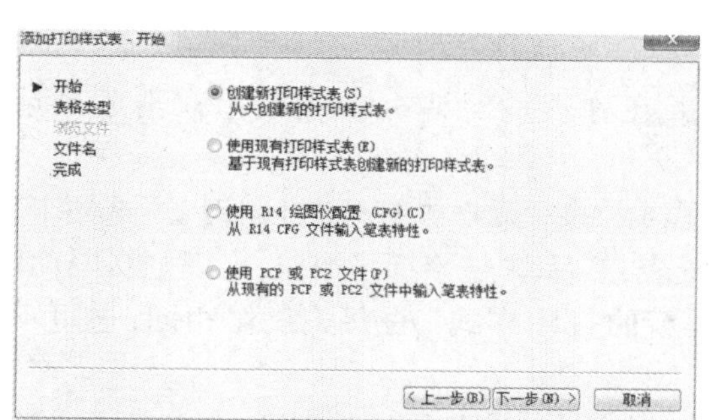

图1.50 “添加打印样式表-开始”对话框

图1.51 “选择打印样式-文件名”对话框

①添加颜色相关打印样式　图1.53的对话框中有“基本”“表视图”“格式视图”3个选项卡，进行相关的设置。

②添加命名打印样式　选择“命名打印样式表”选项，并单击“下一步”按钮后，弹出如图1.54所示的“文件名”对话框。在其中的文件名列表框中输入打印样式的文件名，例如输入“我的打印样式”，单击“下一步”按钮，弹出如图1.53所示的对话框。在该对话框中单击“打印样式表编辑器”按钮，则系统会弹出如图1.54所示的对话框。在该对话框中，系统默认的打印样式为“普通”样式，用户不能修改或删除“普通”样式。但命名打印样式比颜色相关打印样式有更大的灵活性，总数不受255种的数量限制，可以自由地添加或删除打印样式。命名打印样式表中的项目内容与颜色相关打印样式表中的项目内容相同，但“添加样式”和“删除样式”按钮变为可用。

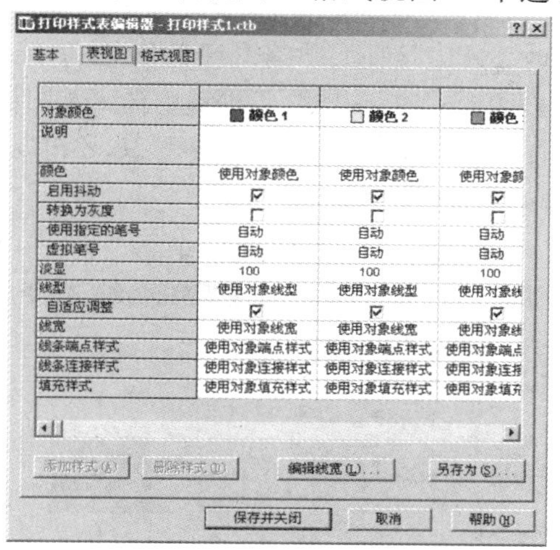

图1.52 颜色相关打印样式表编辑器

图1.53 命名打印样式的“完成”对话框

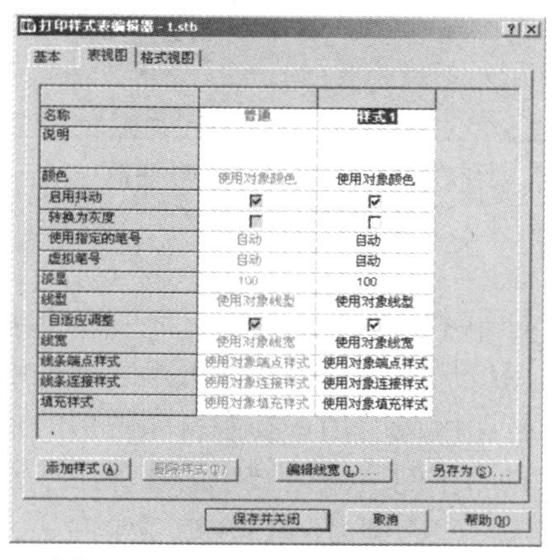

图1.54 命名打印样式表编辑器

单击“添加样式”按钮，AutoCAD会自动增加名称为“样式1”的新打印样式，器名称“样式1”可以更改为适当的名称，该打印样式的初始值与“普通”打印样式相同，用户可根据需要进行编辑修改。单击“删除样式”按钮，AutoCAD可删除指定的打印样式。删除某一打印样式后，所有使用该样式的对象，仍然保留该样式的名称，但各项设置取“普通”样式的参数值。

(3)编辑打印样式表参数

下拉菜单:【文件】→【打印样式管理器】,并在弹出的对话框中用鼠标双击某一后缀为".ctb"或".stb"的文件。

下拉菜单:【文件】→【打印或页面设置】,并在弹出的对话框中打开"打印设备"选项卡,在"打印样式表(笔指定)"的列表框里选择打印样式表,然后单击"编辑"按钮,出现"打印样式表编辑器"对话框。其后的编辑工作内容与"添加新的打印样式"的有关工作相同,这里不再赘述。

(4)打印样式的应用　打印样式可以附着于图形实体、图层、图块等对象,而常用的方法是新生的对象设定为随层,而为每层指定打印样式。

当打印样式类型为颜色相关打印样式时,指定图层颜色的同时就设定了图层的打印样式。这时不能直接在层中编辑打印样式,只能通过改变图层颜色来改变打印参数。当打印样式为命名打印样式时,在图层管理器中选定某图层,再直接单击打印样式即可改变并可以编辑该层的打印样式。另外,对某一具体对象,还可以通过"特性"窗口修改对象的打印样式。

4)图纸打印

(1)通过模型空间打印图纸

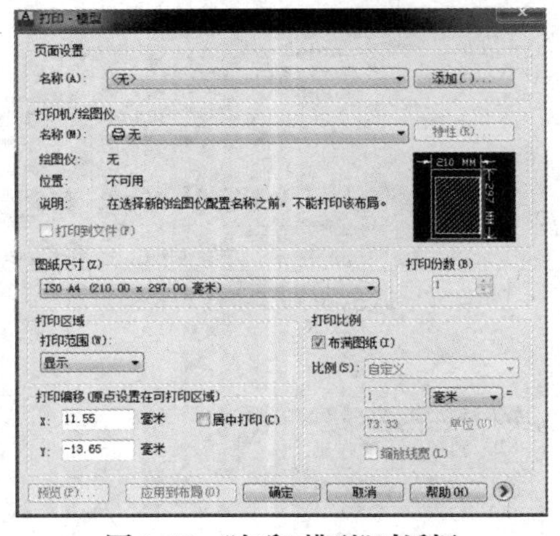

图 1.55　"打印-模型"对话框

①打开绘制好的图形。

②选择【文件】|【打印】命令,弹出"打印-模型"对话框,如图1.55所示。在"打印机/绘图仪"栏中的名称列表中选择打印机,在"图纸尺寸"列表中选择图纸。

③在"打印比例"栏中将设置打印比例,然后在"打印偏移"栏中选择"居中打印"选项,并进行"打印份数"的设置。

④参数设置完毕后,单击"预览"按钮,可预览图形的打印效果。

⑤预览完毕,单击鼠标右键,在弹出的右键菜单中选择【打印】选项,即可直接打印图形,若选择【退出】选项,可返回"打印"对话框以便对打印选项重新设置。

"打印-模型"对话框中的常用选项功能及用法如下:

"图纸尺寸":可以在图纸尺寸列表中选取需要的图纸尺寸,定义图纸的大小。

"打印区域":用于控制打印图形的范围,打印区域之外的任何图形都不会被输出。

"打印比例":该区域中的选项用于设置图形单位和打印单位之间的相对比例,在布局空间中,默认打印比例为1:1;在模型空间中,默认设置为"布满图纸"。

"布满图纸":选择此选项,打印时将根据图纸尺寸自动缩放图形,从而使图形布满整张图纸。

"比例":用于设置图形单位和打印单位之间的相对比例,可用两种方法定义打印比例:一是在比例列表中选择常用的绘图比例;二是在下方的编辑框中输入适当的数值控制打印比例。

"打印偏移":该区域中的选项用于设置图形在图纸上的位置。在默认情况下,系统将图形的坐标原点定位有图纸的左下角。用户可以在【X】和【Y】选项的输入框中输入坐标原点在图纸上的偏移量，以控制图形在图纸上的位置。当选取【居中打印】选项时，表示将当前打印图形的中心定位在图纸的中心上。

“图形方向”：单击“打印-模型”对话框右下角的按钮，将会弹出隐藏选项，其中“图形方向”栏中的选项用于定义图纸的打印方向，包括【纵向】或【横向】两种，若选择【反向打印】选项，将在选择方向的基础上将图形旋转180°进行打印。

（2）通过布局空间打印图纸

①打开绘制好的图形，然后单击布局1选项卡，切换到布局1。

②在工具栏的任意按钮上单击鼠标右键，在弹出的工具栏菜单中选择【视口】工具栏，然后在【视口】工具栏右侧的比例窗口中进行比例设置，如图1.56所示。

③选择【文件】|【打印】命令，弹出“打印-布局1”对话框，如图1.57所示。在“打印机/绘图仪”栏中选择打印机，在图纸列表中选择图纸，将【打印范围】设置为【布局】，并将【打印比例】设置为1:1。

1:500

图1.56 “视口”工具栏

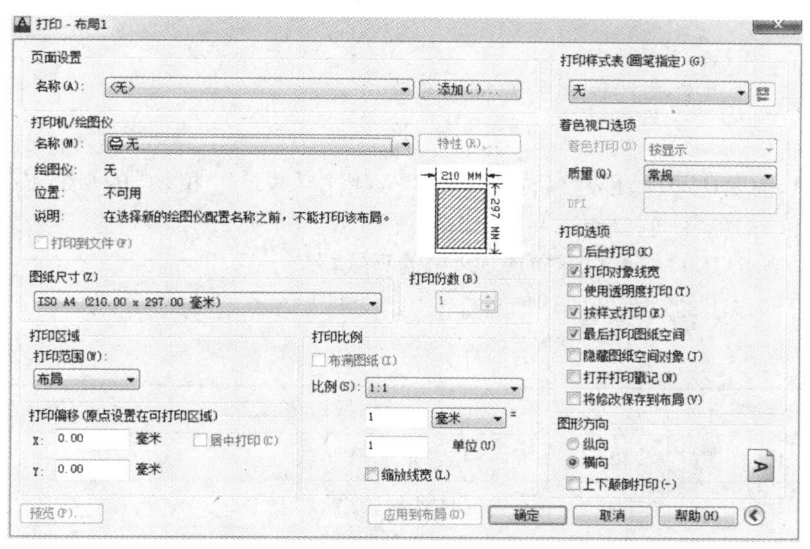

图1.57 “页面设置-布局1”对话框

④单击“确定”按钮，即可开始打印。

（3）打印不同比例的图纸

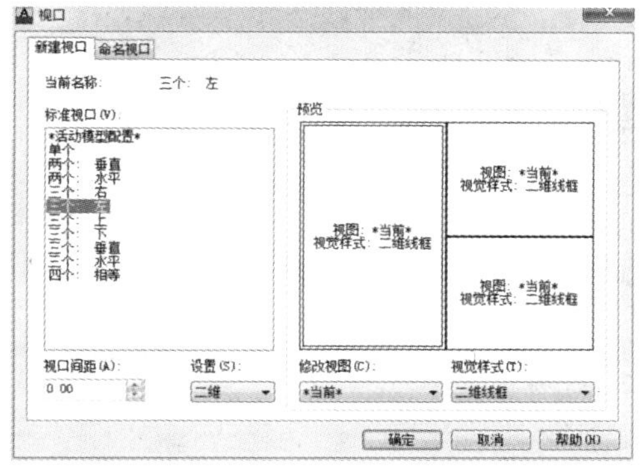

图1.58 “视口|新建视口”对话框

打印图形时，往往需要将多个不同比例的图形打印在同一张图纸上。AutoCAD为用户提供了多比例打印功能。

①打开绘制完成的图形。

②单击【视口】工具栏中的（显示“视口”对话框）按钮，在弹出的“视口|新建视口”对话框中的“活动模型配置”进行视口类型的选择，如图1.58所示。

③单击“确定”按钮，分别选择浮动窗口，在【视口】工具栏中的比例窗口中将图形的比例分别进行设置。

④将每个浮动窗口用鼠标拖曳图形，使需要显示的图形完全显示出来。

⑤各个视窗调整好后，预览打印效果，完成打印。

本章小结

本章的内容包括软件的安装、工作界面的组成、文件的基本操作、绘图的基本设置、文字标注、打印输出等。通过学习，要能够应用基本操作命令，能进行图形绘制环境的设置、文字和尺寸标注，能完成图形的打印输出。

案例实训

1. 目的要求

通过实训掌握基本图形绘制命令的使用方法。

2. 实训内容

(1)启动 AutoCAD 2013，创建名称为“地形”“园路”“建筑”“植物”的 4 个图层；将图层颜色分别设置为黄色、褐色、灰色、绿色。

(2)绘制一条长 100，与水平方向成 30°角的直线段。

(3)练习打印输出的过程。

3. 考核标准

考核项目	分　值	考核标准	得　分
工具的应用	30	掌握各种工具的操作步骤	
熟练程度	20	能在规定时间内完成绘制	
灵活应用	30	能综合运用多种工具绘制，能举一反三	
准确程度	20	绘制完成的图形和尺寸正确	

复习思考题

1. AutoCAD 的启动方法有哪几种？
2. AutoCAD 2013 的工作界面由哪几部分组成？
3. 新建图形文件的方法常用的有哪几种？
4. AutoCAD 坐标的常用输入方法有哪两种？
5. 在 AutoCAD 中使用图层管理图形具有哪些特点？
6. 如何设置尺寸标注样式？

7. 怎样利用视口进行打印输出?
8. 简述模型空间与图纸空间的区别?
9. 什么是打印样式表?

2 基本绘图

【知识要求】

- 掌握常用的线形对象绘制命令的使用方法；
- 了解射线、构造线和点等命令的使用方法；
- 掌握圆、圆弧和椭圆的绘制方法，块的创建及应用；
- 掌握表格的创建及其样式的设置；
- 掌握图案填充命令的使用。

【技能要求】

- 能进行基本绘图命令的操作；
- 能应用常用的基本图形绘制命令绘制各类图形。

2.1 绘制线形和多边形对象

2.1.1 直线(Line)

1)命令的输入方法

(1)绘图工具栏　单击绘图工具栏中的直线图标，按照命令行的提示进行操作。

(2)绘图菜单　单击绘图下拉菜单中的 直线(L)。

(3)命令行　“Line”或“L”。

2)选项说明

(1)指定第一点　在该提示信息下，输入直线第一点的位置。

(2)指定下一点　输入直线下一点的位置。

(3)放弃(U)　在有该参数的命令提示信息下输入“U”，然后按回车键，将删除最后一次绘制的线段。

(4)闭合(C)　在有该参数的命令提示信息下输入“C”，将封闭直线段，使首尾连成封闭的多边形。

3)操作实例

使用直线命令绘制一个如图2.1所示的标高符号。具体操作步骤如下:

①输入直线命令。

②根据命令行提示,在绘图区任意点取一点为第一点,再依次输入下一点坐标“@ 15,0”“@ -3, -3”“@ -3,3”,按〈Enter〉键,得到如图2.1所示的标高符号。

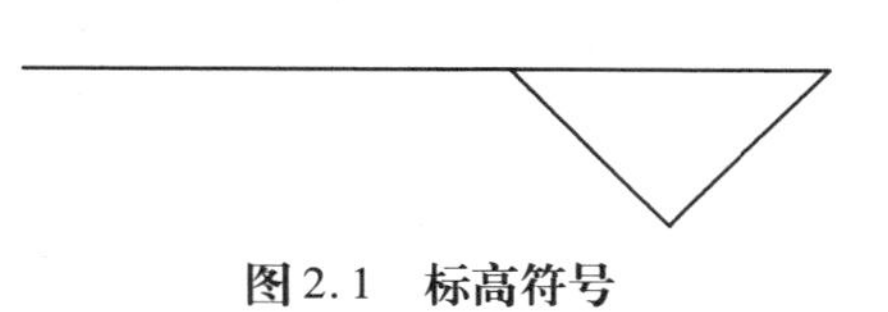

图2.1 标高符号

2.1.2 构造线(XLine)

1)功能

构造线是两端可以无限延伸的直线,没有起点和终点。在绘图过程中,可以用来作为图形设计的辅助线,帮助精确定位、调整或设置对象。

2)命令的输入方法

(1)绘图工具栏 单击绘图工具栏中的构造线图标,按照命令行的提示进行操作。

(2)绘图菜单 单击绘图下拉菜单中的构造线(T)。

(3)命令行 “XLine”或“XL”。

3)选项说明

(1)指定点 指定构造线要通过的点。

(2)指定通过点 指定构造线要通过的点。

(3)水平(H) 在命令行中输入“H”,可以创建通过指定点的水平构造线。

(4)垂直(V) 在命令行中输入“V”,可以创建通过指定点的垂直构造线。

(5)角度(A) 在命令行中输入“A”,可以通过指定的角度的方式创建构造线。

4)操作实例

已知图中已有一条斜线,绘制与其夹角30°的一条线。具体操作步骤如下:命令行输入“XL”,根据命令行的提示(图2.2),输入“A”, 再根据命令行的提示(图2.3),输入“R”,点击原有直线,输入30,回车,指定通过点,右击结束创建。

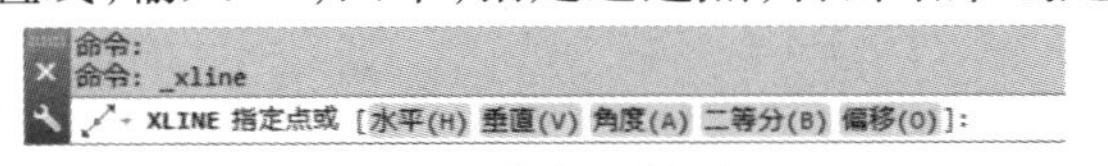

图2.2 命令行提示1

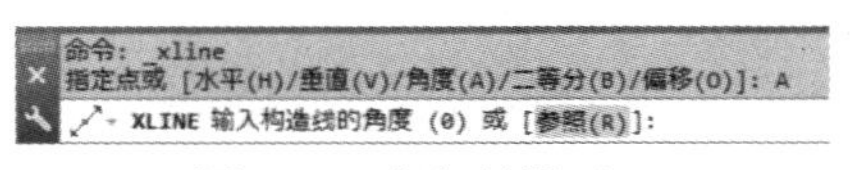

图2.3 命令行提示2

2.1.3 多 线

1)功能

多线是由多条平行线组成的线形。绘制园林图中,多用于园林建筑的绘制,如园林建筑墙体。

2)命令的输入方法

(1)绘图菜单　单击【绘图】|【多线】菜单命令。

(2)命令行　“MLine”或“ML”。

3)选项说明

(1)对正(J)　该参数用来控制多线相对于光标或基线位置的偏移,在“指定起点或[对正(J)/比例(S)/样式(ST)]”提示信息下输入“J”,命令行显示如下提示信息:

输入对正类型[上(T)/无(Z)/下(B)]:

图 2.4 多线绘制对正类型中(a)、(b)、(c)图,表示选择“上”“无”“下”3 种对正类型时,所绘制的多线相对于光标的偏移。

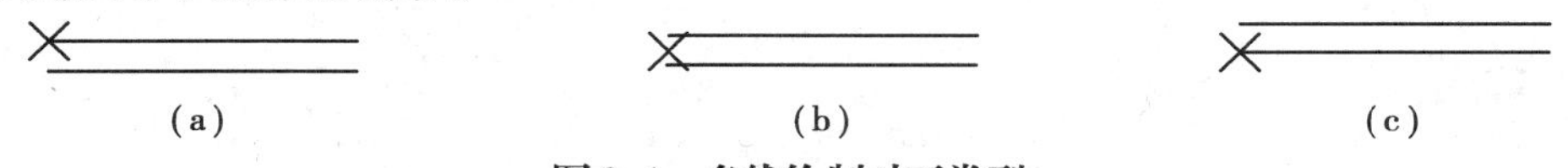

图 2.4　多线绘制对正类型

(2)比例(S)　该参数用来指定多线绘制时的比例。

4)多线的编辑

多线的编辑可通过在命令行输入“Mledit”或单击菜单【修改】|【对象】|【多线】来执行命令。输入命令后,将打开如图 2.5 所示的“多线编辑工具”对话框。选择其中的多线相交样式后,再选择相交的两条多线进行编辑。

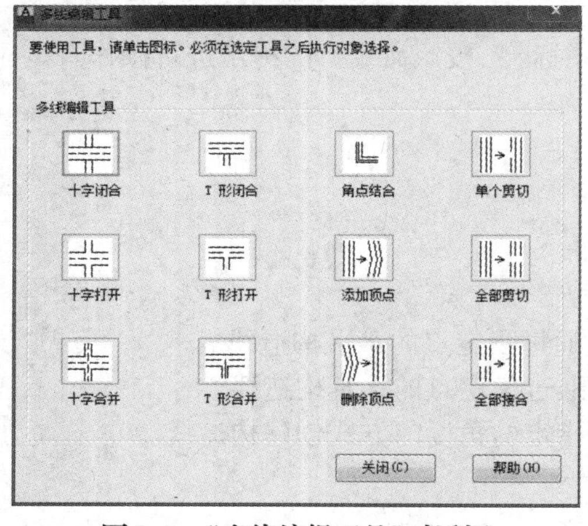

图 2.5　“多线编辑工具”对话框

5)操作实例

用【多线】命令绘制图 2.6(a)所示的园林小品护栏的立面,并用【多线编辑】命令编辑该图形,其结果如图 2.6(b)所示。具体步骤如下:

①执行【多线】命令,输入“比例(S)”选项,指定“比例”为 50。

②根据绘图需要使用“对正(J)”选项,确定对正方式。

③完成“当前模式”设置后,指定起点,结合“对象捕捉”功能确定下一点直至完成图 2.6(a)的绘制。

④执行【多线编辑】命令,在弹出的“多线编辑工具”对话框中选择相应的相交模式对图形进行编辑,结果如图 2.6(b)所示。

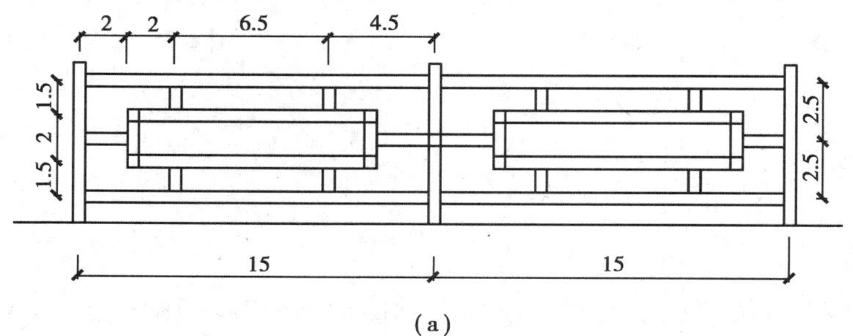

(a)

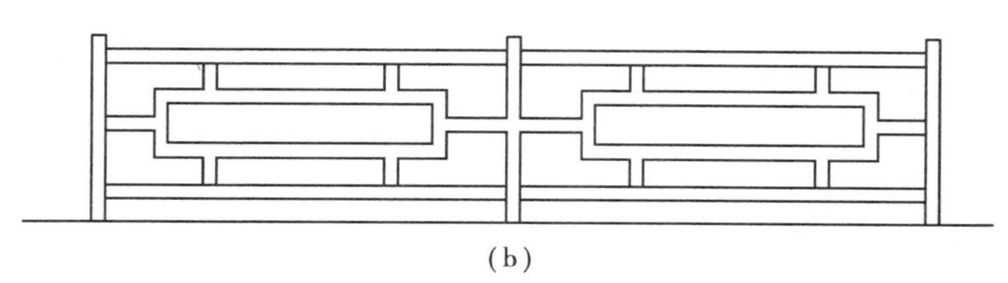
(b)

图2.6 绘制园林小品护栏

2.1.4 多段线

1)功能

多段线是由相连的直线和弧线所组成,并且各连接点处的线宽可以随时进行设置,在园林图绘制中应用很广。

2)命令的输入方法

(1)绘图工具栏 单击绘图工具栏多段线图标,按照命令行的提示进行操作。

(2)绘图菜单 单击绘图下拉菜单中的 多段线(P)。

(3)命令行 "PLine"或"PL"。

3)选项说明

(1)圆弧(A) 在"指定下一个点或[圆弧(A)/半宽(H)/长度(L)/放弃(U)/宽度(W)]"提示信息下输入"A",进入弧线段的绘制状态。

(2)宽度(W) 指定下一直线段或弧线段的宽度。在命令行中输入"W",命令行显示如下提示信息,在提示信息下输入宽度数值,可使线段的始末端点具有不同的宽度。

指定起点宽度 <0.0000>:

指定端点宽度 <0.0000>:

(3)直线(L) 用于从圆弧多段线绘制切换到直线多段线绘制。

4)操作实例

用多段线绘制图2.7的箭头,具体操作步骤如下:

①输入【多段线】命令,在绘图区任意点取一点为起点。

②执行"圆弧(A)"选项。

③执行"宽度(W)"选项,指定起点宽度为"5",端点宽度为"0"。

④拖动鼠标,在合适位置单击确定箭尾形状。

⑤执行"直线(L)"选项。

⑥再次执行"宽度(W)"选项,指定起点宽度为"10",端点宽度为"0"。

⑦拖动鼠标,在合适位置单击确定箭头形状。

⑧按<Enter>键,得到图2.7所示的箭头。

图2.7 绘制箭头

2.1.5 正多边形

1)命令的输入方法

(1)绘图工具栏　单击绘图工具栏正多边形图标⬠,按照命令行的提示进行操作。

(2)绘图菜单　单击绘图下拉菜单中的⬠ 多边形(Y)。

(3)命令行　“Polygon”或“Pol”。

2)选项说明

(1)边的数目　输入正多边形的边数。

(2)中心点　指定绘制的正多边形的中心点的位置。

(3)输入选项[内接于圆(I)/外切于圆(C)]　指定圆的半径。

如果已知正多边形中心点到边的距离,即能够确定正多边形的内接圆半径,则在该提示信息下输入“C”,用外切法绘制正多边形。如果已知正多边形中心点到顶的距离,即能够确定正多边形的外接圆半径,则在该提示信息下输入“I”,用内接法绘制正多边形。

(4)边(E)　如果已知正多边形的边长,在“指定正多边形的中心点或[边(E)]”提示信息下输入“E”,命令行显示提示信息,在“指定边的第一个端点”和“指定边的第二个端点”的提示下,输入正多边形一条边的两个端点,从而绘制出正多边形。

2.1.6 矩形

1)命令的输入方法

(1)绘图工具栏　单击绘图工具栏中的矩形图标▭,按照命令行的提示进行操作。

(2)绘图菜单　▭ 矩形(G)。

(3)命令行　“Rectang”或“Rec”。

2)选项说明

(1)指定第一个角点,指定另一个角点　通过两个角点来绘制矩形。

(2)圆角(F)　在“指定第一个角点或[倒角(C)/标高(E)/圆角(F)/厚度(T)/宽度(W)]”提示信息下输入“F”,可以绘制带圆角的矩形。

3)操作实例

用正多边形和矩形命令绘制如图2.8所示哑铃,具体操作步骤如下:

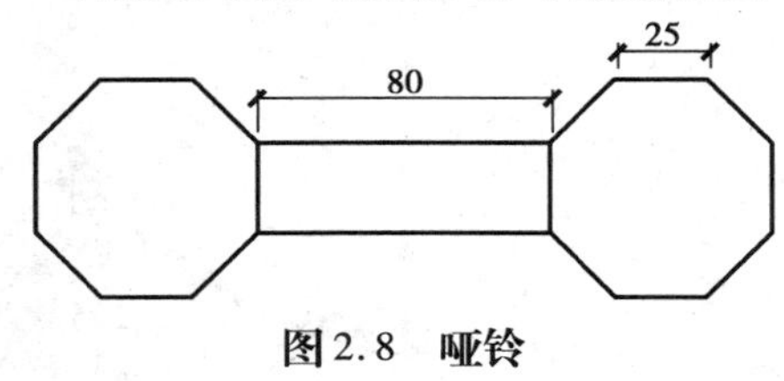

图2.8　哑铃

①输入矩形命令,在绘图区任意点取一点确定矩形的第一个角点,再次输入另一个角点的坐标“@80,25”,完成矩形的绘制。

②输入正多边形命令,指定边的数目为“8”;执行“边[E]”参数;利用[对象捕捉]点取矩形右上角点为“边的第一个端点”,再点取矩形右下角点为“边的第二个端点”。完成右侧正八边形的绘制。

③输入正多边形命令，指定边的数目为“8”；执行“边[E]”参数；利用[对象捕捉]点取矩形左下角点为“边的第一个端点”，再点取矩形左上角点为“边的第二个端点”，完成左侧正八边形的绘制。

2.2 绘制曲线类对象

2.2.1 圆弧

1)命令的输入方法

(1)绘图工具栏　单击绘图工具栏中的圆弧图标，按照命令行的提示进行操作。

(2)绘图菜单　如图2.9所示。

(3)命令行　“Arc”或“A”。

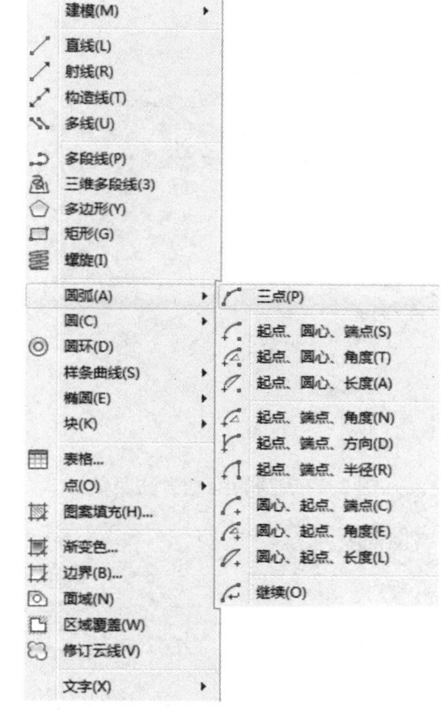

图2.9　圆弧的绘制方法菜单

2)选项说明

(1)起点、圆心、端点　在命令行提示信息下，依次输入圆弧的起点、圆弧所在圆的圆心以及圆弧的端点的位置。

(2)起点、端点、方向　指定圆弧起点、端点以及和圆弧起点相切的方向。

(3)圆心、起点、长度　输入圆弧的圆心、起点以及圆弧的弦长。

输入的长度为正值，则绘制小于180°的圆弧；输入的长度为负值，则绘制大于180°的圆弧。

3)操作实例

在图2.10(a)基础上用“起点、端点、方向”方法绘制图2.10(b)小广场平面图中的弧线。具体操作如下：

①输入圆弧命令，通过【端点捕捉】得到圆弧的起点。

②执行“端点(E)”选项，通过【端点捕捉】得到圆弧的端点。

③执行“方向(D)”选项，移动鼠标在适宜的位置点取光标左键确定“圆弧的起点切向”，完成圆弧的绘制。

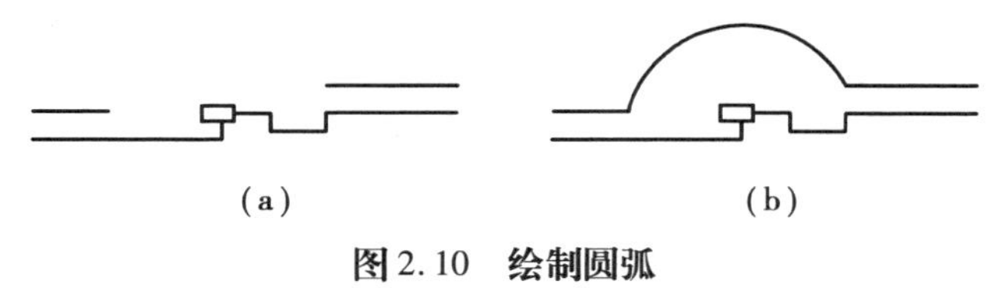

图2.10　绘制圆弧

2.2.2 圆

1)命令的输入方法

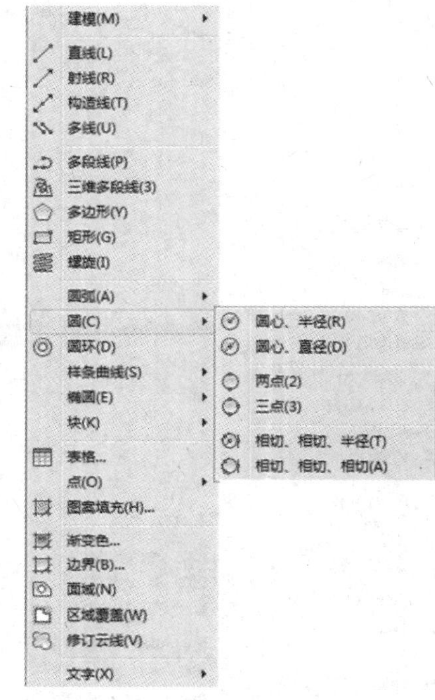

图2.11 圆的绘制方法菜单

(1)绘图工具栏　单击绘图工具栏中的圆图标,按照命令行的提示进行操作。

(2)绘图菜单　如图2.11所示。

(3)命令行　"Circle"或"C"。

2)选项说明

(1)用圆心、半径或圆心、直径绘制圆　在命令行提示信息下,输入圆心所在位置以及圆的半径或直径数值。

(2)两点　执行"两点"法绘制圆,命令行显示以下提示信息:

指定圆直径的第一个端点:

指定圆直径的第二个端点:

依次输入直径的两个端点完成圆的绘制。

(3)三点　通过确定所绘圆圆周上的三个点来绘制圆。

(4)相切、相切、相切　绘制和3个对象相切的圆。执行"相切、相切、相切"的圆绘制命令,命令行显示以下提示信息:

指定圆上的第一个点:_tan 到

指定圆上的第二个点:_tan 到

指定圆上的第三个点:_tan 到

在以上提示信息下,依次选择第一个、第二个、第三个与圆相切的目标对象。

2.2.3 椭圆

1)命令的输入方法

(1)绘图工具栏　单击绘图工具栏中的椭圆图标,按照命令行的提示进行操作。

(2)绘图菜单　单击绘图下拉菜单中的椭圆(E)。

(3)命令行　"Ellipse"或"El"。

2)选项说明

(1)轴端点　定义椭圆轴的端点。

(2)中心点　定义椭圆的中心点。

(3)半轴长度　定义椭圆的半轴长度。

(4)圆弧　绘制椭圆弧。

2.2.4 样条曲线

1)命令的输入方法

(1)绘图工具栏　单击绘图工具栏中的样条曲线图标，按照命令行的提示进行操作。

(2)绘图菜单　单击绘图下拉菜单中的样条曲线(S)。

(3)命令行　“Spline”或“Spl”。

2)选项说明

(1)第一个点　定义样条曲线的起始点。

(2)下一点　指定样条曲线的下一个点。

(3)起点(端点)切向　定义起点(终点)处的切线方向。

(4)放弃(U)　该选项不在提示区中出现，但是可以在选取任何点后按“U”键取消前一段样条曲线。

3)操作实例

用样条曲线命令绘制图2.12所示的小游园平面图中的园路、水体驳岸等平面图。

输入样条曲线命令，根据网格线指定第一个点后不断的指定下一点，绘完后指定起点切向和端点切向。绘图时，用样条曲线绘制的这些自然式园林要素基本准确即可。

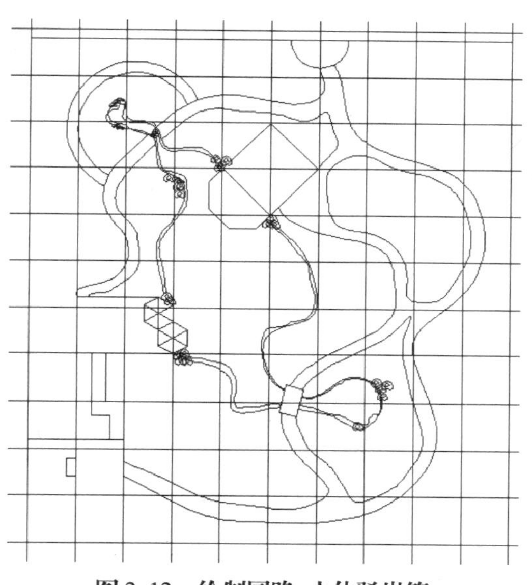

图2.12　绘制园路、水体驳岸等

2.2.5 修订云线

1)功能

园林图中，灌木丛或树丛等平面图可以使用修订云线命令绘制。

2)命令的输入方法

(1)绘图工具栏　单击绘图工具栏中的修订云线图标，按照命令行的提示进行操作。

(2)绘图菜单　单击绘图下拉菜单中的修订云线。

(3)命令行　Revcloud。

3）选项说明

(1)弧长(A)　在“指定起点或［弧长(A)/对象(O)/样式(S)］ <对象>”提示信息下，输入“A”，命令行中显示以下提示信息，在该信息的提示下输入弧长的大小，最大弧长不能超过最小弧长的3倍。

指定最小弧长 <15>：

指定最大弧长 <15>：

(2)对象　在“指定起点或［弧长(A)/对象(O)/样式(S)］ <对象>”提示信息下，按〈Enter〉键或输入“O”，执行该参数，可将屏幕中的闭和对象转换为修订云线。

4）操作实例

绘制如图2.13所示灌木和花坛内地被植物的平面，具体操作步骤如下：

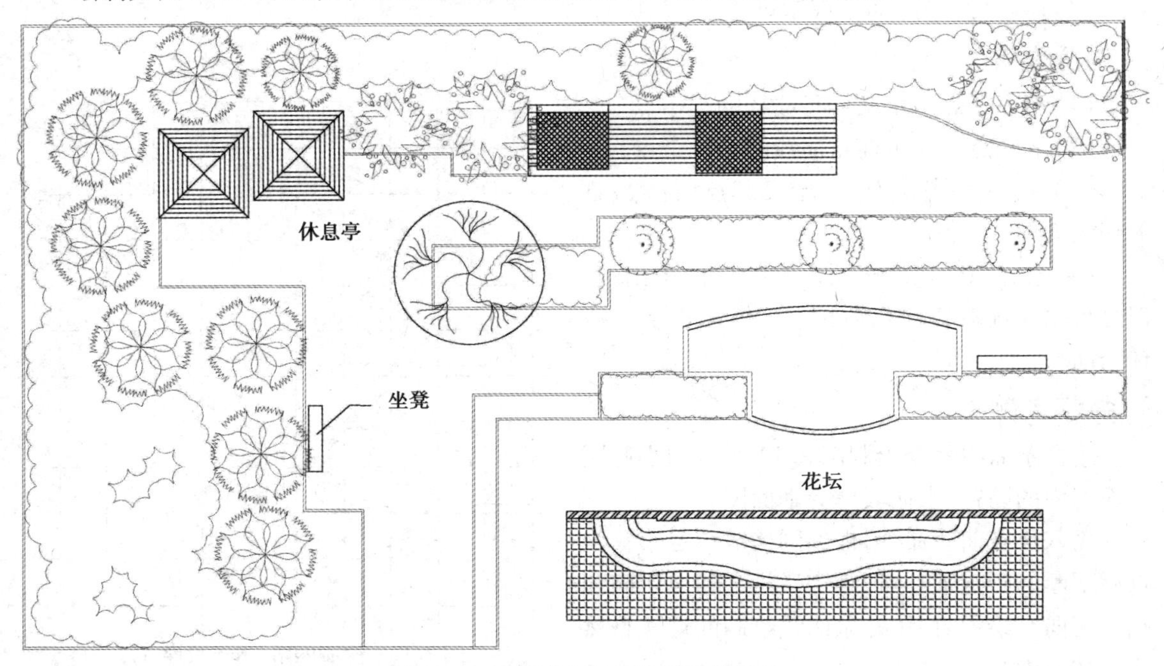

图2.13　绘制灌木与地被植物的平面

①输入修订云线命令，执行“弧长(A)”选项，最小弧长设为“1000”，最大弧长设为“2000”。指定起点，在需要栽植灌木的地方沿边界移动光标，当终点接近起点时线段自动闭合，逐一完成灌木平面的绘制。

②输入修订云线命令，执行“弧长(A)”选项，最小弧长设为“300”，最大弧长设为“600”。指定起点，在需要栽植地被植物的地方沿边界移动光标，当终点接近起点时线段自动闭合，逐一完成地被植物平面的绘制。

③为了表现灌木的自然状态，在大片灌木处绘制空隙，方法是先绘制小片云线，再次执行修订云线命令，执行“对象(O)”选项，拾取小片云线，反转，完成灌木空隙的绘制。

2.3 块

块(或称 CAD 图块)是由一个到多个图形对象组成的具有特定名称,并可以赋予其属性的图形整体。创建成功的块被赋予一个块名,可以插入任意指定位置。我们在绘制绿化设计平面图时,需要绘制很多代表不同树木的图例,有时候同一树种在一张设计图里会不断地重复出现,这时我们可以先绘制好代表某一树种的图例,将其定义为块,一旦这个块被定义,我们可以随时调用它。不仅如此,我们定义了外部块(两种块中的一种)后,我们可以在不同的绘图文件里反复使用它。利用外部块,用户可以建立自己的图形库,达到提高工作效率的目的。

2.3.1 创建块

1.创建内部块

1)功能

该命令用于创建内部块。在绘图时,当发现有些绘图元素需要多次使用,就可以考虑将它定义成内部块。在创建块之前要先绘制好准备定义成块的图形。

2)命令的输入方法

(1)绘图工具栏　单击绘图工具栏中的块定义图标,按照命令行的提示进行操作。

(2)绘图菜单　单击绘图下拉菜单中的【块】|【创建】。

(3)命令行　“Block”或“Bmake”。

3)选项说明

输入命令后,弹出“块定义”对话框,如图 2.14 所示。

(1)对话框中主要参数说明

名称:定义块的名称。

拾取点:定义插入该图块时的基点,单击【拾取点】按钮在屏幕上指定。按下【拾取点】按钮后,系统会暂时关闭“块定义”窗口,返回到绘图界面,当拾取了点后又回到窗口的界面。一般情况下,插入点应该选择在图形对象比较容易处理的特征点上,例如端点、圆心、角点、中点等。

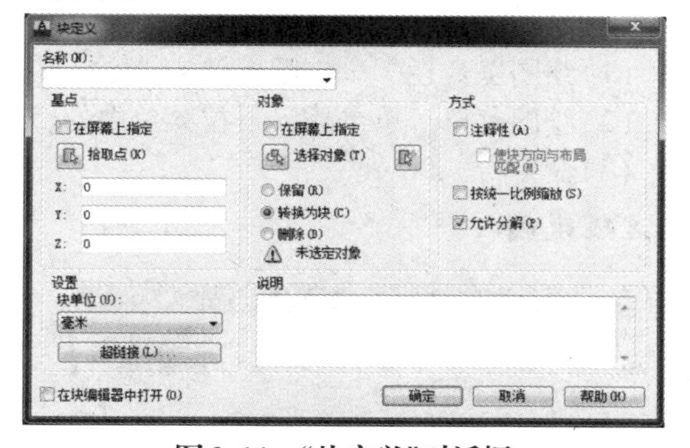

图 2.14 “块定义”对话框

选择对象:指定要创建为块的图形对象,单击【选择对象】按钮在屏幕上指定。按下【选择对象】按钮,系统将暂时关闭“块定义”窗口,返回到绘图界面,选择要定义成块的图形后单击鼠标右键确认,又返回到窗口界面。

保留:创建块后在绘图区保留创建为块的原对象。

转换为块:将创建块的原对象保留下来并将其转换为块,此为默认模式。

(2)注意事项

①在"块创建"中,如果新块名与已有的块名重复,则发生图块的替换,此过程称为图块的重定义。

②图块将沿袭创建时所在图层的特性。当插入块时,块仍将保持其原始特性。如果图块创建于0图层,则插入时,该图块将不再沿袭0图层的特性,而具有当前图层的特性。因此,创建块时推荐在0图层上创建。

2.创建外部块

创建外部块的Wblock命令也称为"存储块"命令。它的作用是创建一个块,并把块当作一个单独的文件存盘,以供随时使用。可以使用该命令建立自己的常用图形库。该命令的调用只能从键盘输入。

1)功能

将常用的植物、山石、门窗、图框、标高符号等图形通过Wblock命令制作成外部块,用于其他文件,这样就避免了重复绘制此类图形,提高了绘图效率。

2)命令的输入方法

命令行 "WBlock"或"W"。

3)选项说明

输入命令后,弹出"写块"对话框。对话框中主要参数含义如下:

(1)拾取点 定义插入该块时的基点,单击【拾取点】按钮在屏幕上指定。

(2)选择对象 指定需写块的图形对象,单击【选择对象】按钮在屏幕上指定。

(3)文件名和路径 指定文件名和保存该文件的位置。

2.3.2 插入块

1)命令的输入方法

(1)绘图工具栏 单击图标,按照命令行的提示进行操作。

(2)绘图菜单 单击插入下拉菜单中的【块】。

(3)命令行 Insert。

2)选项说明

图2.15 "插入"对话框

输入命令后,弹出"插入"对话框,如图2.15所示。对话框中主要参数含义如下:

(1)名称 选择要插入的块文件名。在下拉框中选取插入的块或单击"浏览",在"选择图形文件"对话框中选取。

(2)插入点 选择插入块的位置,输入坐标或在屏幕上指定。

(3)缩放比例 定义块的缩放比例,输入比例因子或在屏幕上指定。

(4)旋转　定义块的旋转角度,输入角度或在屏幕上指定。

(5)分解　选择该复选框,图块就会在插入时自动分解成独立的图形对象。

2.3.3 图块属性

块的属性实际上是附着于块上的文字,可以控制它显示或者不显示。属性可分为两种:一种是固定值的属性,这种属性在定义块的属性时其值是固定的,每次在绘图文件中插入块时都按预设的值跟着插入。另一种是可变属性,当用户在绘图文件中插入带有可变属性的块时,AutoCAD 会在命令提示行要求用户输入属性的值。

块属性在园林设计绘图中可以应用的一个例子是,我们在定义植物平面图块时,可以把树木的树径、冠幅、树高等规格作为属性附着在图块上,当要统计苗木的清单时,可以提取属性值出来处理。在实际工作中属性可以给后期的统计工作带来极大的便利。假设我们建立的树木图形库图块都带有苗木规格的属性信息,在完成绘图工作后可以把图块的属性输出成 CAD 表格或 Microsoft Excel 电子表格文件,自动生成苗木统计表,这将大大缩短统计苗木的时间。还可以把 Microsoft Excel 电子表格文件用 OLE 方式插入到绘图文件中,则苗木表不仅可以单独编辑和打印,也可以作为平面图的一部分一起打印。当然,属性的应用绝不仅仅是统计苗木,凡是需要重复使用的图形元素,如果最后需要统计它的信息,都可以使用定义属性来处理。

1. 创建带属性的块

在 AutoCAD 中,我们经常使用对话框方式来定义属性,打开该对话框的方法有两种:

菜单方式:【绘图】→【块】→【定义属性】。

键盘输入方式:ATTDEF

现以图 2.16 为例,说明如何创建带固定属性的图块,块属性的提取以及属性的编辑修改。

(1)创建带固定属性的块　在定义属性之前,先将定义成带属性的图块的图形绘制好,然后确定属性的内容,一个图块可以有多个属性。

①启动定义属性命令,打开“属性定义”对话框,如图 2.17 所示。对话框中主要参数含义如下:

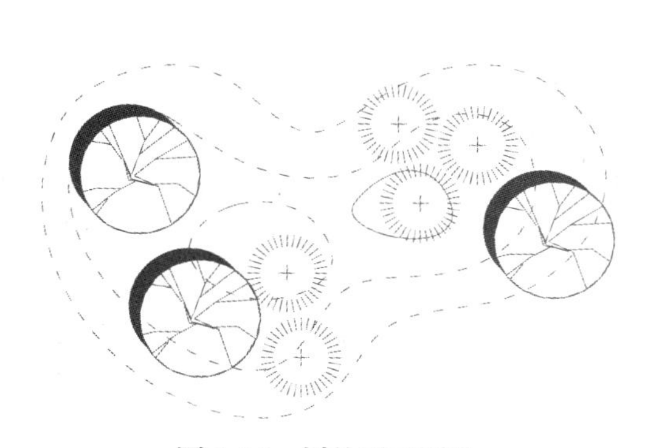

图 2.16　树的平面图块

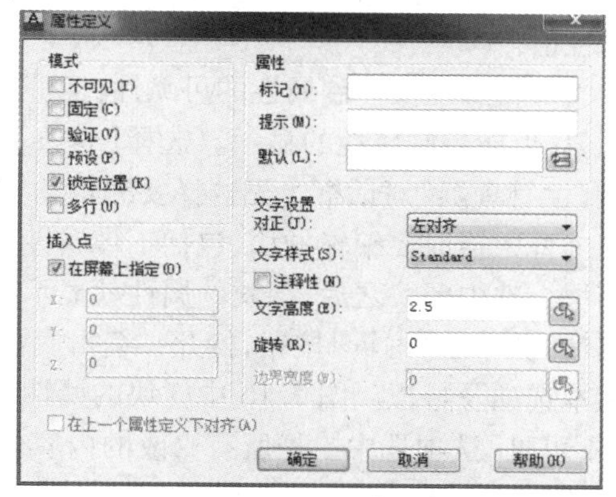

图 2.17　“属性定义”对话框

a. 模式选项组。

在模式选项组中可以选择4种模式。“不可见”选项是用来控制属性是否可见。勾选表示属性不可见;未选表示属性可见。“固定”选项是用来控制属性值为常量还是可变量。勾选此项则属性为固定值,在定义属性时输入这个值;不选中此项则属性为可变值,每次插入图块时系统会提示输入属性值。“验证”选项是指在插入图块过程中验证属性值是否正确,一般不用此项。“预置”选项是指在插入块时不提示输入属性值,而是自动输入默认值,如果没默认值,则留空。“验证”和“预置”选项只在属性为可变值时为可选项。植物图例图块的每个属性都为不可见、固定值,所以在这里选中“不可见”和“固定”选项。

b. 属性选项组。

在该选项区可以确定属性的标记、提示以及值。标记相当于属性名,在右侧的文本框中输入属性标记,本例输入冠幅(m);提示右侧的文本框输入提示信息,在插入带可变属性的图块时,命令提示行会出现在这里输入的提示信息,对于固定属性,这一项不可用;在值的文本框中输入属性数值,本例中将冠幅定义为属性,则应该输入冠幅的大小。

c. 插入点选项组。

可以利用该选项区来确定属性文本插入时的基点。一般把属性的插入点定在图块的右侧。本例采用拾取点方式,在树的平面图右侧选择一点作为插入点。

d. 文字选项组。该选项区来确定文字的格式。

e. 在上一个属性下对齐。

该选项是将多个属性自动对齐。在定义第一个属性时,该选项不可用。在定义图块的第二个以及后面多个属性时,选择该项,“插入点”和“文字选项”这两个内容可以不设置,各个属性文字将自动对齐。

设置完后对话框的各个选项后,单击【确定】按钮,完成了树块第一个属性冠幅的定义。用相同的方法定义树块的属性树高和胸径,在定义属性对话框中选中“在上一个属性下对齐”这个选项,将树高和胸径这连个属性与属性冠幅自动对齐。

②定义带属性的块:定义图块属性后,就要定义图块了,具体的操作方法与前面讲述方法一致,可以创建内部图块,也可以创建外部图块。在定义图块选择对象时,要把属性和作为块的图形一起选择上。

③插入带属性的块:带属性的块插入方法与块的插入方法相同,只是在插入结束时,需要指定属性值。

④编辑属性及控制属性的可见性:把带属性的图块,插入到绘图文件后,还可以修改图块的属性值,也能控制属性的显示。选择【修改】|【对象】|【属性】|【块属性管理器】命令,出现“块属性管理器”对话框。先选择要编辑的图块,有两种方法:一种是单击“选择块”按钮,回到绘图屏幕中拾取要编辑的块,包括不带属性的图块;另一种是在块右侧的选择框中选择要编辑的图块。选中图块之后,图块的属性就显示在中间的选择框中,要修改图块的哪个属性就选中该属性,在单击“编辑”按钮,打开“编辑属性”对话框,在这个对话框中可以修改属性内容、属性文本选项及特征。图2.16中树块的属性都不可见,将其修改成可见。在属性选项卡中不要将“不可见”选项选中。把所有修改的内容修改完成后单击“确定”按钮,退出对话框回到绘图界面,完成属性的修改,修改后的图形如图2.18所示。

在园林设计平面图中有很多排列紧密的树木图块，如果将其属性都显示出来，图面会很混乱。所以，在定义图块时，一般将他们的属性设为不可见。

⑤属性的提取和处理：在块和块的属性中存在有大量的数据，如块的名称、块的插入点坐标、插入的比例、各个属性值等，需要时可以将他们提取出来。在园林设计中比较典型的例子就是自动生成苗木统计表。

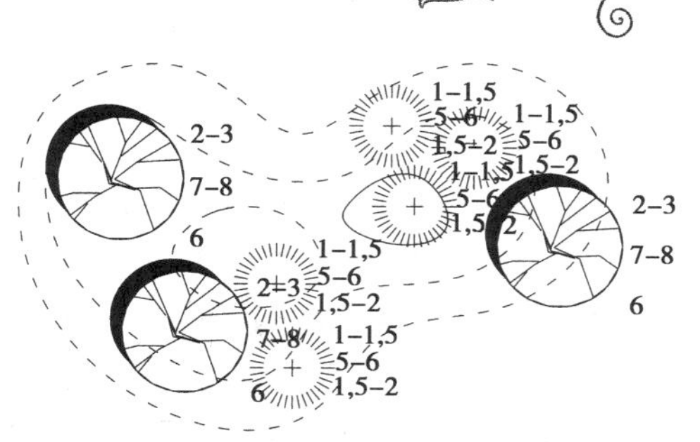

图 2.18 有属性的图块

将图中的树木用量自动统计出来，并生成苗木表，通过该例说明块属性的提取方法。

a. 选择【工具】→【属性提取】命令，打开“属性提取-选择图形”对话框，图形选择当前文件，从当前文件中的所有图块中提取信息。单击“下一步”按钮，进入“设置”对话框。

b. 在“属性提取-设置”对话框中，有两个选项，包括外部参照和包括嵌套块，是指也提取外部参照和嵌套块中的图块属性信息。本例中没有外部参照和嵌套块可以不选这两项。单击“下一步”按钮，进入“使用样板”对话框。

c. 在“使用样板”对话框中，可以选择使用样板文件或者不使用样板文件。在这里选中“无样板”选项。单击“下一步”按钮，进入“选择属性”对话框。

d. 在“选择属性”对话框，左边的列表列出了绘图文件中所有图块及其数量，在图块名称前打钩，表示要提取该图块的属性，不打钩则不提取。将需要提取属性的图块前面都打钩。将图块选中，该图块所在行变成蓝色，则右边列出了该图块的各种属性，将需要提取的属性前钩。在这里图块的属性只提取树高、胸径和冠幅，设置完成后单击“下一步”按钮，进入“查看输出”对话框。

e. 在“查看输出”对话框中，可以预览自动生成的苗木表，然后单击“下一步”按钮，进入“输出”对话框。

f. 在“保存样板”对话框中，如果单击“保存样板”按钮，则将当前设置保存到样板文件中，以后提取属性时可以按照这个样板文件进行，不必每次都进行设置。在这里不保存为样板文件，则直接单击“下一步”按钮，进入“输出”对话框。

g. 在“输出”对话框中，要设置输出文件的名称和路径以及文件格式。可以在文件名输入框中输入输出文件的名称和路径，也可以单击后面的按钮选择输出路径，在这里文件名可为苗木统计表，路径自定。在文件类型选择框中选择文件输出的类型，Microsoft Excel(*. xls)文件格式是苗木统计表中最常用的格式，在这里选中这种格式。然后单击“完成”按钮，系统按照设定的文件类型和路径自动输出一个称为“苗木统计表”的电子表格文件。

h. 找到刚才输出的文件，打开这个文件。这是一个完整的苗木统计表，但有些地方还需要修改一下，调整行宽和列宽的大小，并将文字在单元格居中。苗木表的电子表格文件可以用 OLE 方式插回到 AutoCAD 绘图文件中，也可以提供给预算人员编制预算。

i. 将生成的苗木表文件用 OLE 方式插回到 AutoCAD 文件中。打开苗木表文件，选择表格区域，如并将其复制到剪贴板。回到图形所在的绘图文件，将剪贴板中的内容复制到绘图文件中，此时会弹出 “OLE 特性”对话框，在这个对话框中可以调整插入内容的大小和文字格式等属性，一般采用默认值，直接单击“确定”按钮。表格的4个角和边线中点出现蓝色的控制点，将光标移动到控制点上，按住鼠标左键拖动可以调整表格的大小。将光标移动带表格内部区域，按住鼠标左键拖动，可以移动表格的位置，将表格移动到图中合适位置，并在表格上添加“苗木统计表”名称，如图2.19所示。

(2)创建带可变属性的图块　图块的另一个属性是可变属性，在插入带可变属性的块时，命令行提示要求输入属性的值。例如，园林图中要经常标注的标高，将标高符号创建为带可变属性的图块，将标高值作为可变属性赋予标高图块。在插入标高图块时，命令行提示输入标高值。现以创建标高图块为例，说明创建带可变属性图块的方法。

首先是定义前的准备工作，将标高符号图形绘制出来如图2.20(a)所示，再确定标高图块的属性值。

苗木统计表

名　称	数　量	胸径/cm	冠幅/m	树高/m
合欢	3	7~8	2~3	6
云杉	5	5~6	1~1.5	1.5~2

图2.19　苗木统计

图2.20　定义属性

①定义属性：选择【绘图】|【块】|【定义属性】命令，将弹出“属性定义”对话框。属性定义对话框参数数值设置如下：

a.模式。标高属性是可见的，而且属性是变化的，则该选项区中选项都不选中。

b.属性。在“标记”文本框输入“BG”；在“提示”文本框中输入“输入标高值”；在“值”文本框中输入“0.00”。

c.插入点。单击【拾取点】按钮回到绘图屏幕上直接选取属性的插入点B，如图2.20(b)所示。

d.文字选项。在“对正”选择框中选择“右”对齐方式，属性文本相对于插入点右对齐；在“文字样式”设置文字样式；在“高度”文本框中输入高度；在“旋转”文本框中保持默认设置“0”。

设置完对话框中所有选项，单击【确定】按钮，完成属性标高值的定义。

②定义带属性的块：具体的操作方法与前面讲述创建带固定属性图块的方式一致。在定义图块时，选择对象要把属性和作为块的图形一起选择上，插入点应捕捉图中的A点，文件名为标高，文件存储路径自定。

③插入带属性的块：启动插入图块命令，选择要插入的图块，如图2.21所示。

2.编辑图块的属性

利用“增强属性编辑器”编辑图块属性：

在AutoCAD 2013中，打开“增强属性编辑器”对话框的方式有3种：

(1)双击要编辑属性的图块。

(2)图标方式：单击“修改Ⅱ”工具条中的编辑属性按钮。

(3)菜单方式：选择菜单【修改】|【对象】|

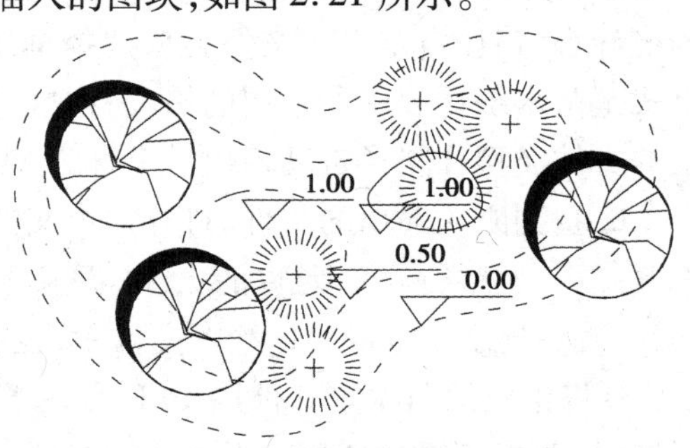

图2.21　带可变属性的“标高”图块

【属性】|【块属性管理器】(图 2.22)。

利用上述方法中的第一种,我们可直接打开如图 2.23 所示的对话框。而用第二、三种方法,则在单击相应按钮或【单个】菜单时,AutoCAD 在命令行会给出如下信息:“选择块”,用户只有在选择了带有属性的块后,AutoCAD 才会打开如图 2.23 所示的对话框。

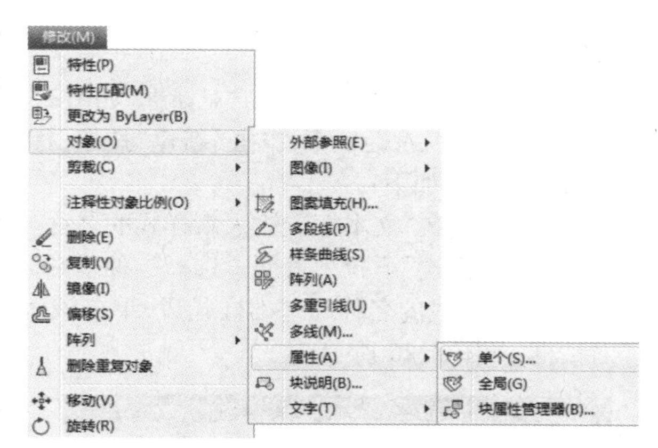

图 2.22 编辑图块中属性的菜单

单击“选择块”按钮从屏幕上点选要编辑的图块,也可以从“块”后面的选择框选择要编辑的图块,该选择框中列出了当前绘图文件所有的图块(包括不带属性的图块)。在中间的选择框中选定了要编辑的图块属性后,单击“编辑”按钮,将打开如图 2.24 所示的“编辑属性”窗口。

图 2.23 “块属性管理器”对话框

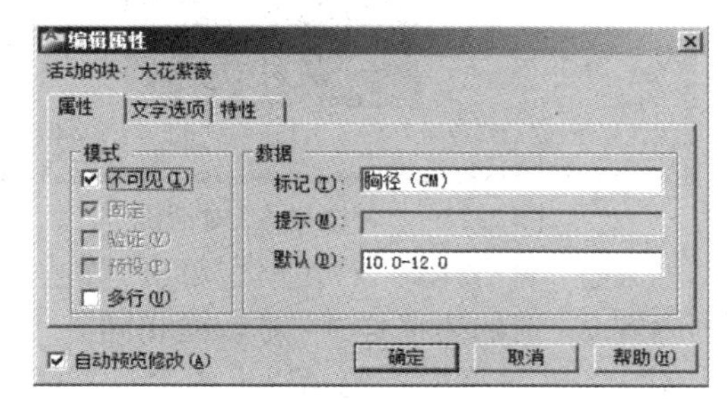

图 2.24 “编辑属性”对话框

在这里可以修改属性的各项内容及特性,如果希望属性在图形中不显示,则勾选“不可见(Invisible)”选项。修改完成后单击“确定”按钮回到上一个窗口。这里要注意,每项属性只能单独修改。修改完所有图块的所有属性后,单击“块属性管理器”窗口里的“确定”按钮则返回绘图界面。如果把属性由原来的可见设置成了不可见,回到绘图界面后要执行重新生成命令(Regen),才会消除原来显示的属性。对于树木平面图块,我们一般希望属性为不可见,因为园林设计平面图中往往有很多排列得很紧密的树木图块,若都显示属性,图面势必很混乱,所以最好在定义属性时就将它设为不可见,否则后期修改属性的工作量会很大。

2.4 表格

2.4.1 设置表格样式

1)命令的输入方法

(1)样式工具栏 单击样式工具栏中表格样式图标,按照命令行的提示进行操作。

(2)格式菜单 单击格式下拉菜单中的表格样式。

(3)命令行　Tablestyle。

2)选项说明

输入命令后,弹出“表格样式”对话框,如图 2.25 所示。

在“表格样式”对话框中,单击“新建”按钮,打开“创建新的表格样式”对话框创建新标注样式,各选项的功能如下:

(1)“新样式名”文本框　输入新样式的名称。

(2)“基础样式”下拉列表框　选择一种基础样式,新样式将在该样式基础上进行修改。

设置了新样式的名称和基础样式后,单击该对话框中的“继续”按钮,将打开“新建表格样式”对话框,如图 2.26 所示。

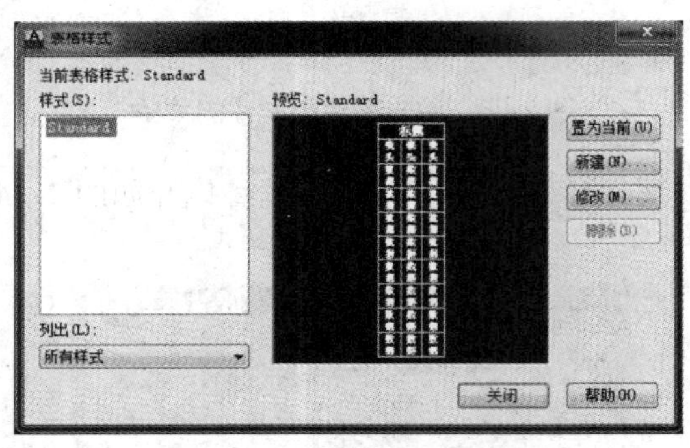

图 2.25　“表格样式”对话框

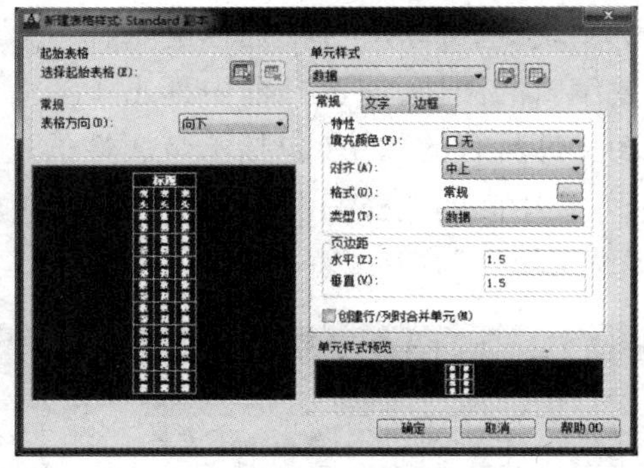

图 2.26　“新建表格样式”对话框

如果在“表格样式”对话框中单击“修改”按钮,将打开“修改表格样式”对话框,该对话框包括的内容与“新的表格样式”对话框相同。

创建新的表格样式包括以下内容:设置表格中“数据”“列标题”“标题”的单元特性及边框特性。

(1)文字样式　列出图形中的所有文字样式。

(2)文字高度　设置文字高度。

(3)文字颜色　指定文字颜色。可以选择“选择颜色”以显示“选择颜色”对话框。

(4)填充颜色　指定单元的背景色。默认值为“无”,可以选择“选择颜色”以显示“选择颜色”对话框。

(5)对齐　设置表格单元中文字的对正和对齐方式。文字根据单元的上下边界进行居中对齐、靠上对齐或靠下对齐,文字相对于单元的左右边界进行居中对正、左对正或右对正。

(6)栅格线宽　设置栅格线宽。

(7)栅格颜色　指定栅格颜色。

2.4.2　创建表格

1)命令的输入方法

(1)绘图工具栏　单击绘图工具栏中的创建表格图标▦,按照命令行提示进行操作。

(2)绘图菜单　单击绘图下拉菜单中的表格。

(3)命令行　Table。

2)选项说明

输入命令后,弹出"插入表格"对话框,如图 2.27 所示,利用该对话框可以创建表格,对话框中主要参数含义如下:

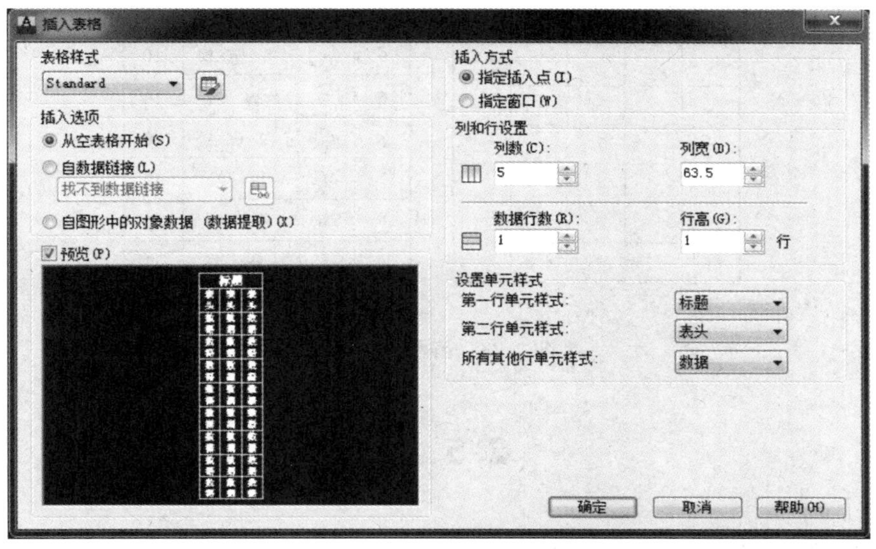

图 2.27 "插入表格"对话框

(1)表格样式设置 在表格样式名称的下拉框中选择表格样式。

(2)插入方式 指定表格位置。

(3)指定插入点 指定表格左上角的位置。可以使用定点设备,也可以在命令行上输入坐标值。如果表格样式将表格的方向设置为由下而上读取,则插入点位于表格的左下角。

(4)指定窗口 指定表格的大小和位置。可以使用定点设备,也可以在命令行上输入坐标值。选定此选项时,行数、列数、列宽和行高取决于窗口的大小以及列和行设置。

(5)列和行设置 设置列和行的大小和数目。

2.4.3 操作实例

创建如图 2.28 所示的苗木图例表格,具体操作步骤如下:

①输入"表格样式"命令,执行"修改"选项。

②"数据"单元中,设置"文字高度"为 1 000,"水平"单元边距为 20,"垂直"单元边距为 50。

③勾选"列标题"单元中"包含页眉行"和"标题"单元中"包含标题行"。

④点击"确定"按钮,完成 Standard 表格样式设置。

⑤输入"表格"命令,在"插入表格"对话框中,设置表格样式为"Standard",列为"5",列宽为"2 000",数据行为"10",行高为"1"。点击"确定"按钮。在绘图区中点取一点,插入该表格,得到图 2.28(a)。

⑥利用相应的编辑命令对图 2.28(a)进行修改,最终完成图 2.28(b)中表格的绘制。

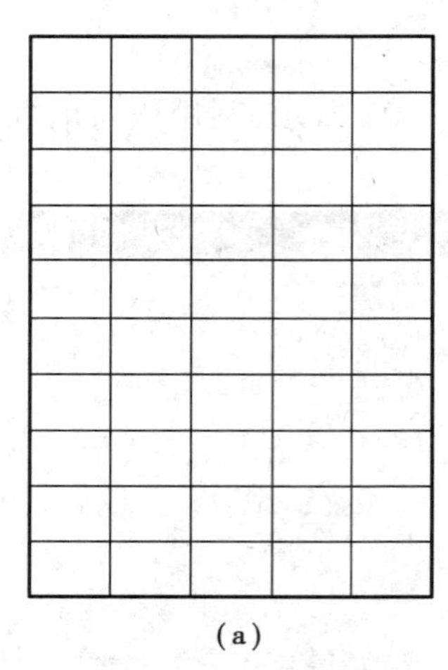

序 号	图 例	名 称	数 量
1		悬 铃 木	10
2		垂 柳	7
3		合 欢	10
4		元 宝 枫	10
5		碧 桃	10
6		白 皮 松	20
7		雪 松	19
8		郁 李	9
9		紫 薇	21

(a) (b)

图 2.28 苗木图例表格

2.5 点

2.5.1 点样式设置

1)命令的输入方法

(1)格式菜单 单击格式下拉菜单中的点样式。

(3)命令行 ddptype。

2)选项说明

输入命令后弹出“点样式”对话框,选择所需要的点样式,如图 2.29 所示。

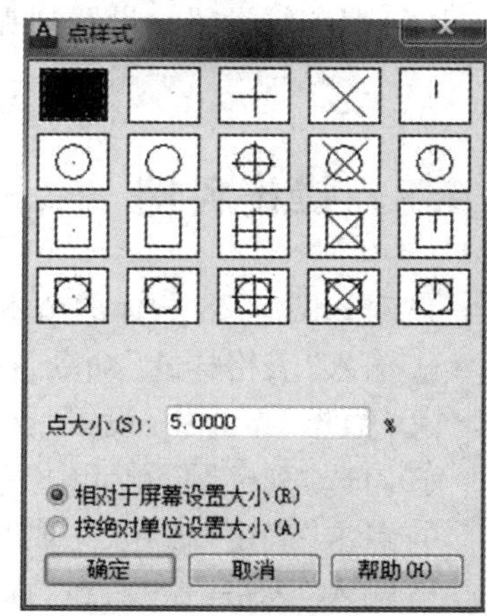

图 2.29 “点样式”对话框

2.5.2 定数等分

1)命令的输入方法

(1)绘图菜单 单击绘图下拉菜单中的【点】|【定数等分】。

(2)命令行 divide。

2)选项说明

(1)输入线段数目 在“输入线段数目或[块(B)]”提示信息下输入线段的数目,系统将沿选定对象等间距的放置点对象。

(2)块(B) 在“输入线段数目或[块(B)]”提示信息下输入“B”,命令行显示以下提示信息:

输入要插入的块名:
是否对齐块和对象?[是(Y)/否(N)] <Y>:
输入线段数目:

在“输入要插入的块名”提示信息下输入要插入的块名称,系统将沿选定要定数等分的对象等间距的放置该图块。

2.5.3 定距等分

1)命令的输入方法

(1)绘图菜单　单击绘图下拉菜单中的【点】|【定距等分】。

(2)命令行　measure。

2)选项说明

(1)输入线段长度　在“输入线段长度或[块(B)]”提示信息下输入线段的长度值,系统将以该长度作为间隔距离放置点对象。

(2)块(B)　在“输入线段长度或[块(B)]”提示信息下输入“B”,命令行显示以下提示信息:

输入要插入的块名:
是否对齐块和对象?[是(Y)/否(N)] <Y>:
输入线段长度:

在“输入要插入的块名”的提示信息下输入要插入的块名称,系统将以“输入线段长度”作为间隔距离放置该图块。

3)操作实例

已知一条曲线,乔木的图例已定义为名为“柳树”的块,沿曲线以5 000距离等距绘制柳树。

①将柳树图块移动到样条曲线的起点位置。

②命令行:measure。

③在“输入线段长度或[块(B)]”提示信息下输入“B”。

④在“输入要插入的块名”的提示信息下输入“柳树”。

⑤在“输入线段长度”的提示信息下输入“5 000”。

效果如图2.30所示。

图2.30　利用定距等分绘制等距树木

2.6　图案填充

2.6.1　图案填充

1)功能

在 AutoCAD 中,可以对封闭的区域进行图案填充。在绘制园林图时,为了标识某一个区域的意义或用途,通常需要将其填充为某一种图案,以区别于图形中的其他部分。

2)命令输入方法

(1)绘图工具栏　单击绘图工具栏,按照命令行的提示进行操作。

(2)绘图菜单　单击绘图下拉菜单中的图案填充。

(3)命令行　Bhatch 或 BH。

3)选项说明

输入命令后弹出"图案填充"对话框,如图 2.31 所示。对某一区域进行图案填充,主要过程可分为指定填充图案和指定填充区域两个步骤,操作方法如下:

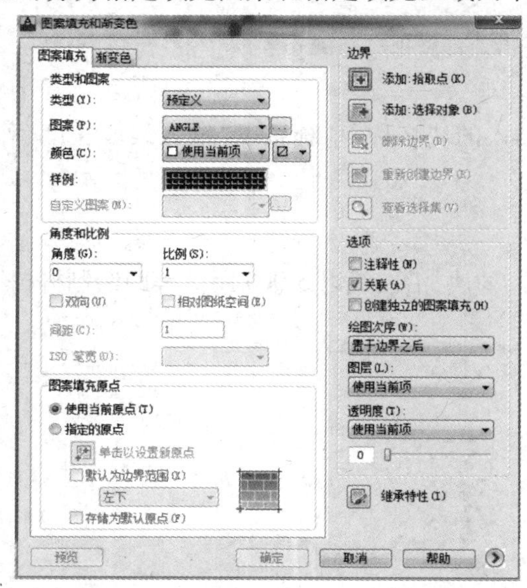

图 2.31　"图案填充和渐变色"对话框

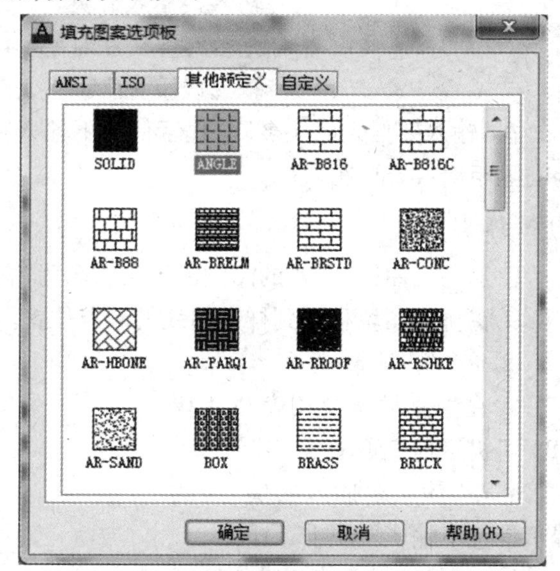

图 2.32　"填充图案选项板"对话框

(1)指定填充图案

图案:显示当前选用的图案的名称。单击"图案"右侧的【...】按钮或点击"样例"中的图案样式,可以打开"填充图案调色板"对话框,如图 2.32 所示,在该对话框中选择图案。

样例:显示选择的图案样例。

比例:放大或缩小图案。值越大,填充的图案越稀疏,反之越密。过疏或太密均无法完成图案填充,值太大时命令行会提示:"无法对边界进行图案填充";过小时提示:"图案填充间距太密,或短划尺寸太小"。

角度:图案旋转角度。

(2)指定填充区域

拾取点:通过点取点的方式来自动产生一条围绕该点的边界。使用这种方式指定填充区域,要求拾取点的周围边界无缺口,否则将不能产生正确边界。

选择对象:通过选择对象的方式来产生一条封闭的填充边界。如果边界有缺口则缺口部分填充的图案会出现线段丢失。

2.6.2 编辑图案填充

1)功能

在完成了图案填充后,有时会对图案填充进行修改。

2)命令输入

(1)修改Ⅱ工具栏　单击修改Ⅱ工具栏,按照命令行的提示进行操作。

(2)修改菜单　单击绘图下拉菜单中的【对象】|【图案填充】。

(3)命令行　Hatchedit。

输入命令后,系统弹出"图案填充编辑"对话框。该对话框与"图案填充"对话框相似,其中某些选项被禁止使用,利用此对话框进行图案填充的修改。

2.6.3 操作实例

如图2.33(a)所示,将中间主路和圆弧形甬路进行填充铺装,达到图2.33(b)的效果。具体操作步骤如下:

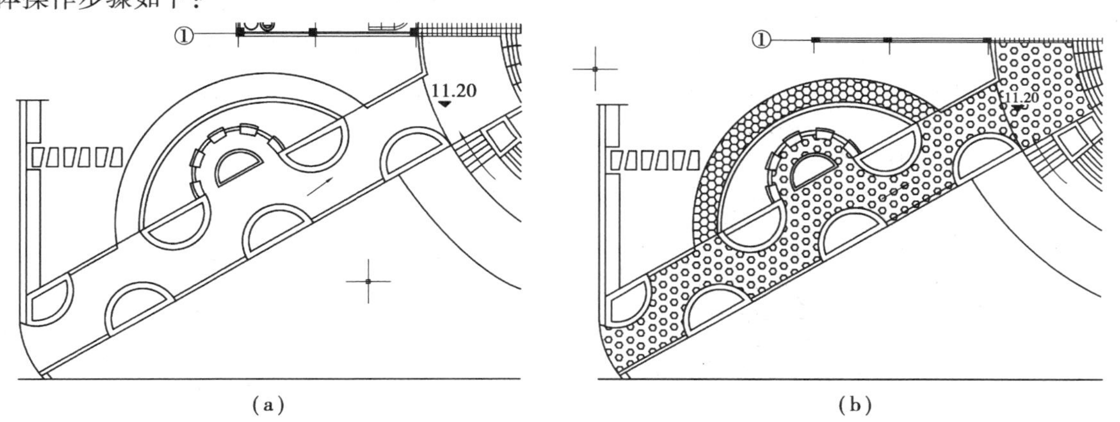

图2.33　绘制广场铺装

①输入"图案填充"命令,在弹出的对话框中,设置图案为"HONEY",比例为"125"。

②单击"拾取点"按钮,返回绘图屏幕。在圆弧形区域中拾取一点。

③单击右键,在弹出的对话框中选择“预览”。如果填充效果不满意,单击左键返回“图案填充”对话框,进行调整,直至效果满意,并点取右键接受。

④ 输入“图案填充”命令,在弹出的对话框中,设置图案为“HEX”,比例为“1 500”。

⑤单击“拾取点”按钮,返回绘图屏幕。在主路区域中拾取一点。

⑥单击右键,在弹出的对话框中选择“预览”。如果填充效果不满意,单击左键返回“图案填充”对话框,进行调整,直至效果满意,并点取右键接受。

案例实训

1. 目的要求

通过实训掌握基本图形绘制命令的使用方法。

2. 实训内容

(1)绘制一段水平直线,长度为10 000 mm,然后以该线段的中点为起点绘制一段斜向右上方45°的直线,长度为8 000 mm。

图2.34 箭头

(2)用多段线绘制如图2.34所示的箭头,箭杆宽度50 mm,箭羽尾部150 mm,尖端为0。

(3)绘制如图2.35所示等距排列的图形。

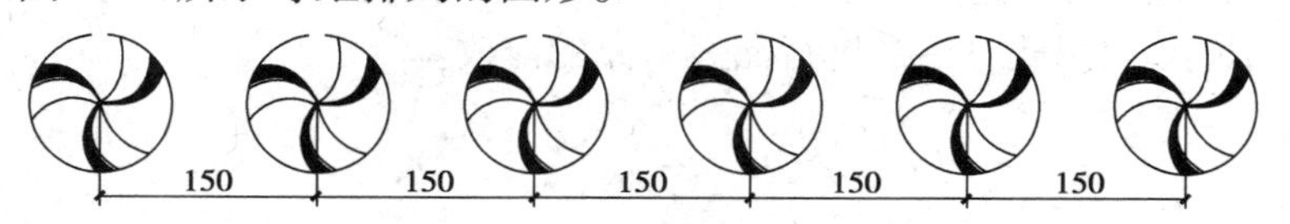

图2.35 等距图形

(4)绘制如图2.36所示路面铺装样式。

(5)绘制一个如图2.37所示的树木图例,图案的直径约为3 500 mm。给它定义4个属性:①胸径=10.0~12.0 cm;②冠幅=2.5~3.0 m;③苗高=3.5~4.6 m;④土球直径=0.7~0.8 m。将绘制好的平面图及定义的属性一起定义为一个名称为“大花紫薇”的外部块。

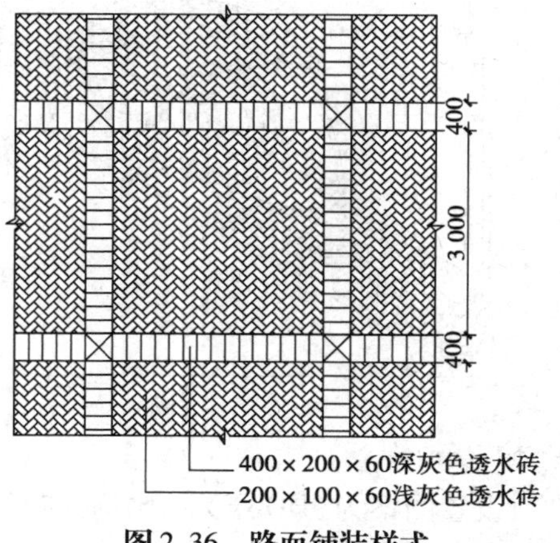

图2.36 路面铺装样式

图2.37 树木图例

3. 考核标准

考核项目	分 值	考核标准	得 分
工具的应用	30	掌握各种工具的操作步骤	
熟练程度	20	能在规定时间内完成绘制	
灵活应用	30	能综合运用多种工具绘制,能举一反三	
准确程度	20	绘制完成的图形和尺寸正确	

复习思考题

1. 直线与多段线的适用范围有何不同?
2. 绘制正方形、正多边形、圆的方法有哪些?
3. 绘制 60×90 矩形,可采用哪些方法?
4. 为什么宜在“0”图层创建图块?
5. 如何定义块属性?块属性的用途是什么?
6. 插入带有属性的图块时,块的属性值可以修改吗?有什么目的?
7. 图案填充的方法有哪几种?

3 图形编辑

【知识要求】

- 掌握常用的二维编辑操作技巧。
- 掌握修改命令常用输入方法。
- 掌握常用对象选择的基本方法。
- 掌握图形尺寸与位置调整的基本方法。
- 掌握图形复制操作的几种方法。
- 掌握常用修饰图形的基本方法及夹点编辑的使用。

【技能要求】

- 能够灵活选择有效编辑方法编辑园林图形。
- 能熟练进行图形编辑操作。

3.1 对象选择

单独使用二维绘制命令只能绘制简单的图形，绘制复杂图形时还需要对图形进行编辑操作。在对图形对象进行编辑时，需要确定所要编辑的对象，即选择对象。选择对象可以在输入编辑操作之前，也可以在编辑操作之后。在 AutoCAD 中选择对象的方法很多，常用的有单击、窗口选择、交叉窗口选择、栏选择、减选及快速选择等多种方式。

3.1.1 CAD 编辑操作的方式

AutoCAD 命令的操作过程一般是先输入要执行的命令，然后根据命令提示执行相应的操作，这种方式称为动宾操作方式，适用于所有的编辑操作；为了兼容 Windows 用户的操作习惯，修改命令也可以先选择要编辑的对象，然后输入要运行的命令，这种方式称为主谓式。以删除命令为例，操作过程如下：

1）动宾操作方式

在作图区右侧的修改工具栏中，鼠标左键单击“删除”命令按钮，在命令行的提示下，选择要删除的图形对象，选中后按鼠标右键或回车键，选中的对象被删除。

2）主谓操作方式

首先选择要删除的对象，然后鼠标左键单击“删除”命令按钮，对象被删除。

3.1.2 选择对象的方式

1）单击

单击一个图形对象，该对象以虚线显示或带有蓝色的夹点，表示已被选中。

2）窗口选择（Windows）

在作图区左侧单击一点 a 或 b，然后移动鼠标到所选择区域的右一点 c 或 d，这时在 a、c 或 b、d 两点间出现一个带有填充颜色的实线窗口，单击鼠标左键，可将完全包围在窗口中的对象选中，图中的 4 条平行线被选中。鼠标移动的方式会直接影响窗口选择的效果。上述窗选的方法，只有完全被包含在矩形窗口中，对象才能被选中。如果我们首先在 c 处单击鼠标左键，再向左上方拖动，选区仍为 a、b、c、d，则图中的 4 条平行线、圆形的区域、圆形中间的叠加水池，都会被选中。

3）交叉窗口选择（Crossing Windows）

在所选对象的右侧区域用鼠标左键单击一点 d 或 c，然后移动鼠标到左侧单击一点 b 或 a，这时在两点间出现带有填充颜色的虚线窗口，单击左键，可将全部包含在窗口中的或与窗口相交的对象选中，图 3.1 中的对象全部被选中。

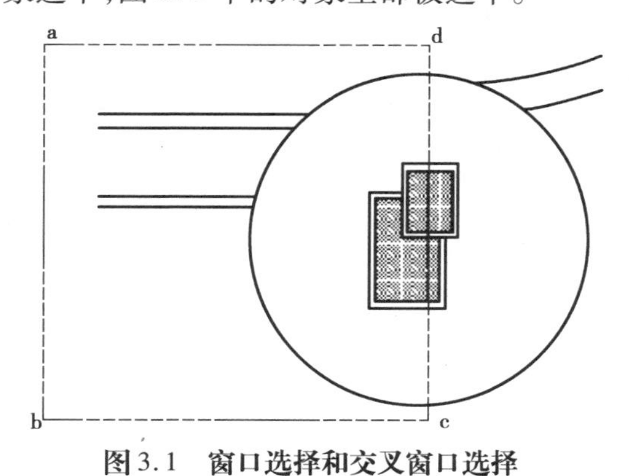

图 3.1 窗口选择和交叉窗口选择

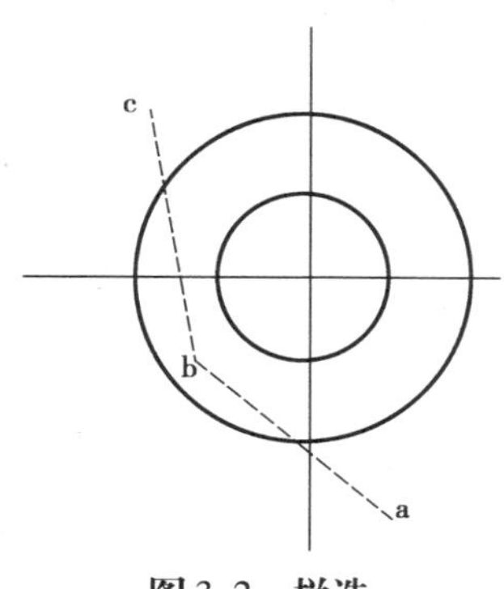

图 3.2 栏选

4）栏选（Fence，快捷键为 F）

栏选仅适用于动宾操作方式，下面以删除对象为例介绍其用法。

如图 3.2 所示，鼠标左键单击按钮，在命令行提示选择对象时，输入栏选快捷键“F”，右键单击或回车，命令行提示“第一栏选点：”，鼠标左键单击第一点 a，移动鼠标后，单击第二点 b，在两点间显示一条虚线，再单击第三点 c，然后单击鼠标右键确认，栏选结束。这时虚线穿过的对象均被选中，按右键或回车键，图中的大圆和直线均被删除。

5)全选(All)

全选仅适用于动宾操作方式,下面仍以删除对象为例介绍其用法。

输入删除操作,在命令行提示“选择对象”时,输入“All”,这时图中所有的对象均被选中,右键单击或按回车键,所有的对象均被删除。

6)减选

把多选择的对象从选择集中减掉。进行编辑操作时,如果选择了多余的对象,可以按〈Shift〉键后,单击鼠标左键、窗选、交叉窗口选择,则被选中的对象从选择集中减掉;单击〈Esc〉键或单击鼠标右键,在弹出的快捷菜单中单击其中的“全部不选”,可放弃已选择的所有对象。

7)快速选择

用于创建一个符合用户所指定的对象类型和对象特性的选择集,即具有特定属性的对象被添加到选择集或从选择集中排除。园林中常用此命令来进行苗木数量的统计。

使用方法:选择菜单命令【工具】→【快速选择】,或在命令行中输入“Qselect”,或在绘图区单击鼠标右键,在弹出的快捷菜单中选择“快速选择”选项(图3.3),都将弹出“快速选择”对话框,如图3.4所示。

图3.3 右键快捷菜单

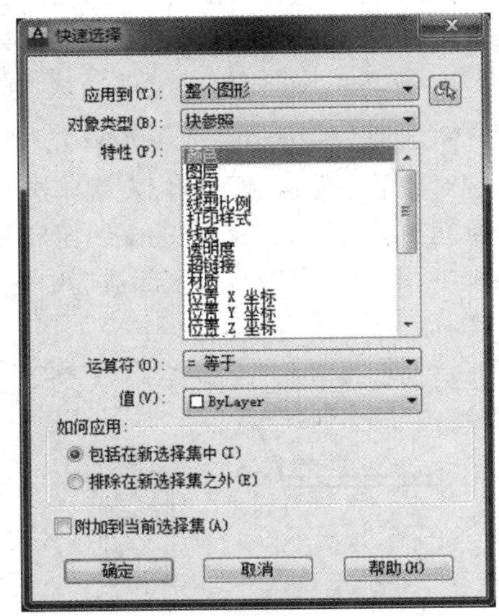

图3.4 “快速选择”对话框

3.2 调整对象的尺寸与位置

在AutoCAD中编辑对象的尺寸与位置时,经常使用的命令有“缩放”“拉伸”“拉长”“移动”和“旋转”等。

3.2.1　缩放（Scale）

1）功能

缩放命令用于将对象相对于指定的基点放大或缩小指定的比例，从而改变对象的尺寸大小，与视图缩放的结果是完全不同的。

2）命令的输入方法

(1)修改工具栏　单击缩放图标，按照命令行的提示进行操作。

(2)修改菜单　缩放(L)。

(3)命令行　Scale，快捷键为Sc。

3）选项说明

(1)基点　在比例缩放中的基准点（即缩放中心点）。选择基点时一般要选择在图形对象的几何中心或特殊点上，一般结合目标捕捉的方式来指定。

(2)比例因子　按指定的比例缩放选定的对象。

(3)参照(R　　考值与指定值之间的比例作为比例因子缩放对象，可以将对象准确地缩放到指定的大

4）操作实例

按给定比　　所示，(a)为原图，(b)为放大1.5倍的效果，(c)为缩小2倍的效果　　缩放为直径5 m(5 000)。具体操作步骤如下：

①输入纟

②捕捉　　时单击鼠标左键拾取圆心作为缩放基点。

③输入1.5后回车，或输入　　后回车。得到图(b)、(c)。

④输入缩放命令，选择缩放对象。

⑤捕捉图(a)中树木符号的圆心，同时单击鼠标左键拾取圆心作为缩放基点。

⑥输入“R”进行参照缩放。

⑦结合捕捉功能，左键单击树木符号左端象限点，然后单击树木符号右端象限点，两个象限点之间的距离作为指定参照长度。

⑧输入5 000，回车确认新的长度。

(a)原始大小

(b)放大1.5倍

(c)缩小2倍

(d)参照缩放

图3.5　树木的等比例缩放

3.2.2 拉伸(Stretch)

1)功能

拉伸(或压缩)与选择窗口边界相交的对象,包括圆弧、椭圆弧、直线、多段线线段、二维实体、射线和样条曲线,全部位于选择窗口之内的对象只能被移动。

2)命令的输入方法

(1)修改工具栏　单击拉伸图标,按照命令行的提示进行操作。

(2)修改菜单　单击修改下拉菜单中的 拉伸(H)。

(3)命令行　Stretch,快捷键为S。

3)选项说明

(1)选择对象　要以交叉窗口或交叉多边形的方式选择要拉伸的对象。对于完全处于交叉窗口或交叉多边形内部的对象,只产生移动,不被拉伸。

(2)指定基点或[位移(D)]〈位移〉　指定拉伸的基点或输入位移坐标。

(3)指定第二点或〈使用第一点作为位移〉　指定第二点,或按〈Enter〉键使用以前的坐标作为位移。如果输入第二点,对象将从基点到第二点作为拉伸矢量距离。如果在"指定位移的第二点"提示下按回车键,第一点将被作为拉伸位移,一般要指定位移的第二点。

4)操作实例

使用拉伸命令,将图3.6(a)拉伸为图3.6(e),具体操作步骤如下:

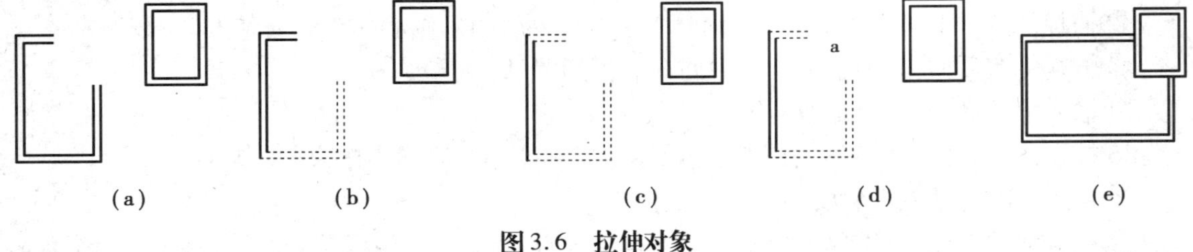

图3.6　拉伸对象

①输入拉伸命令。

②交叉选择需要拉伸的对象,如图(b)左边的花池,此时花池的右边完全选中,只能移动,下底部分选中,可以拉伸。

③继续选择图(c)左边花池的上边,注意不要完全选中,否则只能移动,不能拉伸。

④按回车键或右键结束目标选择。

⑤指定拉伸基点,如图(d)上的a点所示。

⑥打开对象捕捉与极轴追踪,追踪与方形花池的交点,单击左键确定,得到图(e)。

3.2.3 移动(Move)

1)功能

把选择的对象从一个位置移动到另一个位置,与视图的平移不同,移动后所选对象的位置发生了改变,而视图的平移不改变图形中对象的位置或放大比例,只改变视图的显示。

2)命令的输入方法

(1)修改工具栏　单击修改工具栏✥,按照命令行的提示进行操作。

(2)修改菜单　单击修改下拉菜单中的✥ 移动(V)。

(3)命令行　move,快捷键为 m。

3)选项说明

(1)选择对象　可以使用多种选择方法选择要移动的对象,结束选择按回车键或右键。

(2)指定基点或[位移(D)]〈位移〉　指定基点或输入"D"。

(3)指定第二点或〈使用第一点作为位移〉　根据这两个点决定的位置矢量移动对象。

4)操作实例

使用移动命令将树木雪松移到花坛的中央,作为花坛的主景,如图 3.7(a)所示。

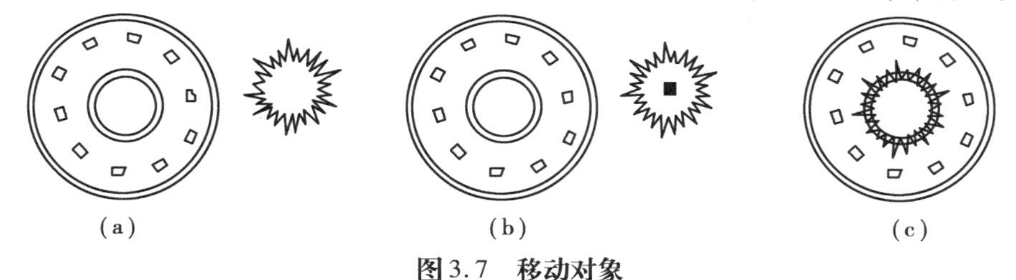

(a)　(b)　(c)

图 3.7　移动对象

①输入移动命令。

②选择雪松,如图(b)所示。

③按回车键或右键,结束对象的选择。

④结合目标捕捉,捕捉雪松的圆心。

⑤结合目标捕捉,捕捉花坛的圆心作为雪松移动的第二点,左键单击确认,同时命令结束,结果如图(c)所示。

3.2.4 旋转(Rotate)

1)功能

把选择的单一对象或一组对象绕指定的基点在指定方向上旋转给定的角度。旋转的角度是指相对角度或绝对角度,旋转后对象的位置将作相应的改变。

2)命令的输入方法

(1)修改工具栏　单击修改工具栏 ,按照命令行的提示进行操作。

(2)修改菜单　单击修改下拉菜单中的 旋转(R) 。

(3)命令行　Rotate,快捷键为 Ro。

(4)快捷菜单　选择要旋转的对象,在绘图区域中单击鼠标右键,单击【旋转】。

3)选项说明

(1)指定基点　指定旋转的基点,可以在对象上指定一个特殊点,如对象的中心点、端点等。

(2)指定旋转角度或[复制(C)/参照(R)]　直接输入旋转的角度,回车即可完成旋转。如果在旋转的同时需要复制,则输入 c,再输入旋转的角度。

(3)参照(R)　执行该选项后,系统要求指定参照角度和所需的新角度,然后将对象从指定的角度旋转到新的绝对角度。参照旋转可用于将矢量化底图旋转校正到准确的方向。

4)操作实例

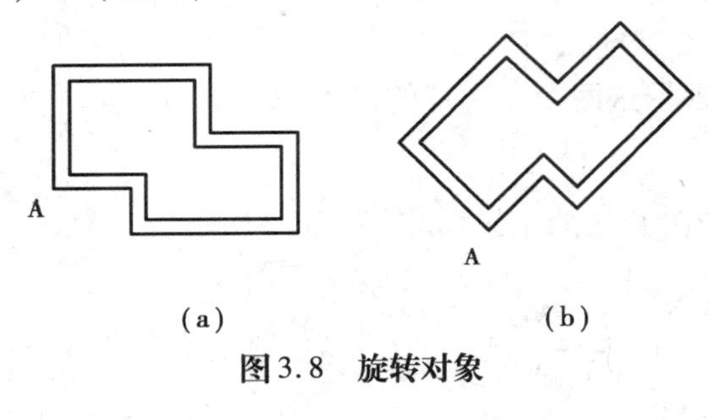

图3.8　旋转对象

将如图3.8(a)所示的规则水池绕基点 A 旋转 45°,结果如图(b)所示。

①以上述几种方式中的任意一种命令输入方式,输入旋转操作。

②在"选择对象:"的提示下,选择图(a)所示的规则水池。

③在"指定基点:"提示下,鼠标左键捕捉图(a)所示的 A 点。

④在"指定旋转角度或[复制(C)/参照(R)]:"提示下,输入 45,并按回车键或右键,命令结束。

3.3　对象的复制操作

AutoCAD 作为主要的二维操作软件,其功能的强大不仅在于绘图直观方便,而且具有很强大的复制编辑功能,可以提高绘图速度,其复制编辑操作主要包括复制、镜像、阵列、偏移等操作。其中复制用于不规则的复制操作,镜像、阵列、偏移用于规则的复制操作。

3.3.1　复制(Copy)

1)功能

复制对象是用来复制一个已有的实体,然后将其粘贴到指定位置的一种操作,主要用于不规则的复制操作。

2)命令的输入方法

(1)修改工具栏　单击修改工具栏 ,按照命令行的提示进行操作。

(2)修改菜单　单击修改下拉菜单中的 复制(Y) 。

(3)命令行　COPY,快捷键为 CO 或 CP。

(4)快捷菜单　选择要复制的对象,在绘图区域中单击鼠标右键,单击【复制】。

3)选项说明

(1)指定第二点或 <使用第一点作为位移>　根据这两个点确定的位置矢量移动复制的对象。

(2)如果在“指定第二个点”提示下按回车键,第一点将被理解 X,Y,Z 位移。例如,如果指定基点为(100,300),并在下一个提示下按〈Enter〉键,对象将从其当前位置复制到 X 方向 100 个单位,Y 方向 300 个单位的位置。

(3)COPY 命令将重复以方便操作,要退出该命令可以按回车键或右键的“确认”按钮。

复制操作在园林设计平面图的绘制中,主要用于园林树木的自然点植。

4)操作实例

树木的自然点植,如图 3.9(a)所示,根据园林植物的配置原则,将两种树木图块雪松和石榴按照自然点植的方式种植在绿地中,结果如图 3.9(c)所示。

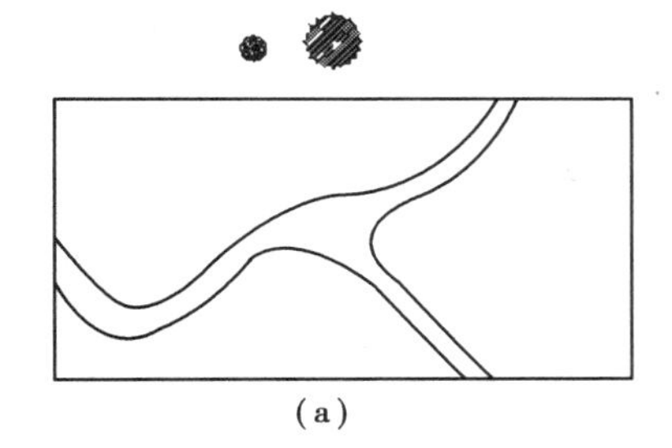

(a)

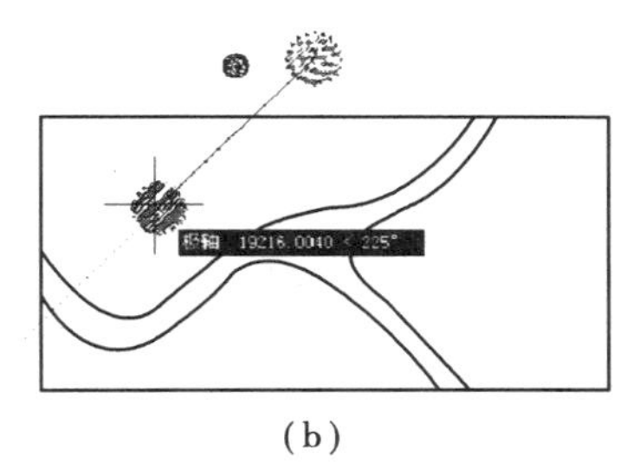

(b)

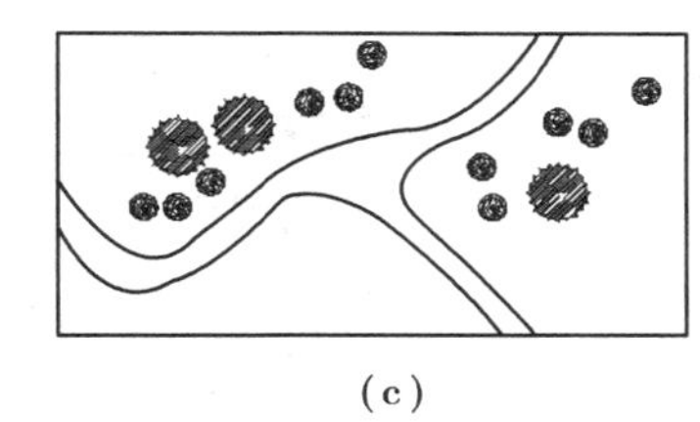

(c)

图 3.9　复制对象

①输入 COPY,启动复制命令。

②选择图(a)所示的常绿树雪松,并按回车键或右键结束目标的选取。

③结合目标捕捉,捕捉雪松的圆心,如图(b)所示。

④在适当位置用光标捕捉种植点,并点击鼠标左键确定种植点。

⑤继续用鼠标左键点击第二个种植点,直到完成雪松的种植。

⑥另一种树木石榴的种植方式同雪松,结果如图 3.9(c)所示。

3.3.2 镜像(Mirror)

1)功能

可以得到所选择图形关于某条对称轴线的对称图形,用于对称图形复制绘制。另外对于某些不完全对称的图形,也可以用镜像命令编辑后,然后对复制的图形稍作修改。

2) **命令的输入方法**

(1) 修改工具栏　单击修改工具栏，按照命令行的提示进行操作。

(2) 修改菜单　单击修改下拉菜单中的 镜像(I)。

(3) 命令行　Mirror，快捷键为 Mi。

3) **选项说明**

(1) 指定镜像线的第一点　结合对象捕捉，选定镜像对象的对称轴线上的一点。

(2) 指定镜像线的第二点　选定镜像对象的对称轴线上的另一点，由这两点构成一条镜像对称轴线。

4) **操作实例**

使用镜像命令，将图 3.10(a) 所示的花池分别以正方形的水平对称轴线和垂直轴线为对称轴，镜像得到其他 3 个花池，如图 3.10(d) 所示。

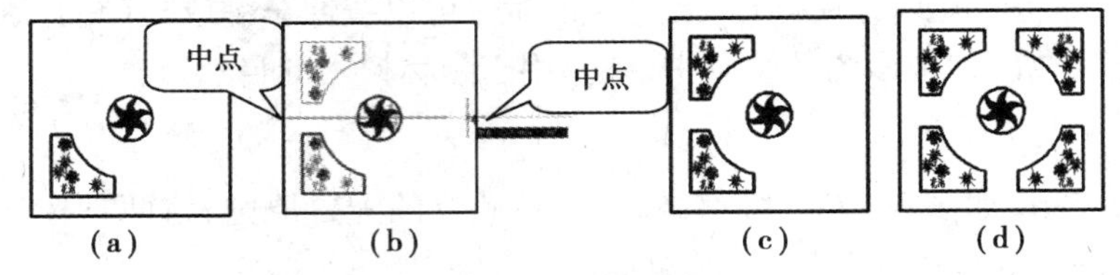

图 3.10　镜像对象

①输入镜像命令。

②用多种选择方式选择花池。

③用鼠标左键捕捉正方形左边的中点，并单击左键。

④在水平极轴追踪线的提示下，在水平方向任意确定一点，或捕捉正方形右边的中点，并单击左键，确定镜像线，如图 3.10(b) 所示。

⑤按回车键或单击鼠标右键，得到如图 3.10(c) 所示的效果。

⑥重复执行上述操作，在"选择对象"提示下，选择左边的两个花池，提示选择镜像点时，分别选择正方形的上下底边的中点，不删除源对象，最终得到如图 3.10(d) 所示的图样。

5) **关于文字镜像的说明**

当镜像对象中有文本、属性时，镜像后的文本、属性等对象的可读性由系统变量 MIRRTEXT 决定，其默认值是 1，文字操作不具有可读性如图 3.11 所示；当 MIRRTEXT 的值为 0 时，文字镜像后具有可读性。

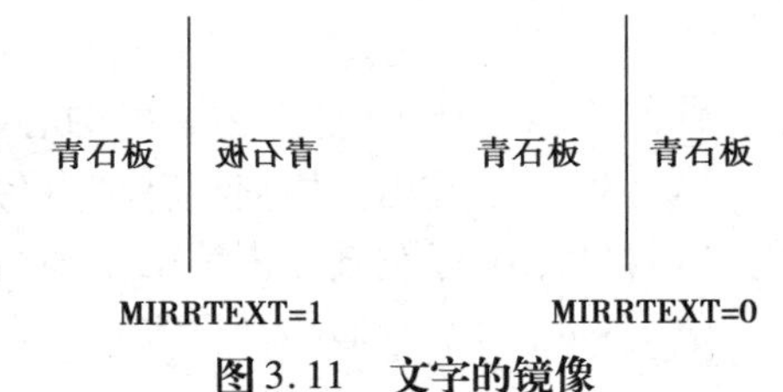

图 3.11　文字的镜像

3.3.3　阵列 (Array)

1) **功能**

AutoCAD 2013 的阵列包括矩形阵列、路径阵列和环形阵列 3 种，按 3 种方式有规则的多重复制对象，复制后每个对象都可以独立处理。

2)命令的输入方法

(1)修改工具栏 单击修改工具栏右下角的三角形，选择阵列的方式，按照命令行的提示进行操作。

(2)修改菜单 单击修改下拉菜单中的，选择阵列的方式。

(3)命令行 Array，快捷键为 Ar，再根据命令行提示选择不同的阵列类型。

3)阵列操作

(1)矩形阵列 单击选择 AutoCAD 2013“修改”面板上“矩形阵列”旁边的倒三角，从弹出的菜单中选择“路径阵列”；或选择菜单【修改】|【阵列】|【矩形阵列】；或输入命令 ARRAY-RECT。按照命令行选择需要阵列的图形，选择完后单击鼠标右键，提示按照命令行的提示(图 3.12)，输入 R，再按命令行的提示输入需要阵列的行数后，命令行提示如图 3.13 所示，输入距离，然后命令行提示如图 3.14 所示，如为平面图，此时采用其默认值 0，否则则需要输入数值。再根据下一步提示(图 3.15)输入 COL，再按命令行的提示输入需要阵列的列数，再输入列间距，右击“确认”完成矩形阵列。

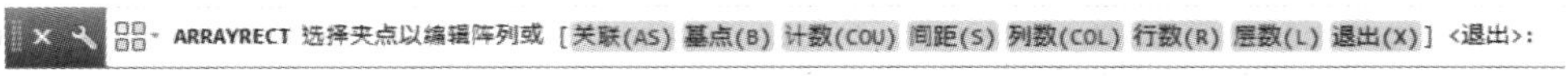

图 3.12 按矩形阵列命令行提示输入 R

图 3.13 按矩形阵列命令行提示输入行间距的数值

图 3.14 按矩形阵列命令行提示直接回车默认 0

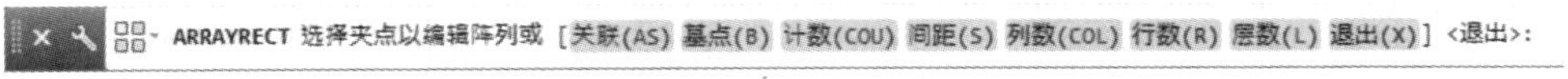

图 3.15 按矩形阵列命令行提示输入 COL

(2)路径阵列 路径阵列就是沿路径平均分布对象，路径可以是直线、圆弧、样条曲线、多段线、三维多段线、圆、椭圆、螺旋线。

单击选择 AutoCAD 2013“修改”面板上“矩形阵列”旁边的倒三角，从弹出的菜单中选择“路径阵列”；或选择菜单【修改】|【阵列】|【路径阵列】；或输入命令 ARRAYPATH。根据命令行的提示选择要阵列的图形，并右击结束选择，再选择路径(如直线、多段线、三维多段线、样条曲线、螺旋、圆弧、圆或椭圆)作为阵列的路径。此时命令行提示如图 3.16 所示，路径上出现方形和三角形夹点，拖动方形夹点可调整阵列的行数，调整三角形的夹点可以确定路径方向上的等分个数。行数也可根据命令行提示输入 R，之后输入行数的数值。

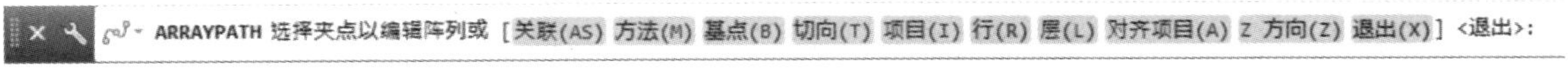

图 3.16 路径阵列命令行提示

(3)环形阵列 环形阵列是指将制定的对象围绕圆心实现多重复制；进行环形阵列后，对象呈环形分布。

单击选择 AutoCAD 2013“修改”面板上“矩形阵列”旁边的倒三角，从弹出的菜单中选择“环形阵列”；或选择菜单【修改】|【阵列】|【环形阵列】；或输入命令 ARRAPOLAR。根据命令行的提示选择要环形阵列的图形，并右击结束选择。此时命令行提示如图 3.17 所示。

ARRAYPOLAR 选择夹点以编辑阵列或 [关联(AS) 基点(B) 项目(I) 项目间角度(A) 填充角度(F) 行(ROW) 层(L) 旋转项目(ROT) 退出(X)] <退出>:

图 3.17 环形阵列命令行提示

关联(AS):指关联阵列,任何一个单元之间都是关联着的,修改其中的任何一个单元,其他的也跟着变化。[基点(B)]的原则是任意的,但为了实际生产需要,选取的原则应该是为了作图方便。

项目(I):表示阵列复制对象的数量(包含源对象)。根据作图的需要进行输入。

项目间角度(A):表示相邻两个单元之间与中心点之间的夹角。

填充角度(F):表示环形阵列包含的角度范围,默认填充角度为360°。填充角度默认逆时针方向为正值,顺时针方向为负值。

行(ROW):表示向外辐射的圈数。行间距则表示圈与圈之间的径向距离。而标量增高表示相邻圈之间在 Z 轴方向的垂直距离。[层(L)]选项表示在 Z 轴方向的层数,包括层数与层间距两个参数。

旋转项目(ROT):则表示对象在旋转过程中是否跟随着旋转。默认为"是(Y)",即对象跟着旋转。如果不想让对象跟着旋转则选"否(N)"。

如果要对已知阵列的对象进行修改,只需左键双击对象就可以进行参数设置与修改了。也可以输入指令 Arrayedit,进行相应的修改。

4)操作实例

如图 3.18 所示,直线(其倾斜角度未知)为园路的边界,在其一侧与其平行的直线方向向外栽植 3 行 4 列树木,行距为 5 000,列距为 5 000,如图 3.18 所示。

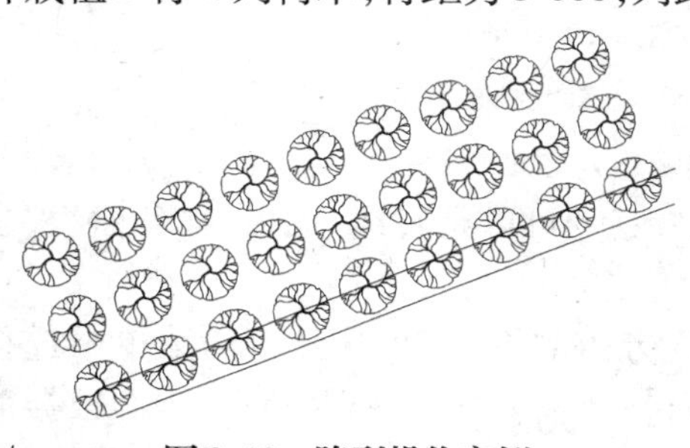

图 3.18 阵列操作实例

①输入 ARRAYPATH 命令,或选择菜单【修改】|【阵列】|【路径阵列】。

②根据命令行的提示,选择图中的树图块,结束选择按回车键或右键,再选择图中上方的直线作为路径。此时命令行提示如图 3.16 所示,路径上出现方形和三角形夹点,拖动方形夹点可调整阵列的行数,调整三角形的夹点可以确定路径方向上的等分个数。行数也可根据命令行之后输入行数的数值。

③根据命令行提示输入 R,输入 3,再输入行距 5 000。

④单击蓝色三角形的夹点,直接输入列间距 5 000,结果如图 B 所示。

3.3.4 偏移(Offset)

1)功能

用于将直线、圆弧、圆、多边形、多段线、云线等进行平行复制,即复制对象与源对象之间是平行关系,如果偏移封闭的图形(如圆、正多边形等),则偏移后对象被放大或缩小,通过该命令可以创建同心圆、平行线或等距曲线。

2)命令的输入方法

(1)修改工具栏　单击修改工具栏，按照命令行的提示进行操作。

(2)修改菜单　单击修改下拉菜单中的 偏移(S)。

(3)命令行　Offset，快捷键为 O。

3)选项说明

输入偏移命令后，命令行提示指定偏移距离或[通过(T)/删除(E)/图层(L)]<通过>。

(1)指定偏移距离　以直接输入偏移距离的方式复制对象。

指定偏移距离后，命令行提示选择要偏移的对象，或[退出(E)/放弃(U)]<退出>，此时选择要偏移的对象(可以选择多个)，右击结束命令或继续选择其他对象进行相应的偏移操作。

(2)通过(T)　以指定通过点的方式复制对象。

确定新对象要通过的点，即可实现偏移复制。

(3)删除(E)　被偏移的原对象被删除。

输入"E"后，AutoCAD 2013 提示：要在偏移后删除源对象吗？[是(Y)/否(N)]<否>，用户做出对应的选择后，AutocAD 2013 提示：指定偏移距离或[通过(T)/删除(E)/图层(L)]<通过>(根据提示操作即可)。

(4)图层(L)　确定将偏移后得到的对象创建在当前图层还是源对象所在图层。

4)操作实例

给定直线 A 和 B，用偏移中指定距离的方式绘制方格网，偏移距离为 5 000，如图 3.19 所示。

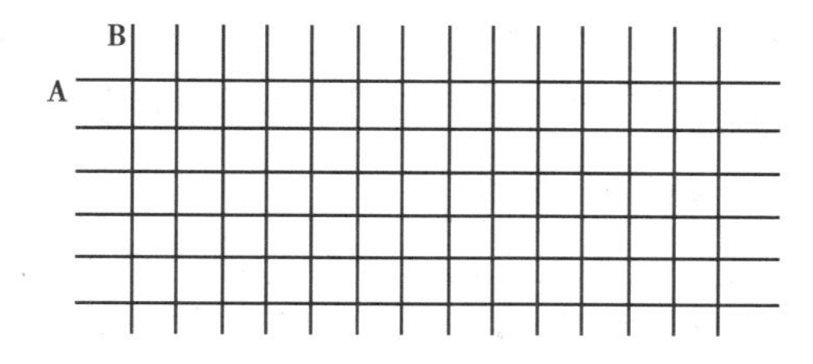

图 3.19　偏移示例

①输入偏移命令。

②在命令行输入 5 000，并按回车键。

③选择 B 直线。

④在直线 B 的右侧任意一点单击鼠标左键，偏移复制出第一条直线，再单击复制出的第一条直线，在其右侧单击左键，偏移复制出第二条直线，依此类推，重复上述的操作，完成方格网的绘制。

3.4　对象的修饰

对象的修饰操作包括删除、分解、修剪、延伸与打断、倒角和圆角，通过不同的操作将图形编辑成需要的形状，删除命令将多余的对象删掉，分解命令在有图块插入的图形中显得尤为重要。

3.4.1 删除(Erase)

1)功能

删除(Erase)用于将多余对象从图形中删除掉。

2)命令的输入方法

(1)修改工具栏　单击修改工具栏,按照命令行的提示进行操作。

(2)修改菜单　单击修改下拉菜单中的 删除(E)。

(3)命令行　Erase,快捷键为E。

3)选项说明

选择对象:选择要被删除的对象,可以以多种方式选择对象,结束选择后,按回车键或右键,执行删除操作,命令结束。

3.4.2 分解(Explode)

1)功能

将一个整体合成对象分解成单一对象,可以分解的对象包括多段线、正多边形、图块、尺寸标注、引线、多行文字、面域、填充图案、三维实体等。

2)命令的输入方法

(1)修改工具栏　单击修改工具栏,按照命令行的提示进行操作。

(2)修改菜单　单击修改下拉菜单中的 分解(X)。

(3)命令行　Explode,快捷键为X。

3)选项说明

(1)选择对象　使用多种选择对象的方法,选择结束后,按回车键或右键结束选择,同时执行了分解命令,对象被分解为单一对象,命令结束。

(2)根据分解的合成对象类型的不同结果会有所不同。

3.4.3 修剪(Trim)

1)功能

沿指定的修剪边界修剪对象中的某些部分。可以被修剪的对象有直线、圆弧、圆、多段线、射线、样条曲线、面域、填充图案、尺寸、文本等对象,除图块、网格、三维面、轨迹线以外均可作为边界的对象。

2）命令的输入方法

(1)修改工具栏　单击修改工具栏-/--,按照命令行的提示进行操作。

(2)修改菜单　单击修改下拉菜单中的 -/-- 修剪(T)。

(3)命令行　Trim,快捷键为Tr。

3）选项说明

(1)投影(P)　用来指定剪切时系统使用的投影方式。

(2)边(E)　确定修剪对象是在剪切边的延长线处进行修剪,还是仅在与剪切边相交处进行修剪。

4）操作实例

将图3.20(a)所示的图修剪成图3.20(b)所示的图。

①输入修剪操作。

②选择图(a)中的直线A、B、C、D以及椭圆作为剪切边,结束选择后按回车键或右键确认。

③分别用鼠标左键单击图中需要修改的地方,结果如图3.20(b)所示。

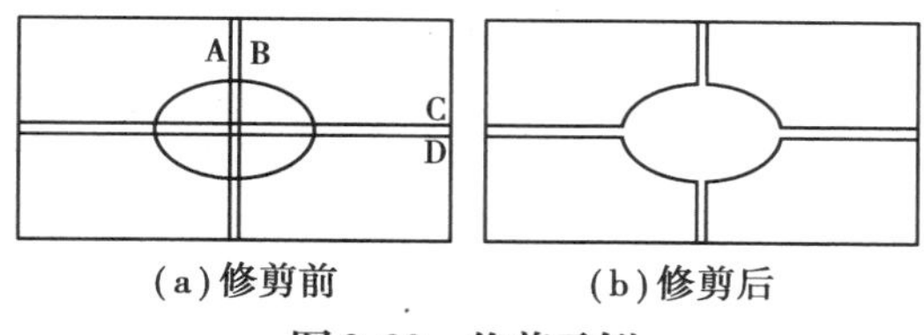

(a)修剪前　(b)修剪后

图3.20　修剪示例

3.4.4　延伸(Extend)

1）功能

将图形对象延伸到指定的边界,可以被延伸的对象有圆弧、椭圆弧、直线、多段线、射线,样条曲线不能被延伸。

2）命令的输入方法

(1)修改工具栏　单击修改工具栏--/,按照命令行的提示进行操作。

(2)修改菜单　单击修改下拉菜单中的 --/ 延伸(D)。

(3)命令行　Extend,快捷键为Ex。

3）操作实例

采用延伸命令,将中心线延长,使其超出图形轮廓线500,如图3.21(a)所示。

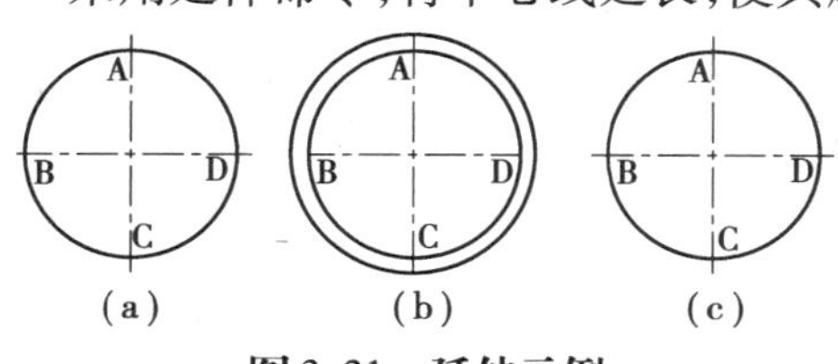

(a)　(b)　(c)

图3.21　延伸示例

①输入偏移命令,在命令行中输入500并回车确认。

②选择图3.21(a)中的圆,用鼠标左键在图3.21(a)中的圆外任意一点单击,得到图3.21(b),单击鼠标右键或按回车键,结束偏移命令。

③输入延伸命令。

④选择上一部偏移复制出的大圆,按右键或回车键。

⑤分别用鼠标左键单击图中两条中心线的A、B、C、D 4个端点。

⑥输入删除命令,删除大圆,最终得到的结果如图3.21(c)所示。

3.4.5 打断(Break)

打断对象是指将对象在某点处打断(即一分为二),或在两点之间打断对象,即删除位于两点之间的那部分对象。

1)功能

删除对象在两个指定点之间的部分或将对象在一个点上断开,直线、圆弧、圆、多段线、椭圆、样条曲线、圆环等都可以拆分为两个对象或将其中的一段删除。

2)命令的输入方法

(1)修改工具栏　单击修改工具栏、第一个为打断于点,第二个是在两点之间打断选定的对象。打断于点工具在单个点处打断选定的对象,使一条直线或其他对象变成两条。有效对象包括直线、开放的多段线和圆弧。不能在一点打断闭合对象(如圆)。

(2)修改菜单　单击修改下拉菜单中的 打断(K)。

(3)命令行　Break,快捷键为Br。

3)选项说明

(1)指定第二个打断点或[第一点(F)]　指定第二个打断点或输入"F"。

①直接指定第二个打断点后,对象在第一个打断点与第二个打断点之间断开。

②输入"F"后,可以重新指定点来替换原来的第一个打断点,指定一点后,系统接着提示"指定第二个打断点:",两个指定点之间的对象部分将被删除。

(2)要将对象一分为二并且不删除某个部分,输入的第一个点和第二个点应相同。通过输入"@"指定第二个点,则两个点位于同一个位置,实现一点打断。注意,圆不能被同点打断。

(3)对于圆、椭圆按逆时针方向删除圆周上第一个打断点到第二个打断点之间的部分。

4)操作实例

使用打断命令,将图3.22(a)所示的图形进行打断修饰成如图3.22(c)所示的图形。

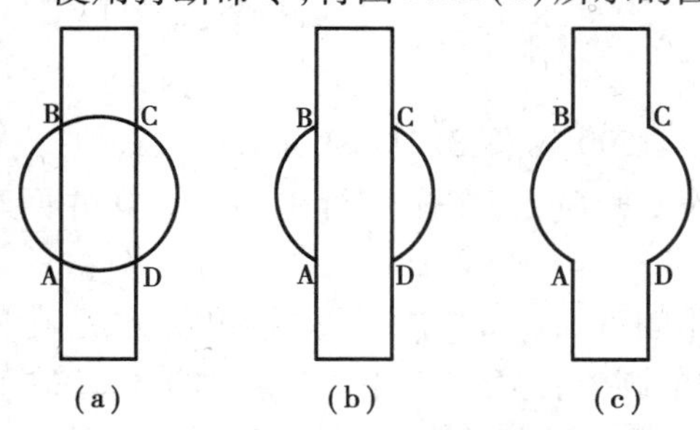

图3.22　打断示例

①输入打断命令,选择圆。

②输入"F",用光标捕捉点A,用光标捕捉点D,在A、D两点之间的圆弧被打断。

③重复上述操作,再将B、C两点间的弧打断,注意此时第一个打断点为C,第二个打断点为B,结果如图3.22(b)所示。

④再次输入打断命令。

⑤选择直线AB,以重新指定打断点的方式打断直线,结合目标捕捉,在命令行提示"指定第一个打断点:"时,指定点A,"指定第二个打断点:"时,指定点B。

⑥重复上一步操作,打断直线CD,结果如图3.22(c)所示。

3.4.6 圆角(Fillet)

1)功能

以指定半径的圆弧来连接两个对象,用来给对象添加圆角,如道路、栏杆等。被圆角的对象可以是两段圆弧、圆、椭圆弧、直线、多段线、射线、样条曲线或构造线。

2)命令的输入方法

(1)修改工具栏 单击修改工具栏,按照命令行的提示进行操作。

(2)修改菜单 单击修改下拉菜单中的 圆角(F)。

(3)命令行 Fillet,快捷键为 F。

3)选项说明

(1)选择第一个对象 选择要被二维圆角的两个对象中的第一个对象,或选择要被圆角的三维实体的边。

(2)多段线(P) 为多段线一次性倒好所有的圆角。

(3)半径(R) 指定圆角半径。输入的值将成为后续圆角命令的“当前半径”,修改此值并不影响现有的圆角弧。

(4)修剪 打开或关闭修剪模式。“修剪”模式是指修剪倒角边到圆角弧端点;“不修剪”是指不修剪倒角边。输入的模式将成为后续圆角命令的“当前模式”。

(5)多选(M) 给多个对象加圆角。系统将重复显示“选择第一个对象或[放弃(U)/多段线(P)/半径(R)/修剪(T)/多选(M)]:”和“选择第二个对象”提示,直到用户按回车键结束命令。

4)操作实例

将图 3.23(a)所示的直线 A、B、C、D 倒圆角。

①输入圆角命令,输入“R”并回车,输入 5 000回车。

②鼠标左键单击直线 A,鼠标左键单击直线 B,结果直线 A 与直线 B 的交点被圆角。

③重复上述操作,将直线 C、D 进行同样的圆角,结果如图 3.23(b)所示。

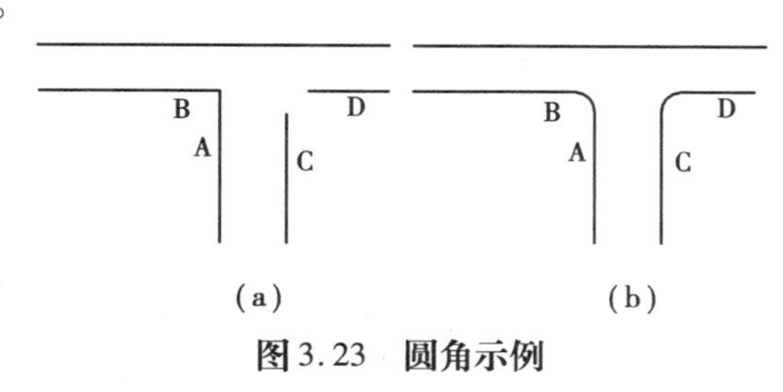

图 3.23 圆角示例

3.4.7 倒角(Chamfer)

1)功能

以指定的距离为两条非平行的直线倒角,被倒角的对象可以是直线、多段线、射线和构造线。

2)命令的输入方法

(1)修改工具栏　单击修改工具栏◻,按照命令行的提示进行操作。

(2)修改菜单　单击修改下拉菜单中的◻ 倒角(C)。

(3)命令行　Chamfer,快捷键为 Cha。

3)选项说明

(1)距离(D)　设置倒角距离。

(2)角度(A)　通过指定角度和距离的方法设置倒角的方式。

(3)方式(E)　在“距离”和“角度”两个选项之间选择一种倒角方式。系统默认方式为“距离”方式。

4)操作实例

利用倒角命令,将图 3.24(a)所示的图形进行倒角处理,其效果如图 3.24(b)所示。

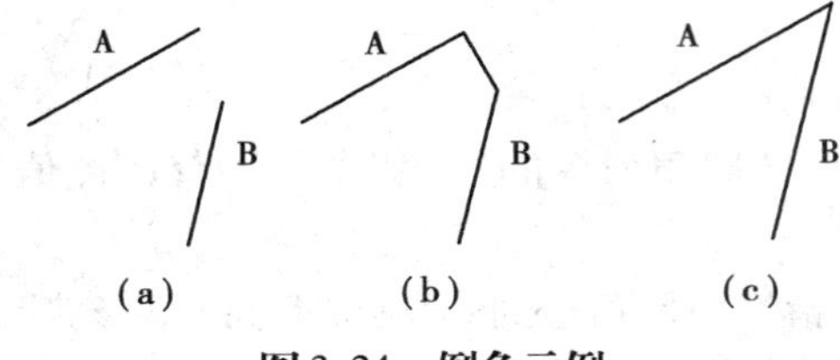

图 3.24　倒角示例

①输入倒角命令,输入“D”并回车。

②在命令行输入 3 000,4 000。

③分别选择直线 A、B,结果如图 3.24(b)所示。

如果输入的倒角距离都为 0 时,则会直接把两条直线连接上,如图 3.24(c)所示。

3.5　夹点编辑

在没有输入任何操作时,单击图形中的对象时,对象关键点上出现的一些实心的带有颜色的小方框就是夹点。鼠标左键激活这些夹点后,可以将对象进行快速拉伸、移动、旋转、缩放或镜像。

3.5.1　夹点设置

1)功能

可以设置选中夹点的颜色和未选中夹点的颜色、夹点大小、夹点的执行方式等。

2)命令的输入方法

(1)菜单输入　【工具】|【选项】。

(2)命令行　Options,快捷键为 OP。

3)选项说明

打开选项中的“选择集”选项卡,可根据需要对夹点及其颜色进行设置(图 3.25)。

3.5.2 夹点拉伸

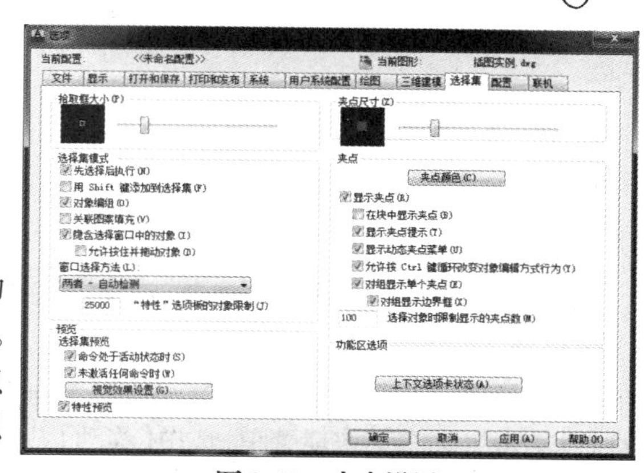

图 3.25 夹点设置

1)功能

夹点拉伸功能与“拉伸(Stretch)”命令的功能相似,在拉伸的同时还可以多重复制对象。不是所有的对象都能被拉伸,当所选择的基点为圆心、文本插入点、图块插入点等时,对象只能被移动。

2)选项说明

(1)拉伸点　指定基夹点。

(2)基点(B)　确定新的基点,然后进行拉伸操作。

(3)复制(C)　拉伸的同时可以复制对象。

3)实例

调整样条曲线的形状,如图 3.26 所示。

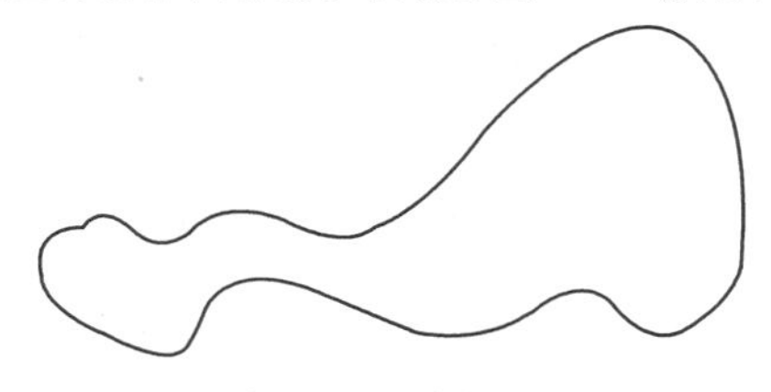

图 3.26 样条曲线

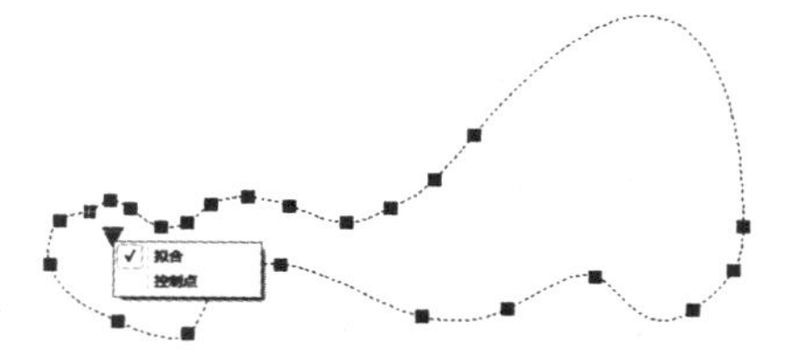

图 3.27 拟合与控制点选项

①鼠标左键单击样条曲线。此时样条曲线上出现一个三角形的夹点和多个方形夹点。

②单击三角形的夹点,这个夹点变成我们在【选项】中所设置的夹点颜色(默认是红色的),此时的点称为热点,夹点变成红色,同时出现快捷选项“拟合”和“控制点”,选择“拟合”和“控制点”(图 3.27),出现的拟合点和控制点分别如图 3.28 和图 3.29 所示。

③单击要调整位置的夹点,移动光标,样条曲线的形状随之发生变化。

④光标在夹点处停留,出现快捷选项(图 3.28、图 3.29),可根据需要添加和删除拟合点或控制点。

⑤重复②③可以调整多个夹点的位置,得到所需要的曲线形状。

⑥在进行拉伸操作时,选中“复制(C)”,可以边拉伸边复制。

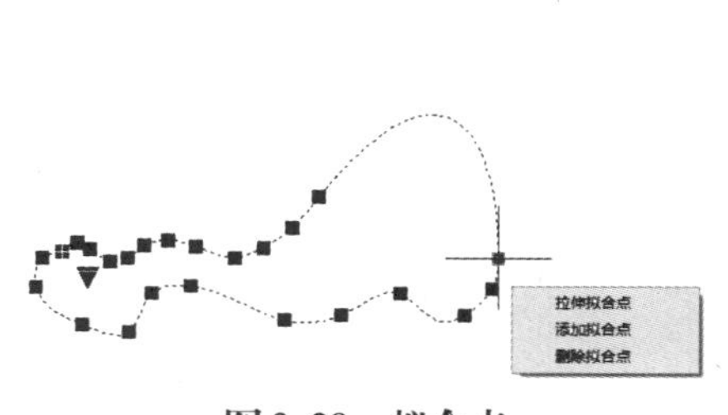

图 3.28 拟合点

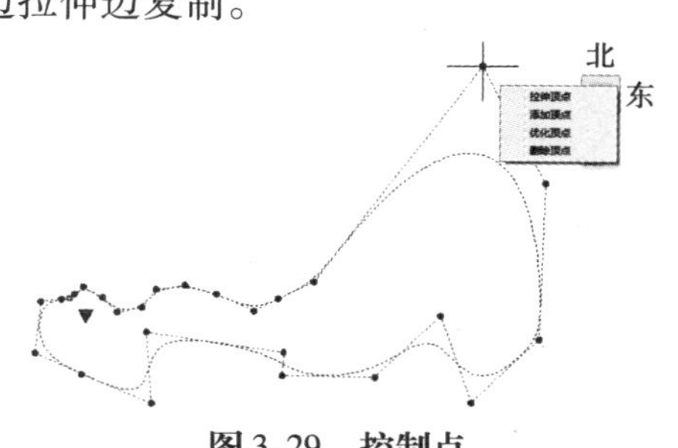

图 3.29 控制点

3.5.3 夹点移动

1）功能

夹点移动功能与“移动（Move）”命令的功能相似，在移动的同时还可以多重复制对象。

2）选项说明

当选择对象并选定夹点后，命令行提示与夹点拉伸相同，按回车键或在命令行输入“mo”，也可以单击鼠标右键快捷菜单，选中【移动】，系统进入夹点移动模式。

3.5.4 夹点旋转

1）功能

夹点旋转功能与“旋转（Rotate）”命令的功能相似，在旋转的同时还可以多重复制对象。

2）选项说明

当选择对象并选定夹点后，命令行提示与夹点拉伸相同，连续按两次回车键或在命令行输入“Ro”，也可以单击鼠标右键快捷菜单，选中【旋转】，系统进入夹点旋转模式。

（1）指定旋转角度或选择其他选项。在指定旋转角度时，可以通过输入角度值或采用拖动的方式确定旋转角，旋转的基点为选中的基夹点。

（2）其他选项的含义及操作可参见“夹点拉伸”和“旋转（Rotate）”命令。

3）实例

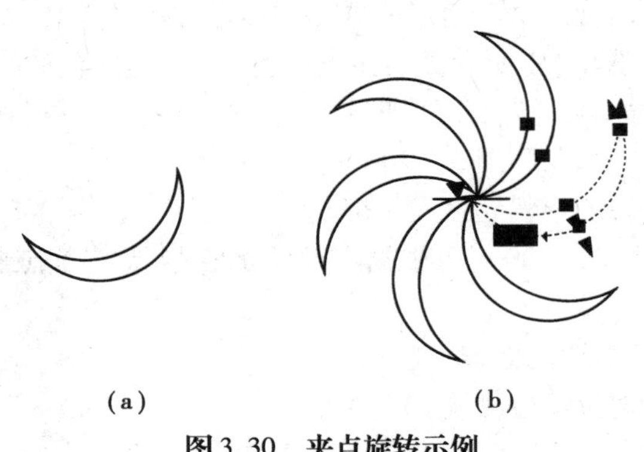

图3.30 夹点旋转示例

将图3.30（a）所示的对象进行夹点旋转操作，结果如图3.30（b）所示。

①选中图3.30（a）所示的对象，选择左端点作为基夹点。

②以上述任意一种方式输入夹点旋转操作，同时输入复制操作。

③在状态栏中将极轴按钮打开，增量角设置为60或在命令行输入60。

④重复输入角度的操作或结合极轴追踪，完成绘制。

3.5.5 夹点缩放

1）功能

夹点缩放功能与“比例缩放（Scale）”命令功能相似，在缩放的同时还可以复制对象。

2)选项说明

当选择对象并选定夹点后,命令行提示与夹点拉伸相同,连续按3次回车键或在命令行输入"sc",也可以单击鼠标右键快捷菜单,选中【缩放】,系统进入夹点缩放模式。该模式下的"参照(R)"选项参见"比例缩放(Scale)"命令,其他选项的操作与夹点拉伸模式相似,这里不再赘述。

3.5.6 夹点镜像

1)功能

夹点镜像功能与"镜像(Mirror)"命令的功能相似,在镜像的同时还可以进行多重复制。

2)选项说明

当选择对象并选定夹点后,命令行提示与夹点拉伸相同,连续按4次回车键或在命令行输入"mi",也可以单击鼠标右键快捷菜单,选中【镜像】,系统进入夹点镜像模式。

"指定第二点":系统把夹点作为镜像的第一点,系统提示指定第二个点时,用户可以以输入点的坐标、捕捉特殊点或捕捉追踪方式确定第二个点,这样系统以夹点和第二个点所确定的直线为镜像线,将所选定的对象进行镜像。其他选项的操作与夹点拉伸模式相似,这里不再赘述。

3.6 编辑多段线、多线和样条曲线

多段线、多线和样条曲线的编辑比较复杂,有的编辑命令是前面学习过的一些编辑命令的组合,但是掌握这些编辑命令后,将会大大提高我们的绘图效率,下面逐一介绍各编辑命令的使用。

3.6.1 编辑多段线

1)功能

该命令可以闭合一条非封闭的多段线或打开一条封闭多段线;可以把任意多条相邻线段、弧和二维多段线连成一条二维多段线;可以设置多段线的线宽;还可以移动、增加、删除多段线的顶点。

2)命令的输入方法

(1)修改工具栏　右击任意工具,打开【修改Ⅱ】工具栏,单击,按照命令行的提示进行操作。

(2)修改菜单　单击修改下拉菜单中的【对象】|【多段线】(图3.31)。

(3)命令行　Pedit,快捷键为Pe。

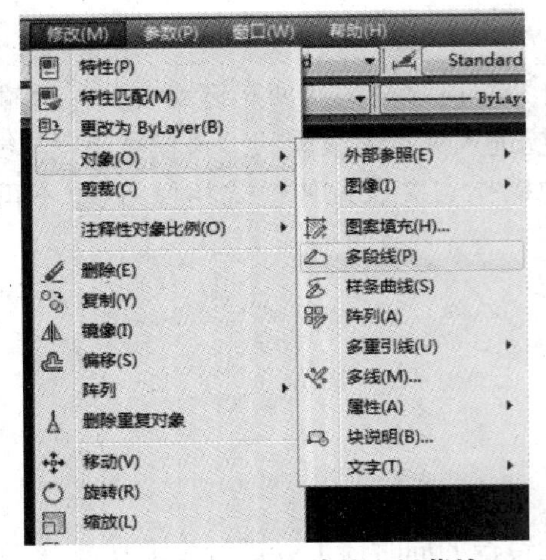

图 3.31 编辑多段线的二级菜单

3)主要选项说明

当输入多段线编辑命令后,命令行提示:"PEDIT 选择多段线或[多条(M)]:"。

当选择多段线后,系统提示:"输入选项[闭合(C)/合并(J)/宽度(W)/编辑顶点(E)/拟合(F)/样条曲线(S)/非曲线化(D)/线型生成(L)/反转(R)/放弃(U)]",各选项的含义如下:

(1)闭合(C/)打开(O) 闭合或打开多段线。当选择的多段线是闭合的,该选项为打开(O);反之,此选项为闭合(C)。

(2)合并(J) 把非多段线的对象连接成一条完整的多段线。执行该选项后,系统提示选择对象,此时应当选择首尾相连的多个对象,系统提示"n 条线段已添加到多段线",否则系统提示"0 条线段已添加到多段线"。执行完该选项后,系统继续提示"输入选项[闭合(C)/[打开(O)/合并(J)/宽度(W)/拟合(F)/样条曲线(S)/非曲线化(D)/线型生成(L)/反转(R)/放弃(U)]"。

(3)宽度(W) 编辑多段线的线宽,执行该选项后,系统提示"指定所有线段的新宽度:",输入新的宽度后,还可继续执行其他选项。

(4)编辑顶点(E) 该选项可用于编辑多段线的顶点,可以移动、增加、打断、拉直两点间的线段、修改当前该顶点的切向、改变两顶点之间的线宽等。

(5)拟合(F) 执行该选项后,系统将用圆弧组成的光滑曲线拟合多段线。

(6)样条曲线(S) 执行该选项后,系统将用样条曲线拟合多段线。

(7)非曲线化(D) 该选项将多段线的曲线拉直,同时保留多段线顶点的所有切线信息。

(8)线型生成(L) 用于控制有线型的多段线的显示方式。

(9)反转(R) 该选项用于改变多段线上的顶点顺序,当编辑多段线顶点时会看到此顺序。

(10)放弃(U) 取消【PEDIT】命令的上一次操作,可重复使用此选项。

4)操作实例

将如图 3.32(a)所示的首尾相连的圆弧连接成一条多段线,并设置其线宽为 120,如图 3.22(b)。

(1)输入多段线编辑命令,在命令行提示"PEDIT 选择多段线或[多条(M)]:"时,输入"M"并按回车键或右键。

(a) (b)

图 3.32 多段线编辑

(2)命令行提示"是否将直线和圆弧转换为多段线?[是(Y)/否(N)]? <Y>"时,按回车键或右键确认。

(3)命令行提示"输入选项[闭合(C)/[打开(O)/合并(J)/宽度(W)/拟合(F)/样条曲线(S)/非曲线化(D)/线型生成(L)/反转(R)/放弃(U)]"时,在命令行输入"J",按回车键确认。

(4)命令行继续提示,"输入模糊距离或[合并类型(J)] <0.0000>:"如果所绘制的对象不是首尾相接的,输入模糊距离,否则直接按回车键确认即可,命令行提示"多段线已增加 36 条线段",同时出现如步骤(3)的提示。

(5)输入宽度“W”,命令行提示“指定所有线段的新宽度:”,在提示后输入“120”后确认,结果如图3.32(b)所示。

3.6.2 多线编辑

1)功能

使用多线命令绘制出来的图形,一般都要对其进行编辑处理,编辑多线命令用于编辑两条或两条以上的多线在交叉处的交点形式。

2)命令的输入方式

(1)修改菜单　单击修改下拉菜单中的【对象】|【多线】。

(2)命令行　Mledit。

3)选项说明

执行编辑多线命令后,将打开多线编辑工具对话框,如图3.33所示。下面简单介绍各选项的含义。

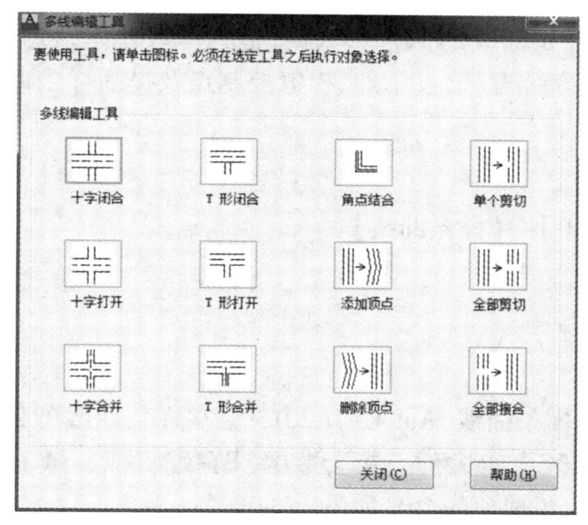

图3.33　多线编辑工具

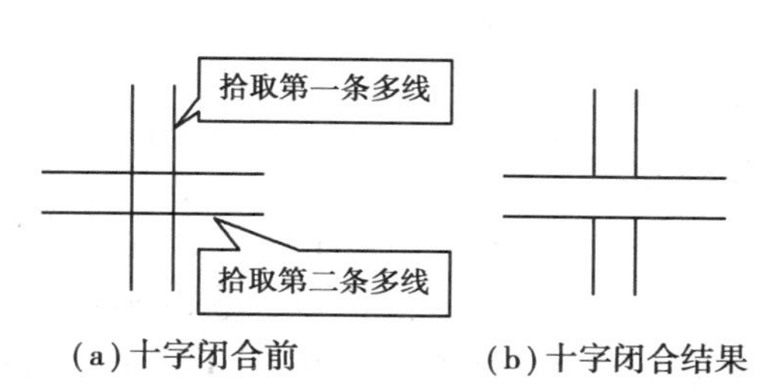

(a)十字闭合前　(b)十字闭合结果

图3.34　十字闭合

(1)十字闭合　表示相交两多线的十字封闭状态。以图3.34(a)为例多线编辑结果如图3.34(b)所示。在图3.33所示的对话框中选择十字闭合项,回到绘图区,此时命令行提示,“选择第一条多线”,选择要编辑的第一条多线;选择第二条多线,选择之后的编辑结果如图3.34(b)所示,第一条多线沿着第二条多线之间部分被剪断。

(2)十字打开　表示相交两多线的十字开放状态,其操作方法同前,操作的结果是相交部分全部打开,如图3.35(a)所示。

(3)十字合并　表示相交两条多线的十字合并状态,其操作方法同前,其相交部分全部断开,但两条多线的轴线在相交部分相交,如图3.35(b)所示。

(4)T形闭合　表示相交两多线的T形封闭状态,结果如图3.35(c)所示。

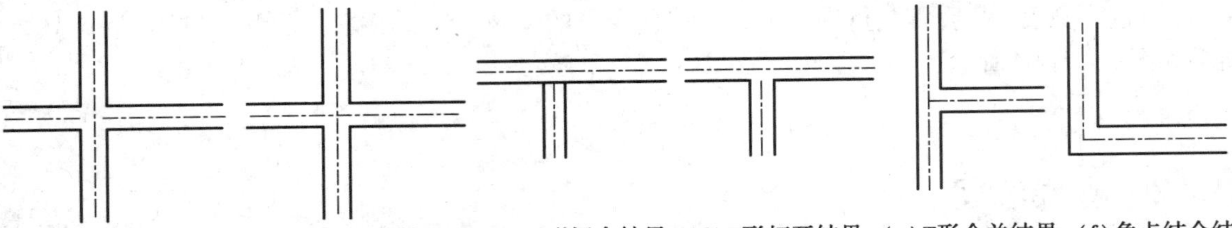

(a)十字打开结果 (b)十字合并结果 (c)T形闭合结果 (d)T形打开结果 (e)T形合并结果 (f)角点结合结果

图3.35 多线编辑示例

(5)T形打开 表示相交两多线的T形打开状态,操作结果如图3.35(d)所示。

(6)T形合并 表示相交两多线的T形合并状态,与十字合并相似,如图3.35(e)所示。

(7)角点结合 将第一条与第二条多线的拾取部分保留,并将其相交部分全部断开剪去,如图3.35(f)所示。

3.6.3 样条曲线编辑

1)功能

用于修改样条曲线的形状。可以编辑定义样条曲线的拟合点数据,包括修改公差;将开放样条曲线修改为连续闭合的环;将拟合点移动到新位置;通过添加、权值控制点及提高样条曲线阶数来修改样条曲线定义;修改样条曲线方向。

2)命令的输入方式

(1)修改菜单 单击修改下拉菜单中的【对象】→【样条曲线】。

(2)工具栏 "修改 II"工具栏。

(3)命令行 Splinedit。

3)操作说明

命令行提示选择样条曲线,在该提示下选择样条曲线,AutoCAD 2013 会在样条曲线的各控制点处显示出夹点,系统提示:"输入选项[闭合(C)/合并(J)/拟合数据(F)/编辑顶点(E)/转换为多段线(P)/反转(R)/放弃(U)/退出(X)",各选项的含义如下:

(1)闭合(C) 封闭样条曲线。封闭后,选项"闭合(C)"被"打开(O)"替代选项,即可以再打开封闭的样条曲线。

(2)合并(J) 将选定的样条曲线与其他样条曲线、直线、多段线和圆弧在重合端点处合并,以形成一个较大的样条曲线。

案例实训

1)目的要求

通过实训掌握基本图形绘制命令的使用方法。

2)实训内容

(1)绘制如图3.36所示的花架(提示:采用圆命令、矩形命令、阵列命令)。

(2)用所学过的绘图命令与修改命令完成图形图3.37圆形小广场的绘制(提示:采用圆、圆弧命令,直线命令,阵列命令,镜像命令等)。

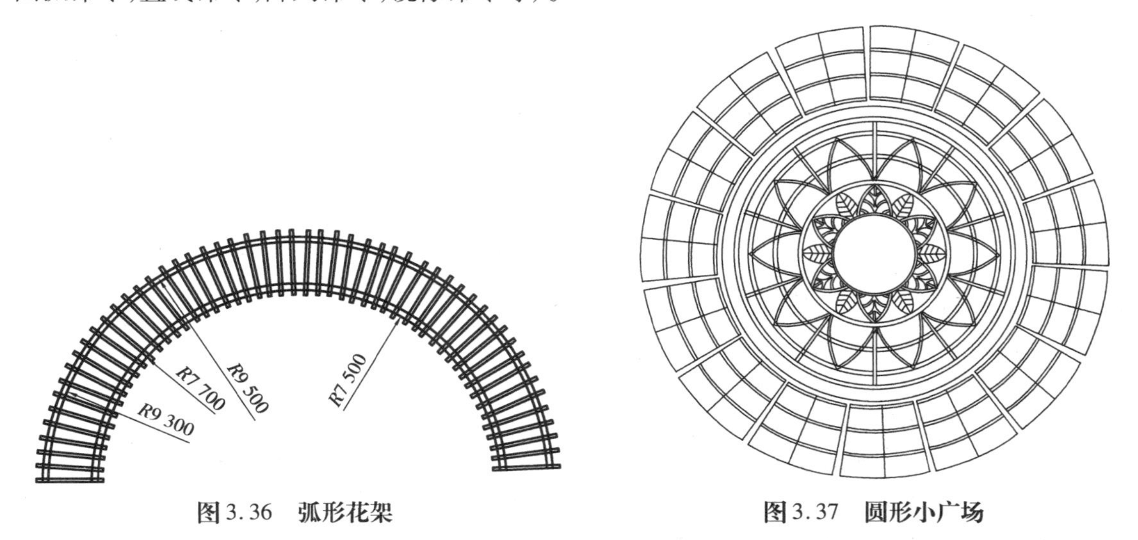

图3.36 弧形花架

图3.37 圆形小广场

(3)完成如图3.38所示小游园平面图的绘制(提示:采用矩形命令、直线命令、圆命令、图块的定义与插入、图案填充、阵列、多重复制等绘图与编辑操作)。

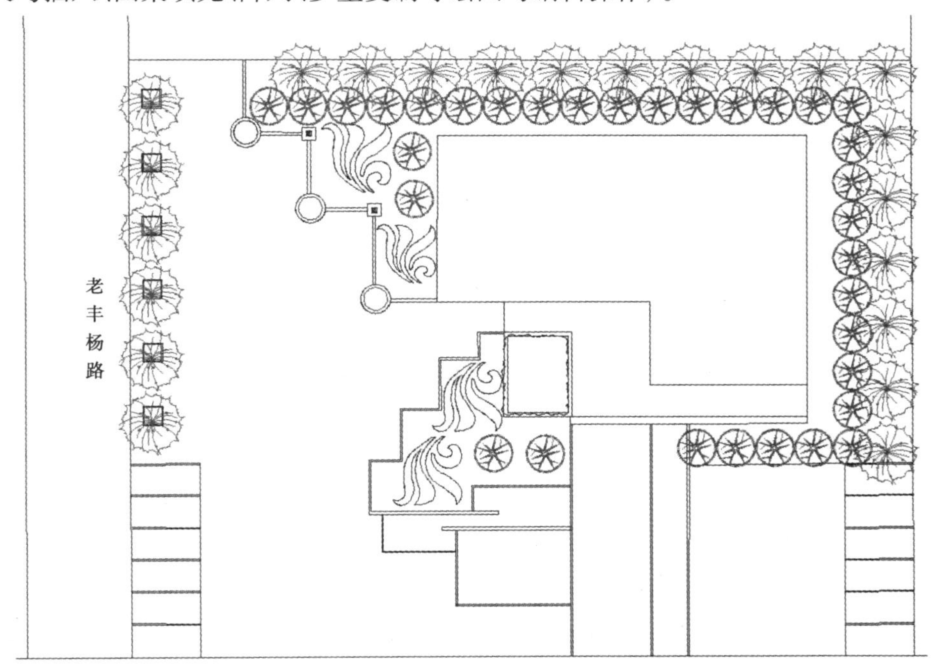

图3.38 小游园

3）考核标准

考核项目	分　值	考核标准	得　分
工具的应用	30	掌握各种工具的操作步骤	
熟练程度	20	能在规定时间内完成绘制	
灵活应用	30	能综合运用多种工具绘制，能举一反三	
准确程度	20	绘制完成的图形和尺寸正确	

复习思考题

1. 常用的选择对象的方法有哪几种？
2. 如何使用快速选择进行苗木统计？
3. 改变对象的尺寸方法有哪些？改变对象的位置方法有哪些？
4. 比较复制、阵列与偏移命令的区别。
5. 简述夹点编辑的操作方法。
6. 连接两条未相交直线的方法有哪几种？

4 文字与标注

【知识要求】

- 掌握创建文字的方法;
- 熟悉标注的使用方法;
- 掌握图形的输出方法。

【技能要求】

- 能够完成不同文字样式的文本创建与修改;
- 能够完成图形打印输出操作。

4.1 文字说明

在图纸中,往往需要一些文字注释对图形不能详尽表达的信息加以说明,如设计意图、技术说明、标题栏、标注、植物统计表、施工要求等。AutoCAD 2013 为用户提供了多种文字创建和编辑工具,对于简短的输入项使用单行文字,对于带有内部格式较长的输入项使用多行文字。

4.1.1 文本样式的创建与设置

在 AutoCAD 中,所有文字都有与之相关联的文字样式。在创建文字注释和尺寸标注时,AutoCAD 通常使用当前的文字样式,也可根据具体要求重新设置文字样式或创建新的样式。文本样式定义了图形中文字的字体、高度、角度、宽度系数等文字特征,在一幅图形中可定义多种文本样式。

1)**命令功能**

用来设置文本样式。

2)**命令调用方式**

菜　单:【格式】|【文字样式】

工具栏:右击任意工具栏,打开【文字】工具条,选择

命令行:STYLE

3)命令说明

执行该命令后,屏幕弹出“文字样式”窗口,如图4.1所示。

该窗口中有以下几个区域:

(1)“样式名”区域　该区域的功能是新建、删除文字样式或修改样式名称。

①“样式名”下拉列表框:在该列表框中列出了已定义过的样式名(若还没有设置过文字样式,则列表中只有一个系统默认的STANDARD文字样式),任选其中的一个,再单击“应用”可将该样式设置为当前样式。

②“新建”:建立一个新的文字样式。单击该按钮,出现如图4.2所示的“新建文字样式”窗口,系统自动推荐一个名为“样式n”的文字样式名(其中“n”为从1开始排列的自然数),然后单击“确定”按钮,可创建一个新的文字样式。也可以在文本框中输入其他样式名。

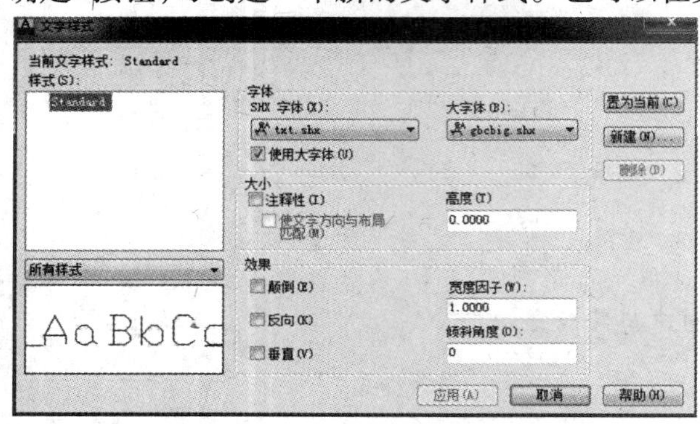

图4.1　“文字样式”窗口

图4.2　新建文字样式

③“重命名”:更改文字样式名称。在样式名列表中选择要更名的文字样式,然后单击“重命名”按钮,弹出“重命名文字样式”窗口,在它的文本框中输入新样式名,最后单击“确定”。STANDARD文字样式不能被更名。

④“删除”:删除指定的文本样式,STANDARD文字样式不能被删除。

(2)“字体”区域　该区域主要用于定义文字样式的字体。

①“字体名”下拉列表框:在该列表框中列出了可以调用的字体。字体分为两种:一种是Windows提供的字体,即TrueType类型的字体;另一种是AutoCAD特有的字体(有扩展名.shx)。

②“使用大字体”复选框:若需要创建的文字样式支持汉字等大字体,需选中该复选框。只有选中该复选框后,“大字体”下拉框才有效。

③“大字体”下拉框:用于选择大字体。

④“高度”:该选项用于设置文字的高度。如果将其设置为0,则在输入文本时会提示指定文本高度。如果希望将该文本样式用作尺寸文本样式,则高度值必须设置为0,否则在设置尺寸文本样式时所设的文本高将不起作用。

(3)“效果”区域　用于设定文字的效果。

①“颠倒”复选框:选中该选项可将文字颠倒放置。如图4.3(a)所示为正常放置的文字,图4.3(b)为颠倒放置的文字。

②“反向”复选框:选中该选项可将文字反向放置。如图4.3(c)所示为反向放置的文字。

③"垂直"复选框:确定文本垂直标注还是水平标注。对于 TrueType 字体而言,该选项不可用。如图 4.3(d)所示为垂直放置的文字。

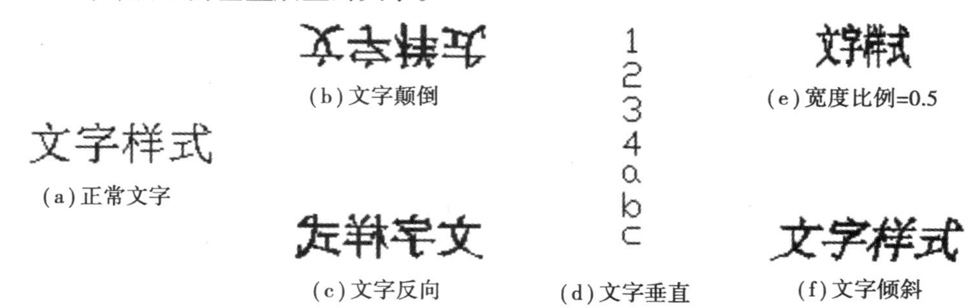

图 4.3 文字样式设置效果

④"宽度比例":该选项确定宽度系数,即字符宽度与高度之比。默认的宽度比例为 1,图 4.3(a)为宽度比例为 1 的文字,图 4.3(e)为宽度比例为 0.5 的文字。

⑤"倾斜角度":该选项用于指定文字的倾斜角度(默认为 0,即不倾斜)。

(4)"预览" 文字样式设置好后,单击该按钮,可在其文本框显示所设置文字样式的效果。

4.1.2 文本的输入

AutoCAD 提供了单行文字和多行文字注写命令,用于在图中放置文本。对于不需要多种字体或多行的短输入项,可以使用单行文字,单行文字对于标签非常方便。对于较长、较为复杂的内容,可创建多行或段落文字。

1. 单行文字输入

1)命令功能

在图中输入一行或多行文字。

2)命令调用方式

菜 单:【绘图】|【文字】|【单行文字】

工具栏:【文字】工具栏中的 A

命令行:DTEXT

命令说明:

执行该命令后,命令行提示:

当前文字样式:Standard 当前文字高度:2.5000

指定文字的起点或[对正(J)/样式(S)]:

各选项说明如下:

(1)对正(J)选项 用于指定对齐方式。选择该项后,会出现下列提示:

输入选项[对齐(A)/调整(F)/中心(C)/中间(M)/右(R)/左上(TL)/中上(TC)/右上(TR)/左中(ML)/正中(MC)/右中(MR)/左下(BL)/中下(BC)/右下(BR)]:

①对齐(A):要求指定文字的起点和终点,AutoCAD 根据指定的两点自动按照设定的宽度比例调整文本以使文本均匀放在两点之间。此时不需指定文字的高度和角度,文字的高度和宽度取决于两点间的距离及字符串的长度。文字字符串越长,字符越矮。

②调整(F):要求指定文本的起点和终点,使文本按设定的高度均匀分布在两点间。调整与对齐的区别如图4.4所示。

③中心(C):指定文本基线的水平中点。

④中间(M):指定文本基线的水平和垂直中点。

⑤右(R):指定文本基线右端点。

⑥左上(TL):文字对齐在第一个字符的文本单元的左上角。

⑦中上(TC):文字对齐在文本单元串的顶部,文本串向中间对齐。

⑧右上(TR):文字对齐在文本串最后一个文本单元的右上角。

⑨左中(ML):文字对齐在第一个文本单元左侧的垂直中点。

⑩正中(MC):文字对齐在第一个文本单元的垂直中点和水平中点。

其余的选项说明省略。图4.4显示的是各种对齐的效果。

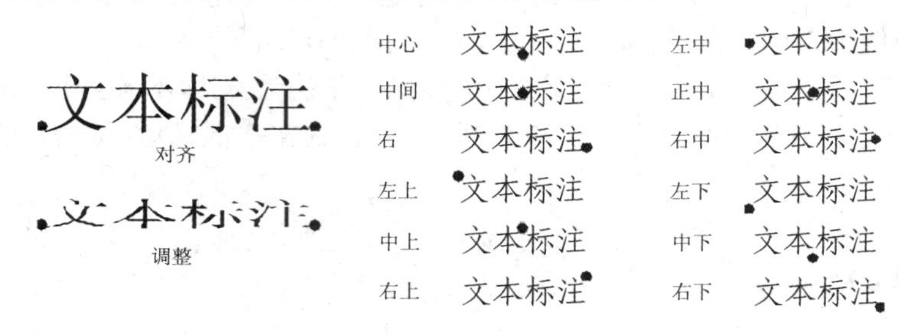

图4.4 文本对齐

(2)样式(S)选项 用于设置文字样式。

当设置文字的对正方式和文字样式后,单击某点可以确定单行文字的起点。接下来系统会提示:

指定高度 <2.500 0>:(输入字体高度);

指定文字的旋转角度 <0>:(输入文本行的旋转角度);

输入文字:(输入文本内容)。

输入一串文字后,如要输入下一行,可在行尾按"Enter"键;如要在另一处输入文字,可在该处单击鼠标。如果希望退出文字输入,可在新起一行时不输入任何内容并按"Enter"键。

TEXT 命令的操作与 DTEXT 命令类似,但 TEXT 命令用键入的方法执行。

2. 多行文字输入

1)命令功能

该命令用于在图中输入一段文字。

2)命令调用方式

菜 单:【绘图】|【文字】|多行文字】

工具栏:【文字】工具栏的 A

命令行:MTEXT

3)命令说明

执行该命令后,命令行提示:

当前文字样式:"Standard" 当前文字高度:2.5

指定第一角点:(点取文本标注区域的第一点)

指定对角点或[高度(H)/对正(J)/行距(L)/旋转(R)/样式(S)/宽度(W)]:

各选项含义说明如下:

(1)如图4.5所示在指定第一角点再指定第二角点,系统将弹出在位文字编辑器窗口,由“文字格式”工具栏、水平标尺等组成。工具栏上有一些下拉列表框和按钮等,而位于水平标尺下面的方框则用于输入文字。用户可以调整此输入框的大小,如图4.6所示。在文字编辑区中可以输入文字,并且可像Word一样对文字进行编辑。

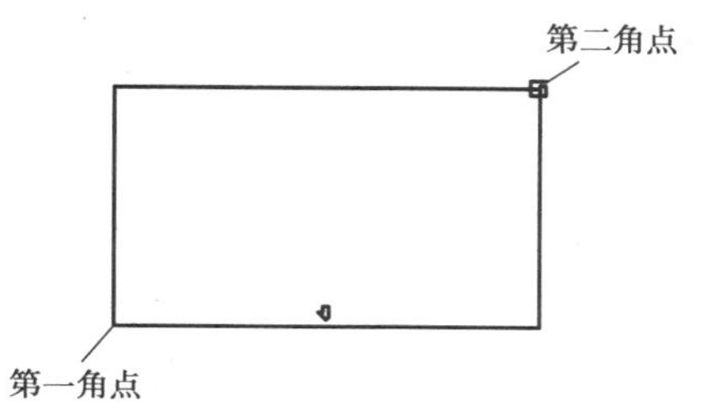

图4.5 指定多行文本对角点

①“字符”选项卡:该选项卡用于控制文字字体、字符高度、字符修饰、颜色和插入特殊字符等。

②“特性”选项卡:用于改变编辑器中所有文字的特性,如对齐方式、文字样式、文字宽度、旋转角度等。

图4.6 “多行文字编辑器”窗口

③“行距”选项卡:用于设置多行文字的行距。

④“查找/替换”选项卡:用于查找指定的字符串或用某一字符串来替代指定的字符串,这一功能与Word中的查找替换功能类似。

(2)其他选项意义

①高度:该选项用于定义多行文字的字符高度。

②对正:该选项用于定义多行文字在矩形边界框里的对正排列方式。默认的对正方式为左上角对正。

③行距:该选项用于设定多行文字行与行之间的间距。行距是一行文字的底部(或基线)与下一行文字底部之间的垂直距离。

当键入“L”后,命令接着提示:

输入行距类型[至少(A)/精确(E)]<至少(A)>:(键入A或E)

输入行距比例或行距<1x>:

"至少(A)"是根据行中最大字符的高自动调整文字行。在选定"至少"时,包含更高字符的文字行会在行之间加大间距。

"精确(E)"是强制使文字对象中所有文字行之间的间距相等。行间距由对象的文字高度或文字样式决定。建议在用多行文字创建表格时使用精确间距。AutoCAD 根据输入文字中的最大字符的高度来确定行间距。若输入的行距值后不加 x,则是输入行距;若输入的行距值后加 x,则是输入行距比例。

④旋转:该选项用于决定文字边界框的放置角度、文字行的旋转角度。

⑤样式:该选项用于确定使用的文字样式。

当键入" S"后,命令接着提示:

输入样式名或[?] <Standard>:(键入已定义的文字样式或"?")

若输入"?",则显示已创建的文字样式。

⑥宽度:用于定义文字行的宽度。当键入"W"后,命令接着提示:

指定宽度:(指定一个点或输入一个宽度值)

若指定一个点,则文字宽度为指定的第一个角点到该点的距离。

3. 特殊字符输入

在绘图时,常需要输入一些特殊字符,如上划线、下划线、°、±、%等。这些符号不能由键盘直接输入,但在 AutoCAD 中可使用某些替代代码输入这些符号。不过在输入这些符号时,用 TEXT、DTEXT 命令和用 MTEXT 命令有所区别,下面我们分别讲述使用上述命令输入特殊符号的方法。

1)利用单行文字命令输入特殊字符

表 4.1 特殊字符的输入代码

代 码	对应字符
%%O	上划线
%%U	下划线
%%D	角度°
%%C	直径符号∅
%%P	±
%%%	%

表 4.1 列出了用 TEXT 和 DTEXT 生成的特殊字符及代码。

例如,要生成字符串∅30 ±0.05,可输入字符串"%%C30%%P0.05"。

要生成字符串文本标注,可输入字符串"%%U 文本标注%%U"。

2)利用多行文字命令输入特殊字符

MTEXT 比 DTEXT 和 TEXT 具有更大的灵活性,因为它本身就具有一些格式化选项。利用"多行文字编辑器"对话框中的"符号"下拉框,也可直接输入±、°、∅等特殊符号。

例如要生成字符串∅30 ±0.005,其操作步骤如下:

①打开"多行文字编辑器"对话框。

②单击"字符"选项卡中的"符号"按钮,在弹出的菜单中分别选择"直径"和"正/负"并输入字符%%c30%%p0.05,单击"确定"按钮,系统将生成如图 4.7 所示的字符串。

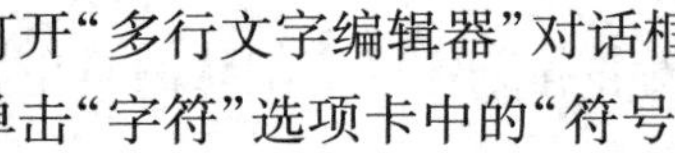

∅30±0.05

图 4.7 利用"多行文字编辑器"生成的字符串

4.1.3 文本的编辑

无论是使用 TEXT、MTEXT、LEADER 还是 QLEADER 创建的文字，都可以像其他对象一样修改。一般来讲，文本编辑应涉及两个方面，即修改文本内容和文本特性，其字体改变可以通过修改文本样式来完成。AutoCAD 提供以下两个文本编辑方式：

1. 用 DDEDIT 命令编辑文本

1）命令功能

可用于修改单行文字、多行文字及属性定义。

2）命令调用方式

菜　单：【修改】|【对象】|【文字】|【编辑】
工具栏：【文字】工具栏中的 A
命令行：DDEDIT

3）命令说明

执行该命令后，命令行提示选择注释对象或[放弃(U)]，标注文字时使用的标注方法不同，选择文字后 AutoCAD 2013 给出的响应也不相同。如果所选择的文字是用【DTEXT】命令标注的，选择文字对象后，会在该文字四周显示出一个方框，此时用户可以直接修改对应的文字。如果在选择注释对象或[放弃(U)]提示下选择的文字是用【MTEXT】命令标注的，会弹出与图4.6类似的在位文字编辑器，并在编辑器内显示出对应的文字，此时可对文字进行编辑修改。

2. 在对象特性窗口编辑文本

1）命令功能

用于修改单行文字、多行文字等。

2）命令调用方式

菜　单：【修改】|【特性】
命令行：PROPERTIES

3）命令说明

执行命令后，出现“特性”窗口。选择要修改的文本，可在“特性”窗口中修改其内容及特性。

若选中的是单行文字，则“特性”窗口如图 4.8 所示。可在“特性”窗口中的对文字内容及文字样式、对齐方式、文字高度、旋转角度、宽度比例等属性进行修改。

若选中的是用 MTEXT 命令标注的多行文字，则“特性”窗口如图 4.9 所示。同样可在其中修改文字内容及其他一些属性。

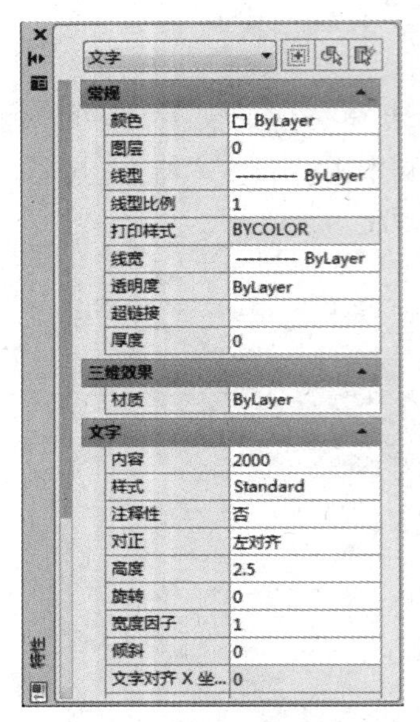

图 4.8 单行文字的“特性”窗口

图 4.9 多行文字的“特性”窗口

4.2 尺寸标注

在图形设计中，尺寸标注是绘图设计工作中的一项重要内容，也是施工图设计必须做的重要步骤。因为绘制图形的根本目的是反映对象的形状，而图形中各个对象的真实大小和相互位置只有经过尺寸标注后才能确定。AutoCAD 2013 包含了一套完整的尺寸标注命令和实用程序，用户使用它们足以完成图纸中要求的尺寸标注。尺寸标注的作用和文字标注类似，也是图形对象的一个很好的补充。可将图形中各个对象的真实大小和相互位置进行准确的数字标注，为施工提供依据。

4.2.1 尺寸标注的基本要素

在 AutoCAD 中，尺寸标注的要素与我国工程图样绘制标准类似，是由尺寸界线、尺寸线、尺寸起止符号和尺寸数字等组成，如图 4.10 所示为坐凳平面图的尺寸标注。在 AutoCAD 中，这 4 个部分通常是以块的形式作为一个整体存储在图形文件中的。

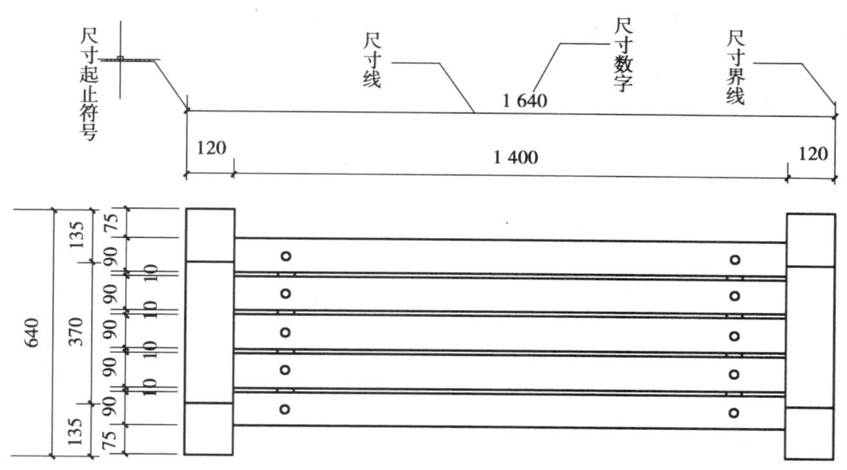

图4.10 尺寸组成

1)**尺寸线**

尺寸线用于指示标注的方向,用细实线绘制。一般为直线,角度标注则为圆弧线。

2)**尺寸界线**

尺寸界线用于表示尺寸度量的范围。尺寸界线将尺寸线引出被标注的实体之外,一般为细实线,有时用中心线或轮廓线代替。

3)**尺寸起止符号**

尺寸起止符号用于表示尺寸度量的起止,系统提供了斜线、箭头、圆点等样式。用户根据需要也可创建其他箭头样式。

4)**尺寸数字**

尺寸数字用于表示尺寸度量的值。尺寸数字包括基本尺寸、尺寸公差(上、下偏差)以及前缀、后缀等。公称尺寸可由 AutoCAD 自动测注,也可人为输入。

5)**形位公差**

由形位公差符号、公差值、基准等组成,一般与引线同时使用。

6)**引线标注**

从被标注的实体引出直线,在其末端可添加注释文字或形位公差。

4.2.2 尺寸标注的规则

(1)物体的真实大小应以图样上所标注的尺寸数值为依据,与图形的大小及绘图的准确度无关。

(2)图样中的尺寸以毫米为单位时,不需要标注计量单位的代号或名称。如果采用其他单位,则必须注明相应计量单位的代号或名称,如度、厘米和米等。

(3)图样中所标注的尺寸为该图样所表示的物体的最后完工尺寸,否则应另加说明。

(4)一般物体的每一尺寸只标注一次,并应标注的是最后反映该结构最清晰的图。

4.2.3 尺寸标注的类型

AutoCAD 2013 提供了十余种标注工具用以标注图形对象,分别位于“标注”菜单或“标注”工具栏中,如图 4.11 所示。使用它们可以进行角度、直径、半径、线性、对齐、连续、圆心及基线等标注。

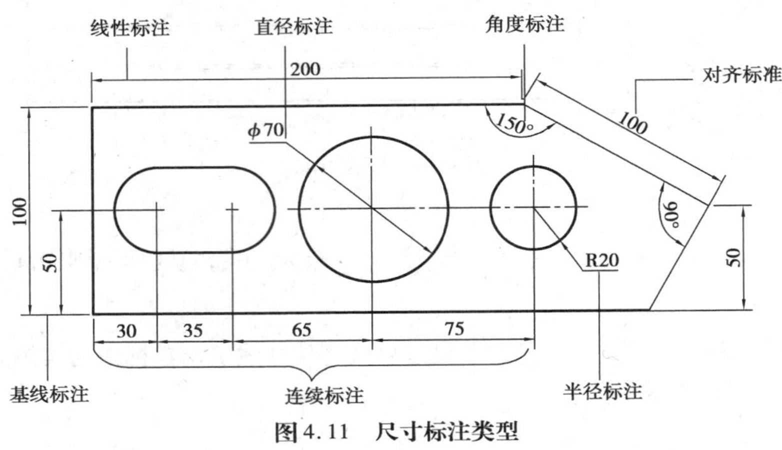

图 4.11 尺寸标注类型

4.2.4 尺寸标注样式

尺寸标注包括尺寸线、尺寸界线、尺寸数字、尺寸起止符号等内容,不同行业的图样,标注尺寸时对这些内容的要求是不同的。而同一图样,又要求尺寸标注的形式相同、风格一样,这就是我们要讲的尺寸标注样式。尺寸标注样式控制尺寸线、尺寸界线、尺寸数字、尺寸起止符号的外观,是由一组标注变量构成的。要做到尺寸标注正确,作图前或标注前需要对尺寸标注样式进行设置。

1. 命令格式

1)命令功能

用于创建或设置尺寸标注样式。

2)命令调用方式

菜单方式:【格式】|【标注样式】

图标方式:【标注】|工具栏中的

键盘输入方式:DIMSTYLE

3)命令说明

执行该命令后,出现如图 4.12 所示的“标注样式管理器”窗口。

2. 管理标注样式

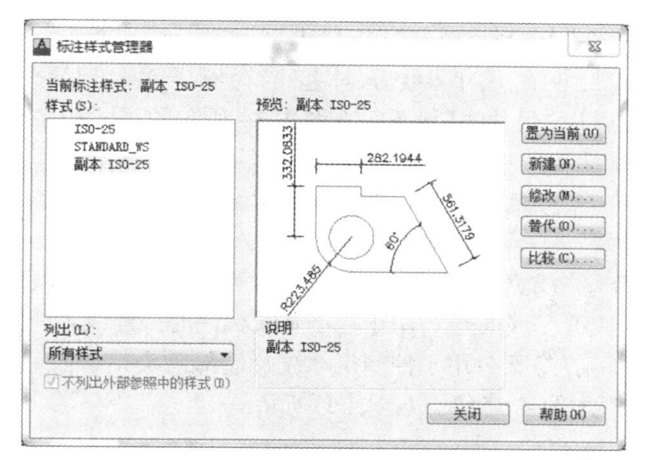

图4.12 “标注样式管理器”窗口

“标注样式管理器”窗口中有以下内容：

(1)“样式”列表框 列出了已有的标注样式。

(2)“预览”框 在“预览”框可以预览指定的标注样式。

(3)“置为当前” 在“样式”列表框中选取一个样式后，单击此按钮，可将选取的样式置为当前标注样式。双击列表框中一个样式，也可将该样式置为当前标注样式。

(4)“新建” 用于创建新的标注样式。

(5)“修改” 在“样式”列表框中选取一个样式后，单击此按钮，可对选取的标注样式中的各种设置进行修改。

(6)“替代” 在“样式”列表框中选取一个样式后，单击此按钮，可在不改变原标注样式的基础上创建临时的标注样式。

(7)“比较” 单击此按钮，可与相应尺寸标注样式的系统变量的参数进行比较和套用。

3. 创建新的标注样式

在“标注样式管理器”窗口中，单击“新建(N)”按钮，弹出“创建新标注样式”窗口，如图4.13所示。

在“创建新标注样式”窗口中，可在“新样式名”文本框中输入新标注样式名称。还可在“基础样式”下拉列表中选择基础样式(新样式以该样式为基础创建)。在“用于”下拉列表中可选择应用的对象范围。单击“继续”按钮出现“新建标注样式”窗口，如图4.14所示。

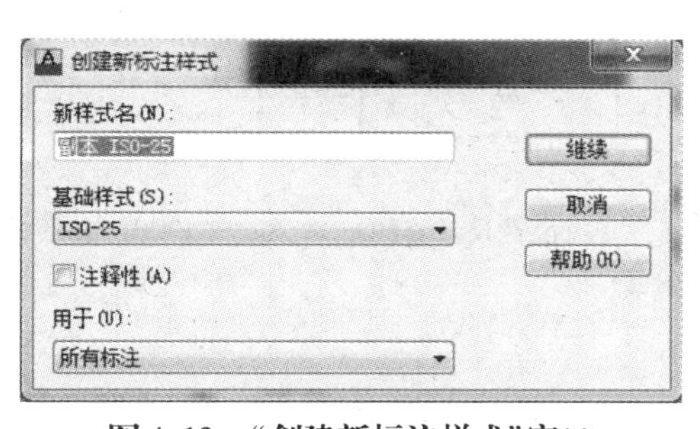

图4.13 “创建新标注样式”窗口

图4.14 “新建标注样式”窗口

在“新建标注样式”窗口中，可进行以下内容的设置。

1)线

在“新建标注样式”窗口中,单击“直线和箭头”项,打开该选项卡,根据需要可在该选项卡中对尺寸线、尺寸界线、尺寸起止符号和圆心标记等进行设置。

(1)“尺寸线”设置　在图4.14所示的尺寸线编辑区中,可进行有关尺寸线的颜色、线宽、可见性和尺寸线间隔等的设置。

①“颜色”:该列表框用于显示和确定尺寸线的颜色。为了便于图层控制,一般将颜色设为“随块”。

②“线宽”:该列表框用于显示和确定尺寸线的线宽。一般将线宽也设为“随块”。

③“基线间距”:用于控制基线标注时尺寸线之间的间隔,如图4.15(a)所示。

④“隐藏”:用于控制尺寸线及端部箭头是否隐藏。两个复选框分别控制尺寸线1及尺寸线2,如图4.15(b)、(c)、(d)所示。

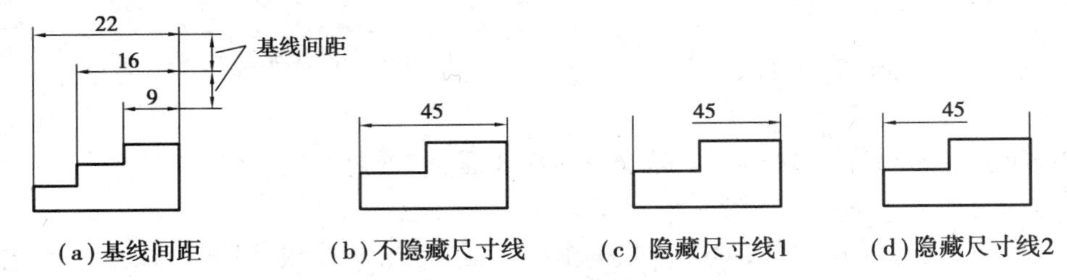

图4.15　尺寸线控制

(2)“尺寸界线”设置　在图4.14所示的尺寸界线编辑区中,可进行有关尺寸界线的颜色、线宽、超出尺寸线、起点偏移量和隐藏的设置。

①“颜色”和“线宽”:分别控制尺寸界线的颜色和线宽。为了便于图层控制,一般将颜色和线宽均设为“随块”。

②“超出尺寸线”:用于确定尺寸界线超出尺寸线的长度,如图4.16(a)所示。

③“起点偏移量”:用于确定尺寸界线的实际起始点和指定起始点之间的偏移量,如图4.16(a)所示。

④“隐藏”:用于控制尺寸界线是否隐藏,如图4.16(b)、(c)、(d)所示。

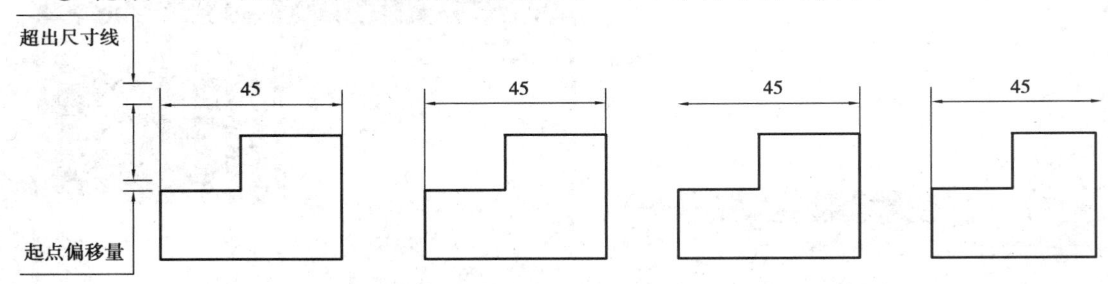

图4.16　尺寸界线控制

2)箭头和符号

(1)“尺寸箭头(尺寸起止符号)”设置　在图4.14所示的箭头编辑区中,可进行有关箭头的形状和大小的设置。

①“第一个”和“第二个”:用于确定第一个和第二个尺寸箭头起止符号的样式,这两个箭头应设置成一致的样式。

②“引线”:用于选择引线的箭头样式。

③“箭头大小”:用于确定尺寸起止符号的大小。

(2)“圆心标记”设置　用于设置圆心标记的样式和大小。

2)文字设置

在“新建标注样式”窗口中,单击“文字”项,打开“文字”选项卡,如图4.17所示。该卡中可设置尺寸文本的显示形式和文字的对齐方式。

(1)“文字外观”设置　在图4.18所示的文字外观编辑区中,可进行尺寸文本的文字样式、颜色及字体高度的设置。

①“文字样式”:用于设置尺寸文本的文字样式,可在下拉列表框中选择已设置的文本样式。

②“文字颜色”:用于设置尺寸文本的颜色。

③“文字高度”:用于设置尺寸文本的字高。

(2)“文字位置”设置　在图4.17所示的文字位置编辑区中,可进行尺寸文本排列位置的设置,用于控制文字的垂直、水平及距尺寸线的距离。

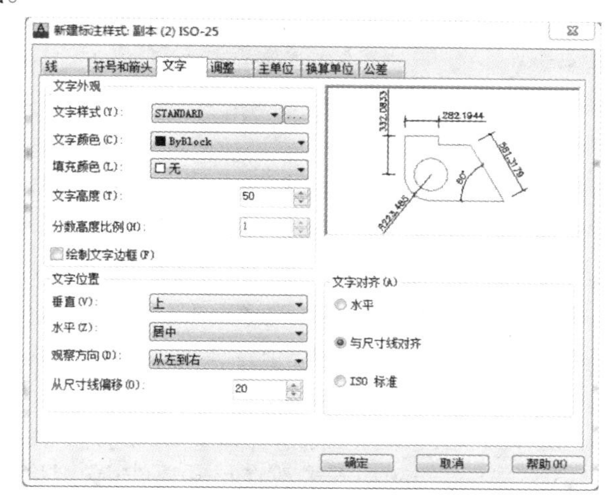

图4.17　“文字”选项卡

①“垂直”:控制尺寸文本在垂直方向的位置。在其下拉列表中列出了几个选项,其中“置中”是将尺寸文本置于尺寸线中间,“上方 ”是将尺寸文本置于尺寸线的上方,如图4.18所示。

②“水平”:控制尺寸文本在水平方向的位置。在其下拉列表中列出了几个选项,其中“置中”是将尺寸文本置于尺寸线中间,“第一条尺寸界线”和“第二条尺寸界线”分别是将尺寸文本置于靠近第一条尺寸界线和第二条尺寸界线的位置,如图4.19所示。

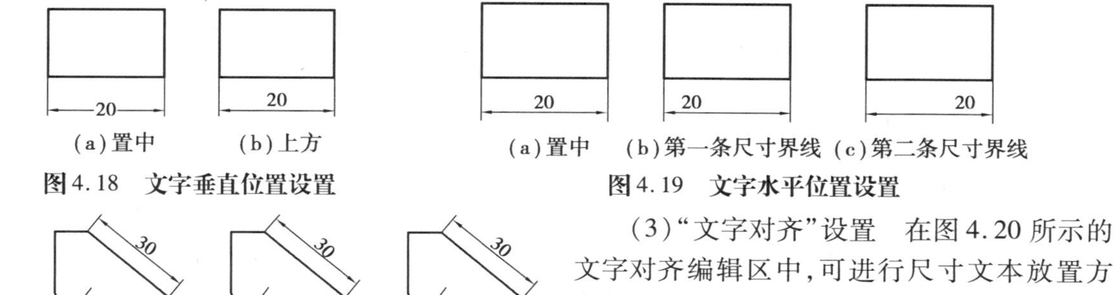

(a)置中　(b)上方

图4.18　文字垂直位置设置

(a)置中　(b)第一条尺寸界线　(c)第二条尺寸界线

图4.19　文字水平位置设置

(a)水平　(b)与尺寸线对齐　(c)ISO标准

图4.20　文字对齐设置

(3)“文字对齐”设置　在图4.20所示的文字对齐编辑区中,可进行尺寸文本放置方向的设置。

①“水平”:用于使尺寸文本水平放置。

②“与尺寸线对齐”:用于使尺寸文本沿尺寸线方向放置。

③“ISO 标准”:用于使尺寸文本按 ISO 标准放置。

各对齐方式如图 4.21 所示。

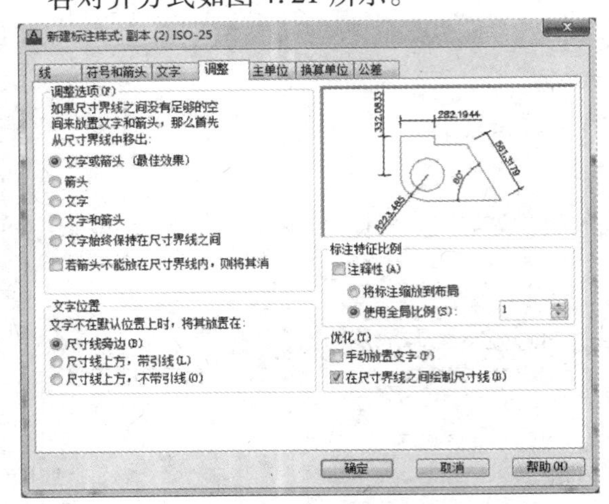

图 4.21 “调整”选项卡

3)调整设置

在“新建标注样式”窗口中单击“调整”项。打开“调整”选项卡,如图4.21 所示。在该卡中可设置尺寸文本、尺寸箭头、指引线和尺寸线的相对排列位置。

(1)“调整选项”编辑区　定义当尺寸界线距离较近,不能容纳尺寸文本和箭头时,尺寸文本和箭头的布置方式。

①“文字和箭头,取最佳效果”:当尺寸界线内不能容纳尺寸文本和箭头时,尽量将其中一个放在尺寸界线内。

②“箭头”:优先考虑将箭头从尺寸界线内移出。

③“文字”:优先考虑将尺寸文本从尺寸界线内移出。

④“文字和箭头”:当尺寸界线内不能容纳尺寸文本和箭头时,将二者都放置在尺寸界线之外。

⑤“文字始终保持在尺寸界线之间”:将尺寸文本一直放置在尺寸界线之内。

⑥复选框“若箭头不能放在尺寸界线内,则将其消除”:当尺寸界线内不能容纳尺寸文本和箭头时,不绘制箭头。

(2)“文字位置”编辑区　设置当文字在尺寸界线之外时的位置。

①“尺寸线旁边”:当文字在尺寸界线之外时放置在尺寸线旁边。

②“尺寸线上方,带引线”:当文字在尺寸界线之外时标注在尺寸线之上,并加上一条引线。

③“尺寸线上方,不带引线”:当文字在尺寸界线之外时标注在尺寸线之上,但不加引线。

(3)“标注特征比例”编辑区　用于设置尺寸标注的比例。

①“将标注缩放到布局”:文本框中显示的比例系数为当前模型空间和图纸空间的比例。

②“使用全局比例”:文本框显示的比例为全局比例系数,对整个尺寸标注都适用。

(4)“优化”编辑区

①“手动放置文字”:选中该选项,在标注时手工确定尺寸文本的放置位置。

②“在尺寸界线之间绘制尺寸线”:选中该选项,则始终保持在尺寸界线之间绘制尺寸线。

4)主单位设置

在“新建标注样式”窗口中,单击“主单位”项,打开“主单位”选项卡,如图 4.22 所

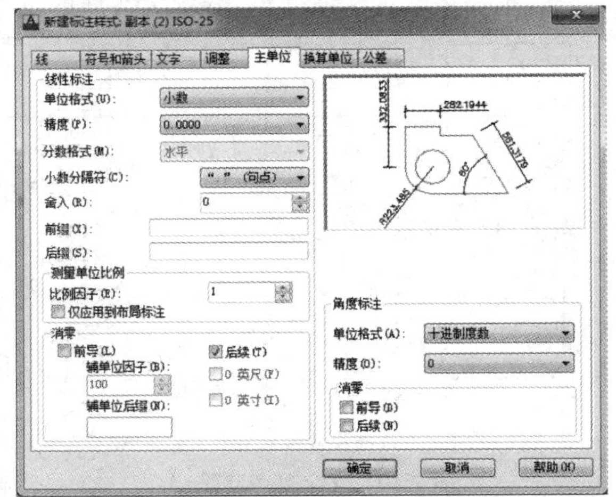

图 4.22 “主单位”选项卡

示。在该选项卡中可设置基本标注单位格式、精度以及标注文本的前缀或后缀等。

(1)线性标注设置

①“单位格式”:设置尺寸单位的格式。可在其下拉列表中选择科学单位、小数单位、工程单位、建筑单位、分数单位和 Windows 桌面中的某一种格式。

②“精度”:设置尺寸单位的精度。根据需要可在其下拉列表中选择合适的精度等级。

③“小数分隔符”:有逗点、句点、空格 3 种形式可供选择。

④“舍入”:设置舍入精度。

⑤“前缀”:设置主单位前缀。

⑥“后缀”:设置主单位后缀。

⑦“测量比例因子”:设置尺寸测量的比例因子。

⑧“消零”:选中“前导”可消除尺寸文本前无效的“0”,选中“后续”可消除尺寸文本后无效的“0”。

(2)角度标注设置　设置方法与线性标注类似。

5)换算单位设置

在“新建标注样式”窗口中,单击“换算单位”项,打开“换算单位”选项卡(图 4.23)。在该选项卡中可设置替代测量单位的格式和精度以及前缀或后缀。默认时,尺寸标注不显示替代单位标注,该选项卡无效呈灰色显示,只有选中“显示换算单位”复选框才有效。

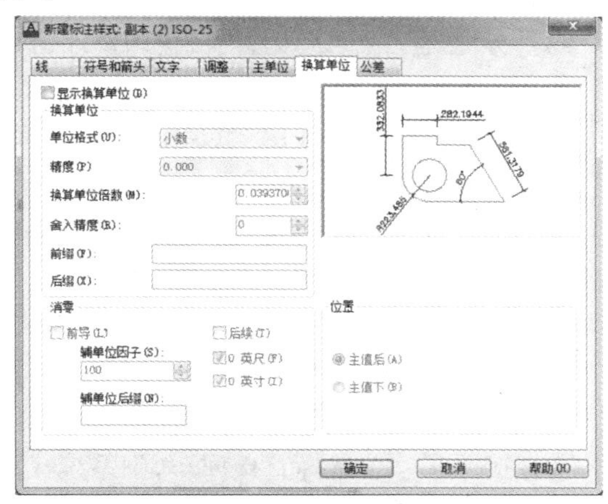

图 4.23　“换算单位”选项卡

4.2.5　尺寸标注的方法

AutoCAD 2013 将尺寸标注分为长度尺寸标注、直径(半径)尺寸标注、角度尺寸标注、坐标尺寸标注、引线标注等。下面分别对它们进行介绍。

1. 长度尺寸标注

长度尺寸标注又分为线性标注、对齐标注、基线标注、连续标注等。

1)线性标注

(1)命令功能　用于标注水平尺寸、垂直尺寸和旋转尺寸。

(2)命令调用方式

菜单方式:【标注】|【线性】

图标方式:【标注】|

键盘输入方式:DIMLINEAR

(3)命令说明　执行该命令后,命令行出现如下提示:

指定第一条尺寸界限原点或 < 选择对象 >:

此时有两种选择:

①指定第一条尺寸界线原点　指定了第一点后,系统接着提示:

指定第二条尺寸界线原点:(指定第二点)

指定尺寸线位置或[多行文字(M)/文字(T)/角度(A)/水平(H)/垂直(V)/旋转(R)]:

此时若接受系统提供的尺寸标注,可在适当位置单击鼠标以指定将尺寸在该处。若要对系统提供的尺寸标注进行修改,可以输入:

M　系统打开"多行文字编辑器"窗口,可以更改或设置尺寸文本。

若系统产生的文本不符合要求,可以在此对其进行修改。提示:

输入标注文字 < 当前值 >:(输入修改值,若回车则接受默认值)

A　设置尺寸文本的倾斜角。提示:

指定标注文字角度:(输入尺寸文本旋转角度)

H　进行水平标注。提示:

指定尺寸线位置或[多行文字(M)/文字(T)/角度(A)]:

这几个可选项含义与上面相同。

V　进行垂直标注。

R　指定尺寸线旋转的角度。提示:

指定尺寸线的角度 < 当前值 >:(输入尺寸线的旋转角度)

②直接回车　若选择直接回车,则系统接着提示:

选择标注对象:

要求用户选择一个标注对象,当选择了对象后,系统自动生成该对象的尺寸标注,并提示:

指定尺寸线位置或

[多行文字(M)/文字(T)/角度(A)/水平(H)/垂直(V)/旋转(R)]:

各选项含义与上面相同。

(4)标注示例

【例 4.1】标注图 4.24(a)所示尺寸。

命令:DIMLINEAR

指定第一条尺寸界限原点或[选择对象]:(选 P1 点)

指定第二条尺寸界线原点:(选 P2 点)

指定尺寸线位置或

[多行文字(M)/文字(T)/角度(A)/水平(H)/垂直(V)/旋转(R)]:(鼠标单击 P3 点附近)

此时在 P3 点附近标注出图示尺寸,其中尺寸文本是系统提供的,未对其进行修改。

【例 4.2】标注图 4.24(b)所示尺寸:

命令:DIMLINEAR

指定第一条尺寸界限原点或[选择对象]:(选 P1 点)

指定第二条尺寸界线原点:(选 P2 点)

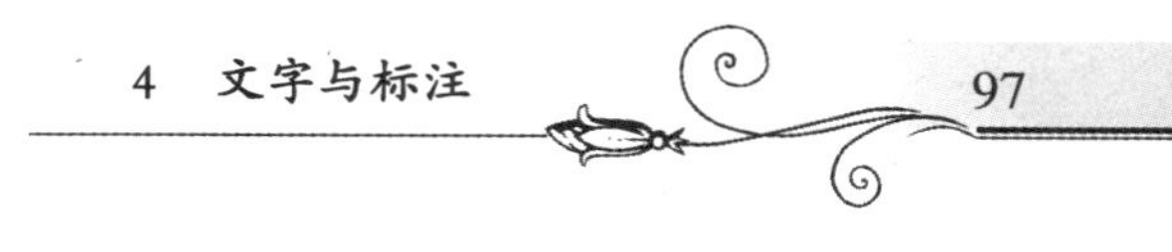

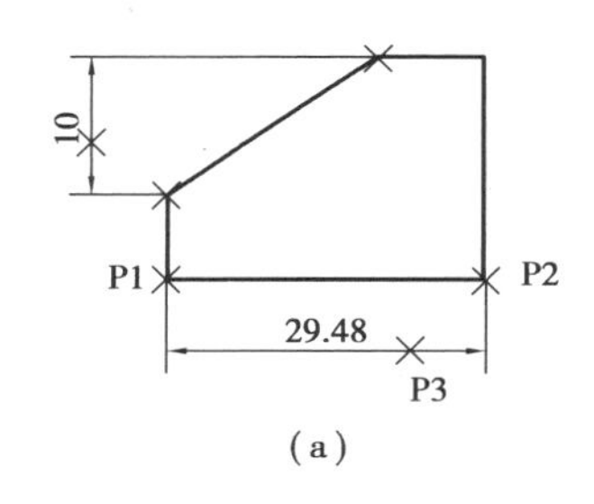

(a)

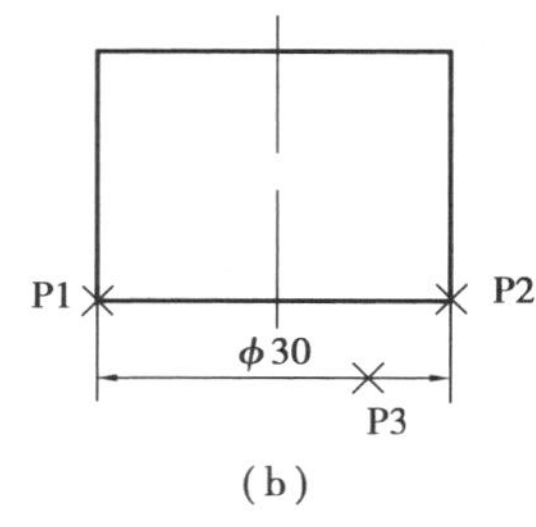

(b)

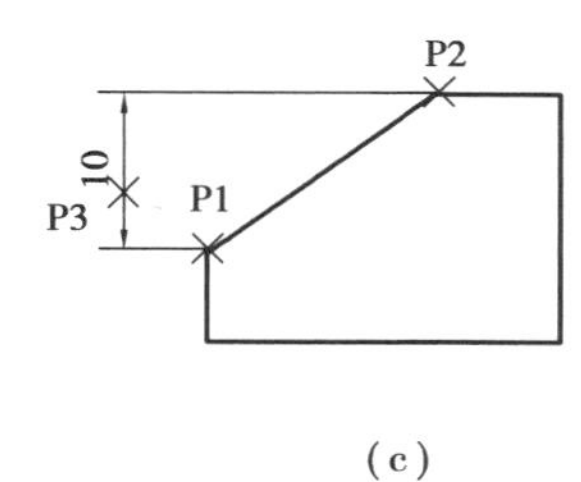

(c)

图4.24 线性标注示例

指定尺寸线位置或

[多行文字(M)/文字(T)/角度(A)/水平(H)/垂直(V)/旋转(R)]:T↙

输入标注文字 <29.48 >:%%c30↙

指定尺寸线位置或

[多行文字(M)/文字(T)/角度(A)/水平(H)/垂直(V)/旋转(R)]:(鼠标单击 P3 点附近)

结果如图4.24所示。

【例4.3】标注图4.24(c)所示尺寸。

命令:DIMLINEAR

指定第一条尺寸界限原点或[选择对象]:(选 P1 点)

指定第二条尺寸界线原点:(选 P2 点)

指定尺寸线位置或

[多行文字(M)/文字(T)/角度(A)/水平(H)/垂直(V)/旋转(R)]:V↙

指定尺寸线位置或[多行文字(M)/文字(T)/角度(A)]:T↙

输入标注文字 <9.68>:10↙

指定尺寸线位置或[多行文字(M)/文字(T)/角度(A)]:(鼠标单击 P3 点附近)

结果如图4.24所示。

2)对齐标注

(1)命令功能 用来标注斜面或斜线的尺寸。

(2)命令调用方式

菜单方式:【标注】|【对齐】

图标方式:【标注】工具栏的

键盘输入方式:DIMALIGNED

(3)命令说明 执行该命令后,命令行出现如下提示:

指定第一条尺寸界线原点或[选择对象]:

此时也有两种选择:

①指定第一点 接着提示:

指定第二条尺寸界线原点:(选第二点)

指定尺寸线位置或

[多行文字(M)/文字(T)/角度(A)]:

各选项含义与上面相同。

②直接回车　若选择直接回车，则系统接着提示：

选择标注对象：

要求用户选择一个标注对象，当选择了对象后，系统自动生成该对象的尺寸标注，以下按照提示进行即可。

(4)标注示例

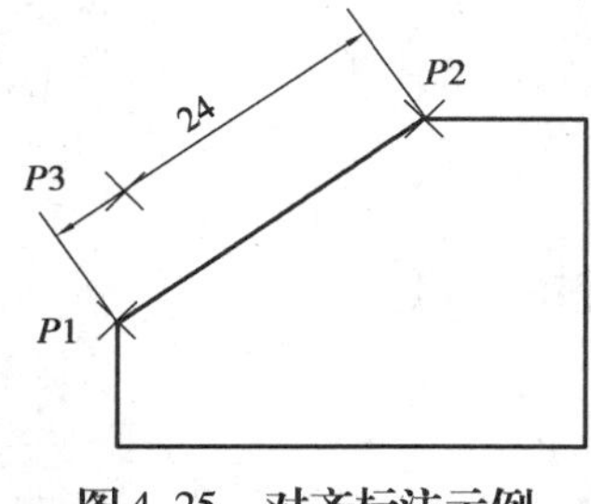

图 4.25　对齐标注示例

【例 4.4】标注如图 4.25 所示尺寸。

命令：LINEALIGNED

指定第一条尺寸界线原点或[选择对象]：(选 P1 点)

指定第二条尺寸界线原点：(选 P2 点)

指定尺寸线位置或[多行文字(M)/文字(T)/角度(A)]：T ↙

输入标注文字 <23.4>：24 ↙

指定尺寸线位置或[多行文字(M)/文字(T)/角度(A)]：(在 P3 点附近单击鼠标)

结果如图 4.25 所示。

3)基线标注

(1)命令功能　用来标注自同一基准处测量的多个尺寸。但在创建基线标注之前，必须已创建了线性、对齐或角度标注。

(2)命令调用方式

菜单方式：【标注】|【基线】

图标方式：【标注】|

键盘输入方式：DIMBASELINE

(3)命令说明　执行该命令后，移动鼠标可以看到，系统自动以上次尺寸标注的第一条尺寸界线作为基准生成了基线标注的第一条尺寸线，同时命令行出现如下提示：

指定第二条尺寸界线原点或［放弃(U)/选择(S)］<选择>：

此时有 3 种选择：

①指定第二条尺寸界线原点　因为基线标注的第一条尺寸线已经自动生成，选择第二点后即可生成一个尺寸。并且系统接着提示：

指定第二条尺寸界线原点或［放弃(U)/选择(S)］<选择>：

可继续选择第三点、第四点不断生成基线标注。

②输入 U 并回车　放弃上一次选择的尺寸界线原点。

③输入 S 并回车　选择一个已经存在的尺寸标注，并且以该尺寸靠近选择点的那一条尺寸界线作为基准来生成基线标注。以下操作同上。

(4)标注示例

【例 4.5】图 4.28 中尺寸 15 已标出，现要求标注尺寸 30、45(假定尺寸 15 是图形中绘制的最后一个尺寸，并且其右侧的尺寸界线是第一条尺寸界线)。

命令：DIMBASELINE

移动鼠标可以看到，系统自动以尺寸 15 的第一条尺寸界线作为基准生成了基线标注的第一条尺寸线，同时命令行出现如下提示：

指定第二条尺寸界线原点或［放弃(U)/选择(S)］<选择>：(选 P1 点，生成尺寸 30)

指定第二条尺寸界线原点或[放弃(U)/选择(S)]<选择>:(选 P2 点,生成尺寸 45)

点鼠标右键,在快捷菜单中选"确认"或按"Esc"键结束命令,结果如图 4.26 所示。

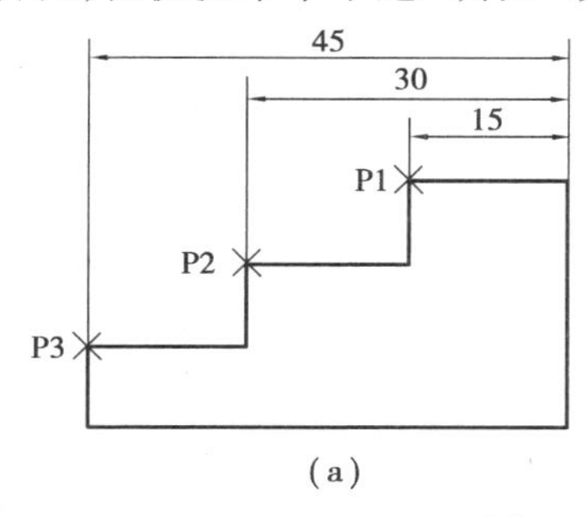

(a)

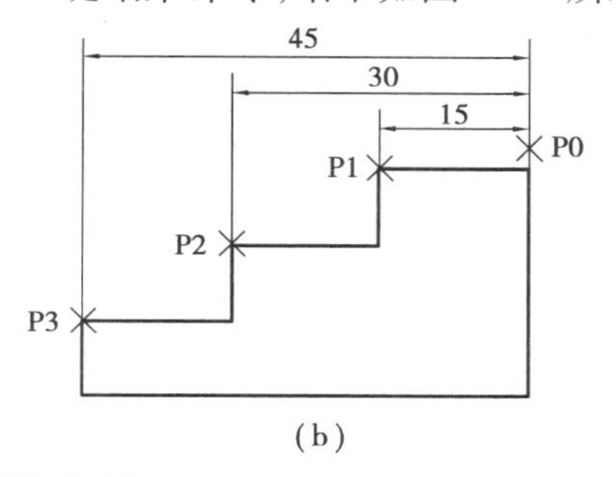

(b)

图 4.26 基线标注示例

【例 4.6】图 4.26(b)中尺寸 15 已标出,现要求标注尺寸 30、45(假定尺寸 15 不是图形中绘制的最后一个尺寸)。

命令:DIMBASELINE

移动鼠标可以看到,系统自动以图形中某尺寸的第一条尺寸界线作为基准生成了基线标注的第一条尺寸线,同时命令行出现如下提示:

指定第二条尺寸界线原点或[放弃(U)/选择(S)]<选择>:S↙

选择基准标注:(选择尺寸 15 右侧的尺寸界线或尺寸线上靠右的某点,此时移动鼠标可以看到,系统自动以尺寸 15 的第一条尺寸界线作为基准生成了基线标注的第一条尺寸线)

指定第二条尺寸界线原点或[放弃(U)/选择(S)]<选择>:(选 P1 点,生成尺寸 30)

指定第二条尺寸界线原点或[放弃(U)/选择(S)]<选择>:(选 P2 点,生成尺寸 45)

单击鼠标右键,在快捷菜单中选"确认"或按"Esc"键结束命令。

4)连续标注

(1)命令功能 用来标注图中出现在同一直线上的若干尺寸。

(2)命令调用方式

菜单方式:【标注】→【基线】

图标方式:【标注】→

键盘输入方式:DIMBASELINE

(3)命令说明 执行该命令后,移动鼠标可以看到,系统自动以上次尺寸标注的第二条尺寸界线作为基准生成了连续标注的第一条尺寸线,同时命令行出现如下提示:

指定第二条尺寸界线原点或[放弃(U)/选择(S)]<选择>:

此时有 3 种选择:

①指定第二条尺寸界线原点 因为基线标注的第一条尺寸线已经自动生成,选择第二点后即可生成一个尺寸。并且系统接着提示:

指定第二条尺寸界线原点或[放弃(U)/选择(S)]<选择>:

可继续选择第三点、第四点不断生成连续标注。

②输入 U 并回车 放弃上一次选择的尺寸界线原点。

③输入 S 并回车 选择一个已经存在的尺寸标注,并且以该尺寸靠近选择点的那一条尺寸界线作为基准来生成连续标注。以下操作和上面相同。

(4)标注示例

【例 4.7】图 4.27 中尺寸 10 已标出,现要求标注尺寸 15、20。

命令:DIMBASELINE

移动鼠标可以看到,系统自动以图形中某尺寸的某条尺寸界线作为基准生成了基线标注的第一条尺寸线,同时命令行出现如下提示:

指定第二条尺寸界线原点或[放弃(U)/选择(S)] <选择>:S↙

选择基准标注:(选择尺寸 10 左侧尺寸界线或尺寸线上靠左的某点,此时移动鼠标可以看到,系统自动以尺寸 10 的左侧尺寸界线作为基准生成了连续标注的第一条尺寸线)

指定第二条尺寸界线原点或[放弃(U)/选择(S)] <选择>:(选 P2 点,生成尺寸 15)

指定第二条尺寸界线原点或[放弃(U)/选择(S)] <选择>:(选 P3 点,生成尺寸 20)

图 4.27　连续标注示例

单击鼠标右键,在快捷菜单中选"确认"或按"Esc"键结束命令,结果如图 4.27 所示。

2. 直径(半径)尺寸标注

1)直径尺寸标注

(1)命令功能　用来标注圆或圆弧的直径尺寸。标注时系统自动在尺寸数字前加"∅"。

(2)命令调用方式

菜单方式:【标注】|【直径】

图标方式:【标注】|

键盘输入方式:DIMDIAMETER

(3)命令说明　执行该命令后,系统提示:

选择圆弧或圆:(选取标注对象)

指定尺寸线位置或[多行文字(M)/ 文字(T)/ 角度(A)]:

这几个选项含义与前面几种标注方法相同。

(4)标注示例

【例 4.8】标注图 4.28 所示圆的直径尺寸。

命令:DIMDIAMETER↙

选择圆弧或圆:(选取圆)

指定尺寸线位置或[多行文字(M)/文字(T)/角度(A)]:(在合适位置选取一点放置尺寸)

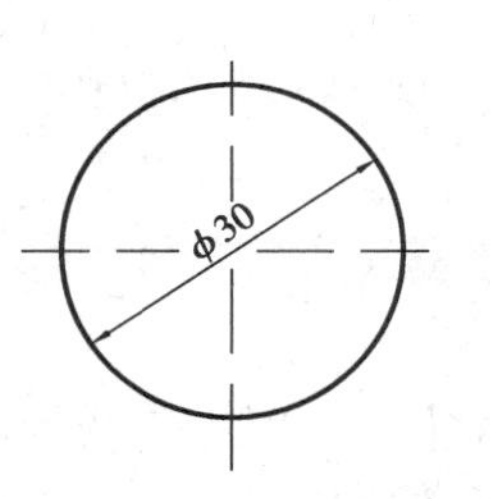

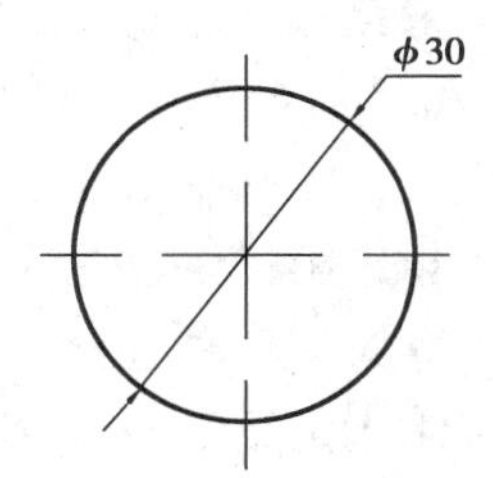

图 4.28　直径标注示例

图 4.28 是两种不同标注样式设置下,圆的直径标注效果。

2)半径尺寸标注

(1)命令功能　用来标注圆或圆弧的半径尺寸。系统自动在尺寸数字前加"R"。

(2)命令调用方式

菜单方式：【标注】|【半径】

图标方式：【标注】|

键盘输入方式：DIMRADIUS

(3)命令说明　半径尺寸标注与直径标注基本相同，这里不再详细介绍。图4.29是半径标注示例。

图4.29　半径尺寸标注

3)圆心标记

(1)命令功能　用来标注圆或圆弧的中心点，也可利用其来绘制圆的中心线。

(2)命令调用方式

菜单方式：【标注】|【圆心标记】

图标方式：【标注】|

键盘输入方式：DIMCENTER

(3)命令说明　执行该命令后，系统提示：

选择圆弧或圆：(选取标注对象)。

选取对象后，系统给其添加圆心标记并结束命令。圆心标记的大小可通过系统变量DIMCEN来设置。

3. 角度尺寸标注

1)命令功能

用来标注角度尺寸。在角度标注中也允许采用基线标注和连续标注。

2)命令调用方式

菜单方式：【标注】|【角度】

图标方式：【标注】|

键盘输入方式：DIMANGULAR

3)命令说明

执行该命令后，系统提示：

选择圆弧、圆、直线或[指定顶点]：

此时，可进行如下选择：

(1)选取一段圆弧　该选项标注圆弧两个端点与圆心连线的夹角。系统接着提示：

指定标注弧线位置或[多行文字(M)/文字(T)确度(A)]：

此时可选取一点以指定位置标注出圆弧的角度，若要对此尺寸标注进行修改，可选择其余可选项。其余可选项的含义与前面相同，这里不再介绍。

(2)选取一个圆　以选择的点作为第一尺寸界线原点，该圆的圆心作为角的顶点，系统接着提示：

指定角的第二个端点：(要求指定第二尺寸界线原点)

指定标注弧线位置或[多行文字(M)/文字(T)/角度(A)]：(指定标注位置或进行修改)

(3)选取一直线　以该直线作为角度的第一尺寸界线。系统接着提示：

选择第二条直线:(要求选取第二条直线,作为角度的第二尺寸界线)；

指定标注弧线位置或[多行文字(M)/文字(T)/角度(A)]:(指定标注位置或进行修改)

(4)直接回车　可直接指定角的顶点和两个端点来标注角度。系统接着提示：

指定角的顶点:(选取一点作为角的顶点)；

指定角的第一个端点:(选取一点作为角的第一个端点)；

指定角的第二个端点:(选取一点作为角的第二个端点)；

指定标注弧线位置或[多行文字(M)/文字(T)/角度(A)]:(指定标注位置或进行修改)

4)角度标注示例

图4.30列出了上面4种情况的角度标注。

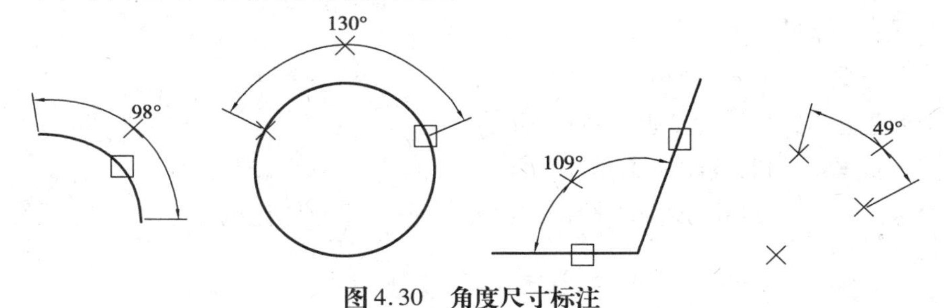

图4.30　角度尺寸标注

4. 坐标尺寸标注

1)命令功能

标注某点的X坐标或Y坐标。

2)命令调用方式

菜单方式:【标注】|【坐标】

图标方式:【标注】|

键盘输入方式:DIMORDINATE

3)命令说明

执行该命令后,系统提示：

指定点坐标:(选取所需点)

指定引线端点或[X基准(X)/Y基准(Y)/多行文字(M)/文字(T)/角度(A)]:

有以下3种选择：

(1)指定引线端点　选取指引线的端点。系统自动将选取的标注点与指引线端点之间坐标差标注在指引线终点处。

(2)输入X并回车　该选项明确指定标注X坐标。系统接着提示：

指定引线端点或[X基准(X)/Y基准(Y)/多行文字(M)/文字(T)/角度(A)]:(选取指引线的终点,标注坐标)。

(3)输入 Y 并回车 该选项明确指定标注 Y 坐标。系统接着提示：

指定引线端点或［X 基准(X)/Y 基准(Y)/多行文字(M)/文字(T)/角度(A)］：(选取指引线的终点，标注坐标)。

5. 多重引线标注

在早期的版本中，在“标注”菜单项中可以找到“快速引线(Qleader)”命令，该命令在“标注”工具条上也有相应的按钮，但在 AutoCAD 2013 中有专门的“多重引线”工具条，“标注”菜单中则改成了“多重引线”选项，“快速引线(Qleader)”命令只作为一个键盘命令被保留。

文字注释的工作在设计图绘制中占有不小的比例，而且非常重要。下面详细说明多重引线的使用方法。

1)“多重引线(Multileader)”工具条

在 AutoCAD 绘图界面中把光标置于任意一个工具条上单击鼠标右键，在弹出的菜单中选择“多重引线”，就会打开“多重引线”工具条，如图 4.31 所示。

图 4.31 多重引线工具条

(1)多重引线 创建一个多重引线。

(2)添加引线 新绘制一条引线并将其添加到现有的多重引线对象中。

(3)删除引线 将引线从现有的多重引线对象中删除。

(4)多重引线对齐 将选定的多重引线对象对齐并按一定的间距排列。

(5)多重引线合并 把包含块的选定多重引线组织到行或列中，并使用引线显示结果。

(6)多重引线样式控制 Standard 在列表中选择一种多重引线样式。如果从未设置过多重引线样式，则在列表中只有 Standard 一个默认样式。

(7)多重引线样式 创建和修改多重引线样式。

一般情况下，要用引线方式给图形加注注释，事先应设置好适用的多重引线样式，默认的 Standard 样式是不能符合要求的。和设置标注样式一样，在设置多重引线样式时也须先设定需要的文字样式。

2)设定多重引线样式(Mleaderstyle)命令

该命令的作用就是设定多重引线的样式，命令的调用方法如下：

- 键盘命令 Meleaderstyle
- 单击“多重引线(Multileader)”工具条或“样式(Styles)”工具条上的按钮

该命令没有提供直接的菜单选项。输入命令后将弹出“多重引线样式管理器(Multileader Style Manager)”窗口，如图4.32所示。

单击“新建”按钮，将弹出“创建新多重引线样式”窗口(图 4.33)，在新样式名下面的小窗口输入样式名(如图为 DX)，并勾选“注释性”选项。

单击“继续”按钮，弹出“修改多重引线样式”窗口(图 4.34)，点选“引线格式”选项卡。

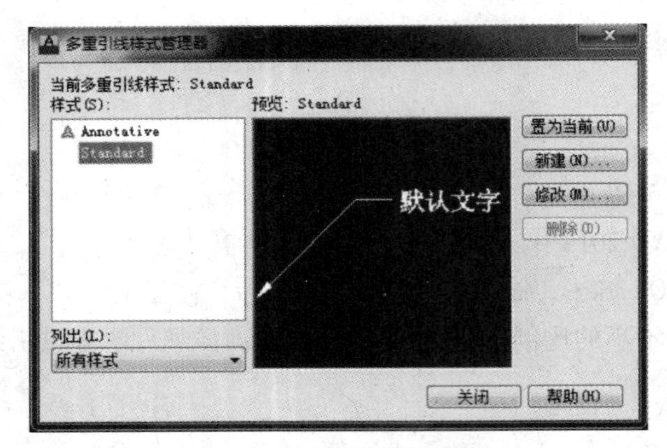

图4.32 多重引线样式管理器

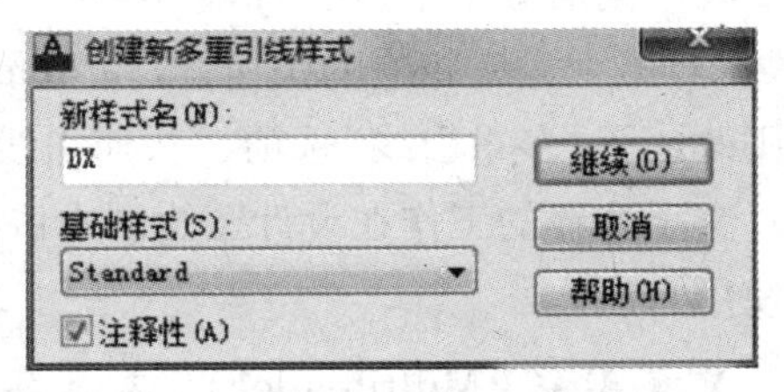

图4.33 创建新多重引线样式

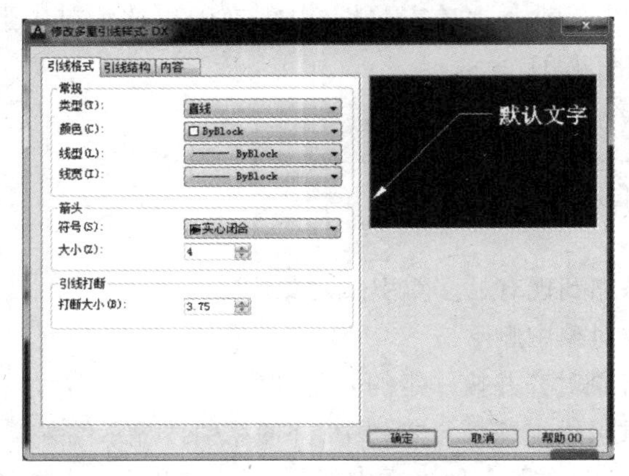

图4.34 修改多重引线样式

该窗口有3个选项卡,分别是引线格式、引线结构和内容。下面分别加以说明。

(1)“引线格式”选项卡 在这里设置箭头、线型等引线的格式。

①类型:有“直线”“样条曲线”和“无”3个选择,按照国家制图标准在正式的工程图中应选择“直线”。

②颜色:可选择“随块(Byblock)”“随层(Byblayer)”或直接指定颜色。一般建议给注释设置独立的图层(或与文字公用一个图层),然后这里选择“随层”。

③线型:可以选择“随块(Byblock)”或“连续线(Continuous)”。

④线宽:可以采用默认的“随块(Byblock)”或指定合适的线宽。推荐选择前者。

⑤箭头符号:按照《房屋建筑制图统一标准》(GT/T 50001—2001)的规定,引线不带箭头,因此这里应该选择“无”。

⑥箭头大小:上一项选择“无”则这里设置什么数值都没有意义。如果特殊情况下上一项选择了箭头的符号,则根据绘制场地尺寸的大小来设定箭头大小。

⑦引线打断大小:一般引线不应该打断,此处可以忽略。

(2)“引线结构”选项卡 在这里可以设置最大引线点数、基线长度、基线间距等内容,如图4.35所示。

(3)内容选项卡 在这里设置注视文本的格式及引线和文本的连接方式,如图4.36所示。

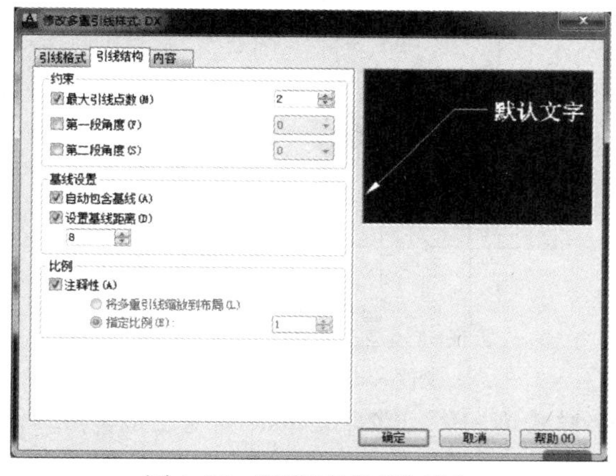

图4.35 “引线结构”选项卡

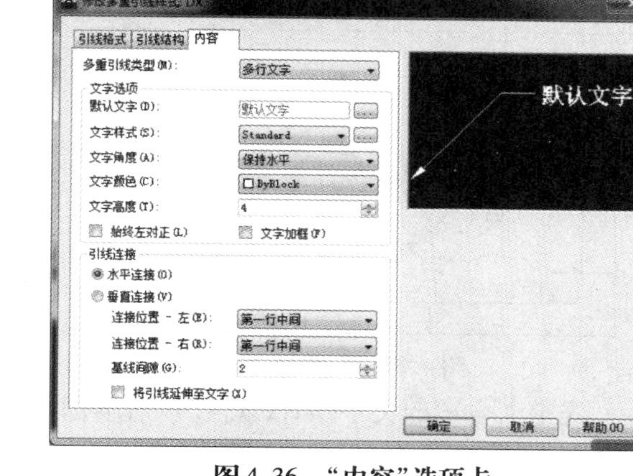

图4.36 “内容”选项卡

①多重引线类型:有“多行文字”“块”“无”3 个选项,第 3 个选项对我们没有意义不用管它,如果选择“多行文字”则每次绘制引线都要求输入注释文字内容;如果选择“块”,则绘制引线时需要选择块(关于块的概念和应用后面会详细介绍),例如,技术设计图(初步设计图或施工图)中常用的详图索引符号就可以用这种方式生成。

②默认文字:单击右边带 3 个小黑点的按钮,将弹出一个窗口要求输入默认文字的具体内容,将来每次绘制引线就直接生成这里输入的文本内容而不用再次输入。如果一个图形中有很多相同内容的注释,就可以用这种方法,例如设计图中多个位置存在某种固定型号的庭园灯,需要逐个标注,就可以在这里把庭园灯的型号做成默认文字,免得每次标注都要输入灯具的型号。对于一般通用的引线则不应输入默认文字。

③文字样式:应选择自己预先设定的带有注释性的合适规格的文字样式。如果事先没有预设文字样式,也可以单击右边带 3 个小黑点的按钮在这里定义合适的文字样式。

④文字角度:应选择“保持水平”。

⑤文字颜色:推荐选择“随层(Bylayer)”。

⑥文字高度:采用带有高度值的预设文字样式,则该项不可用。

⑦始终左对正和文字加框:第一项可以按照需要勾选或不勾选,勾选则将来输入的文字始终保持左对齐。文字加框则不宜勾选,除非有特殊需要。

⑧水平连接和垂直连接:这里用来指定引线和文字的连接方式,按照我们的制图标准,应该选择“水平连接”。然后“连接位置-左”选择“最后一行底部”,“连接位置-右”选择“最后一行底部”。

⑨基线间隙:所谓基线间隙是指文字和基线之间预留的空隙。

设置完成后确定退回上一级窗口,并把新建的引线样式置为当前,关闭“多重引线样式管理器”窗口返回绘图界面,就可以开始进行带引线的文字注释了。

【例 4.9】有如图 4.37 所示的铺装,请用引出线标注说明文字,如图 4.38 所示。

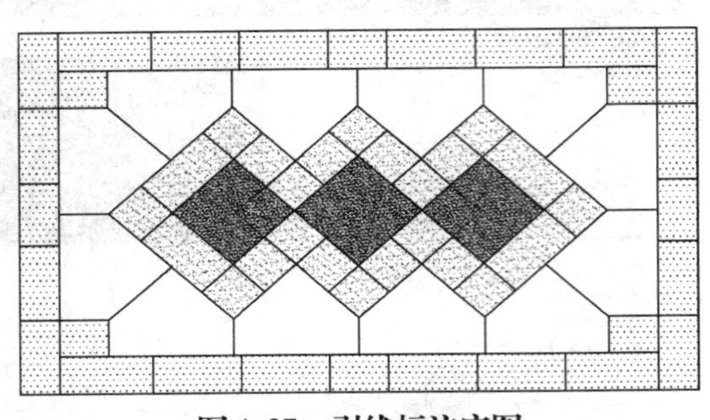

图 4.37 引线标注底图

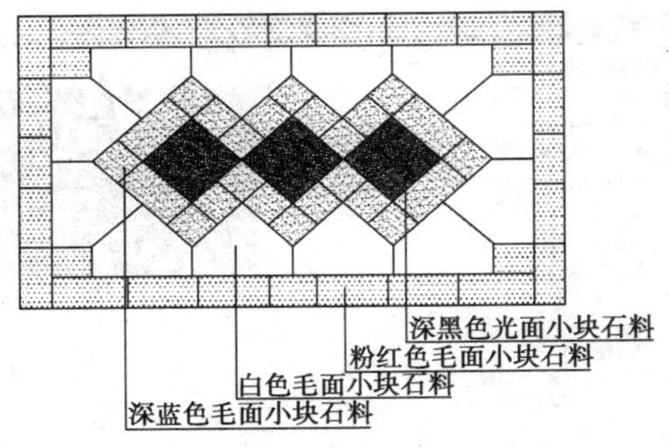

图 4.38 引线标注效果

先定义合适的文字样式(图 4.39),本例中文字样式为“PZ”,字高 5 mm,宽度比例为 0.7,字体名选择“宋体”,字体样式选用“常规”。

现在设置多重引线样式。输入命令:Meleaderstyle(或单击工具条按钮),在弹出的窗口中单击“新建”按钮,输入样式名“PZ”并勾选“注释性”,如图 4.40 所示。

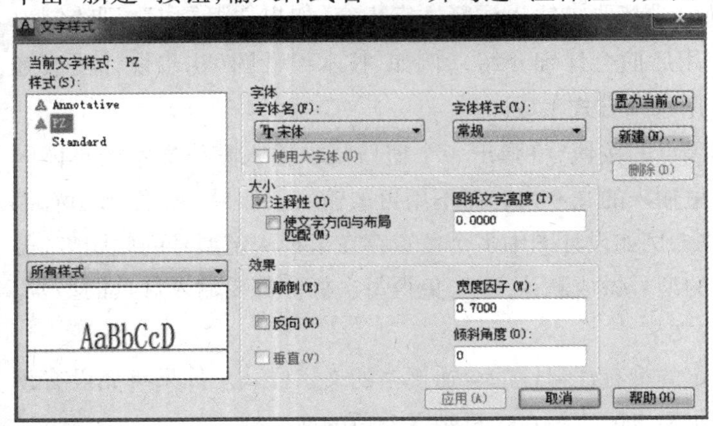

图 4.39 设置文字样式

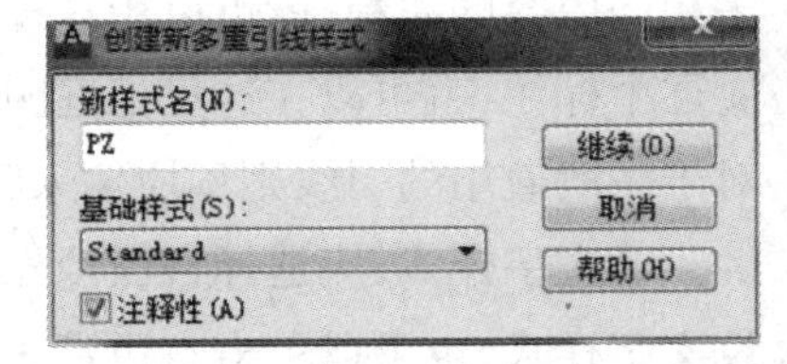

图 4.40 创建引线样式“PZ”

单击“继续”按钮并选择引线格式选项卡,设置如图 4.41 所示。

选择引线结构选项卡,取消“最大引线点数”前面的勾选,基线距离设为 0,如图 4.42 所示。

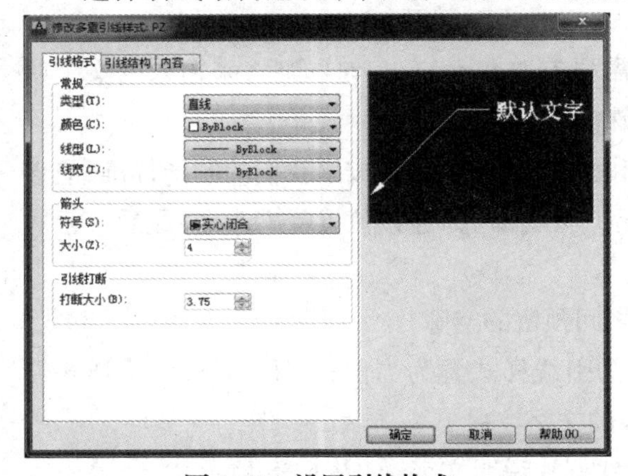

图 4.41 设置引线格式

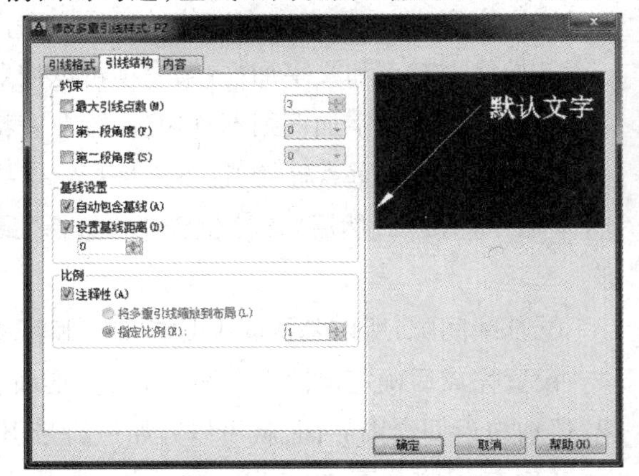

图 4.42 设置引线结构

选择“内容”选项卡,“多重引线类型”选择“多行文字”,文字样式选择“PZ”,文字颜色设为“随层(Bylayer)”,“引线连接”选择“水平连接”“连接位置-左”和“连接位置-右”均选择“最后一行底部”，“基线间隙”设为2，如图4.43所示。

单击“确定”按钮返回上一级窗口，把新建的样式置为当前，关闭窗口返回绘图界面。把当前的注释比例设为1:20，现在可以进行标注了。单击多重引线按钮，命令提示窗口显示：

指定引线箭头的位置或［引线基线优先(L)/内容优先(C)/选项(O)］<选项>：

在需要注释的图形的合适位置单击，命令提示窗口显示：

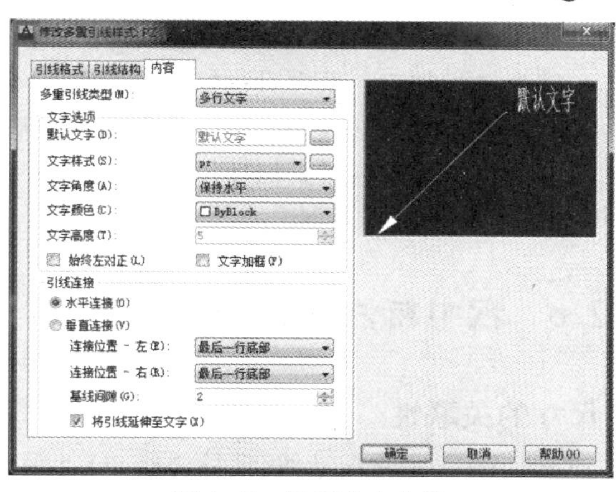

图4.43　设置文字内容

指定下一点或［端点(E)］<端点>：

打开正交模式(按F8)，向上拖动鼠标到合适位置，然后单击鼠标左键，命令提示窗显示：

指定下一点或［端点(E)］<端点>：

单击鼠标右键结束引线绘制，命令提示窗显示：

指定基线距离 <0.0000>：

直接单击鼠标右键采用默认值，出现多行文字输入窗口，输入文字内容并选中所有文字给文字加下划线(按下工具栏上的按钮“U”)。依次重复上述操作，完成如图4.40所示的标注。

6. 快速尺寸标注

1）命令功能

可快速创建一系列标注。对于创建系列基线或连续标注，或者为一系列圆或圆弧创建标注时，此命令特别有用。

2）命令调用方式

菜单方式：【标注】|【快速标注】

图标方式：【标注】|

键盘输入方式：QDIM

3）命令说明

执行该命令后，系统提示：

选择要标注的几何图形：(选择标注对象)

指定尺寸线位置或

［连续(C)/并列(S)/基线(B)/坐标(O)/半径(R)/直径(D)/基准点(P)/编辑(E)］

<连续>：

各选项功能如下：

(1)连续　创建一系列连续标注尺寸。

(2)并列　创建一系列交错尺寸。

(3)基线　创建一系列基线标注尺寸。

(4)坐标　创建一系列坐标标注尺寸。

(5)半径　创建一系列半径标注尺寸。

(6)直径　创建一系列直径标注尺寸。

(7)基准点　为基线和坐标标注设置新的基准点。

(8)编辑　编辑一系列标注尺寸。

4.2.6 尺寸标注编辑

1. 尺寸的关联性

AutoCAD 一般将尺寸线、尺寸界线、尺寸数字、尺寸起止符号作为一个完整的图块进行存储,并且此时若对标注对象进行拉伸、缩放等操作,尺寸标注将会自动进行相应调整。这种尺寸标注称为关联性尺寸标注。AutoCAD 用系统变量 DIMASSOC 来控制尺寸标注的关联性。根据其值的不同,分为 3 种类型。

(1)关联标注　当与其关联的几何对象被修改时,可自动调整其位置、方向和测量值。DIMASSOC系统变量值为 2。

(2)无关联标注　在其测量的几何对象被修改时,不发生改变。标注变量 DIMASSOC 值为 1。

(3)分解的标注　包含单个对象而不是单个标注对象的集合 DIMASSOC 系统变量值为 0。

使用"分解" 命令可以将关联标注和无关联标注变为分解的标注。

关联标注和无关联标注的尺寸,其尺寸线、尺寸界线、尺寸文本、箭头作为一个整体存在。而分解的标注其尺寸的各个组成部分互相独立。利用对象的关联性,可以很方便地对尺寸标注进行修改。

2. 用 DIMEDIT 命令编辑尺寸标注

1)命令功能

对已有尺寸的尺寸文本及尺寸界线进行编辑。

2)命令调用方式

图标方式:【标注】|

键盘输入方式:DIMEDIT

3)命令说明

执行该命令后,系统提示:

输入标注编辑类型[默认(H)/新建(N)/旋转(R)/倾斜(O)]<默认>:

各选项含义如下:

(1)默认　选中的标注文字移回到由标注样式指定的默认位置和旋转角。

(2)新建　使用"多行文字编辑器"修改标注文字。AutoCAD 在"多行文字编辑器"中用尖括号(〈〉)表示默认测量值。要给默认的测量值添加前缀或后缀,请在尖括号前后输入前缀或后缀。要编辑或替换默认测量值,需删除尖括号,输入新的标注文字然后选择"确定"。

(3)旋转　旋转标注文字。系统会提示输入旋转角度。

(4)倾斜 调整线性标注尺寸界线的倾斜角度。

根据需要进行设置后选择要修改的尺寸,命令结束后被选中的尺寸即按照设置被修改。

4)示例

【例4.10】将图4.44(a)中的几个尺寸修改为4.44(b)所示形式。

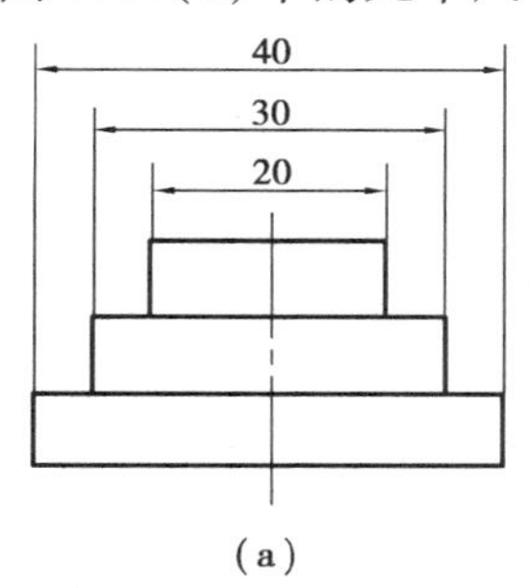

(a)

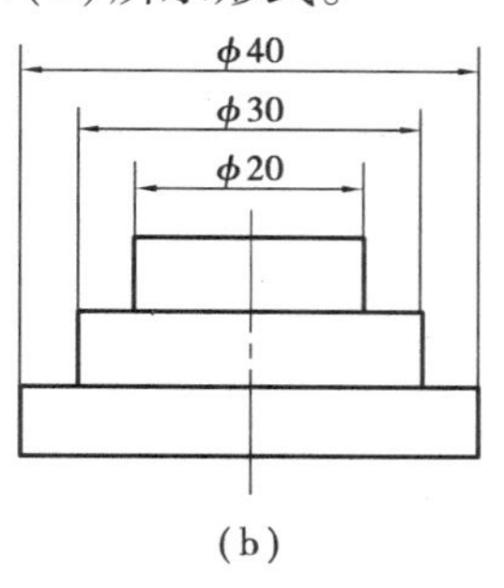

(b)

图4.44 用 DIMEDIT 命令编辑尺寸

命令:DIMEDIT↙

输入标注编辑类型[默认(H)/新建(N)/旋转(R)/倾斜(O)]<默认>:N↙

在弹出的"多行文字编辑器"中的尖括号前输入"%%c",然后单击"确定"按钮。

选择对象:(依次选择3个尺寸)

选择对象:↙(命令结束)

结果如图4.46所示。

3. 用 DDEDIT 命令编辑尺寸标注

1)命令功能

修改已有尺寸标注的尺寸文本。

2)命令调用方式

菜单方式:【修改】→【对象】→【文字】→【编辑】

图标方式:【文字】→

键盘输入方式:DDEDIT

3)命令说明

执行该命令后,系统提示:

选择注释对象或[放弃(U)]:(选择要修改的对象,弹出"多行文字编辑器"窗口,在该窗口中对文本进行修改后单击"确认"按钮)

选择注释对象或[放弃(U)]:(可接着选择下一个要修改的对象,或按回车结束命令)

4. 用 DIMTDEIT 命令编辑尺寸标注

1)命令功能

修改已有尺寸标注文本的位置和方向。

2)命令调用方式

图标方式:【标注】→

键盘输入方式:DIMTEDIT

3）命令说明

执行该命令后，系统提示：

选择标注： （选择要修改的对象）

指定标注文字的新位置或［左(L)/右(R)/中心(C)/默认(H)/角度(A)］：

各选项含义如下：

(1)指定标注文字的新位置 将选取的文字拖动到一个新位置。

(2)“左” 将选取的长度型、半径型和直径型标注文字放在尺寸线的左边。

(3)“右” 将选取的长度型、半径型和直径型标注文字放在尺寸线的左边。

(4)“中心” 将选取的标注文字居中放置。

(5)“默认” 将选取的标注文字移回到默认缺省位置。

(6)“角度” 指定标注文字的角度。

5. 用 PROPERTIES(对象特性)命令编辑尺寸标注

1）命令功能

可对标注样式、尺寸线、尺寸界线、尺寸文本、公差等进行编辑。

2）命令调用方式

菜单方式：【修改】|【对象特性】

图标方式：【标准】|

键盘输入方式：PROPERTIES

3）命令说明

选择一个尺寸标注，从该窗口中可以修改该尺寸标注的各个属性：

(1)“基本” 可修改对象的颜色、图层、线型等基本信息。

(2)“其他” 可修改对象的标注样式。

(3)“直线和箭头”“文字”“调整”“主单位”“换算单位”“公差”等 这些内容在创建标注样式时已一一介绍，这里不再重复。

本章小结

本章讲解的文字输入和尺寸标注以园林制图的相关文字和标注规范为基础，这直接关系到文字和标注的外观是否正确。标注时必须进行准确的捕捉。尺寸文字要大小适中，清晰准确，不能模棱两可。修改标注时最好是连同图形一起修改，以免图形混乱。

案例实训

1. 目的要求

通过实训掌握文字输入的操作方法，掌握尺寸标注的规范和操作方法。

2. 实训内容

(1)打开光盘案例文件1,设置文字样式字,用单行和多行文字输入方法输入如图4.45所示文字,格式如图4.45所示。

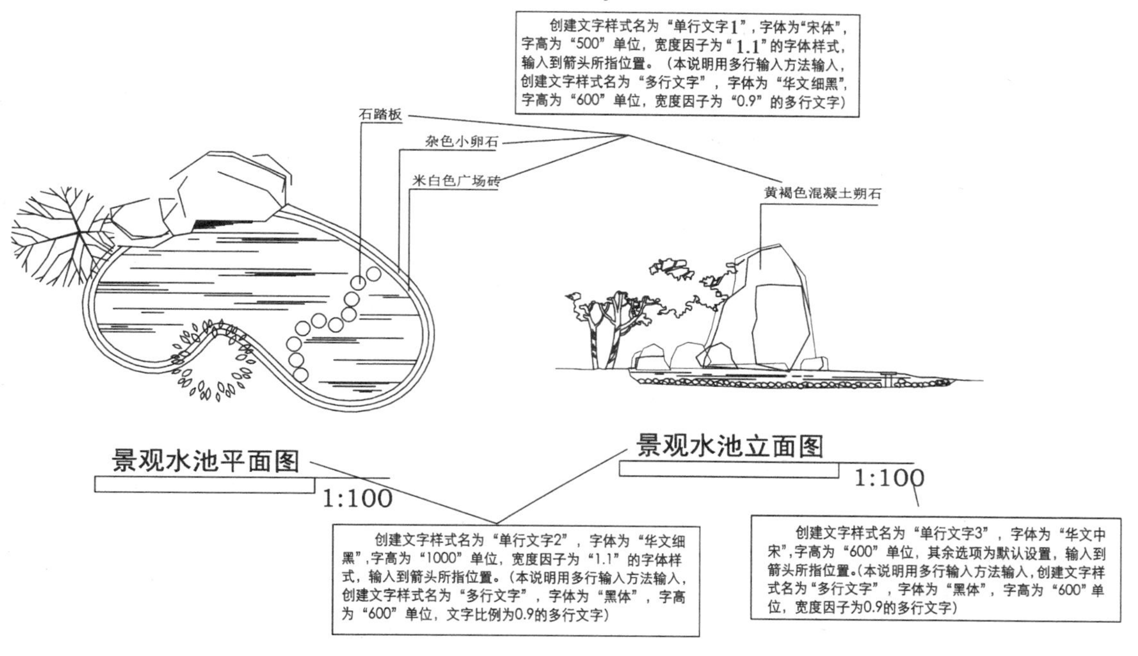

图4.45 文字标注实训

(2)打开光盘案例文件2,定义如图植物图例块属性,插入如图4.46所示植物图例块的图形,提取属性并生成表格植物统计表图4.47。

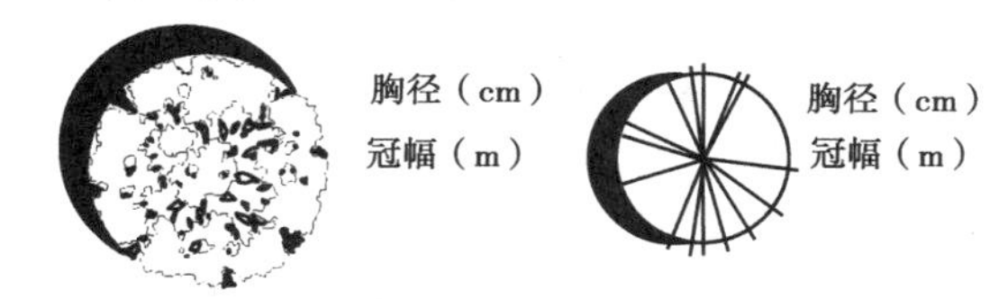

图4.46 植物图例块

计 数	名 称	冠幅(m)	胸径(cm)
3	国槐	2~3	7~8
5	红叶李	2	3~4

图4.47 植物种植图与植物统计表

(3)打开光盘案例文件3,使用文字创建命令、标注命令、定义块属性命令完成如图4.48所示六角亭平面图。

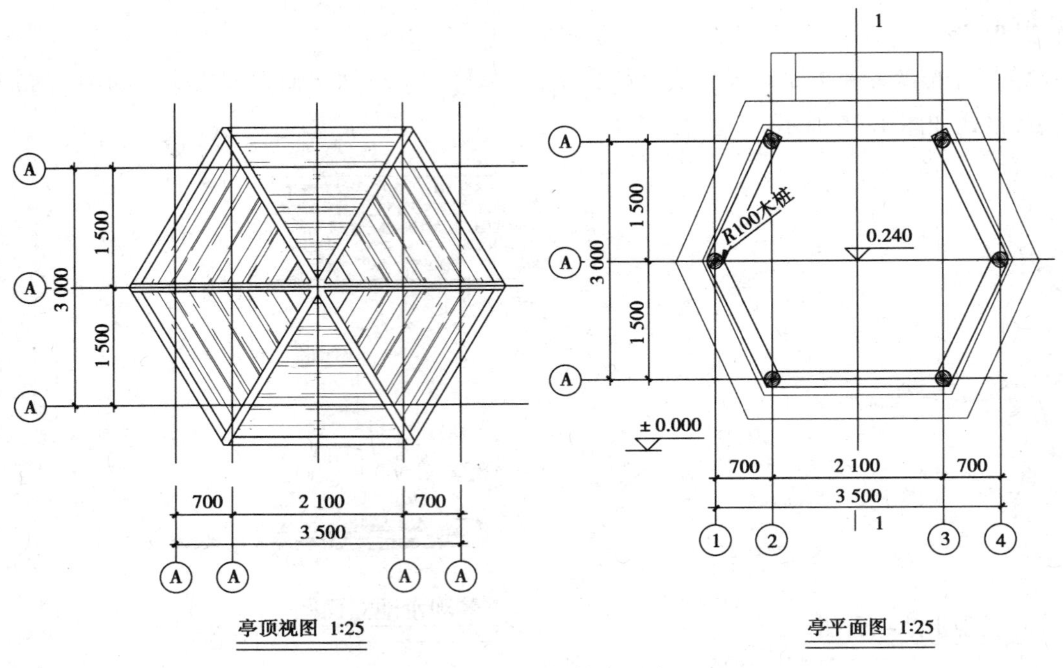

图 4.48 六角亭平面图

3. 考核标准

考核项目	分 值	考核标准	得 分
工具的应用	30	掌握各种工具的操作步骤	
熟练程度	20	能在规定时间内完成绘制	
灵活应用	30	能综合运用多种工具绘制,能举一反三	
准确程度	20	绘制完成的图形和尺寸正确	

复习思考题

1. 怎样定制文字样式,字体文件之间有什么区别?
2. 打开某个图形文件后,有时字体显示成像平假名一样的乱码,如何解决?
3. 什么情况下需要定义标注样式的子样式?
4. 简述从 Excel 文件中复制表格的步骤。

5 园林应用实例

【知识要求】

- 掌握园林设计图的绘制程序、内容、方法和布局输出方法。

【技能要求】

- 能够根据具体要求绘制各种园林设计图,并做到举一反三。

5.1 街心小游园

现以某街心小游园为例说明其 AutoCAD 平面图的绘制过程。首先启动程序,进入绘图界面,单击菜单【文件】|【保存】命令,将文件存盘命名,并在绘图过程中根据绘制内容随时进行存盘保存,以防绘图过程中文件意外丢失。

5.1.1 设置绘图环境

设置绘图环境,主要是指在绘图之前进行图形界限、单位、图层、文本样式和尺寸标注样式等格式的设置。在绘制园林设计图时由于需要插入大量其他已存在的图块或外部参照,因而图层的管理相当混乱,但是对于由自己绘制的图形最好还是存放在确切的图层上,以便今后图形的选择、编辑和管理。

1)设置绘图单位

在绘制平面图时,一般根据绘制面积的大小可使用不同的单位,本图采用 mm 作为单位,小数点后取两位,即“0.00”。单击菜单【格式】|【单位】命令,弹出“图形单位”对话框,将精度设置为“0.00”,缩放单位为“mm”,单击“确定”完成设置。

2)设置图形界限

小游园的大小范围为长 70 000 mm,宽 40 000 mm,加上其他内容,可将图形界限设置为 75 000 mm ×45 000 mm 范围大小。

3)设置图层

对所绘图形进行分析后,明确要建立哪些图层,各图层的线型和线宽要根据制图标准设置,而其他如颜色、图层名可以自定。单击【格式】|【图层】,打开“图层特性管理器”对话框,在对话框中新建图层和设置图层特性。

4)设置文字样式

根据绘制内容,在输入文字之前先设置文字样式,其样式可用于尺寸标注、植物配置表、文字说明等文字的输入。

5)设置标注样式

根据绘制内容在标注尺寸之前要建立标注样式,用于图形中标注的建立。

5.1.2 绘制图形

①将建立的“网格”图层设为当前层,绘制范围大小为长 70 000 mm,宽 40 000 mm 的小游园边界,并根据边界大小绘制方格定位网,方格网大小为 2 000 mm ×2 000 mm,如图 5.1 所示。

②把建立的“绿地范围”图层设为当前图层,使用直线、多段线等绘图、编辑命令绘制如图 5.2 所示的绿地规划道路和广场范围。

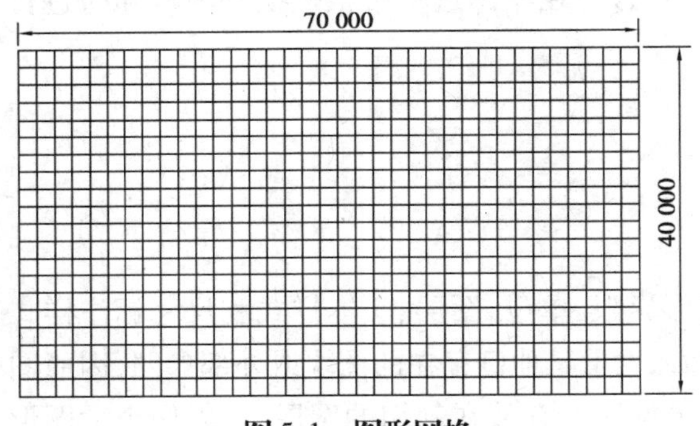

图 5.1 图形网格

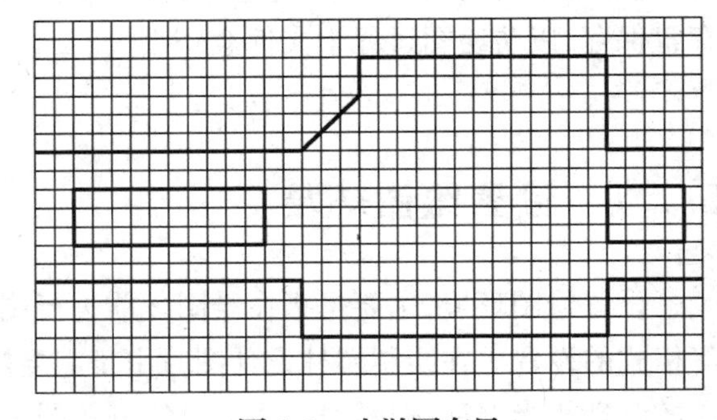

图 5.2 小游园布局

③把建立的“园路”图层设为当前图层,使用样条曲线等命令绘制如图 5.3 所示的园路,并使用填充命令将园路填充成如图 5.3 所示的冰纹路。

④把建立的“建筑小品”图层设为当前图层,绘制如图 5.4 所示的长廊花架、花坛、雕塑、园座椅、花池座椅等园林小品建筑,并在建立的“文字说明”图层中用文字标明。

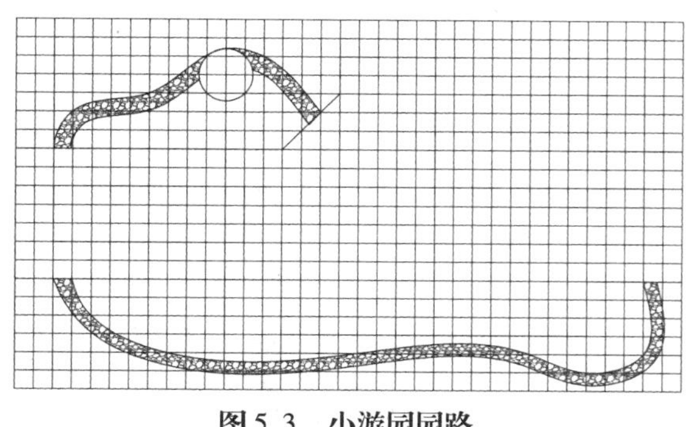
图 5.3 小游园园路

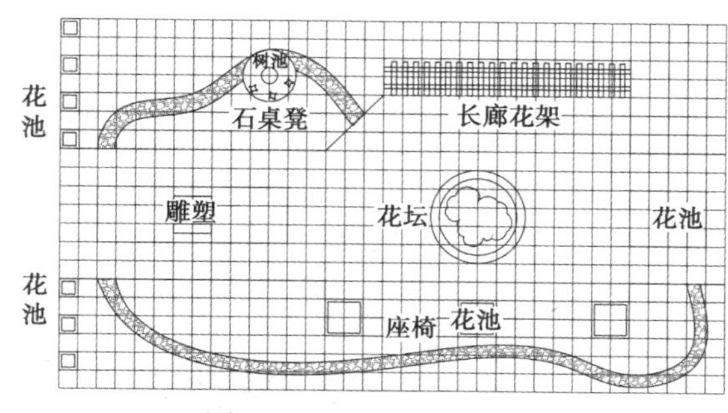

图 5.4 小游园建筑小品

⑤设置“植物”图层为当前图层，绘制花镜、花圃，根据植物配置原则插入植物图例，如图 5.5所示。

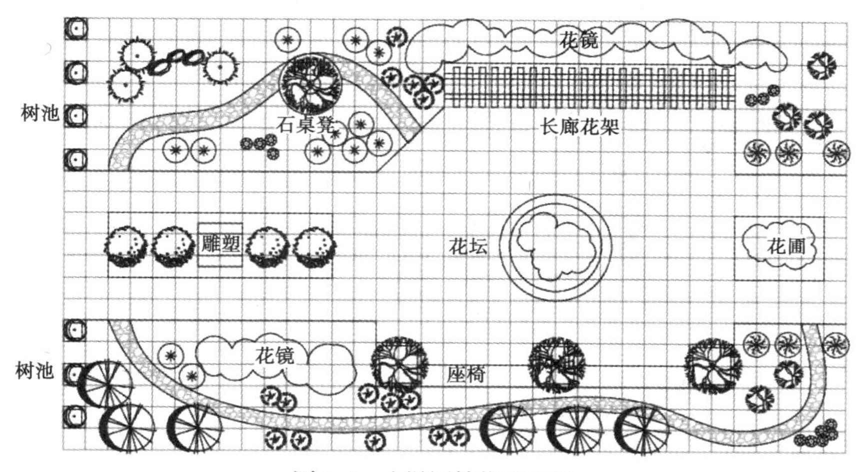

图 5.5 小游园植物配置图

小游园的平面图已基本绘制完成，下面创建布局添加文字说明、植物配置表等。

5.1.3 创建布局

1）页面设置

选择“布局 1”，单击鼠标右键进入“页面设置管理器对话框”中，选择【修改】按钮，进入“页面设置—布局 1”对话框，在“打印机/绘图仪”区域选择打印机设备，并单击其后的“特性”按钮，进入“绘图仪配置编辑器”对话框，自定义图纸尺寸大小为“A2”图纸大小，在可打印区域设置页边界左为 25 mm，上、下、右各为 10 mm；返回到“页面设置—布局 1”对话框中设置“图纸方向”区域选择横向，其他参数不变。

2）布局视口

进入图纸空间后，在图纸上自动生成一个视口，将这个视口删除，调出“视口”工具栏，单击单个视口图标，在命令行选择“布满”命令，视口布满整个图纸。图形显示在视口中，调整视口的比例为 1∶200，也就是图形的比例。用实时平移命令将图形调整好位置，然后将鼠标移动到视口区外双击,退出视口模型空间。

3)图纸布局

在图纸空间上,添加文字、比例和植物配置表并插入图框和标题栏,将其放置在合适的图层中,这是为了避免这些内容在比例设置上出现混乱,我们在布局中添加这些内容,而且按要求1:1绘制就可以了,其结果如图5.6所示。

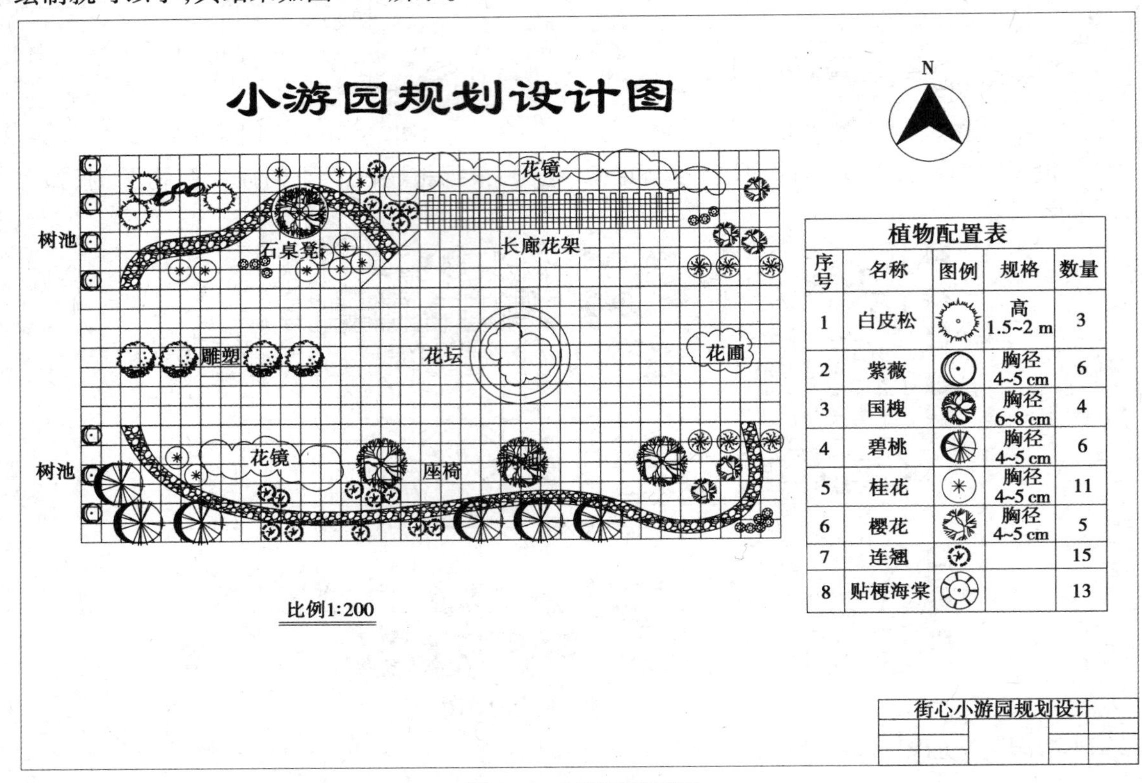

图5.6 小游园规划图

4)打印图纸

单击【菜单栏】|【打印】将布局好的图纸在指定的打印机上输出。

5.2 广场平面图

广场AutoCAD平面图的绘制过程与前面所讲基本相同。首先启动程序,保存图形。

5.2.1 设置绘图环境

1)设置绘图单位

在这里我们可以根据广场实际用地范围的大小,设置图形单位为“m”。

2)设置图形界限

根据用地范围大小设置图形界限大小为 130 m×120 m。

3)设置图层

根据图形的内容设置“网格范围”“广场布局”“绿化种植”“文字说明”“人行道”“建筑小品”“草坪”等图层。

4)设置文字样式

根据图形设置文字的字高、字体、标注样式等内容,用于文字输入和标注。

5.2.2 绘制图形

①打开文件,在“广场布局”图层绘制广场布局,在“建筑小品”图层绘制广场建筑小品,如图 5.7 所示。

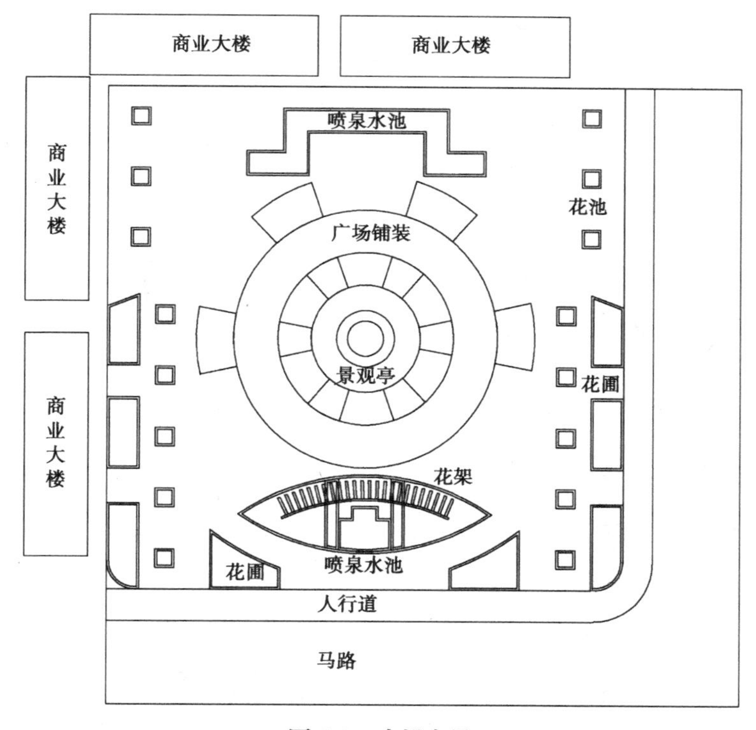

图 5.7 广场布局

②在建立的“人行道”图层中填充如图 5.8 所示人行道铺装,在“草坪”图层填充草坪样式。

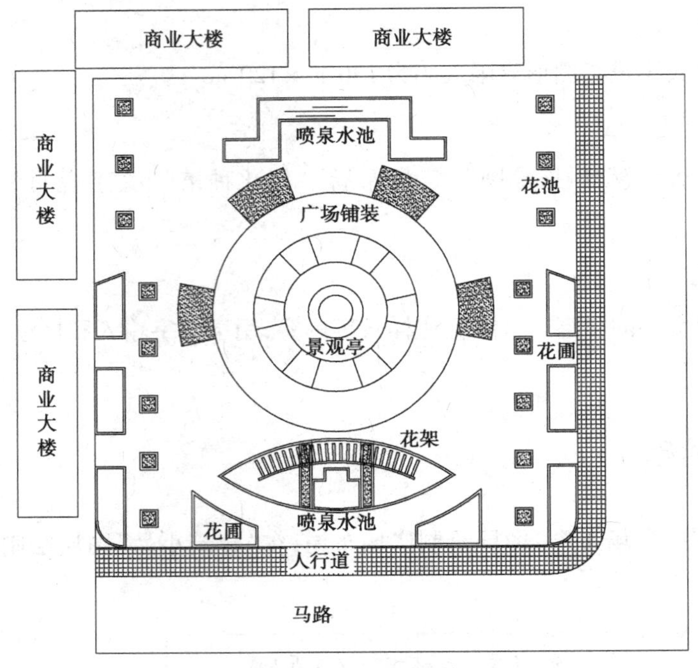

图5.8 广场道路铺装

③在图中“植物”图层种植点插入植物图例,并绘制花圃样式,如图5.9所示。

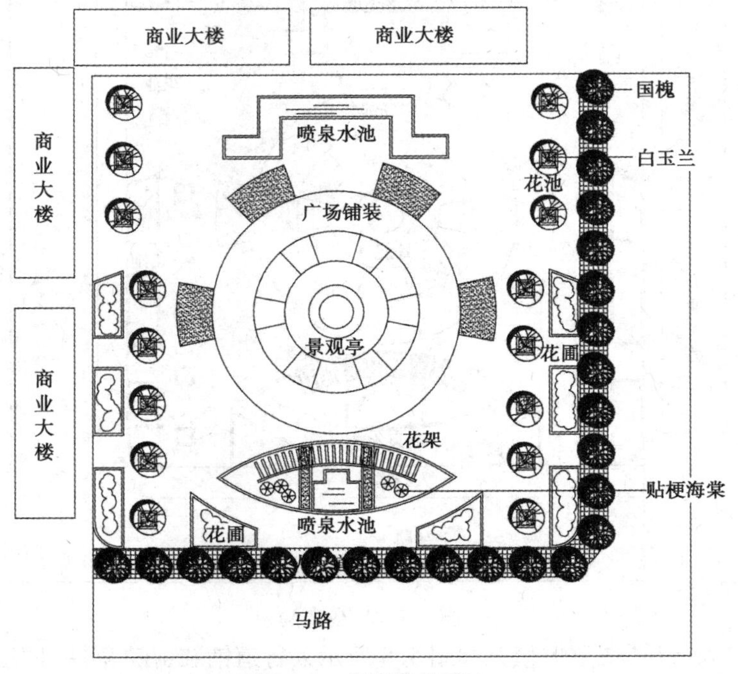

图5.9 广场绿化设计

5.2.3　创建布局

按照前面讲的实例创建广场的布局,选择合适的比例,本例采用的单位为米,如打印在A3图纸上,可以采用1:500比例,因为图纸单位为米,实际已经缩小1 000倍,而在图纸空间中要采用1:500的比例,图形要扩大2倍才能满足这个要求,所以视口比例应为2:1。

在图纸空间添加标题栏、比例、文字说明并合理布局其在图纸中的位置。

5.2.4　打印图纸

如前面所讲配置打印机参数打印输出,如图5.10所示。

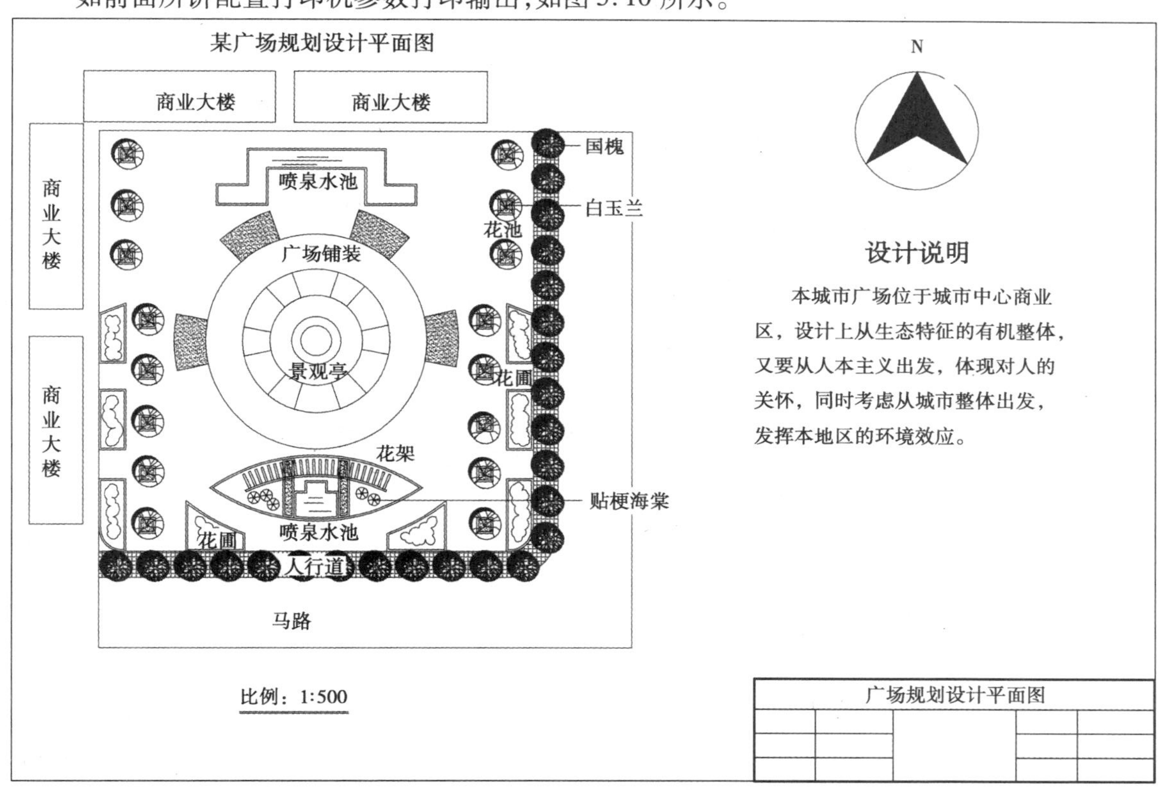

图5.10　广场设计布局打印图纸

本章小结

本章举例讲解了在AutoCAD中绘制园林设计平面图的方法和操作过程,通过学习应掌握正确的绘制方法,避免不恰当的操作引起的绘制过程冗长。另外还应具有举一反三的能力,使所学的知识能灵活应用到实践中,所以平时应多练多总结,达到快速提高的目的。

案例实训

1)目的要求

通过实训掌握文字输入的操作方法,掌握尺寸标注的规范和操作方法。

2)实训内容

绘制如图 5.11 所示案例图形,设置下列内容:

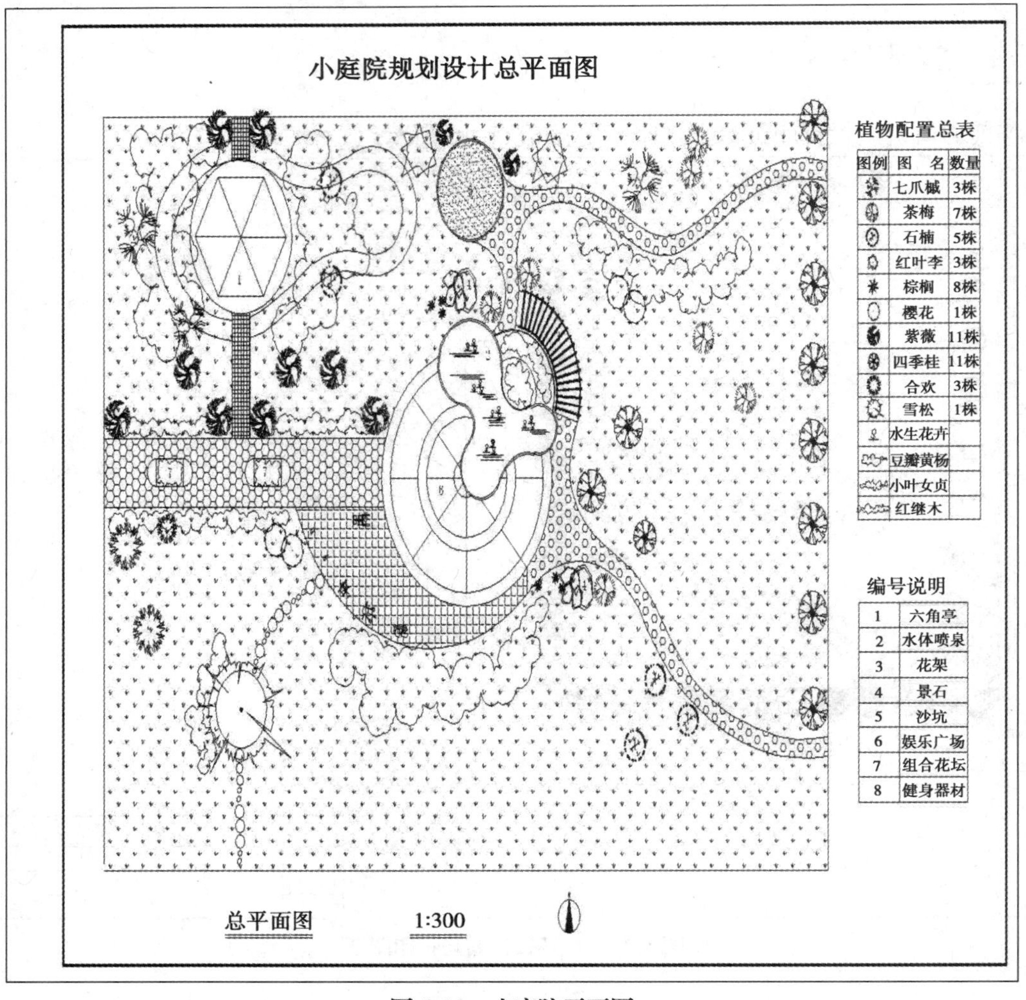

图 5.11 小庭院平面图

(1)设置相依图层、图形界限、图形单位、文字样式、表格样式。

(2)在图形中绘制相应内容。

(3)设置合适的比例在标准大小图纸上打印输出。

①在模型空间打印输出。

②在图纸空间布局输出。

3)考核标准

考核项目	分　值	考核标准	得　分
工具的应用	30	掌握各种工具的操作步骤	
熟练程度	20	能在规定时间内完成绘制	
灵活应用	30	能综合运用多种工具绘制,能举一反三	
准确程度	20	绘制完成的图形和尺寸正确	

复习思考题

1. 在绘图前设置图形界限有何意义?
2. 如何确定打印输出的比例?

第2篇

3ds Max

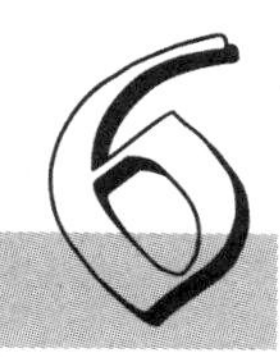

3ds Max 基础知识

【知识要求】

- 了解3ds Max的特点、用途；
- 了解3ds Max的绘图程序。

【技能要求】

- 掌握3ds Max的安装、激活与启动方法；
- 熟悉3ds Max的工作界面；
- 理解3ds Max的坐标系统。

6.1 3ds Max 安装与启动

目前在国内PC三维制作中最广泛应用的三维软件就是3ds Max，它是Autodesk公司在1996年以三维建模和动画系统3D Studio为基础重新设计的一个动画产品，每年都不断推出新的版本。和其他三维制作软件相比，它功能强大、价格较低、外部插件多、系统配置要求低、数据化味道较浓，尤其是这一点使它在建筑、机械造型上使用较方便。因而3ds Max广泛应用于产品设计、包装设计、建筑外观与室内设计、舞台美术设计等。在园林行业中，3ds Max常用来对效果图中的硬质景观进行建模，而园林中的植物、场景的背景等大多需要后期在Photoshop中加入。

3ds Max软件的功能主要包括造型、纹理与材质设置、动画设置及特效生成。其基本过程是先创建各种设计的造型，然后为造型设置各种表面生成效果，接着为造型设置动画，最后将设计生成的静态图像或动态画面合成以产生综合的特殊效果。

本书以3ds Max 2013为例，介绍它在园林设计中的应用。

6.1.1 安装

插入安装光盘,如果不能自动启动安装可在【桌面】|【我的电脑】中点击打开光盘文件,寻找扩展名为.exe 的安装文件并打开即可。待出现如图 6.1 所示的界面后,单击“安装”即开始安装过程。

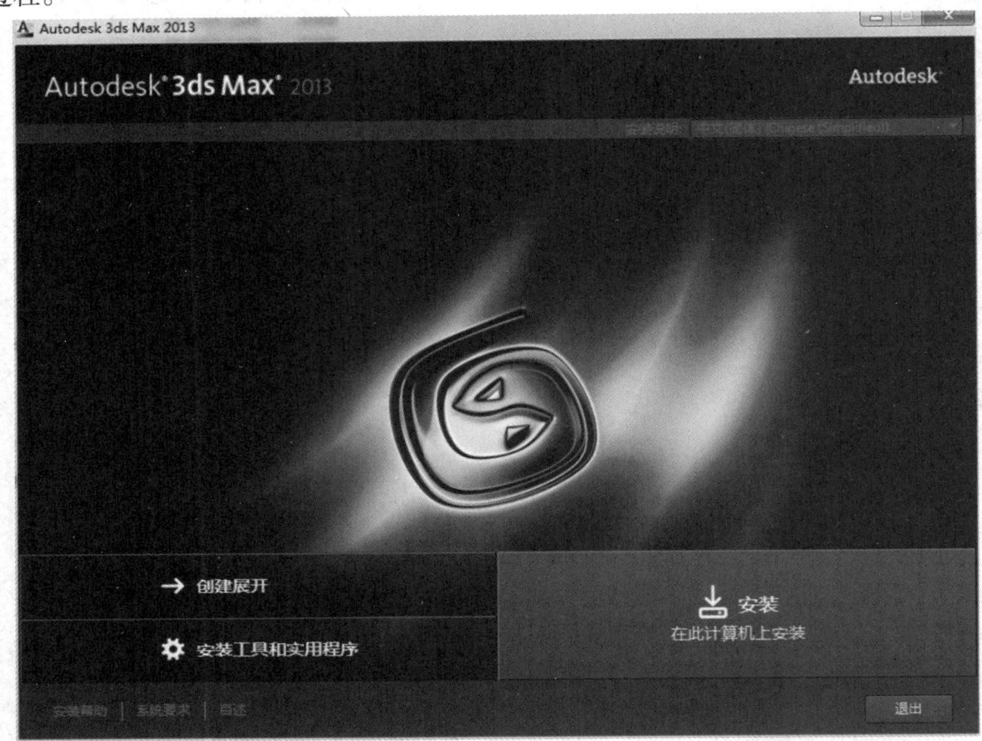

图 6.1 安装界面

6.1.2 启动

启动的方法有很多,常用的是从桌面 3ds Max 的快捷方式启动,或者点击【开始】|【程序】|【Autodesk】|【3ds Max 2013】启动。

6.1.3 虚拟内存优化

在进行三维设计时,场景文件越大所占用的系统资源就越多,包括内存。可以通过在硬盘上划分一块足够大的空间来作为内存使用而提高三维设计时工作的流畅性。具体操作如下(以 Windows XP 为例):

①用鼠标右键单击“我的电脑”，在弹出的快捷菜单中选择“属性”命令，打开“系统属性”窗口。

②切换到“高级”选项卡，单击“性能”栏的“设置”按钮，打开“性能选项”窗口，然后切换到“高级”选项卡。

③单击“虚拟内存”栏的“更改”按钮，在打开的“虚拟内存”窗口中首先确定页面文件在哪个驱动器，然后将其他驱动器中的页面文件全部禁用，接下来设置页面文件的初始大小和最大值。

④设置完毕后先单击“设置”按钮应用设置，然后单击“确定”按钮保存退出。

提示：建议在“初始大小”和“最大值”的文本框中输入一个相同的值。如果物理内存小于512 MB，建议将虚拟内存设置为物理内存的1.5 ~2 倍；如果物理内存大于512 MB，建议将虚拟内存设置为与物理内存相同。

6.2 3ds Max 工作界面

3ds Max 2013 系统的工作界面如图 6.2 所示，它主要由菜单栏、工具栏、命令面板、视图窗口、提示栏、轨迹栏、动画控制区等部分组成。

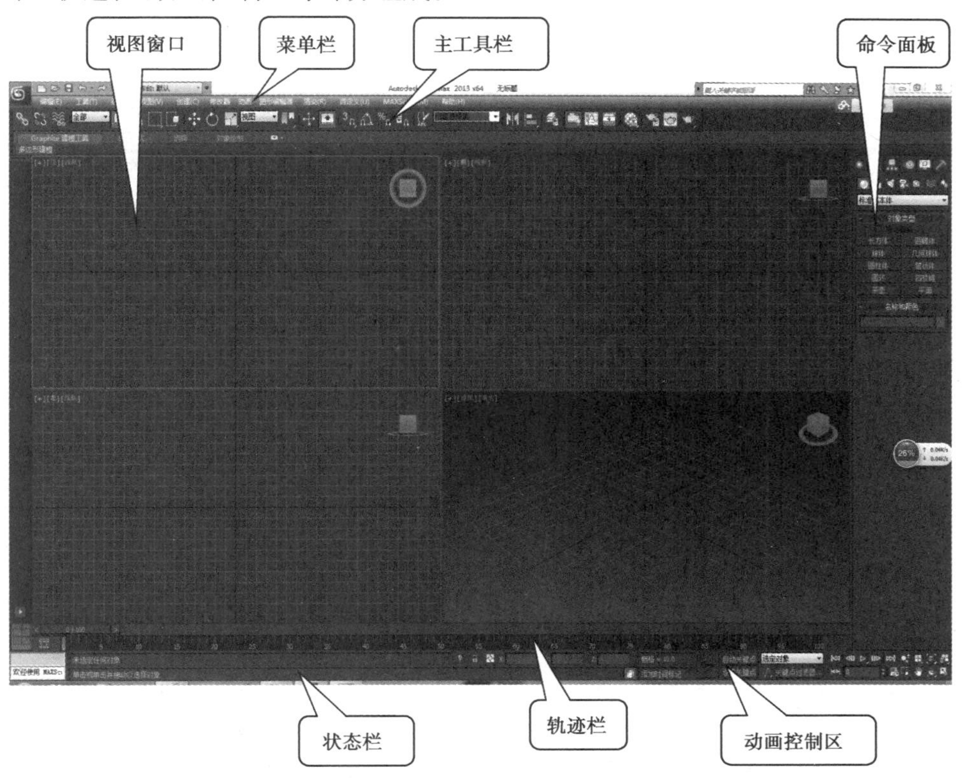

图 6.2 3ds Max 2013 工作界面

6.2.1 菜单栏

3ds Max 2013 的菜单栏集成了所有的操作命令和工具，它们被分门别类地组织在不同的菜单项中。菜单栏一共有 15 个菜单项组成，它们是文件、编辑、工具、组、视图、创建、修改器、角色、Reactor、动画、图表编辑器、渲染、自定义、MAXScript、帮助等项。

6.2.2 工具栏与命令面板

1）工具栏

启动 3ds Max 2013 后可以在菜单栏下面看到一行工具栏。工具栏由在三维设计中经常使用的工具按钮组成，可以让用户方便快捷地使用。

3ds Max 2013 中的工具栏有两种类型，一种是主工具栏，一种是浮动工具栏，包括“附加”工具栏、“渲染快捷方式”工具栏、“层”工具栏、“轴约束”工具栏、“笔刷预设”工具栏、“捕捉”工具栏、“reactor”工具栏。系统默认除“reactor”工具栏外其他的浮动工具栏均为隐藏状态。可以通过点击菜单栏【自定义】|【显示 UI】|【显示浮动工具栏】来确定浮动工具栏的显示/隐藏。

2）命令面板

命令面板位于工作界面的右侧，命令面板是 3ds Max 的核心部分，它包括在场景中建模和编辑物体的常用工具及命令，如图 6.3 所示。

命令面板上布满当前各种操作有关参数的设定，选择某个控制按钮后，便弹出相应的卷展栏，上面有一些标有名称的横条状卷页框，左侧带有“ + ”或“ - ”，前者代表该卷页框控制命令已关闭，点击“ + ”则展开此卷页框；“ - ”代表该卷页框已打开，点击则关闭此卷页框。

（1）“创建”面板　创建场景中的各种对象。从左到右依次为几何体、图形、灯光、摄像机、辅助对象、空间对象、系统 7 个子面板，如图 6.4 所示。

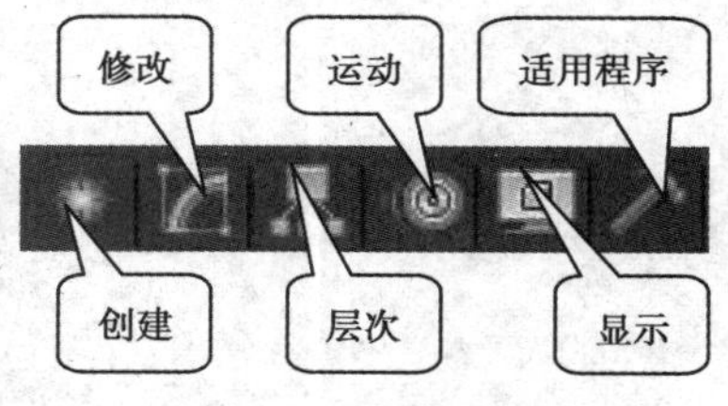

图 6.3　命令面板

图 6.4　命令面板

（2）“修改”面板　修改已选定对象的参数。“修改”面板只有在选定对象之后才会出现相应的修改选项。当你创建了一个物体后，可随时单击按钮进入修改命令面板。修改命令面板中不仅显示对象的创建参数，而且针对有些放样物体，修改面板中还会显示一些附加修饰命令。使用修改命令可以对物体进行各种变形修改，同时这些命令也可施加线物体的子一级如点、面、线段等。

(3)“层次”面板　设置相互连接物体间的层次,建立复杂的复合父子关系。包括轴、反向运动、链接信息3个子面板。

(4)“运动”面板　控制已选定对象的运动轨迹和选择控制器。包括参数、轨迹2个子面板。

(5)“显示”面板　控制视窗内对象的显示方式。

(6)“实用程序”面板　分类显示各种外挂工具。

6.2.3　视图窗口与提示栏

1)视图窗口

视图窗口占据工作界面最大的区域,设计人员的三维建模就在这里进行。系统提供了14种视图,系统默认状态下视图窗口由顶视图、前视图、左视图、透视图(camera)组成。每个视图的左上角是视图标题,左下角为世界坐标系。顶视图、前视图、左视图分别对应于工程制图中的平面图、正立面图、侧立面图,可准确地对物体进行移动、旋转、缩放等操作。透视图模拟人眼对物体的观察角度,可以产生近大远小的空间感,使设计者在立体的场景中观察物体,可以通过以下操作改变视图窗口的布局。

选择菜单项【自定义】|【视口配置】,打开“视口配置”对话框,选择“布局”选项卡,点击系统提供的14种视图中的一种类型,可改变视图布局。右键单击视图,在显示的下拉式菜单选项中选择视图类型,可改变视图类型,最后单击“确定”按钮即可。当鼠标点击某个视口时,视口的边框变为黄色,这意味着激活了当前视口,所有的操作只在当前视口中起作用。

2)提示栏

提示栏位于工作界面的底部左下角,它显示当前所选对象的数目、对象的锁定、当前鼠标的位置、当前使用的格栅距等信息。

6.2.4　轨迹栏与动画控制区

1)轨迹栏

轨迹栏包括时间滑动块、时间条、曲线编辑器。单击“曲线编辑器”图标就会显示轨迹栏工具框,如图6.5所示,关闭轨迹栏时就会恢复原状。轨迹栏用于动画编辑。将鼠标移到工具框空白处右键单击出现下拉式菜单的【加载布局】项中有“功能曲线布局”“摄影表布局”“轨迹栏布局”选项,它们可互换,都是用于动画编辑的。

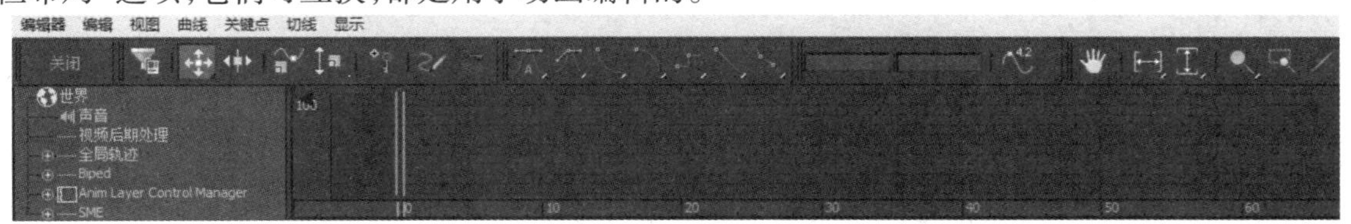

图6.5　轨迹栏工具

2)**动画控制区**

动画控制区主要用来进行动画的录制、动画帧的选择、动画的播放及动画时间的控制。

6.3 坐标系统

坐标系统是进行对象移动、旋转、放缩变动的依据。点击主工具栏中的“参考坐标系”按钮,可以在下拉式菜单中看到以下几种坐标系统类型:

(1)视图坐标系统 这是系统默认的坐标系统。它是屏幕坐标系统与世界坐标系统的结合。在正交视图中是屏幕坐标系统,在透视图中是世界坐标系统。

(2)屏幕坐标系统 当视图被激活后,就以该视图为参照标准。X 轴为水平方向,Y 轴为垂直方向,Z 轴为景深方向。它把计算机屏幕作为 X、Y 轴向所确定的平面,计算机屏幕内部延伸的方向为 Z 轴方向。

(3)世界坐标系统 反映物体真实方向的坐标系统,在所有的视图中坐标轴向不变。从屏幕正前方看,X 轴为水平方向,Z 轴为垂直方向,Y 轴为景深方向。

(4)父对象坐标系统 使用父对象的自身坐标系统,可使子物体保持与父对象之间的依附关系,使子物体以父对象的轴向为基础发生改变。

(5)局部坐标系统 以物体自身的坐标轴为坐标系统,物体自身的轴向可以通过“层次”命令面板中的“调整轴”内的命令进行调节。

(6)万象坐标系统 与局部坐标系统类似,其特点是各个坐标独立旋转。

(7)栅格坐标系统 以栅格物体的自身坐标轴为坐标系统,栅格物体主要用来辅助制作。

(8)拾取坐标系统 自己选择屏幕中的任意一个对象,以它的自身坐标系统作为当前坐标系统。

本章小结

本章的内容包括软件的安装、工作界面的组成、视图的更改、坐标系统等。通过学习,要能够进行基本的软件操作,能对视图进行更改和控制,理解坐标系统并能进行操作。

案例实训

1)**目的要求**

通过实训掌握 3ds Max 的基本文件操作和视图控制。

2)**实训内容**

(1)启动 3ds Max 2013,熟悉工作界面的各个组成部分,了解命令面板的组成。

(2)通过视口配置练习对默认的 4 种视图进行更改。

3)考核标准

考核项目	分 值	考核标准	得 分
文件基本操作	30	能熟练打开软件、完成存盘	
熟练软件	20	能准确说出工作界面各部分的组成	
灵活应用	30	能对视图布局进行更改	
准确程度	20	理解修改面板的显示状况	

复习思考题

1. 3ds Max 2013 的工作界面包括哪几部分?
2. 文件菜单中的重置与编辑菜单中的重做有何区别?
3. 试操作改变视口区的布局类型及视图类型、平移、缩放视图中的物体。
4. 3ds Max 2013 的坐标系统有哪些?

7 3ds Max 建模

【知识要求】

- 熟悉创建命令面板的使用方法；
- 熟悉修改命令面板的结构。

【技能要求】

- 掌握使用创建命令面板的基本步骤；
- 掌握基本的建模方法；
- 掌握使用修改命令面板的基本步骤。

7.1 创建二维线形

7.1.1 二维线形及其创建方式简介

用3ds Max创建的物体，通常都可以用简单的几何模型加工而成。利用二维线形建模是园林效果图绘制的基础，也是设计一个模型最基本、最重要的阶段，它不仅使用方便，而且产生的面片数量相对也比较少，可以提高计算机的处理速度。“样条线”是一种矢量图形，可以由其他的绘图软件产生，如Illustrator、FreeHand、CoreDraw、AutoCAD等，将所创建的矢量图形以AI或DWG格式存储后，就可以直接导入到3ds Max中使用了。

1）**基本术语**

(1)元素　它是组成物体的最基本的单位，可以是点、线、面等。

(2)物体　指由一个或多个元素组成的完整结构。

(3)节点　它是3ds Max中能够进行处理的最小元素，以小交叉点的形式显示出来。

(4)线段　两个节点之间的连线即为线段，可以是直线也可以是曲线。

(5)轴　进行缩放、扭曲、旋转等操作时的中心参考点，它是一个点。

(6)路径　可以是任何一条样条曲线，但必须是单一的多边形。它既可以是封闭的，也可以是开放的。

(7)步长　指两个节点之间的线段被分成小段的段数。步数对直线影响不大，对曲线的影响很大。步数越大，曲线越光滑，但需要处理的时间越长，反之则相反。

2)样条线的公共参数

样条线共有 11 种类型，如图 7.1 所示，顶端的【开始新图形】按钮默认是开启的，表示每创建一个曲线，都作为一个新的独立物体，如果将它关闭，那么创建的多条曲线都作为一个物体对待。大多数曲线类型都有共同的设置参数，如图 7.2 所示。

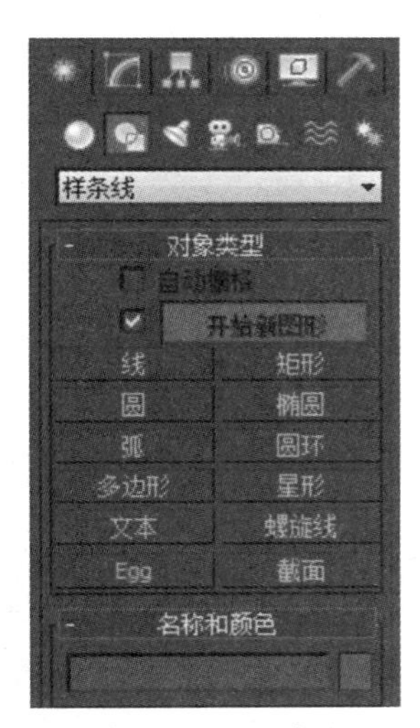

图 7.1　二维线形

图 7.2　共同参数面板

【渲染】/【厚度】:设定曲线渲染时的粗细。

【渲染】/【边】:渲染二维线形剖面的边数（如:将该参数设置为 4，得到一个正方形的剖面）。

【渲染】/【在渲染中启用】:未选此项，线形在渲染时不被渲染；选中此项，线形即可被渲染。被渲染的二维线形是一个截面为圆的管状物。

【插值】/【步数】:用来设置样条线各点间步数的数量。步数对于样条曲线至关重要，主要表现为步数的数量决定了样条曲线的光滑程度。

【插值】/【优化】:自动去除曲线上多余的步幅片段。

【插值】/【自适应】:根据曲度的大小自动设置步幅数，弯曲大的地方需要的步幅会多，以产生光滑的曲线，直线的步幅将会设为 0。

3)样条线的创建方法

(1)交互式创建方法　在【图形】面板中单击【线】按钮，在视图中单击鼠标左键确定线的起始，然后移动光标到一个适当位置后再单击鼠标左键，这样一条直线段就确立了，如果需要可继续移动光标并单击鼠标连续创建,当创建完成后,单击鼠标右键结束创建线的命令。

如果要创建曲线段,在单击鼠标确定起始点后,移动光标到一个适当位置,按下鼠标左键不放并拖动鼠标,便在确定的两点之间形成曲线,曲线的曲度与拖动鼠标的距离远近有关。若要继续创建,可继续移动光标到下一个适当位置按下鼠标左键并拖动鼠标,形成连续的曲线。当创建完成后,单击鼠标右键结束创建线的命令。

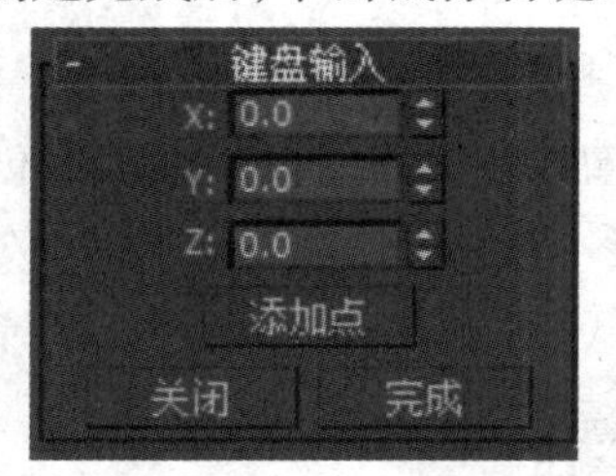

图7.3 【键盘输入】卷展栏

如果在创建线后,线的起点和终点重叠在一起时,将会弹出"样条线"对话框,此对话框提醒用户是否要将这条线段封闭,如果需要封闭,单击【是】按钮即可。

(2)键盘输入创建方法 创建线的另一种方法是使用【键盘输入】卷展栏的键盘输入创建功能,如图7.3所示。该卷展栏中有X、Y、Z轴向坐标的3个数值框,在此键入节点所处的位置坐标。键入节点的坐标值后单击【添加点】按钮,在视图中确定起点。随后继续键入坐标值,每键入一次坐标值便单击【添加点】按钮一次。线创建完成后单击【关闭】按钮,将会把创建的最后一个节点和第一个节点相连,形成封闭的线形。

7.1.2 线和多边形

1)线

在【图形】面板中单击【线】按钮,自由绘制任何形状的封闭或开放型曲线(包括直线),可以直接点取画直线,也可以拖动鼠标绘制曲线,曲线的弯曲方式有【角点】、【平滑】、【Bezier】3种,如图7.4所示。进入修改命令面板,在线的原始层级可进入顶点、线段、样条线次物体层级编辑命令面板,对其进行进一步的修改。

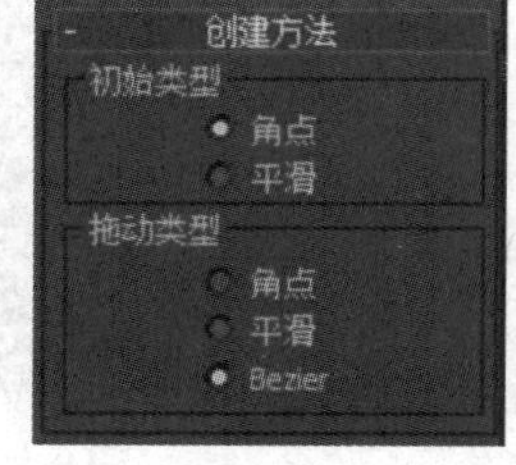

图7.4 【创建方法】卷展栏

【平滑】:此属性决定了经过该点的曲线为平滑曲线。

【角点】:它使各点之间的步数按线性、均匀方式分布,也就是直线连接。

【Bezier】:单击并拖曳鼠标,然后释放鼠标,再将鼠标移动到需要的位置并单击鼠标,就可以绘制出曲线了。绘制过程中释放鼠标前拖曳的方向和距离与最后的曲线有关。

2)多边形

在【图形】面板中单击【多边形】按钮,制作任意边数的正多边形,边长相等,可以产生圆角多边形。参数设置如图7.5所示。

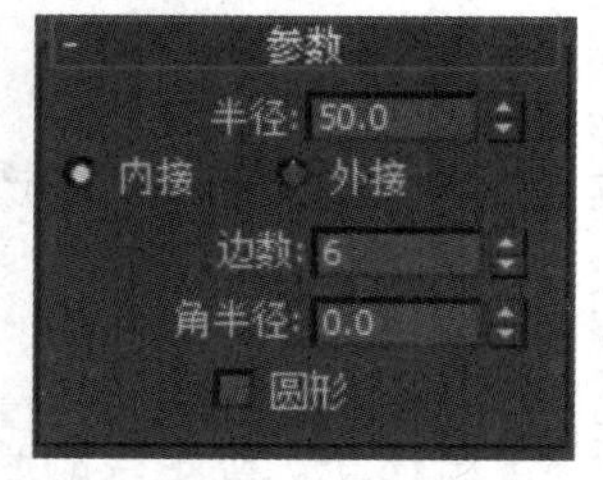

图7.5 多边形【参数】卷展栏

【半径】:设置多边形的半径大小。

【内接】:设置内接圆的半径作为多边形的半径。

【外接】:设置外切圆的半径作为多边形的半径。

【边数】:设置多边形的边数。

【角半径】:制作带圆角的多边形,设置圆角半径大小。

【圆形】:设置多边形为圆形。

7.1.3 圆、椭圆和圆环

1）圆

在【图形】面板中单击【圆】按钮，用于创建圆形。参数设置如图 7.6 所示。

【半径】：设置圆形的半径大小。

2）椭圆

在【图形】面板中单击【椭圆】按钮，用于创建椭圆。参数设置如图 7.7 所示。

【长度】：设置椭圆的长度大小。

【宽度】：设置椭圆的宽度大小。

3）圆环

在【图形】面板中单击【圆环】按钮，用于创建圆环。参数设置如图 7.8 所示。

图 7.6 圆形【参数】卷展栏

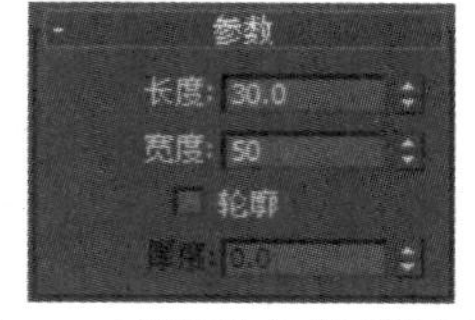

图 7.7 椭圆【参数】卷展栏

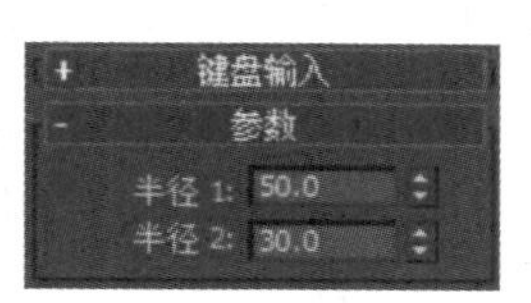

图 7.8 圆环【参数】卷展栏

【半径 1】：设置圆环的第一个半径。

【半径 2】：设置圆环的第二个半径。

7.1.4 文本

在【图形】面板中单击【文本】按钮，直接在视图中拖动鼠标，创建文本，可以对文字的字体、字距及行距进行调整。参数设置如图 7.9 所示。

【大小】：确定字体大小。

【字间距】：确定字间距。

【行间距】：确定行间距。

【文本】：对文本内容进行编辑。

【更新】：设置视图更新。

【手动更新】：可改为手动更新，缺省为自动。改为手动更新可以在需要时按【更新】来更新视图。

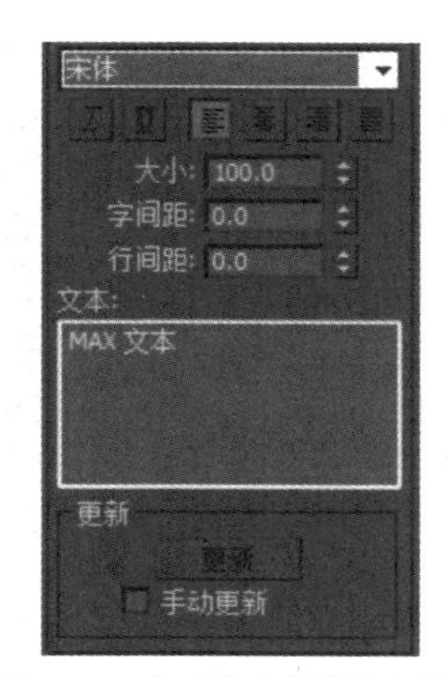

图 7.9 文本【参数】卷展栏

7.1.5 弧、星形和螺旋线

1）弧

在【图形】面板中单击【弧】按钮，制作圆弧曲线和扇形，创建方法和参数卷展栏如图 7.10

图 7.10 弧创建方法【参数】卷展栏

所示。

(1)创建方法

【端点-端点-中央】:以直线的两端点作为弧的两端点,然后移动鼠标,确定弧长。

【中间-端点-端点】:先画出一条直线作为圆弧的半径,移动鼠标确定弧长。

(2)参数

【半径】:用来确定圆弧的半径大小,这一选项方便制作同心弧。

【从】和【到】:设置圆弧的起点与终点,注意其中的数值单位是度,两者差值决定弧度。

【扇形区】:创建扇形。

【反转】:反转弧线方向,这里主要指改变圆弧曲线上第一点的位置。

2)星形

在【图形】面板中单击【星形】按钮,创建多角星形,尖角可以钝化为倒角;制作齿轮图案,尖角的方向可以扭曲,产生倒刺状锯齿;参数的变换可以产生许多奇特的图案,因为它是可渲染的,所以即使交叉,也可以用作一些特殊的图案花纹,参数设置如图 7.11 所示。

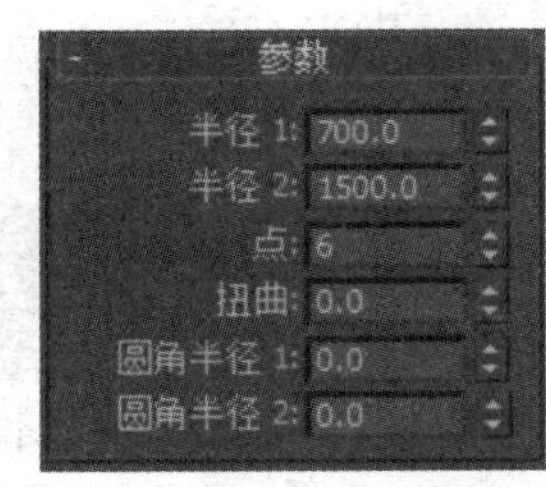

图 7.11 星形【参数】卷展栏

【半径 1】/【半径 2】:用来设置星形的内外半径。

【点】:设置星形角的数量。

【扭曲】:使外角与内角产生角度扭曲。

【圆角半径 1】/【圆角半径 2】:设置尖角的内外圆角半径。

3)螺旋线

在【图形】面板中单击【星形】按钮,绘制螺旋线,可以在【参数】卷展栏中设置螺旋线的各项参数,通过设置螺旋线的各项参数,可以得到不同形状的螺旋线,其参数设置如图 7.12 所示。

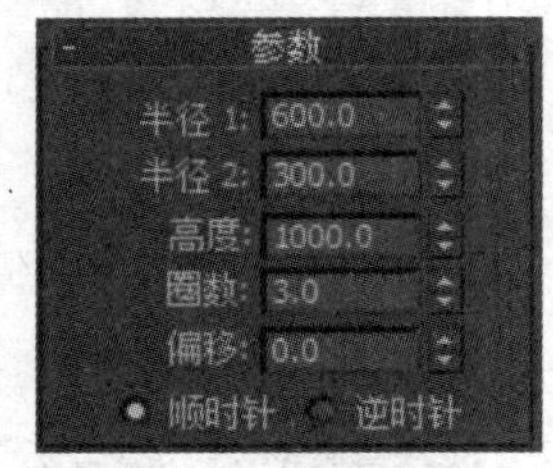

图 7.12 螺旋线【参数】卷展栏

【半径 1】/【半径 2】:通过两个半径控制螺旋线的内径和外径,如果两个半径相同,螺旋线就是弹簧状标准螺旋线。

【高度】:可以控制螺旋线的高度。

【圈数】:控制螺旋线的圈数。

【偏移】:控制螺旋圈数的偏向程度。

【顺时针】/【逆时针】:控制螺旋线顺时/逆时针旋转。

7.2 创建三维模型

7.2.1 三维模型及其创建方式简介

1)三维模型

在创建命令面板中,可以快速地创建三维对象,这些三维对象包括标准几何体和扩展几何体。在实际三维建模过程中，通过布尔运算或修改命令，对这些三维对象进行编辑就可以创造复杂的三维模型。

单击【创建】命令面板中的【几何体】命令按钮，进入创建三维物体操作。在  标准基本体 下拉框中选择【标准基本体】、【扩展基本体】、【AEC 扩展】选项栏后，在命令面板【物体类型】下将展示出 10 种标准基本体、13 种扩展基本体、3 种 AEC 扩展建模命令，如图 7.13—图 7.15 所示。

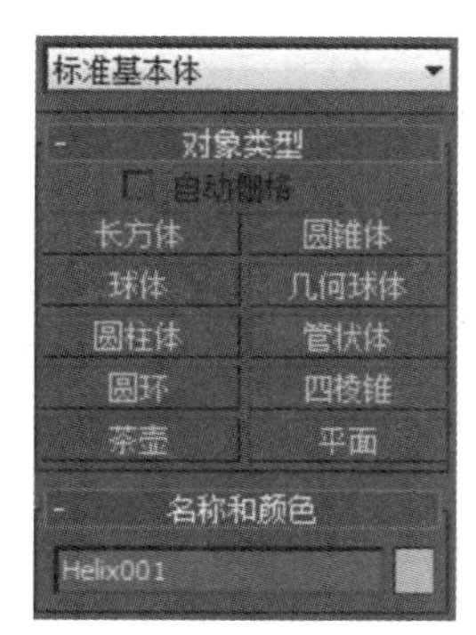

图 7.13　标准基本体命令面板

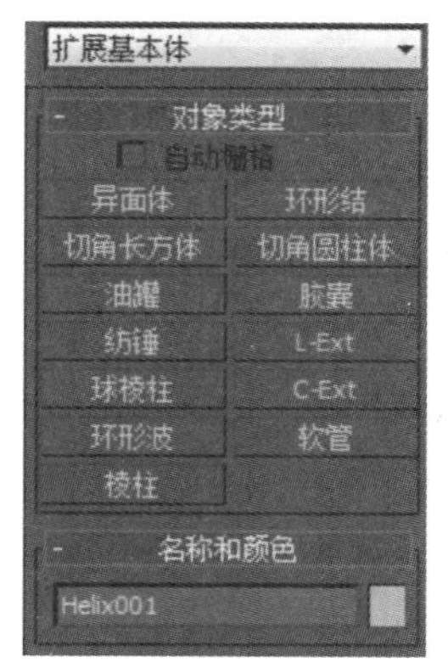

图 7.14　扩展基本体命令面板

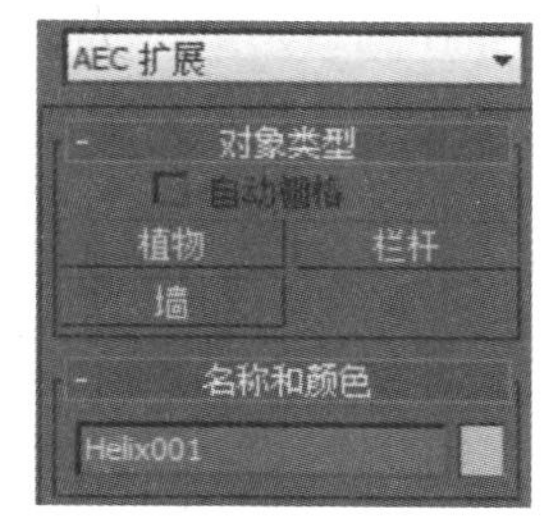

图 7.15　AEC 扩展命令面板

2）创建三维模型的方法

①按下命令按钮，将光标移到视图窗口中，按住鼠标左键并拖动，进行初步建模后，再在修改命令面板中【参数】卷展栏下修改物体规格的参数，完成建模。

②在【键盘输入】栏中输入坐标和物体规格的参数，然后单击【创建】即可完成基本建模。

7.2.2　标准基本体

1）一次创建完成的标准基本体

创建这类标准基本体只需在视图中按住鼠标左键并拖动鼠标至合适距离就可以完成。这类标准基本体包括球体、茶壶、几何球体和平面。

球体是这类标准基本体中较为典型的一种，它是由经纬网络组成的球体，类似于地球的经线和纬线。通过介绍球体的参数设置来讲解这一类基本体，球体的参数设置如图 7.16 所示。

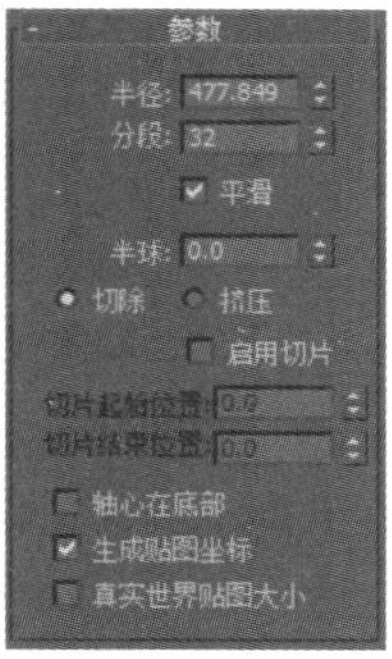

（1）创建方法

【边】：从边到边的方式拉出球体模型，通过移动鼠标可以改变中心的位置。

【中心】：以中心放射方式拉出球体模型。

（2）参数

图 7.16　球体的创建命令面板

【半径】：设置球体半径大小。

【分段】：设置表面划分的片段数，值越高，表面越平滑，造型也越复杂。

【平滑】:激活此项,计算机可对球体表面进行自动平滑处理。此时可以产生表面极为平滑的球体。若关闭此项,就会产生表面有棱角的球体。

【半球】:它的值在 0 ~1 间变化,为 0 时显示整个球体,为 1 时球体不可见,为 0.5 时是半球,这对建模制作比较方便。

【切除/挤压】:用来控制半球系数如何影响球体表面段数分布的。激活【切除】后,随着半球截面的变化球体的段数仿佛被一片片切掉,球体的表面光滑程度不变;激活【挤压】则随着半球截面的变化,段数也随之变化。

【切片启用】:设置是否开启切片设置。打开它,可以在下面的设置中调节球体局部切片的大小。

【切片从/切片到】:分别设置切片两端切除的幅度。输入正值,切片按逆时针方向进行;输入负值,切片按顺时针方向进行。

【轴心在底部】:在创建球体时,默认方式球体重心设置在球体的正中央,打开此项会将球体重心设置在球体的底部。默认状态为关闭。

2)二次创建完成的标准基本体

决定这类基本体创建的参数有两个,所以这类标准基本体在创建过程中需要两步完成。在创建命令面板中单击相应的按钮后,在视图中的合适位置按住鼠标左键拖动,拉出物体的底面,释放鼠标后,再按下并移动鼠标至合适位置拉出其高度,点击鼠标右键结束创建过程。这类标准基本体包括长方体、圆柱体、圆环和四棱锥。

(1)圆柱体　圆柱体是较为典型的两步创建完成的模型,圆柱体的参数设置如图 7.17 所示。

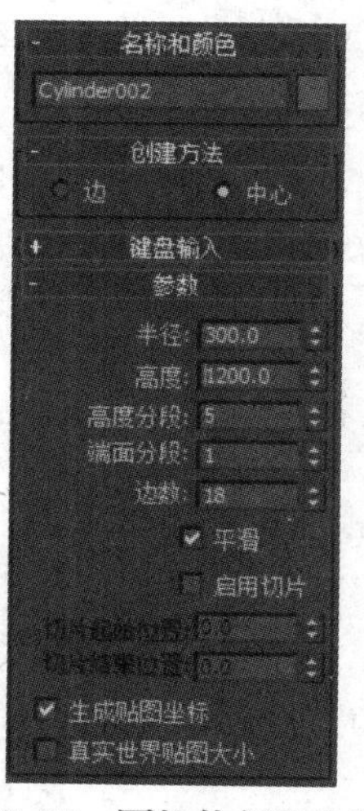

图 7.17　圆柱体创建参数

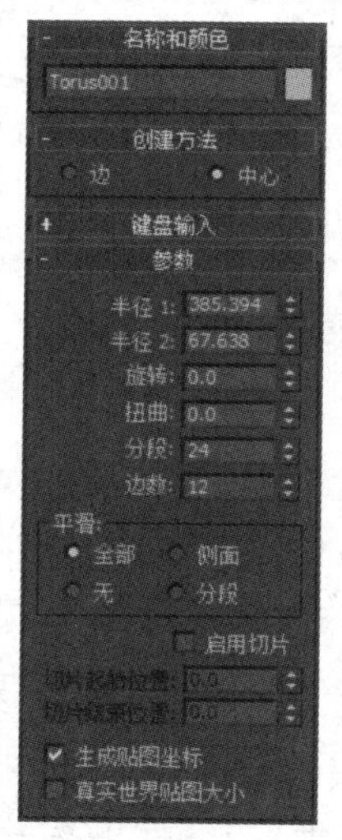

图 7.18　圆环创建参数

【半径】:设置圆柱体的半径。

【高度】:设置圆柱体的高度。

【高度分段】:设置高度方向的段数,如果要弯曲柱体,高的片段数可以产生光滑的弯曲效果。

【端面分段】:设置两端面上的段数。

【边数】:设置圆柱体的圆周段数,值越大,圆柱体越光滑,若关闭平滑选项,则圆柱体会变为棱柱,【边数】的数值决定了对象是几棱柱。

【平滑】:是否在创建柱体的同时进行表面自动平滑。

【切片启用】:激活此项会产生切片。

【切片从/切片到】:设置切片的起止角度,切片大小由两者的角度差决定。

(2)圆环　圆环也是两步创建完成的,在创建圆环时,需要确定圆环的【半径 1】和【半径 2】。前者表示圆环体的外环半径,后者表示圆环体的内环半径,且外环半径要比内环半径大一些。需要扭曲圆环体时,可在【扭曲】参数栏中设置不同的扭曲参数,产生不同的变形效果。圆环的参数设置如图 7.18 所示。

【半径 1】:设置圆环中心与截面正边形的边缘距离。

【半径 2】:设置截面正多边形的内径。

【旋转】:设置每一片段截面沿圆环轴旋转的角度。

【扭曲】:设置每个截面扭曲的角度。

【分段】:确定圆周上片段划分的数目,值越大,得到的圆环越光滑,较少的值可以制作几何棱环。

【全部】:对整个表面进行光滑处理。

【侧面】:光滑相邻面的边界。

【无】:不进行光滑处理。

【分段】:光滑每一个独立的片段。

【切片启用】:设置切片的起止位置。

【切片从/切片到】:分别设置切片两端切除的幅度。

3)三次创建完成的三维物体

决定这类基本体大小的参数有 3 个,在创建命令面板中单击相应的按钮后,在视图中合适的位置按住鼠标左键拖动,释放鼠标,确定第一个参数;接着按下鼠标左键后向上或向下移动鼠标至合适位置,释放鼠标,确定第二个参数;再按下鼠标左键同时向上或向下移动鼠标,确定后,释放鼠标左键结束创建过程。这类标准基本体包括圆锥体和管状体。

(1)管状体　参数设置如图 7.19 所示。

【半径 1】、【半径 2】:分别确定了底面圆环的内径和外径大小。

【高度】:确定管状体的高度。

【高度分段】:确定管状体高度上的片段划分数。

【端面分段】:确定上面底面沿半径轴的分段数目。

【边数】:设置圆周上边数的多少。值越大,管状体越光滑。

【平滑】:对管状体的表面进行光滑处理。

【切片启用】:设置切片的起止位置。

【切片从/切片到】:分别限制切片局部的幅度。

(2)圆锥体　在场景中创建圆锥体,通过参数的调节可以制作出棱台、圆台等其他类型的锥体,参数如图 7.20 所示。

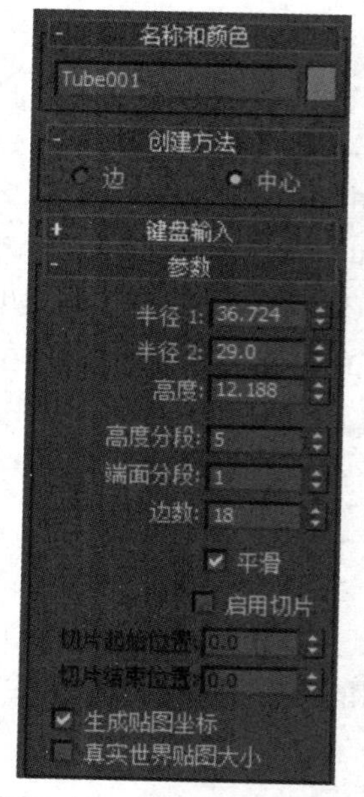

图 7.19 **管状体创建参数**

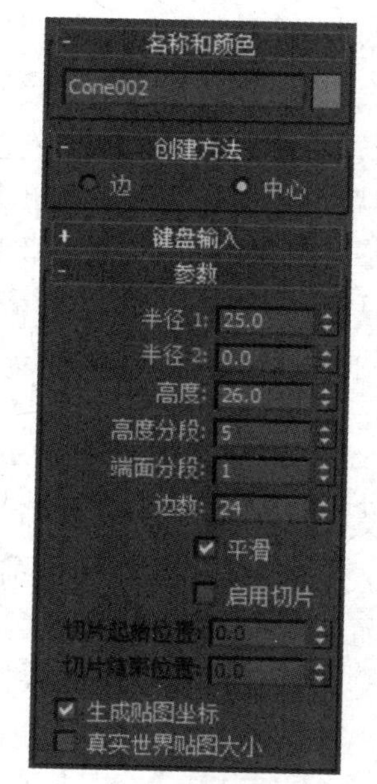

图 7.20 **圆锥体创建参数**

【半径 1】/【半径 2】:分别控制锥体的上下底面半径,若半径 1 = 半径 2 则为圆柱;若半径 1 或半径 2 都不为 0 且不相等则为圆台;若其中一个参数为 0,则为圆锥。

【高度】:确定锥体的高度。

【端面分段】:设置两端面的步数。

【边数】:设置圆锥的圆周段数,值越大,锥体越光滑。

7.2.3 扩展基本体

扩展基本体在标准基本体的基础之上增加了一些扩展的特性,因此它们的参数多一些,但可以制作出更加细腻逼真的效果。单击创建命令面板上 标准基本体 的下拉框,在弹出的下拉式选项中选择【扩展基本体】选项 扩展基本体 ,扩展基本体的控制面板中有 13 个按钮,如图 7.14 所示,激活这些按钮,可以创建相应的扩展基本体造型。它们的基本操作步骤与【标准基本体】选项中的物体类型基本相同。

1)切角长方体

切角长方体可以用来制作圆角的长方体,可以使对象感觉更圆滑、真实。制作效果图时主要用来制作桌面、方柱等,切角长方体的参数如图 7.21 所示。

【长度】:设置切角长方体的长度。

【宽度】:设置切角长方体的宽度。

【高度】:设置切角长方体的高度。

【圆角】:设置切角长方体圆角的大小。

【长度/宽度/高度分段数】:设置立方体三边上片段的划分数。

【圆角段数】:设置圆角的片段划分数,值越高越圆滑。

【平滑】:设置倒角自动光滑。

2)C-Ext

制作 C 形夹角的立体墙模型,主要用于建筑快速建模,参数如图 7.22 所示。

【背面/侧面/前面长度】:设置三边的长度。

【背面/侧面/前面宽度】:设置三边的宽度。

【高度】:设置墙的高度。

【背面/侧面/前面分段】:设置各边上片段的划分数。

图 7.21　切角长方体的参数设置

图 7.22　C-Ext 参数设置

7.2.4　复合物体

单击创建命令面板的 标准基本体 下拉框中选择【复合对象】选项栏 复合对象 ,在命令面板中【对象类型】下有 12 个按钮,其中有以下建模命令类型。

1)**布尔运算建模**

布尔运算是最常用的复合对象制作方法之一,就是将两个对象进行差集、交集和并集的运算后生成新的独立物体。单击【布尔运算】按钮后,可弹出关于布尔运算的命令面板,如图 7.23、图 7.24 所示。

用布尔运算法生成的物体有一系列特别的参数,通过设置这些参数可准确控制模型。

注意:进行布尔运算的前提是必须有两个相交的物体,也就是两个三维对象必须有相交的公共部分。

操作示例:

①在前视图用标准基本体制作一个长方体和一个球体,并将它们部分重叠;

②以复制方式克隆长方体和球体(注意二者之间的相对位置不变)各两个;

③选择其中一个物体(如长方体) → 选择【对象类型】卷展栏中的【布尔】命令;

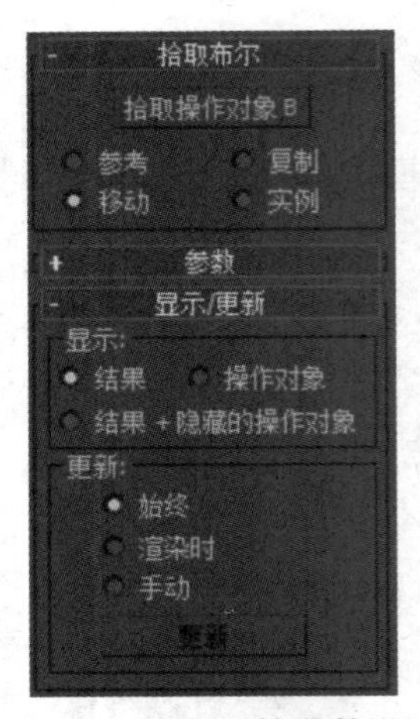

图 7.23　布尔运算参数设置

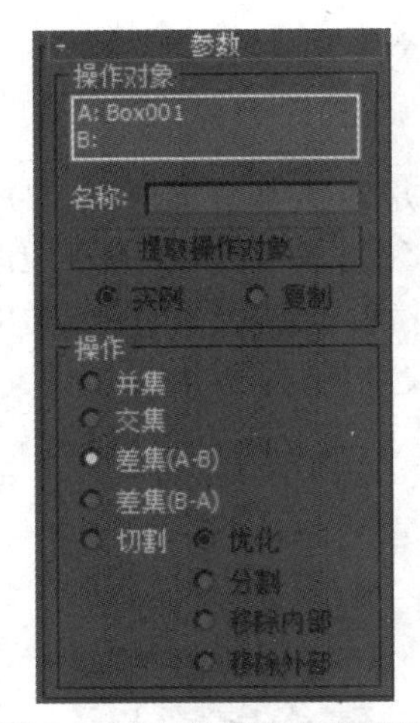

图 7.24　布尔运算参数设置

④进入【参数】,“操作”中选择【差集】→【拾取布尔】,单击【拾取操作对象 B】按钮,而后单击与所选物体同一组的另一物体(如球体),此即并集形式的布尔运算;

⑤分别对另两组物体施以交集和并集运算。

比较差集、交集和并集 3 种运算形式的结果异同,如图 7.25 所示。

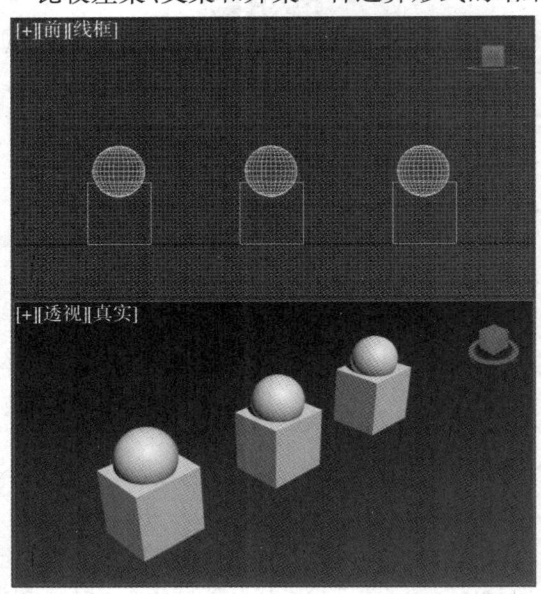

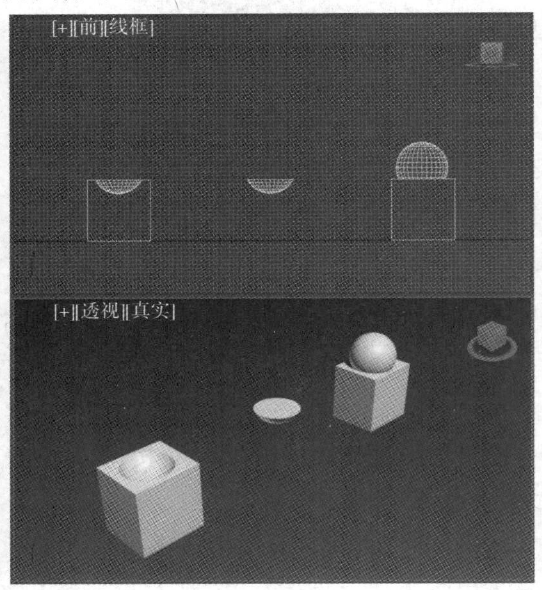

图 7.25　布尔运算差集、交集、并集 3 种运算形式的比较

2) 放样建模

在放样过程中,截面和路径是最基本的两个概念,可以看成是截面沿着路径运动所留下的轨迹所形成的三维图形。

【操作示例 1】　用放样创建圆弧形台阶。

①在顶视图中创建生成台阶的圆弧,在前视图中创建台阶的断面,如图 7.26 所示。

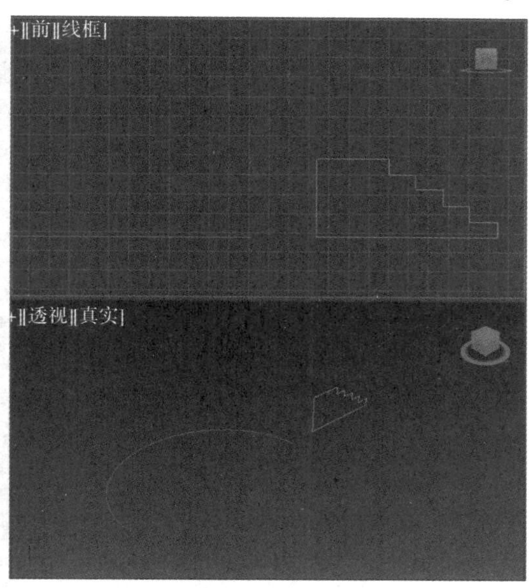

图7.26 放样截面和放样路径的创建

②使台阶断面处于被选中的状态。

③在【复合对象】栏下,单击【放样】命令,弹出命令面板,如图7.27所示。

④单击【获取路径】按钮,点击圆弧,放样效果如图7.28所示。

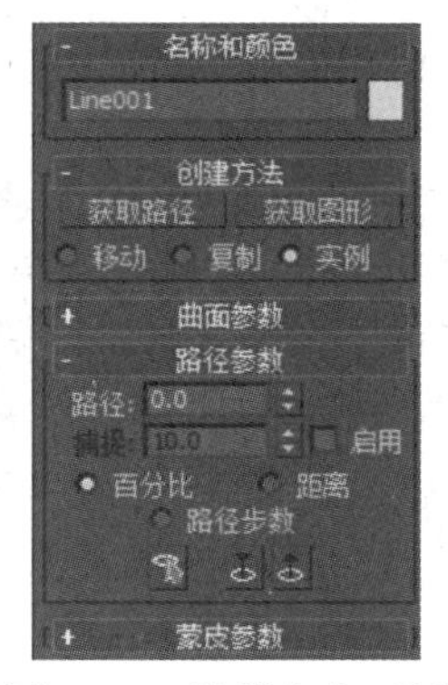

图7.27 放样命令面板

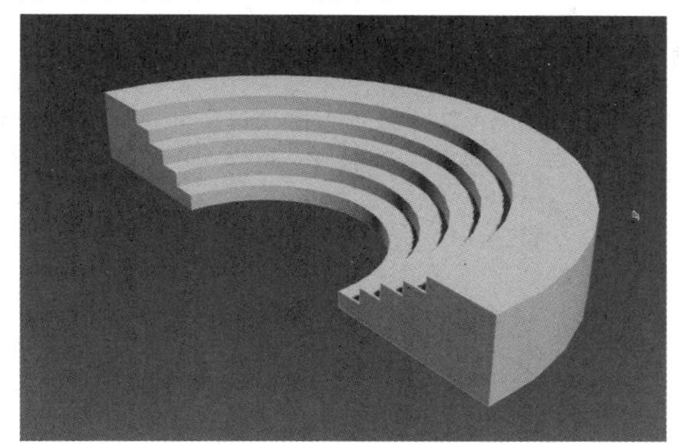

图7.28 台阶放样结果

台阶的放样还可以通过先选中圆弧作为路径,放样时点击单击【获取图形】按钮,点击台阶的断面图,也能生成一样的效果。

【操作示例2】 用放样创建花钵。

①在创建命令面板【图形】下,单击【圆】命令,在顶视图中创建圆,作为放样的路径。

②在创建命令面板【图形】下,单击【线】命令,在前视图中创建花钵的断面轮廓(图7.29)。

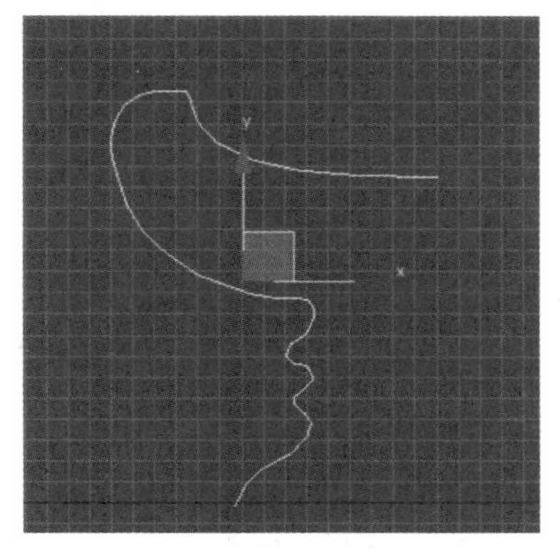

图7.29 在前视图花钵断面轮廓

③使花钵断面图处于被选中状态,在【复合对象】栏下,单击【放样】命令,弹出命令面板,单击【获取路径】按钮,点击顶视图的圆,放样效果如图7.30所示。

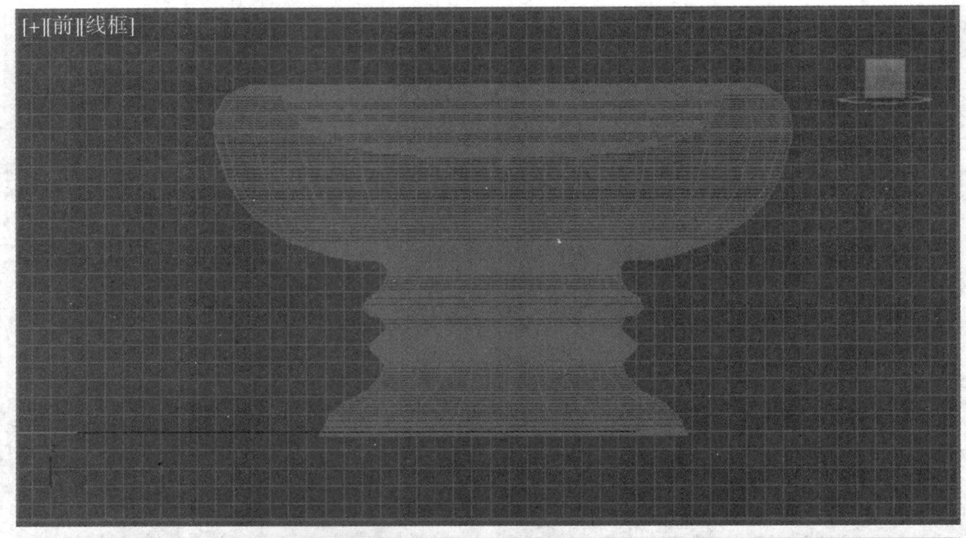

图 7.30　放样后生成的花钵

7.2.5　AEC 扩展

AEC 扩展一般用于建筑设计和土地构建等,可以打开创建面板下【几何体】造型按钮下方的卷展栏,从下拉列表中选择【AEC 扩展】选项。

图 7.31　AEC 扩展命令面板

当选定【AEC 扩展】之后,系统将进入相应的命令面板。可以在命令面板中单击系统提供的按钮来直接在场景中创建对象。3ds Max 2013 提供了 3 种类型的 AEC 扩展对象,分别是【植物】、【栏杆】和【墙】,如图 7.31 所示。使用【植物】来添加植物、使用

【栏杆】来创建围栏和栅栏、使用【墙】来创建墙。

【操作示例】

1）植物：垂柳

选择"对象类型"→"植物"按钮，在"收藏植物"窗口出现植物的预览（图7.32），滑动右侧的滑块，找到垂柳 → 在顶视图单击，结果如图7.33所示。

图7.32 收藏的植物

2）栏杆：方形护栏

激活顶视图 →"矩形"，制作一个长方形（200×180）→"栏杆"→单击"拾取栏杆路径"选择长方形，设置分段数12，勾选"匹配拐角"，顶部栏杆参数～圆形截面、深度4、宽度3、高度30，底部栏杆参数～圆形截面、深度2、宽度1.5 → 单击"底部栏杆间距"→"底部栏杆间距"，勾选"计数"，输入2（指定底部栏杆数量为2）→"柱"，设置圆形截面、深度2.5、宽度2→单击"柱间距"，勾选计数，并设其值为8 →"栅栏"，设置条形类型、圆形截面、深1.5、宽1，结果如图7.34所示。

3）墙：墙体

绘制一面宽37、高300、长约400的墙；绘制一个长方形，按照该路径绘制一面宽24、高280的墙，结果如图7.35所示。

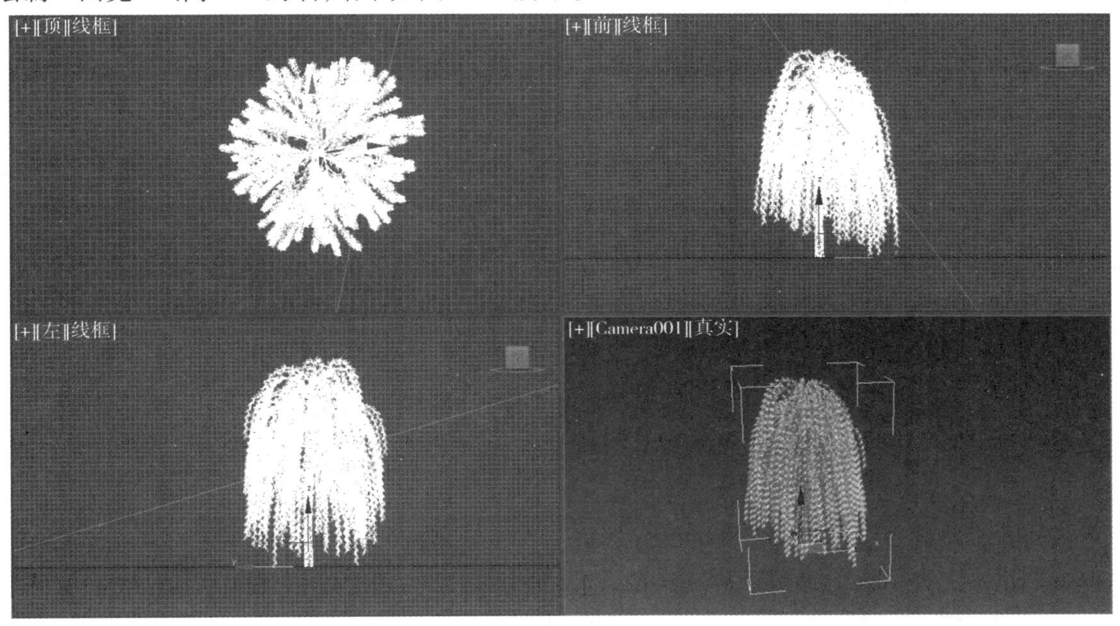

图7.33 垂柳的创建结果

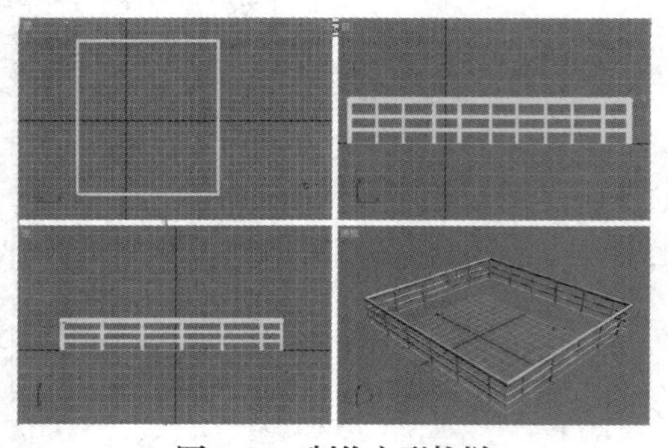

图 7.34　制作方形护栏

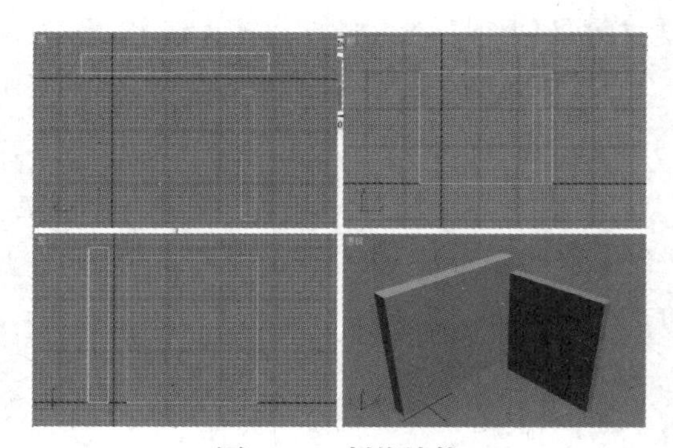

图 7.35　制作墙体

7.3　由二维线形创建三维模型

将二维线形转变为三维模型有两种途径:第一种途径是在创建命令面板中创建二维图形,再经二维修改,如【放样】命令,使二维对象转化为三维对象,这种方法在 7.2.4 复合物体中已经讲过;另一种生成三维造型的途径也是由二维对象开始,使用修改命令面板中的【挤出】、【车削】、【倒角】、【倒角剖面】命令直接生成三维对象。

7.3.1　挤出

如果一个物体由上至下是一个形状,那最简单的方法是先绘制这个物体剖面的样条线,然后直接对样条线执行【挤出】命令,【挤出】的主要应用是一个形状沿着一条直线延伸,其参数设置如图 7.36 所示。

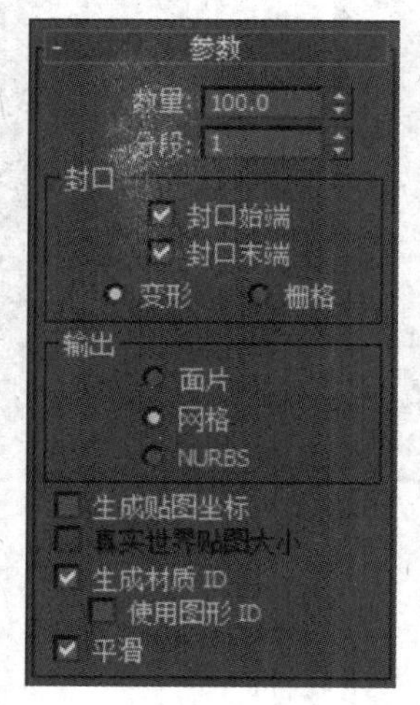

图 7.36　挤出命令【参数】卷展栏

【数量】:设置挤出的深度或是高度。

【分段】:设置挤出高度方向上的分段数。

【封口始端】:勾选该选项,在挤出的开始端创建一个顶盖。

【封口末端】:勾选该选项,在挤出的结束端创建一个顶盖。

【生成材质 ID】:勾选该选项,为挤出生成的对象指定材质 ID 号码,顶盖的材质 ID 号码为 1,底面的材质 ID 号码为 2,侧面的材质 ID 号码为 3。

【平滑】:勾选该项,对挤出生成的对象表面进行光滑处理。

7.3.2 车削

车削修改器可以依据指定的轴向将二维线形旋转为空间形状，车削命令参数设置如图7.37 所示，车削修改器效果如图7.38所示。前面图 7.2 中的花钵（图 7.30）也可以用车削的方法制作。

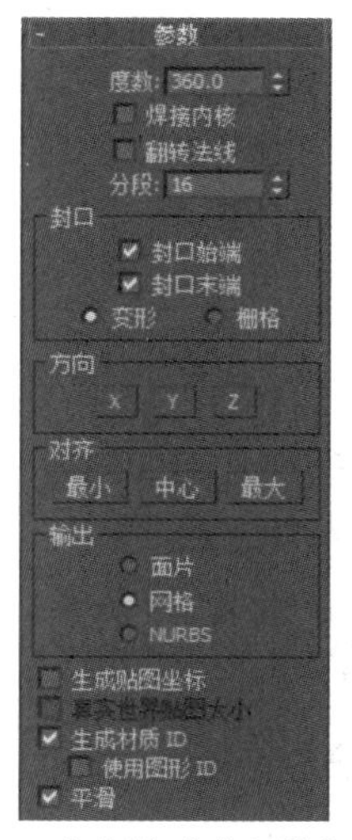

图 7.37 **车削命令【参数】卷展栏**

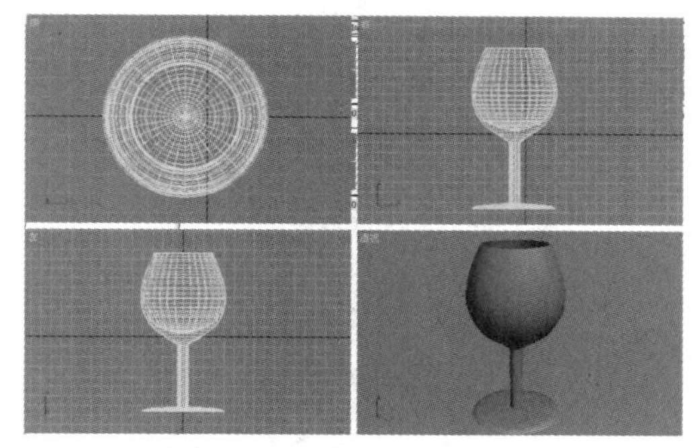

图 7.38 **“车削”后的效果**

【度数】：该选项控制车削对象车削的角度。

【焊接内核】：对车削轴方向的重合节点进行自动处理，减少造型的几何复杂度，如果制作变形动画，要取消勾选该选项。

【翻转法线】：如果车削所得的对象法线发生错误，可以用此项纠正。

【分段】：设置车削对象在车削方向上的段数数量，段数越多产生的车削对象越圆滑，在制作过程中应尽量控制段数数量以免产生过多的点面。

【方向】：设置车削的方向。

【X、Y、Z】：分别设置不同的轴向。

【对齐】：设置对象车削轴心的位置。

【最小】：将曲线内边界与中心轴对齐。

【中心】：将曲线中心与中心轴对齐。

【最大】：将曲线外边界与中心轴对齐。

【平滑】：勾选自动光滑物体的表面，产生光滑过渡，否则会产生硬边。

7.3.3 倒角

倒角是将二维线形挤出一定的厚度，同时还产生一个直线或圆滑曲线边缘。【倒角】命令主要应用于二维线形，也可在创建文字的立体造型时使用此命令，倒角修改后的效果如图 7.39 所示。

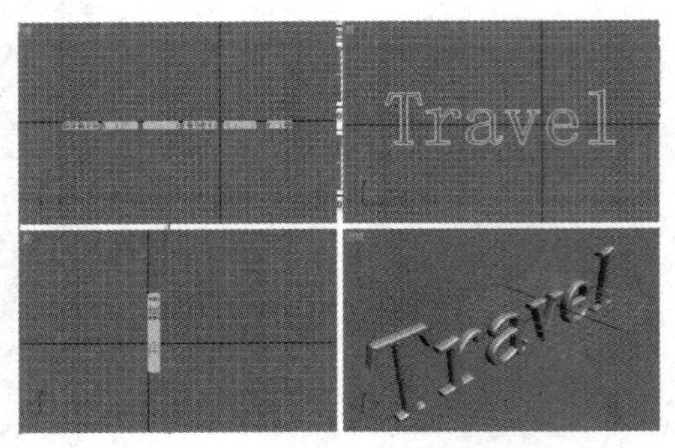

图 7.39 “倒角”后的效果

在视图中选中需要倒角的二维线形，打开修改命令面板，单击展开【修改器列表】，选取【倒角】修改命令，展开的命令面板如图 7.40、图 7.41 所示。

(1)参数

【曲面】：控制生成模型时侧面的曲度、光滑度及贴图轴。选中【线性侧面】时，侧面为直线方式；选中【曲线侧面】并设定合适的【分段数】时，侧面为弧线方式。

【线性侧面】：在两个“级别”间的线段插补，采用线性计算方式。

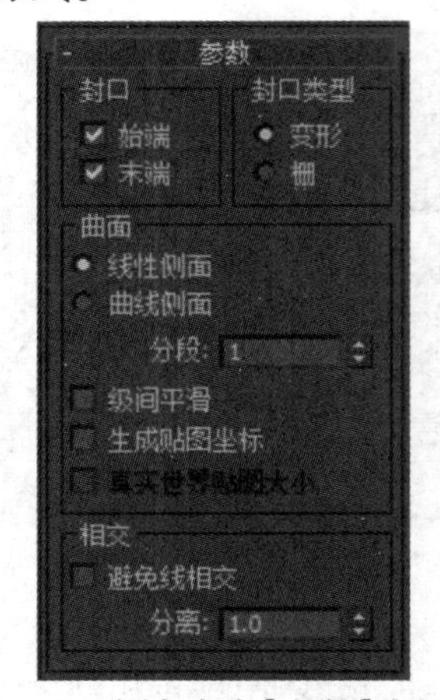

图 7.40 倒角命令【参数】卷展栏

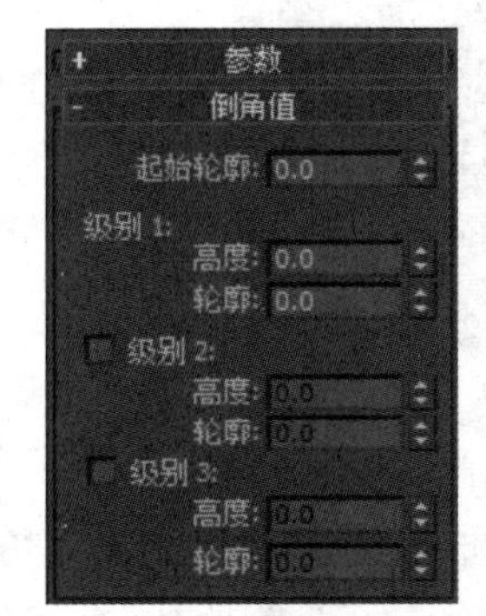

图 7.41 倒角命令【倒角值】卷展栏

【曲线侧面】：在两个“级别”间的线段插补，采用 Bezier 线的计算方式。

【分段】：指定在每个层级间的分段精度。

(2)倒角值　倒角值共分为 3 个级别，各级别中参数项的作用都是相同的，可以只设置其中的一个或两个级别，后一个级别是在前一个级别的基础之上进行的。

【起始轮廓】：指定与原始图形的偏移距离，设置为 0，则以原始图形作为基准，正值使轮廓变大，负值使轮廓缩小。

【级别 1】/【高度】：第一层与基准层之间的距离。

【级别 1】/【轮廓】：第一层与基准层的偏移距离，正值使轮廓变大负值使轮廓缩小。

【级别 2】/【高度】：第二层与第一层之间的距离。

【级别 2】/【轮廓】：第二层与第一层的偏移距离，正值使轮廓变大负值使轮廓缩小。

【级别 3】/【高度】：第三层与第二层之间的距离。

【级别 3】/【轮廓】：第三层与第二层的偏移距离，正值使轮廓变大负值使轮廓缩小。

7.3.4 倒角剖面

倒角剖面修改编辑器使用一个二维图形作为倒角剖面的路径。它的特点是一旦删除了作为倒角剖面路径的二维曲线,修改编辑的效果就会消失,倒角剖面修改后的效果如图 7.42 所示,参数设置如图 7.43 所示。

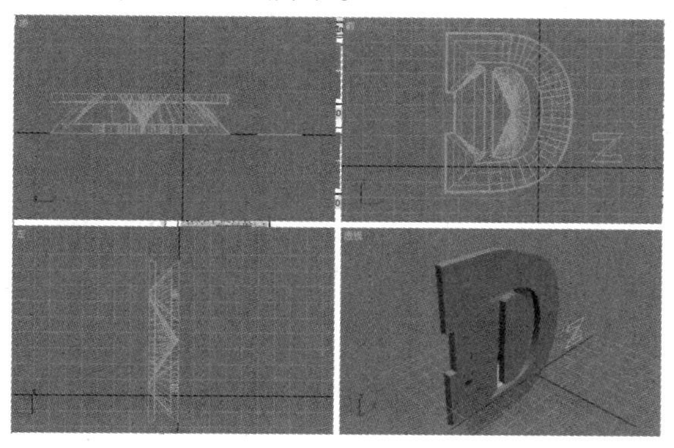

图 7.42 【倒角剖面】效果

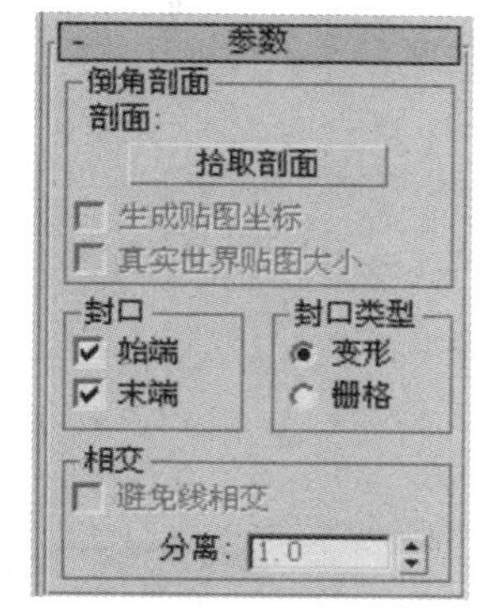

图 7.43 倒角剖面【参数】卷展栏

【拾取剖面】:单击此按钮后,在视图中单击作为剖面的二维图形以控制倒角模型的剖面。

【生成贴图坐标】:勾选该选项,为最终的倒角剖面对象指定贴图坐标。

【封口】:设置两个底面是否封闭。

【始端/末端】:将开始端/结束端封闭。

7.4 修改模型

7.4.1 修改模型的操作方式

1)修改命令面板的结构

修改命令面板的结构如图 7.44 所示。包括:

(1)名称与颜色区;

(2)修改器下拉列表;

(3)修改器编辑堆栈;

(4)修改器参数卷展栏组 2、修改命令面板的基本操作。

2)修改命令面板的基本操作

(1)修改器堆栈右键菜单　在修改器堆栈中右单击,弹出"修改器堆栈右键菜单"。

(2)修改命令下拉列表快捷菜单　单击"设置修改器集"按钮,弹出"修改命令下拉列表"快捷菜单,如图 7.45 所示。

(3)修改命令面板的操作步骤

①修改命令面板的使用步骤(未选择修改器时):在视图中选择要编辑的物体→进入修改命令面板,在修改器堆栈中选择物体或其次级结构层级,如线的节点、线段和次级结构样条曲线等层级→在修改参数卷展栏中修改相应参数(基本上是创建参数)。

②修改命令面板的使用步骤(选择修改器时):在视图中选择要修改的物体→在"修改器堆栈"中选择相应修改器→修改参数卷展栏中修改相应参数(都是修改器参数)。

③加上修改器的步骤:在修改编辑堆中选择要在其上加上修改器的层级(修改器或对象)→在修改器列表或当前修改器集中选择相应的修改器,如挤出、弯曲、扭曲等。如此即给所选层级加上了修改器。

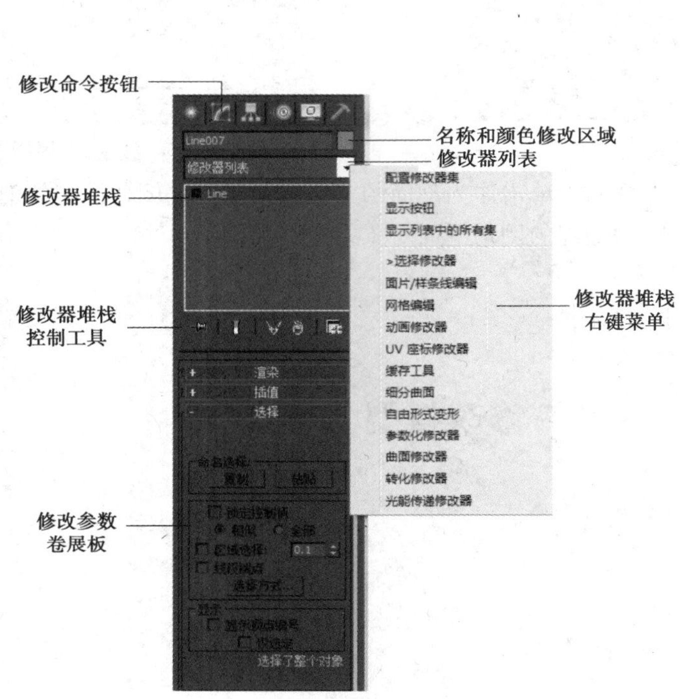

图 7.44 修改命令面板的结构

图 7.45 修改命令列表

7.4.2 常用的三维修改器

1)弯曲

【弯曲】:命令可以对选择的造型进行360°范围内的弯曲变形操作。并且可以在 X、Y、Z 任意轴向上控制物体弯曲的角度和方向。还可以限制弯曲影响在物体表面上的范围。它的参数面板内容比较简单,但功能非常强大,如图 7.46 所示。

【弯曲】/【角度】:输入数值确定弯曲的角度,取值范围是 1°~360°。

【弯曲】/【方向】:输入数值,确定相对于水平面的方向扭曲的角度,数值范围是 1°~360°。

【弯曲轴】/【X、Y、Z】轴:设定三维模型弯曲时所依据的轴向,可在 X、Y、Z 3 个轴向取一个,这时可视察视图的变化以确定结果。

【限制】/【限制效果】:默认为不勾选。选中后对物体指定限制影响,影响区域由下面的上下限值来确定。

【限制】/【上限】:设定对三维模型弯曲的上限。

【限制】/【下限】:设定对三维模型弯曲的下限。

【操作示例】 制作城门洞

在顶视图,使用"长方体"创建命令绘制一个长方体,其长12、宽3、高40,长度分段数1、宽度分段数1、高度分段数40。

在前视图,选择长方体,在命令面板中选择"层级"选项,然后选择"轴"类型,在其"调整轴"卷展栏中选择"仅影响轴"按钮,使用主工具栏中的"选择并移动"工具将轴心点向上(即沿前视图的视图坐标的Y轴正方向)移动10个单位(注:这一步骤用于移动轴心点,而物体本身不移动)。

在"修改器列表"中选择"弯曲"选项,(该步即加载"弯曲"修改器)。

在"参数"卷展栏中,设置弯曲角度180°,勾选限制弯曲范围,设置弯曲上限20、弯曲下限0,其他参数默认,结果如图7.47所示。

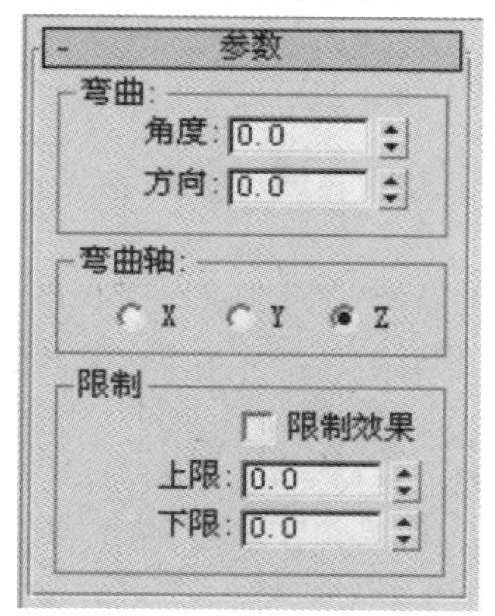

图7.46 弯曲命令面板

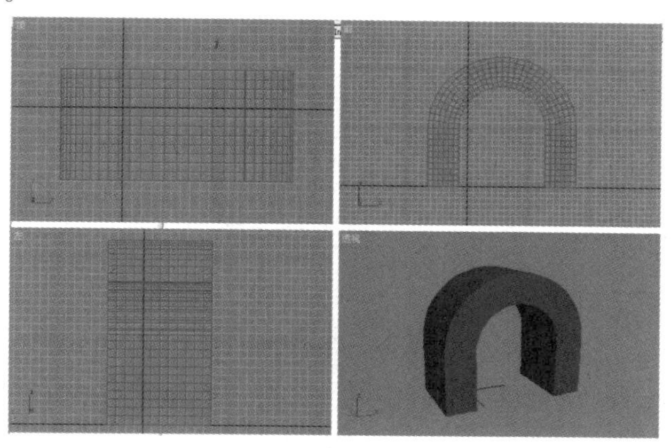

图7.47 制作城门洞

2)锥化

锥化修改器通过改变造型上下底面的大小比例来改变造型的具体形状,还可以控制造型的曲线边。参数卷展栏如图7.48所示。

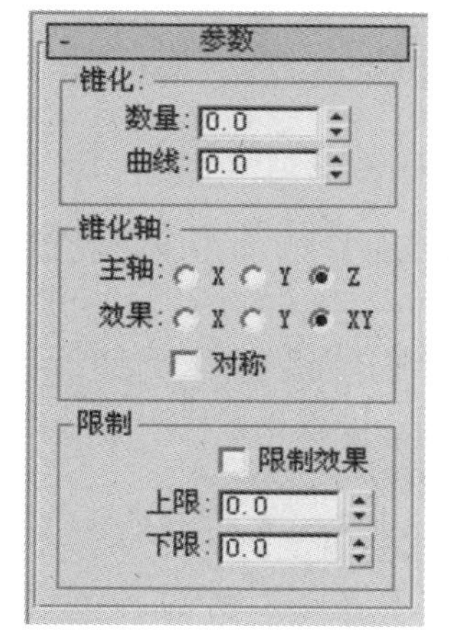

图7.48 锥化命令面板

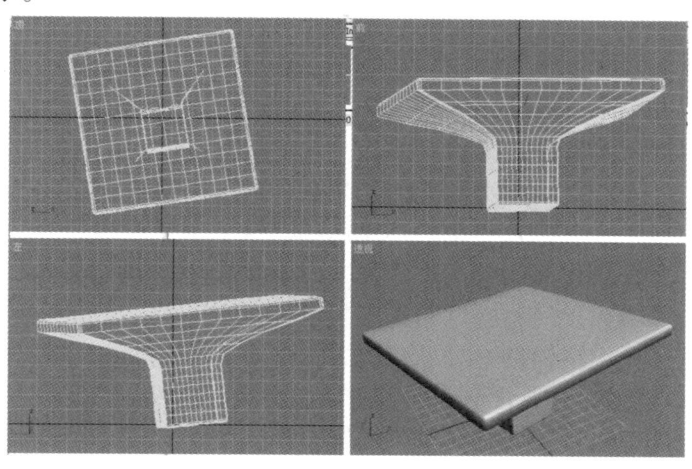

图7.49 制作石桌

【参数】/【锥化】/【数量】:通过缩放三维模型的顶面锥化倾斜的程度。

【参数】/【锥化】/【曲线】:设定锥化曲线的弯曲程度。

【锥化轴】/【主轴】:X、Y、Z 设定一个三维模型锥化依据轴向,默认为 Z 轴。

【锥化轴】/【效果】: X、Y、Z 设定影响锥化效果的垂直方向于上述轴向的变化,默认为 XY 轴。

【锥化轴】/【对称】:以锥化中心为对称轴产生对称锥化。

【限制】:与弯曲的限制一致,通过控制【上限】和【下限】来约束锥化范围,锥化仅发生在上下限之间的区域。

【操作示例】 制作石桌。

在顶视图,制作一个长方体,其长、宽、高分别为 150、150、80,长、宽、高的分段数分别为 2、2、20。

加载“锥化”修改器,进入“参数”卷展栏,设置“锥化”选项组参数,其中数量 0.5、曲线 -4.0;设置”限制”选项组参数,其中勾选限制效果、上限 72、下限 36 结果如图 7.49 所示。

3)噪波

噪波命令可以用来制作一些不规则的物体,比如起伏不平的山地表面。参数卷展栏如图 7.50 所示。

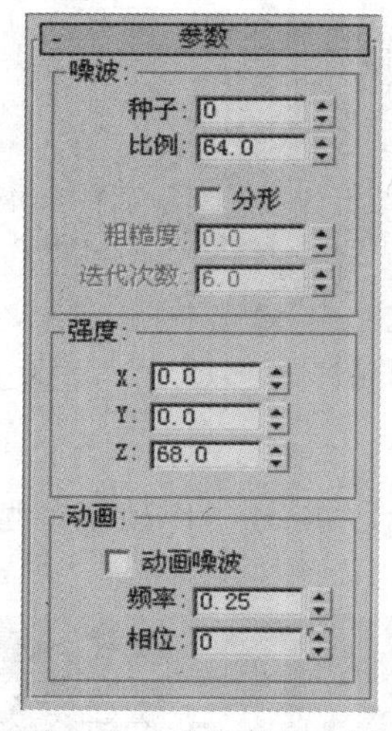

图 7.50 噪波命令面板

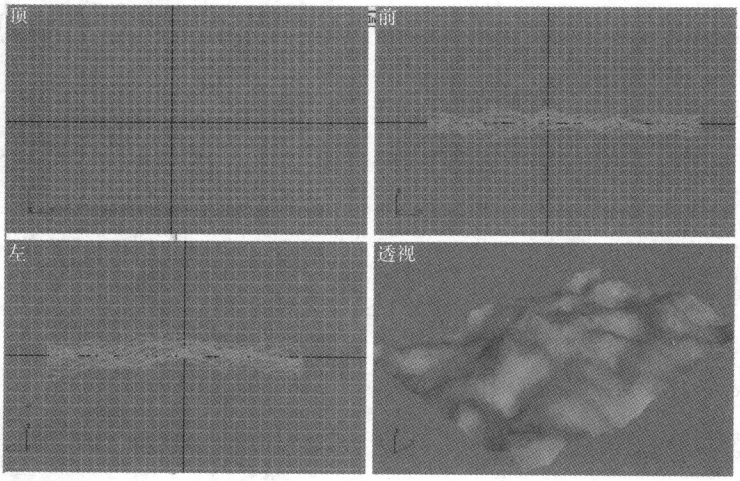

图 7.51 噪波示例

【参数】/【噪波】/【种子】:设置随机数以产生不雷同的效果。

【参数】/【噪波】/【比例】:用来控制噪波影响效果的大小,并不是强度的大小。量度值越大,噪波越光滑;量度值较小时,会产生锯齿状的噪波。

【参数】/【噪波】/【分形】:选中该复选框打开分形设置,以极端噪波进行数字化处理。

【参数】/【噪波】/【粗糙度】:设置噪波分形的粗糙程度。

【参数】/【噪波】/【迭代次数】:设置粗糙的重复次数,值越大,越粗糙。

【参数】/【强度】:设置三个轴向上噪波的强度。

【参数】/【动画】/【动画噪波】:打开动态噪波设置开关。

【参数】/【动画】/【频率】:设置噪波振动的频率。

【参数】/【动画】/【相位】:设置噪波波形的偏移量。

【操作示例】

①在顶视图制作一个平面，其长200、宽300，长度分段20，宽度分段30，其他参数默认；

②加上“噪波”修改器；

③修改“噪波”选项组的相应参数：种子（用于指定噪波效果的尺寸，其数值越高，噪波越平滑）设为40；勾选分形；粗糙度（其值越大，噪波越尖锐）0.4，迭代（其值越低，噪波越平滑）10.0；强度 x = 0、y = 0、z = 30 结果如图7.51所示。

4）样条曲线的修改

①选择二维图形（如果二维图形不是样条曲线，则在右单击弹出的关联菜单中选择“转化/转化为可编辑样条曲线”选项，将二维图形转变为样条曲线）；

②进入修改器命令面板，在修改器编辑堆栈的结构层级中选择相应的次级结构，如节点、线段、样条曲线；

③在图形中选择相应的次级对象；

④利用工具栏（如移动、缩放等）、关联菜单以及卷展栏对所选的次级对象进行编辑。

案例实训

1. 目的要求

通过实训掌握3ds Max的基本文件操作和视图控制。

2. 实训内容

本案例以茶室为例，通过多种创建和修改方式的综合运用，说明了三维建模的基本过程和操作方法。文中涉及的所有图形均在随书光盘本章的“茶室”目录中。

1）绘制窗间墙

在顶视图操作。

（1）绘制墙中线　绘制一个长12、宽26的矩形，命名为窗间墙，其中心位置在（0,0,0）处；转化为可编辑样条线。

（2）绘制门和窗位置

①自右而左绘制竖直线，各相邻线间距（自右而左）依次为1.5、2、0.75、2、1.5、2、0.75、2、1.5、2、0.75、2、2.25、3、2。（注：窗的宽为2。）

②选中窗间墙，进入修改命令面板，进入“几何体”卷展栏，单击”附加多个”按钮；在弹出的”附加多个”对话框中选择所有二维图形，再单击“附加”按钮。

③进入样条线次级结构层，进入“几何体”卷展栏，单击“修剪”按钮，修改出前后窗的位置。

④进入样条线级次级结构层，选择除左、右两侧之外的所有竖直线，使用删除键删除所选竖直线。

⑤自下而上绘制水平线，各相邻线间距（自下而上）依次为0.75、2、0.75、2、1、2、0.75、2、0.75。

⑥进行类似前述的②，③，④步操作。

(3)建窗洞和门洞

①选择窗间墙,进入修改命令面板,进入样条线级次级结构层,进入“几何体”卷展栏,选择所有次级样条线,勾选轮廓的“中心”选项,在“轮廓”文本框中输入0.24,单击“轮廓”按钮。

②选择窗间墙,施加“挤出”修改器,设置挤出量为1.5。

2)绘制窗下墙

在前视图操作,为方便操作,将窗间墙隐藏。

(1)绘制墙中线　绘制一个长12、宽26的矩形,命名为窗下墙,其中心位置在(0,0,0)处;转化为可编辑样条线。

(2)绘制门的位置

①自左而右绘制两条线,相邻线间距(自左而右)依次为2、3。

②利用样条线修改命令面板之“几何体”卷展栏的“附加多个”和“修剪”命令确定出门的位置。操作方法同前。

(3)制作门洞　使用“几何体”卷展栏的“轮廓”按钮,以及“挤出”修改器制作门洞。操作方法同前。(注:轮廓为0.24值的中心轮廓,“挤出”修改器的挤出量为1。)

3)绘制窗上墙

在前视图操作,为方便操作将窗间墙、窗下墙隐藏。

(1)绘制墙中线　绘制一个长12、宽26的矩形,命名为窗上墙,其中心位置在(0,0,0)处;转化为可编辑样条线。

(2)绘制窗上墙　使用“几何体”卷展栏的“轮廓”按钮,以及“挤出”修改器,制作窗上墙。操作方法同前。(注:轮廓为0.24值的中心轮廓,”挤出”修改器的挤出量为0.5。)

4)形成墙体

在前视图操作。此处需利用关联菜单,将隐藏的物体显示出来。

选择窗上墙,上移2.5;选择窗间墙,上移1。

5)绘制屋顶

为方便操作,先将窗下墙、窗间墙和窗上墙隐藏。

(1)绘制屋顶在平面上的投影　在顶视图操作。

①绘制一个长15、宽29的矩形,命名为屋檐,其中心值在(0,0,0)处,转化为可编辑样条线。

②在屋檐的左右相对两边的中点引一条线段,命名为辅助线01;自屋檐的四个顶点各引一条各顶点所在角的角平分线至辅助线01,分别命名为a01、a02、a03、a04。

(2)绘制屋面

①在前视图操作:自a01和a02的交点处向上引一条屋檐所在面的垂线,垂线长度为6;自a03和a04的交点处向上引一条屋檐所在面的垂线,垂线长度为6;分别命名为b01、b02。

②在透视图操作:利用“线”创建命令,通过b01、b02的上部端点和屋檐的四个端点,连接形成四个多边形(两个三角形和两个四边形),分别命名为屋面01、屋面02、屋面03、屋面04;将这四个多边形转化为可编辑网格;删除辅助线a02、a01、a02、a03、a04、b01、b02。

(3)绘制屋檐　在前视图操作。

选择屋檐,进入修改命令面板,进入样条线级次级结构层,选择屋檐对象中的样条线,进入“几何体”卷展栏,使用“轮廓”命令修改之(中点轮廓方式,轮廓值为0.1);进入屋檐的顶级结构层,施加“挤出”修改器,挤出量为0.1。

(4)绘制屋脊

①在顶视图操作:绘制一个长10、宽15、高1的长方体,其X、Y、Z坐标值为0,命名为屋脊01;绘制一个长1、宽0.5、高2.0、x=0、y=0、z=0的长方体,在原位实例克隆一个,分别命名为屋脊02、屋脊03;将屋脊02左移7.25,将屋脊03右移7.25。

②在前视图操作:将屋脊01、屋脊02、屋脊03上移5.25。

(5)形成屋顶 在前视图将屋檐、屋面01、屋面02、屋面03、屋面04、屋脊01、屋脊02、屋脊03上移3,取消对所有对象的隐藏。

6)制作门

在顶视图操作。

①利用"枢轴门"创建命令在顶视图绘制一个枢轴门,而后进入修改命令面板。

②进入"参数"卷展栏,设置如下参数:门高2.2、宽2、近深0.24,双扇门、开度30,勾选"创建框架"选项,门框宽0.6、深0.24。

③进入"页扇参数"卷展栏,设置参数如下:厚0.1、顶深宽0.1、底深宽0.1、水平窗格数2、垂直窗格数1、嵌板间隔0.1,玻璃嵌板、厚0.002。

④将创建的门移至门洞位置。

7)制作窗

在顶视图操作。

①利用"推拉窗"创建命令在顶视图绘制一个窗,而后进入修改命令面板。

②进入"参数"卷展栏,设置如下参数:高1.5、宽2、深0.24,窗框垂向宽度0.04、水平宽度0.04、厚度0.24,玻璃0.01,嵌板宽度0.05、水平窗格数2、垂直窗格数1、开度100,不勾选"悬挂"选项。

③将创建的窗实例克隆多个(数量以满足要求为合适),并移至窗洞位置。

8)茶室场景

用AutoCAD制作一个茶室及其周边的平面图,按照正确的尺寸调入3ds Max 2013中;将以上制作的茶室所有部分组合成组,并放入平面图的茶室位置;按照给定的尺寸大小绘制平面图中的道路(包括路沿)、花坛、地形等的模型,并放置于正确的位置上。

渲染输出场景,以便在Photoshop中作进一步修改。

3. 考核标准

考核项目	分 值	考核标准	得 分	考核项目	分 值	考核标准	得 分
基本操作	30	能进行基本的创建、修改操作		灵活应用	30	能举一反三	
熟练程度	20	能在规定时间内完成任务		准确程度	20	作图正确	

复习思考题

1. 创建命令面板的"几何体"和"二维图形"类型选项的下拉列表中分别包括哪些对象的创建命令?

2. 熟悉常用创建命令在命令面板中的位置。

3. 在 3ds Max 2013 中有几种克隆方式？各克隆方式的区别？

4. 球体和几何球体创建命令的区别？几何球体的三角面数如何确定？

5. 修改命令面板可分为几个部分？修改对象的方式有哪两种？

6. “倒角剖面”修改器和“放样”创建命令的主要区别？

7. 对于样条曲线，有哪四类节点？

8. 放样的截面和路径必须是二维图形吗？NURBS 曲线的熔合和样条线的熔合修改按钮有何区别？放样的截面可以有多个吗？

9. 二维模型转三维模型有几种常见命令？

10. 熟悉修改器堆栈的控制工具的使用方法。

8 模型效果处理与输出

【知识要求】

- 掌握材质与贴图方法技巧；
- 掌握灯光的特点、设置与应用；
- 掌握摄像机的创建与应用；
- 掌握渲染输出及渲染器的使用。

【技能要求】

- 掌握模型效果处理与输出的方法与技巧；
- 合理、灵活地运用所学知识处理园林效果图。

8.1 材质与贴图

材质与贴图是 3ds Max 重要的渲染手段，通过它我们可以使物体的色彩变得鲜明、图案变得漂亮。要想做出一幅比较好的 3ds Max 作品，熟练掌握材质与贴图是非常必要的。

材质描述对象如何反射或透射灯光。在材质中，贴图可以模拟纹理、应用设计、反射、折射和其他效果（贴图也可以用作环境和投射灯光）。

“材质编辑器”是用于创建、改变和应用场景中的材质的对话框。材质与贴图的应用主要是通过材质编辑器来完成的，下面就从材质编辑器入手对材质与贴图进行介绍。

8.1.1 材质编辑器

材质编辑器是一个专门进行材质与贴图应用的编辑器，它可以使我们很方便地给物体赋予材质并贴上图案，材质编辑器如图 8.1 所示。

材质编辑器的打开方法通常有 3 种：

(1) 单击菜单栏中的【渲染】|【材质编辑器】菜单命令打开；

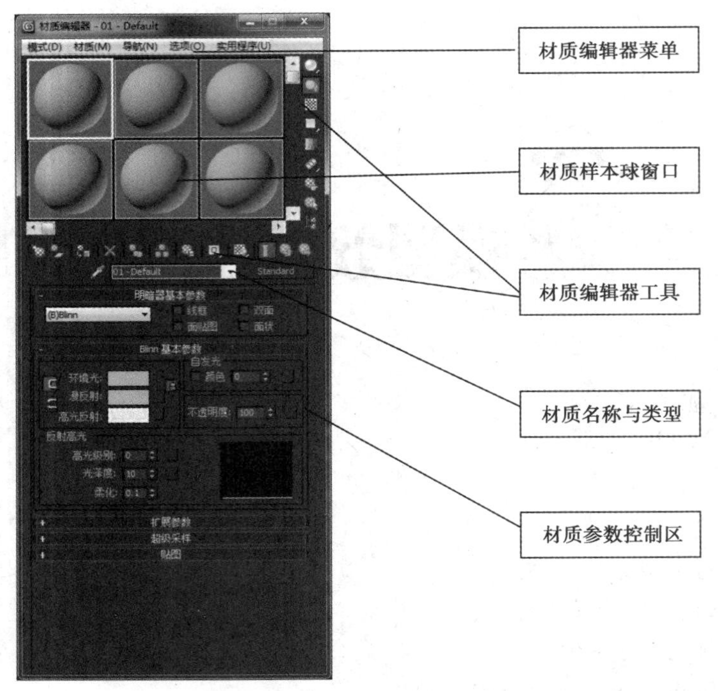

图 8.1　材质编辑器

(2)使用快捷键 < M >；

(3)单击常用工具栏中的“材质编辑器”按钮，点击模式——精简材质编辑器模式。

“材质编辑器”的用户界面中有材质编辑器菜单栏、材质样本球窗口、材质编辑器工具、材质名称与类型和材质参数控制区 5 个部分。

1)材质编辑器工具栏

(1)水平工具栏　水平工具栏位于材质样本窗的下方，自左向右包括如下按钮：

①获取材质按钮：单击之后会弹出材质选择对话框，从材质选择对话框中可以进行材质选择。

②按将材质放入场景按钮：可以将我们编辑好的材质放入场景，赋予物体。

③将材质指定给选定对象按钮：将指定的材质赋予视图中一个物体或多个被选物体。

④重置贴图/材质为默认设置按钮：当你改变了样本框里的样本材质时，可用此按钮恢复初始状态。

⑤复制材质按钮：某一材质如果被赋予视图中的物体，当我们修改该材质时会影响到视图中的物体。如果我们修改该材质时不想影响到视图中的物体，此按钮进行材质拷贝，然后再进行材质编辑。

⑥使唯一按钮：生成唯一的材质样本。

⑦放入库按钮：将选定材质放到材质库中，保存新材质或者编辑过的材质。

⑧材质 ID 通道按钮：指定一个 Video Post 信道来增加材质效果。

⑨在视口中显示贴图按钮：在系统预定状态下，在视口中不能显示贴图效果，通过该按钮可以使贴图效果在视图中得到显示。

⑩显示最终结果：当此按钮处于启用状态时，示例窗将显示“显示最终结果”，即材质树中

所有贴图和明暗器的组合。当此按钮处于禁用状态时,示例窗只显示材质的当前层级。

⑪转到父对象:使用(转到父对象)按钮,可以在当前材质中向上移动一个层级。

⑫转到下一个同级项):使用(转到下一个同级项)按钮,将移动到当前材质中相同层级的下一个贴图或材质。

(2)垂直工具栏　垂直工具栏位于材质样本框的右边,自顶向下包括按钮如下:

①采样类型按钮:设置样本的显示方式,单击它弹出 3 个选项,缺省状态下通过球体来显示材质效果。

②背光按钮:缺省为打开状态,设置样本球是否有反光部分。

③背景按钮:设置是否可以见到背景。

④采样 UV 平铺按钮:设置样本球的贴图由几幅组成,可进行 4 种选择,缺省为一幅。

⑤视频颜色检查按钮:检查除 PAL 和 NTSC 制式外的视频信号的颜色。

⑥预演按钮:用来给动画材质生成预演文件。

⑦选项按钮:用来调整样本框显示参数等内容。

⑧按材质选择按钮:根据材质编辑器中选定的材质选择场景中的物体。

⑨材质/贴图导航器按钮:可弹出材质与贴图导航器。

2)材质样本球窗口

材质样本球窗口是材质编辑器用来显示标准样本材质的,每个显示框中都有一个代表标准材质的小球。在默认情况下是一个格式为 3×2 的显示框,我们只能看到 24 个材质球中的 6 个。6 个样本球只能有一个处于激活状态,以白色边框表示。我们可采取以下方法来观察其他材质样本球:

(1)将鼠标指向材质样本球窗口,鼠标变为手形工具对样本球窗口进行移动观察;

(2)使用材质样本球窗口右侧和下部的滚动滑块;

(3)将鼠标指向选中的材质样本球后单击右键,通过屏幕上出现的菜单改变可见样本球窗口数,如图 8.2(a)所示。从菜单中选 6×4 样本球窗口数,结果如图 8.2(b)所示。

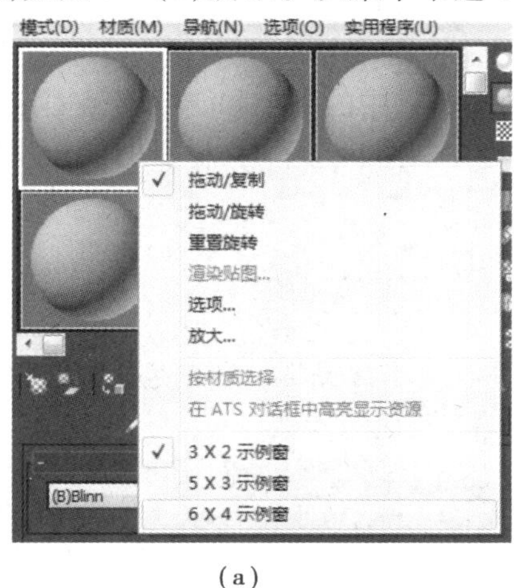

(a)

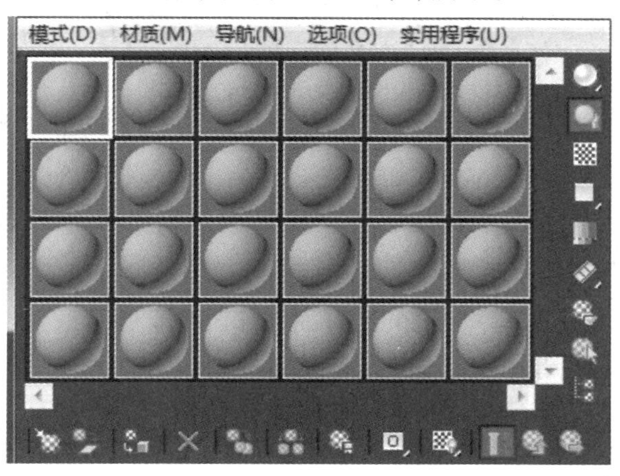

(b)

图 8.2　通过屏幕菜单改变可见样本球窗口数

材质样本球窗口中的样本球有 3 种状态,分别为未选中状态、选中状态、将选中材质赋予给场景状态,如图 8.3(a)、(b)、(c)所示。

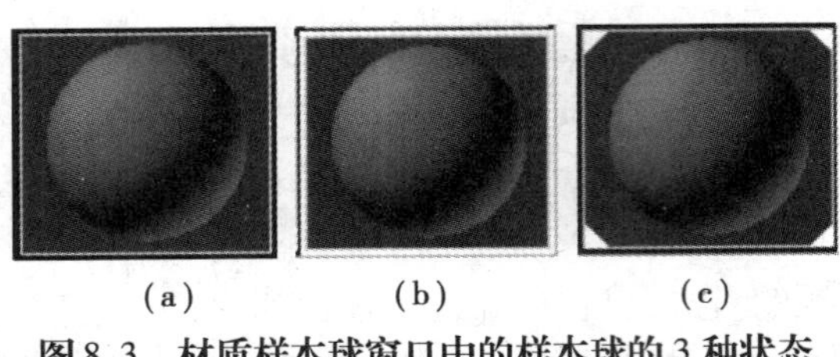

(a) (b) (c)

图8.3 材质样本球窗口中的样本球的3种状态

3）从材质库获取材质

3ds Max为我们提供了内容丰富的材质库。我们除了直接从材质编辑器样本材质里获得材质外，还可从材质库里间接的取得材质，使我们选取材质有了更大的自由。

单击材质编辑器Standard按钮 Standard ，打开的"材质/贴图浏览器"对话框，可以很方便地获取材质或贴图。通过这种方式打开的"材质/贴图浏览器"对话框不会显示全部的材质和贴图，如果当前类型为材质类型，只显示材质的内容；如果当前类型为贴图类型，就显示贴图的内容。我们可通过双击列表区中的材质或者选定材质后再单击确定按钮确认取得材质库中的材质。

4）材质样本球命名

在材质样本球工具行下面有一个文本框，利用它可以给样本球命名，具体操作为：选择一个样本球，命名为便于查找的名称，如"石桌"，如图8.4所示。

图8.4 材质样本球命名为"小品材质"

8.1.2 材质参数控制

材质编辑器的材质参数控制区分为5个部分，如图8.5所示，当点击参数卷展板前显示"＋"时，卷展板展开，"＋"变为"－"号。这些参数可以对材质的类型、颜色、透明度及光度进行设置和控制。这些参数内容的修改只对当前样本材质起作用，合理的参数设置可使我们所做的物体被赋予材质后，更加美观、更加具有艺术表现力。

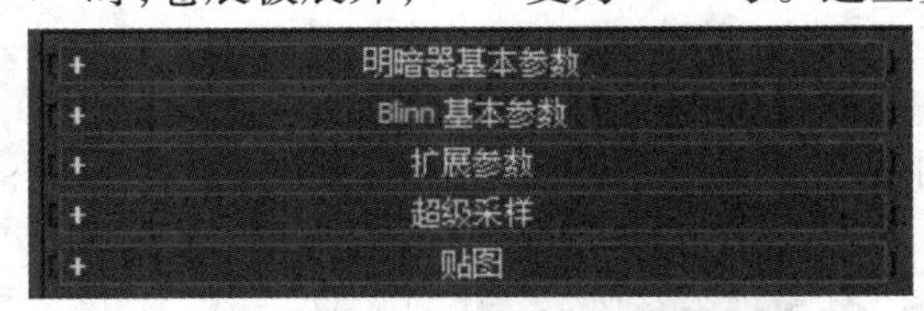

图8.5 材质编辑器的材质参数控制区

材质编辑器中的参数和属性不是固定不变的，当其处在贴图状态下时，材质的参数和属性将切换为贴图的参数和属性。

下面将对明暗器基本参数、扩展参数和基本参数进行介绍。

1）明暗器基本参数

明暗器基本参数的展开面板如图8.6所示，标准材质类型非常灵活，可以使用它创建无数材质。通过明暗器基本参数面板可以设置材质的类型、线框、双面等参数。

在3ds Max 2013中，材质着色模式共有8种类型，单击明暗器基本参数面板中的下拉按钮，就可以选择不同的材质着色模式，各材质着色模式的意义如下：

图8.6 明暗器基本参数面板

（1）各向异性　一般来讲，三维对象上有多个高光点，通过两个方向上阴影的改变形成椭圆形的高光和阴影。

(2)Blinn　是最常用的着色模式,它的高光区域比较柔合,在对象表面产生柔和、均匀的漫反射效果,非常接近现实生活中物体对光的表现形式。

(3)金属　能产生十分逼真的金属质感,常用来模拟金属。

(4)多层　包含两种各向特异性的高光,各自单独起作用。

(5)Oren—Nayar—Blinn　通过控制材质的粗糙程度,使材质产生粗糙的效果。

(6)Phong　该着色模式可对高光色、环境光色和漫反射光色提供更清晰的表现手法,能产生比 Blinn 模式更强烈的反射效果,主要用来表现类似塑料、光滑油漆等对象的表面。

(7)Strauss　可产生类似金属类型的材质效果。

(8)半透明明暗器　用来表现具有透明材质的对象效果。

明暗器基本参数面板中其他参数意义如下:

(1)线框　选中该项,三维对象只显示线框,且线框的粗细可通过扩展参数来调整。选择线框后的参数设置及效果如图 8.7(a)、(b)所示。

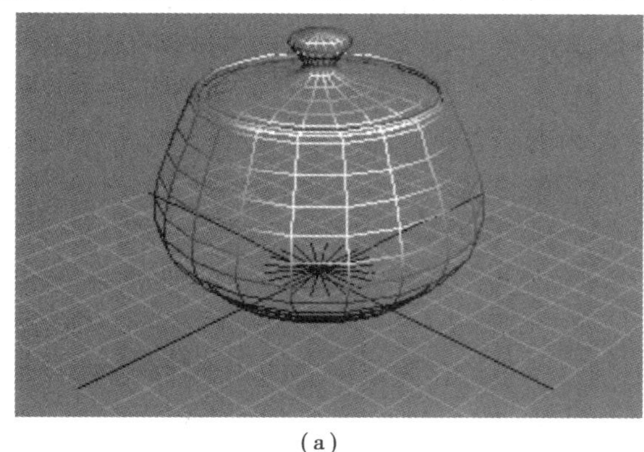

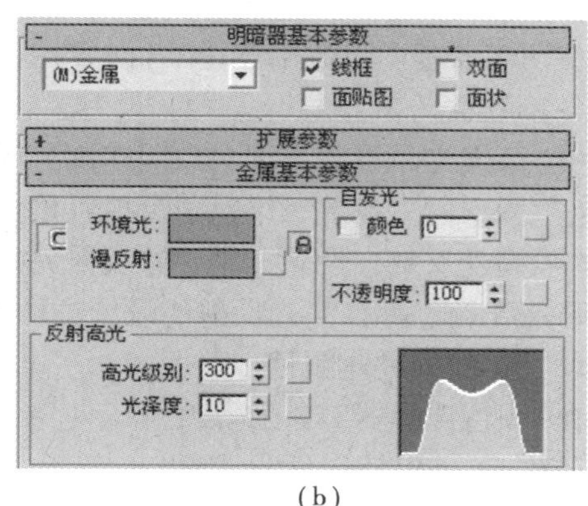

(a)　(b)

图 8.7　选择线框后的效果及参数设置

(2)双面　为了节省计算时间,通常只显示对象的外表面,如果选择该项,则会显示对象的全部。

(3)面贴图　选择该项后,材质不是赋给对象的整体,而是赋给对象的每个面。

(4)面状　选择该项后,材质显示出小块拼合后的效果。

2)扩展参数

在明暗器基本参数中选择着色模式后,在扩展参数中就显示该着色模式下的扩展参数面板。下面以金属着色模式为例来介绍扩展参数,其参数面板如图 8.8 所示。

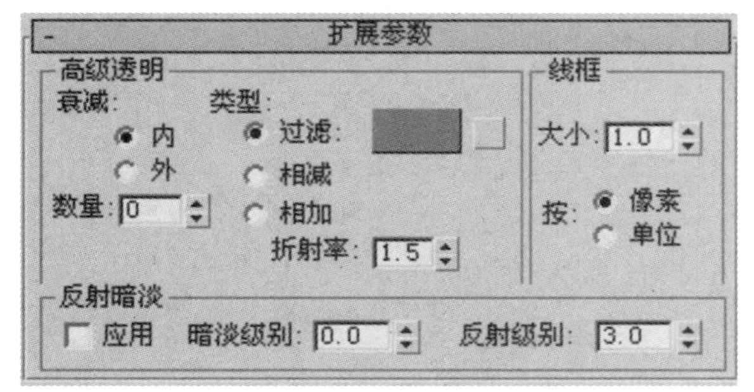

图 8.8　扩展参数面板

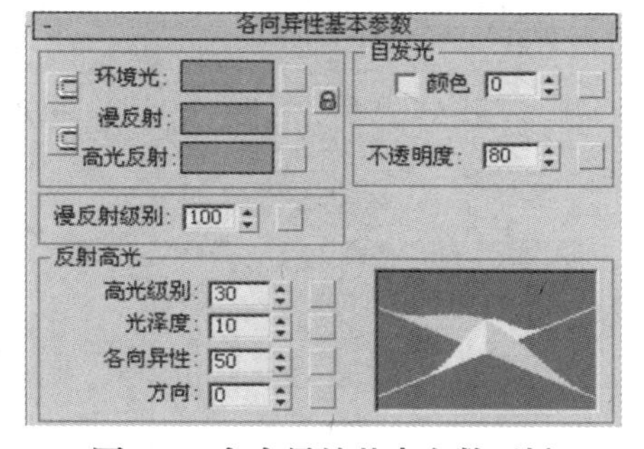

图 8.9　各向异性基本参数面板

(1)衰减　用来设置材质透明度的衰减程度。选择“内”时,透明度沿球法线方向向外减弱;选择“外”时,透明度沿球法线方向向外增强。

(2)类型　共有3种情况,过滤是使用特殊的颜色转换方法,将材质背后的颜色染成不同的颜色;相减是将材质的颜色减去背景色,使材质背后的颜色变深的一种透明类型;相加是将材质的颜色加上背景色,使材质背后的颜色变亮的一种透明类型。

(3)数量　用来设置透明度强弱,数值范围为1~100,数值越大,透明度越强。

(4)折射率　根据不同材质类型,设置材质的折射率。

(5)线框栏　设置线框的大小,一是按像素设置,即网格粗细根据屏幕的像素多少来设定,该单位与摄像机距对象的远近无关;另一是按单位设置。

(6)反射暗淡栏　用来设置暗淡级别和反射级别的大小。

3)基本参数

在明暗器基本参数中选择着色模式后,在基本参数中就显示该着色模式下的基本参数面板。在明暗器基本参数中选择“各向异性”着色模式时,与其对应的基本参数面板如图8.9所示。各参数意义如下:

(1)环境光　设置三维对象阴暗部分反射出来的颜色。

(2)漫反射　设置三维对象反射直接光源所产生的颜色。

(3)高光反射　设置三维对象反射光源,一般为对象上最亮的部分。

环境光、漫反射、高光反射的设置方法相同,单击颜色块,就会弹出“颜色选择器”对话框,可以设置各项的具体颜色。

在“颜色选择器”对话框中,可以使用色调与白度来进行调整,也可以使用红、绿、蓝三色来进行调整,还可以使用色调、饱和度、亮度来进行调整。颜色设置好后,单击“关闭”即可。

(4)自发光　设置材质自发光强度及颜色,同时也可进行贴图处理。

(5)不透明度　设置材质的透明情况,其数值越大,透明度越低。

(6)漫反射级别　设置材质漫反射的程度,其数值越大,反射程度越高。

(7)反射高光　设置材质反射高光的情况。

(8)Blinn基本参数　在明暗器基本参数选择“Blinn”着色模式时,与其对应的基本参数面板如图8.10所示。反射高光有3个参数,分别是高光级别、光泽度、柔化,具体见“Blinn基本参数”面板右下部显示图。其他参数同各向异性参数。

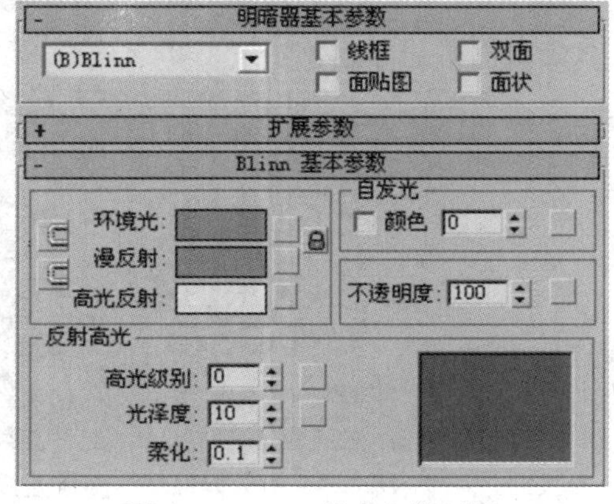

图8.10　Blinn基本参数面板

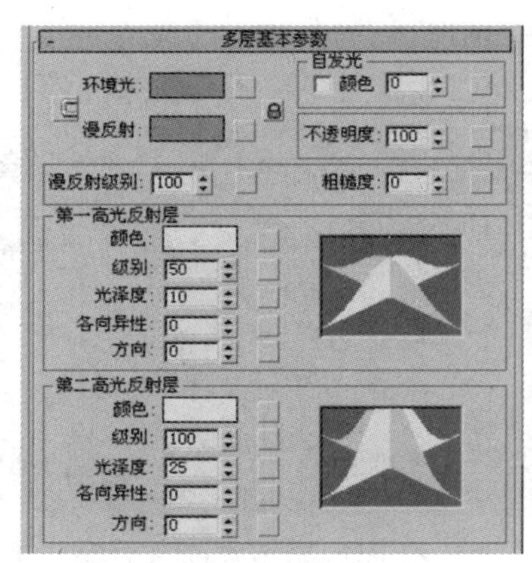

图8.11　多层基本参数面板

(9)金属基本参数　在明暗器基本参数选择"金属"着色模式时,显示与其对应的基本参数面板。反射高光有两个参数,即高光级别和光泽度,具体见"金属基本参数"面板右下部显示图。其他参数同各向异性参数。

(10)多层基本参数　在明暗器基本参数选择"多层"着色模式时,与其对应的基本参数面板如图8.11所示。除与各向异性其他参数相同外,还可以设置材质的粗糙度。

高光反射层分为两层,即第一高光反射层和第二高光反射层。在"多层基本参数"面板右下部相对应的显示图中,可以见到第一高光反射层和第二高光反射层设置不同级别数值时的区别。

通过对材质参数控制相关参数的调整,可以改变材质和物体的透明度等。但是现实世界里,物体的透明度并不是一成不变的,由于视线角度等不同,材质所表现的透明度也会不同。

8.1.3 材质设定

下面通过一个简单的材质应用练习来学习材质的应用。

1)创建场景

根据前面所学知识,通过命令面板创建3个球体如图8.12所示。

2)为球体赋材质

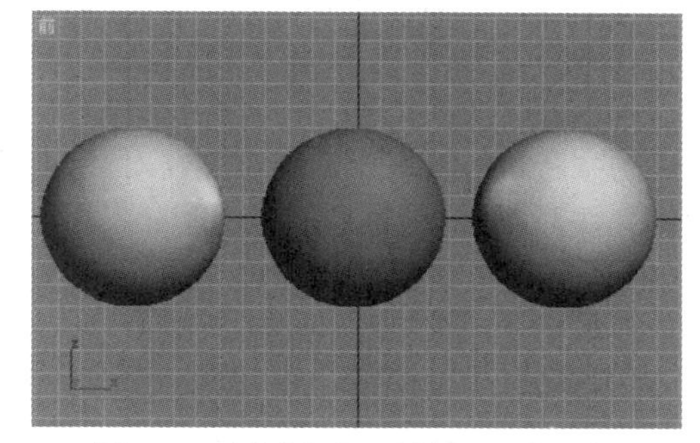

图8.12　通过命令面板创建3个球体

①在当前视图中选定左边球体。

②打开材质编辑器,单击第一个样本球(也可任点其他样本球),使其处于激活状态。

③设置自发光为20,漫反射颜色为红色,明暗器基本参数选择金属。

④单击将材质指定给选定对象按钮,这时样本框4个角会出现4个白色小三角,场景中的左边球体的颜色变为红色。

⑤在当前视图中选定中间球体。

⑥设置自发光为10,漫反射颜色为蓝色,明暗器基本参数选择Blinn。

⑦单击将材质指定给选定对象按钮,场景中间的球体变为蓝色。

⑧在当前视图中选定右边球体。

⑨设置自发光为100,漫反射颜色为粉色,明暗器基本参数选择半透明明暗器,不透明度选择80。

⑩单击将材质指定给选定对象按钮,场景中间的球体变为具透明的粉色。

8.1.4 贴图

材质与贴图是紧密联系的两个方面,如果只有材质而没有贴图,物体表面的颜色和图案就会显得过于单调。我们在使用材质时,往往需要用到各种各样的贴图,以便制作丰富多彩的贴图材质和物体。

1)贴图通道

在3ds Max中,当创建简单或复杂的贴图材质时,必须使用一个或多个材质编辑器的贴图通道。就是说所有贴图都是通过贴图通道来完成的,3ds Max 2013的贴图通道共有12种。

2)贴图的类型

在3ds Max 2013中,贴图可以分为2D贴图、3D贴图、合成器、颜色修改器及其他,下面具体介绍2D贴图、3D贴图。

(1)2D贴图　打开"材质编辑器"对话框,单击贴图按钮,单击漫反射颜色贴图通道后面的None按钮,打开"材质/贴图浏览器"对话框,然后单击"2D贴图"选项。

(2)3D贴图　打开"材质编辑器"对话框,单击贴图按钮,单击漫反射颜色贴图通道后面的None按钮,打开"材质/贴图浏览器"对话框,然后单击"3D贴图"选项。

3)位图贴图练习(制作一块草地)

精美的贴图是材质编辑的关键,贴图的位置和方式对于贴图的效果也很重要。下面我们进行一些练习,初步掌握贴图的应用。

①打开主菜单文件,选定重置初始化系统。

②通过命令面板,利用矩形工具创建一个正方体(800×800×1)。

③选择正方体,打开修改命令面板,勾选生成贴图坐标。

④打开材质编辑器,选择第一个样本框中的材质。打开贴图卷展栏,勾选漫反射颜色,单击其后的按钮,弹出材质/贴图浏览器对话框,选择2D贴图,双击"位图",在接下来的"选择位图图像文件"对话框中打开本书配套光盘第11章文件夹中的"7-1.tif"文件作为草地贴图。

⑤单击水平工具栏上的将材质指定给选定对象按钮将贴图材质赋予草地。

⑥单击快速渲染按钮进行渲染。

⑦若场景中的贴图与模型不匹配,这时就需要对贴图坐标进行调整,以便使"位图"与场景相适配。进入"修改"面板,选择"UVW贴图"修改器。

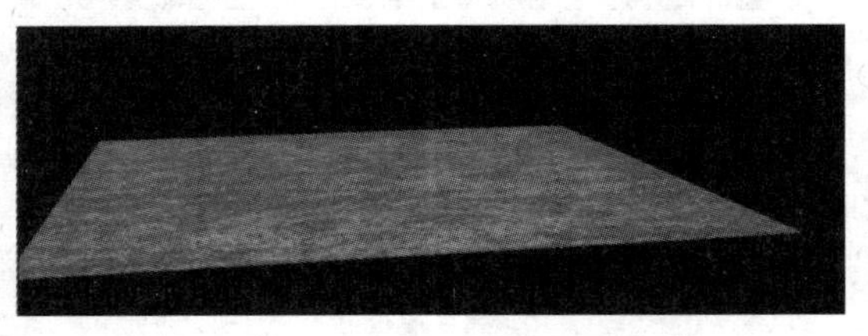

图8.13　利用矩形工具创建的正方体

⑧在"UVW贴图"修改器"参数"卷展栏中的"对齐"选项组中进行选择,可以选择沿着X、Y、Z轴向进行贴图。单击"适配"按钮可以使贴图坐标与模型相适配。草坪贴图完成的结果如图8.13所示。

8.2 灯　光

8.2.1 灯光简介

灯光是模拟真实灯光的对象,如家用或办公室灯、舞台和电影工作时使用的灯光设备和太阳光本身。不同种类的灯光对象用不同的方法投射灯光,模拟真实世界中不同种类的光源。

当场景中没有灯光时,使用默认的照明着色或渲染场景。可以添加灯光使场景的外观更逼真。照明增强了场景的清晰度和三维效果。一旦创建了一个灯光,那么默认的照明就会被禁用。如果在场景中删除所有的灯光,则重新启用默认照明。默认照明包含两个不可见的灯光:一个灯光位于场景的左上方,而另一个位于场景的右下方。

3ds Max 提供了多种常用光源,其工具栏图标如图 8.14 所示,目标聚光灯、自由聚光灯、泛光灯、自由平行光和目标平行光等命令按钮。

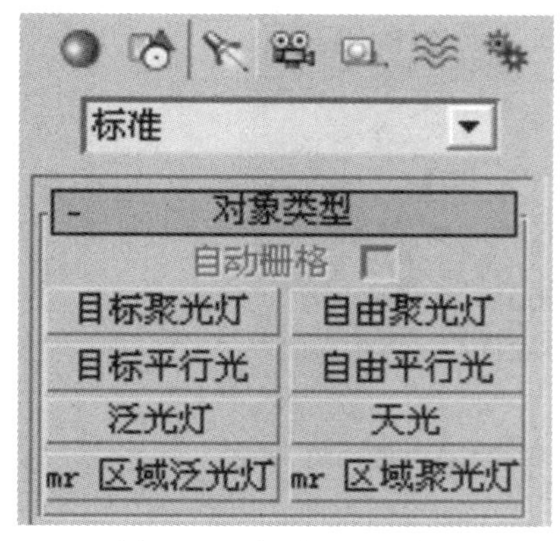

图 8.14 灯光工具面板

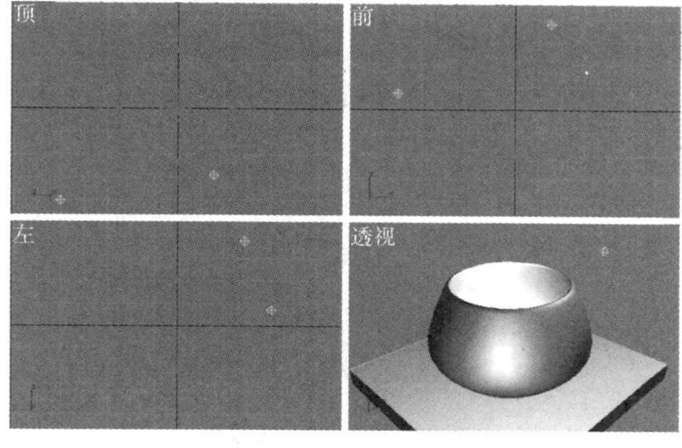

图 8.15 在场景中设置两盏泛光

场景中灯光设置的目的是让一部分物体得到照射,一部分物体得不到照射,即是为了产生鲜明的光亮对比度(图 8.15)。

8.2.2 默认灯光设置

灯光是模拟真实灯光的对象,如家用或办公室灯、舞台和电影工作时使用的灯光设备和太阳光本身可以通过"添加默认灯光到场景",将默认的照明方式转换为灯光对象,从而开始对场景的灯光设置。

要在场景中显示默认灯光,应执行以下操作:

①在透视图视图的左上角右击,在弹出的快捷菜单中选择"配置视口"命令(图 8.16)。

②弹出"视口配置"对话框,切换"视觉样式和外观"选项卡,在"照明和阴影"选项组中选择"默认灯光"单选按钮,并选择"2 盏灯"单选按钮,然后单击"确定"按钮,如图 8.17 所示。

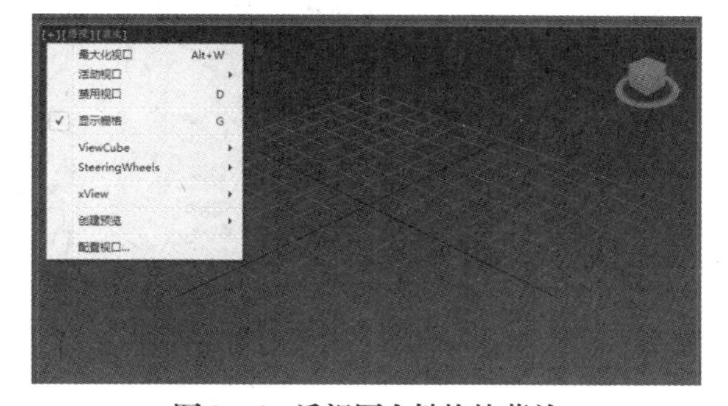

图 8.16 透视图右键快捷菜单

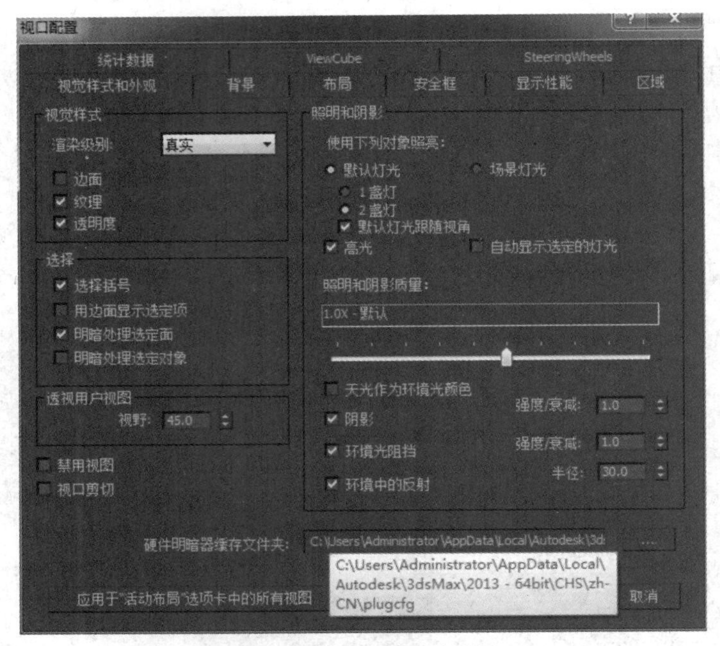

图 8.17　视口配置对话框

③在 3ds Max 2013 菜单栏中选择"创建"—"灯光"—"标准灯光"—"添加默认灯光到场景(L)"命令,如图 8.18 所示。

④弹出"添加默认灯光到场景"对话框,该对话框中显示创建默认主光源和默认辅助光源两个选项,可以从中设置两盏灯的缩放距离,使用默认参数即可,单击"确定"按钮,如图 8.19 所示。

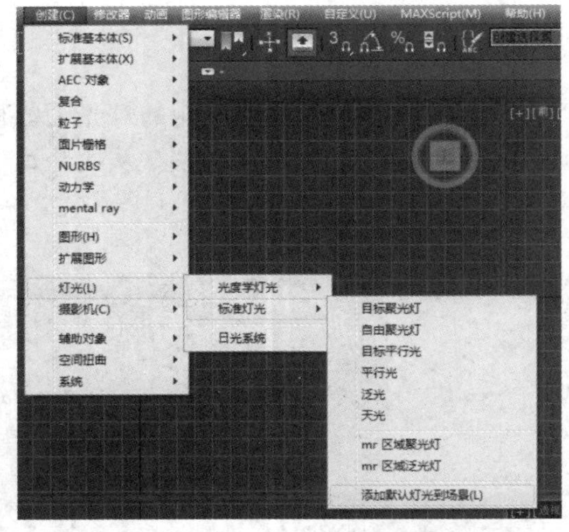

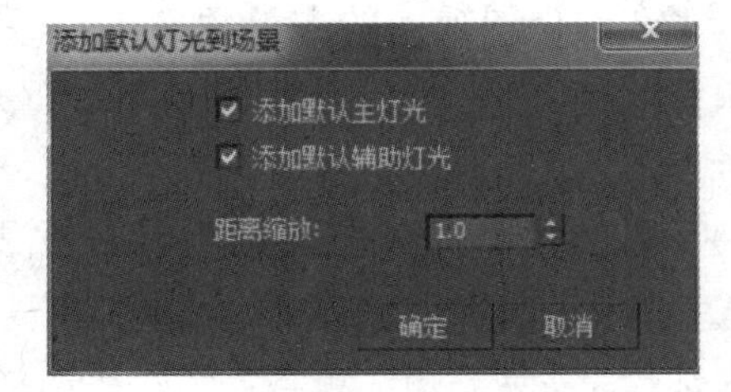

图 8.18　点击"添加默认灯光到场景"　　图 8.19　"添加默认灯光到场景"对话框

⑤在 3ds Max 2013 的 4 个视图中都观察到出现了两盏灯光,在模型的上方偏左方向的灯光为场景中的主光源,在后下方向的灯光为辅助灯光,如图 8.19 所示。

8.2.3 常用灯光

1）目标平行光

“目标平行光”产生单方向的平行照射区域，它的照射区域呈圆柱形或矩形。平行光的主要用途是模拟阳光照射，对于户外场景尤为适用，如果制作体积光源，它可以产生一个光柱，常用来模拟探照灯、激光光束等特殊效果。

①利用长方体工具创建地面，利用茶壶工具在地面上创建一个罐形体。

②单击“创建”|“灯光”|“标准”|“目标平行光”，在3ds Max 2013“顶”视图中单击并拖动创建一盏“目标平行光”，并在左视图中拖动灯头的高度，如图8.20所示。

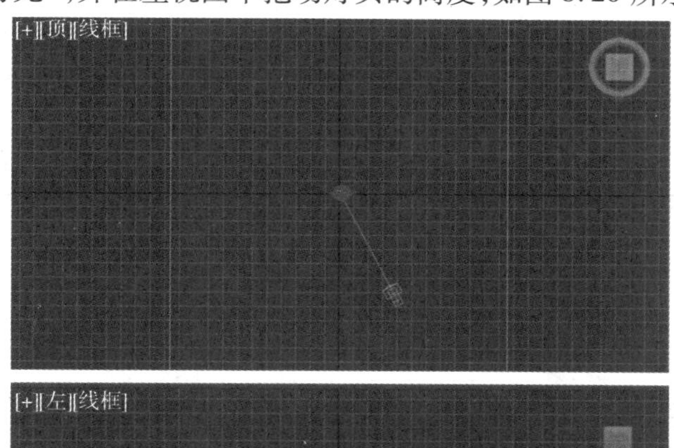

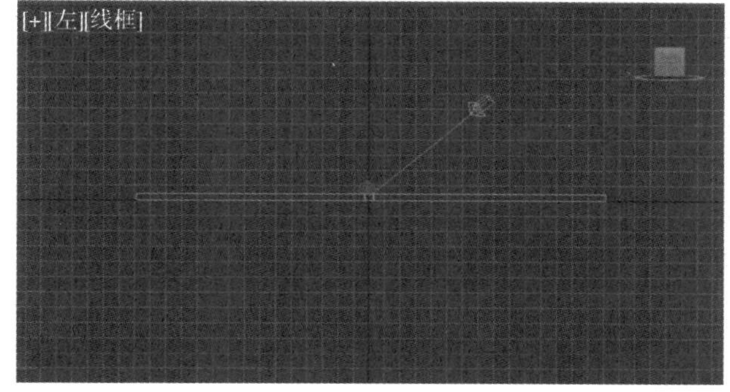

图8.20 创建“目标平行光”并调整高度

③在顶视图中选择灯头，单击“修改”面板，修改各项参数如图8.21所示。

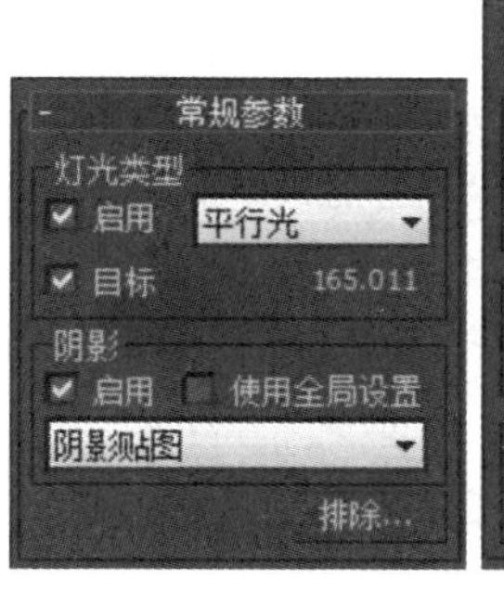

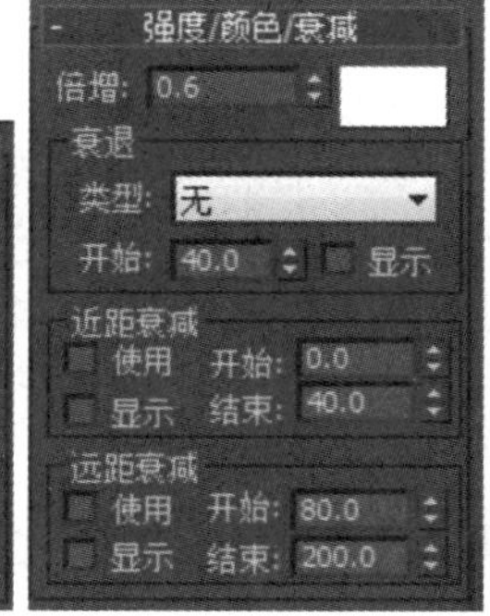

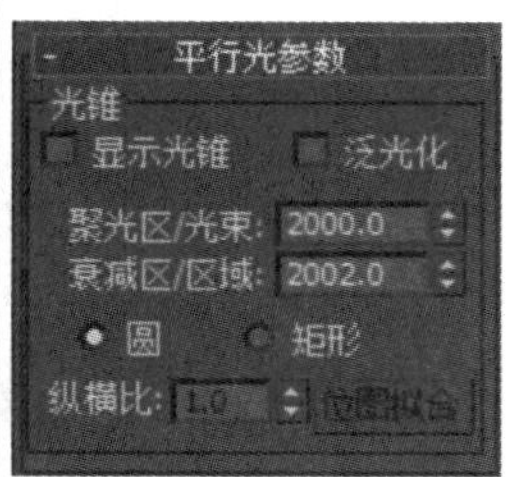

图8.21 “目标平行光”修改参数

④快速渲染视图,3ds Max 2013 模拟真实太阳光最终效果如图 8.22 所示。

图 8.22 "目标平行光"的光照效果

2)泛光灯

泛光灯是 3ds Max 场景中用得最多的灯之一。在效果图制作中,它一般都作为主灯,其他的灯都作为辅灯或补灯。

(1)泛光灯的建立 泛光灯的建立过程很简单,运用工具栏图标或命令面板均可。

①利用茶壶工具创建一个罐形体。

②对视图的视角及大小做适量的调整。

③单击泛光灯图标,在茶壶的两边各放置一个黄颜色的棱形块,设置两盏泛光灯。

(2)泛光灯位置的调整 灯光(源)必须放置在场景中适当的位置上,才能发挥出其特有的效果,因而灯光通常在创建后需要进行移动操作。我们仍以前面创建的罐形体为例介绍泛光灯的位置调整。

在主工具栏中单击移动按钮,然后确定一个移动区间(X、Y、Z 轴方向),在顶视图中移动茶壶两边的泛光灯观察茶壶的光感变化(图 8.22)。

3)聚光灯

聚光灯是指按照一定锥体角度投射光线的点光源,它是 3ds Max 中经常使用的光源之一,也是 3ds Max 中功能最多的光源。

聚光灯分为目标聚光灯和自由聚光灯两种。目标聚光灯发射出一束光柱,照射在物体上可以产生一种逼真的光影效果。光束的大小、范围都可以调节,并可以被物体遮断。

自由聚光灯是一种没有投射目标的聚光灯,它通常用于路径及一些大场景中,使用场所远没有目标聚光灯广泛。

目标聚光灯和泛光灯是 3ds Max 中效果最明显、用途最多,也是最重要的两个光源。

聚光灯的设置同泛光灯一样简单,直接点取工具栏上的图标或命令面板的命令按钮,在模型需要的位置单击即可。

8.2.4 灯光的参数修改

灯光设置的操作很简单,我们可以非常方便地按照自己的需要在场景设置灯光。但这样的灯光过于呆板,要使灯光效果生动,就需要对下列参数进行调整。

1)灯光颜色的设置

①单击菜单栏中的【文件】|【打开】菜单命令,打开本书配套光盘本章文件夹中的"12-2.max"文件。

②在前视图中选择菱形的 Omni,然后进入修改面板,打开"强度/颜色/衰减"卷展栏。

③单击颜色框,弹出灯光颜色对话框。我们调节颜色为金黄色,可看场景中的物体及光影都蒙上了一层金黄色的光晕。

2）排除操作

该功能可选择场景中物体不被照射。

①单击菜单栏中的【文件】|【打开】菜单命令，打开本书配套光盘本章文件夹中的“杯”文件。

②在前视图中选择菱形的 Omni，然后进入修改面板。

③在修改面板中单击排出按钮，弹出如图 8.23 所示“排除/包含”对话框，这里可以设置灯光要照射哪些对象。

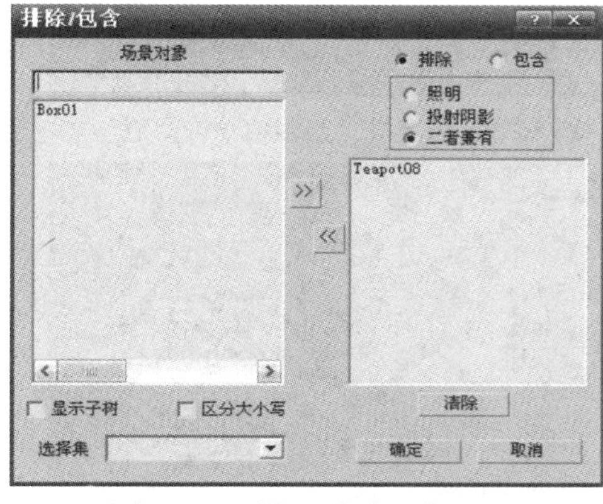

图 8.23 “排除/包含”对话框

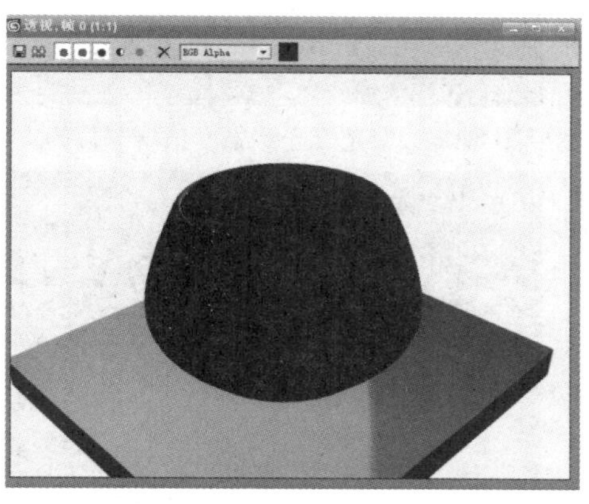

图 8.24 取消对茶壶的照明

④对场景中的罐形体取消照射。

⑤单击快速渲染按钮渲染后如图 8.24 所示。

3）聚光灯光束效果调节

①单击菜单栏中的【文件】|【打开】菜单命令，打开本书配套光盘本章文件夹中的“圆桌”文件。

②在聚光灯修改面板中，打开聚光灯参数栏，如图 8.25 所示。

③“聚光区/光束”是聚光范围，“衰减区/区域”是泛光范围，两者之差越大，光束越模糊，如我们设“聚光区/光束”的值为 10、“衰减区/区域”的值为 80，则光束十分模糊，如图 8.26 所示；我们设“聚光区/光束”的值为 40，“衰减区/区域”的值为 45 时，光束非常清晰，如图 8.27 所示。

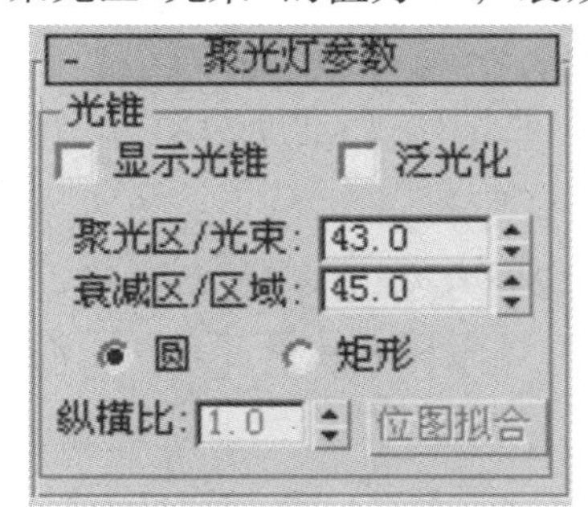

图 8.25 聚光灯参数面板

图 8.26 光束模糊

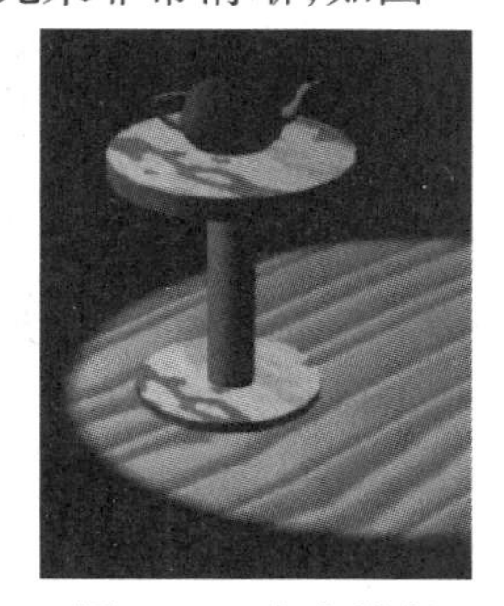

图 8.27 光束清晰

4）光照强度倍增器的使用

光照强度倍增器用来提高或减弱灯光的亮度，数值大于 1 时，增加亮度；数值小于 1 时减小亮度。图 8.28 是聚光灯倍增器值为 1 时的效果图；图 8.29 是聚光灯倍增器值为 2 时的效果图;倍增器的值为负时,光源发出负光,在一个场景内部,负光可以达到使某个角度变暗的效果。图 8.30 是泛光灯倍增器的值为 1 时的效果;图 8.31 是泛光灯倍增器值为 -1 时的效果。

图 8.28　聚光灯光照强度倍增器值为 1

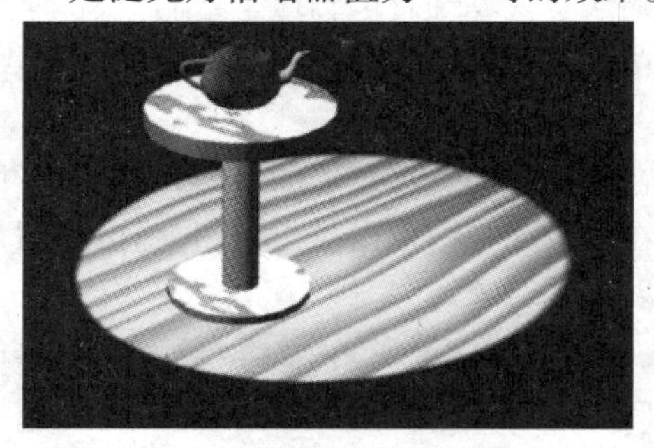

图 8.29　聚光灯光照强度倍增器值为 2

图 8.30　泛光灯光照强度倍增器值为 1

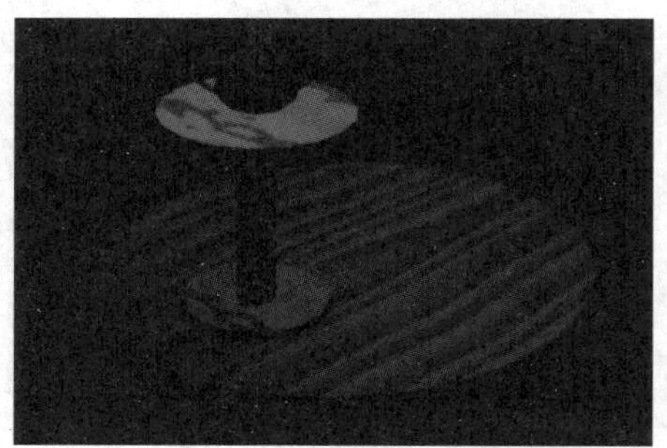

图 8.31　泛光灯光照强度倍增器值为 -1

5)聚光灯泛光化

泛光化可以使聚光灯照射到泛光区以外的范围,在聚光灯参数栏进行设置,如图 8.32 所示,图 8.33 即是选用了泛光化的效果。

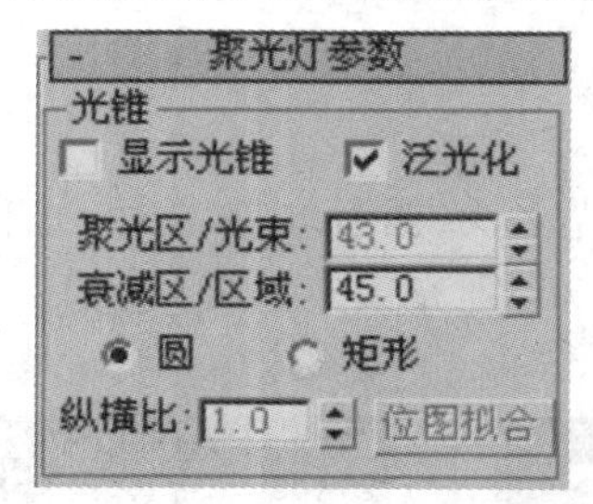

图 8.32　聚光灯泛光化设置

图 8.33　聚光灯泛光化后的效果

6)衰减效果

灯光衰减效果在"强度/颜色/衰减"面板中设置。衰减分为近、远两种,每种都有使用和显示两个选项,并且分为无、倒数和平方反比 3 种衰减方式。远距离衰减指灯光随距离增大而减弱,近距离衰减指灯光随距离减小而减弱。

7)阴影设置

阴影是在常规参数面板中设置,有 5 种类型的阴影可供选择。在使用阴影效果时,首先选择阴影类型,然后选择启用阴影即可。

前面我们对 3ds Max 中最常用的泛光灯和目标聚光灯已作了较详细的介绍,下面就其余的几种光源用途作一简述。

平行光是一种模拟太阳光的平行光柱，当光线投射到物体上时，阴影的角度就是照射到物体的光线与此面所成的角度，它的用途不多，除了做平行物体的阴影效果外，就是被用来做成激光柱。

自由聚光灯通常用于动画灯光中，链接在运动物体上随物体一起运动。汽车的前照灯、聚光灯、手电筒是应用自由聚光的典型例子。

8.3 摄像机

摄像机是3ds Max作品设计的强有力工具，它对图像效果影响非常大。3ds Max为我们提供了两种摄像机，即目标摄像机和自由摄像机。摄像机的创建工具位于创建命令面板，如图8.34所示。

目标摄像机有一个目标点（摄像机面对的目标）和一个视点（摄像机的位置）。在调整时，可以通过调整目标点或视点来调整摄像机的观察角度，也可以选择目标点和视点同时调整。

自由摄像机只有一个视点，没有目标点，只能通过移动视点或旋转变换来调整观察区域和观察角度。

图8.34 摄像机创建面板

8.3.1 摄像机参数面板

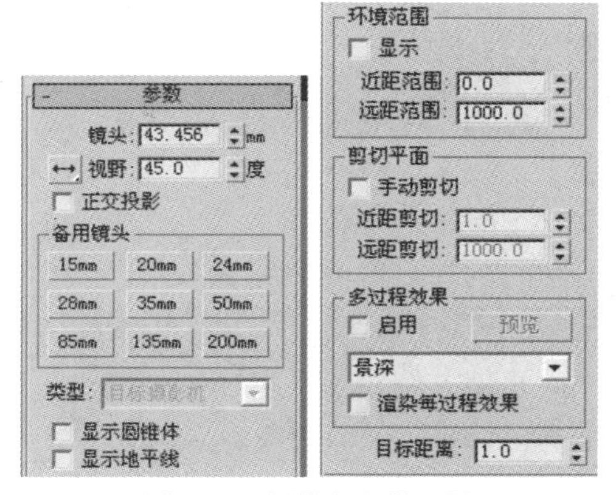

图8.35 摄像机参数面板

摄像机的参数面板如图8.35所示，下面我们就摄像机的一些重要参数给予说明：

（1）镜头　系统默认值为43.456 mm。

（2）视野　系统默认值为45°。

（3）备选镜头　有15 mm、20 mm、24 mm、28 mm、35 mm、50 mm、85 mm、135 mm和200 mm共9种。其中焦距小于50 mm的镜头称为广角镜头，焦距大于50 mm的镜头称为长焦镜头。

（4）环境范围　用来控制大气效果。包括近点范围，雾化时开始有雾的地方；远点范围，雾化时雾最浓的地方。

（5）显示　用来选择在视图中显示近点和远点范围。

（6）剪切平面　该参数有3种：即手动剪切、近距剪切、远距剪切。选择手动裁剪后可对近距剪切和远距剪切选项进行设置。近距剪切是指摄像机看不到距离小于该数值的物体；远距剪切是指摄像机看不到距离大于该数值的物体。

8.3.2 摄像机的创建

下面用一个例子介绍摄像机的创建与调整。

①单击菜单栏中的【文件】|【打开】菜单命令，打开本书配套光盘本章文件夹中的“花架”文件，如图 8.36 所示。

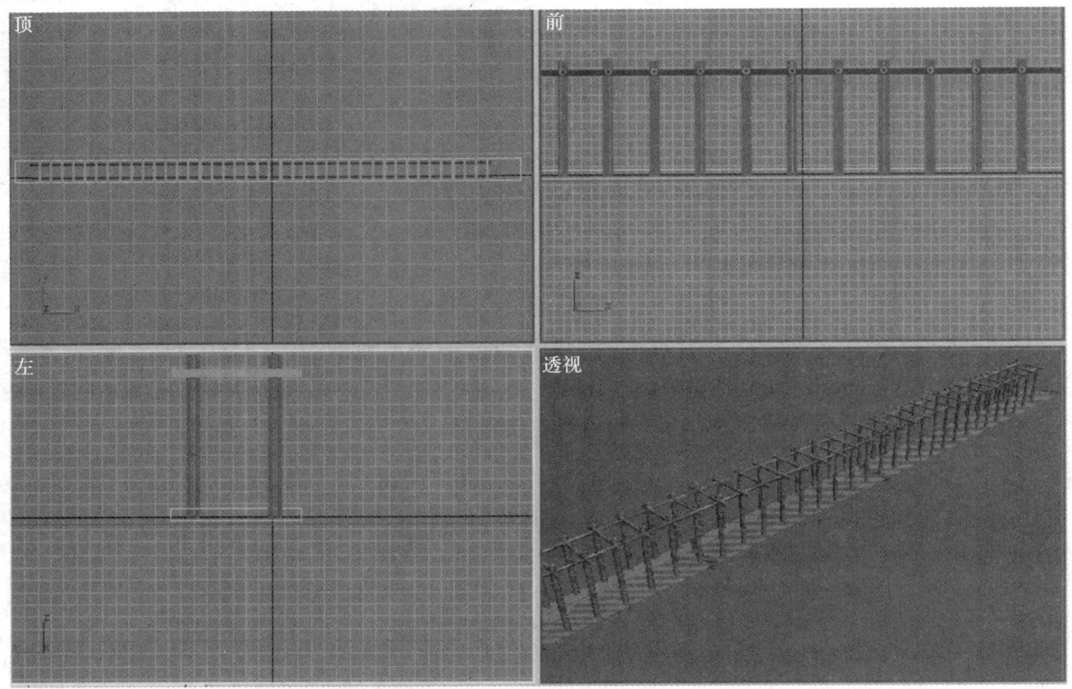

图 8.36 棚架场景

②单击目标摄像机图标，在前视口中创建目标摄像机，如图 8.37 所示。

③右击激活透视视口，按〈C〉键切换为摄像机视口，可看到如图 8.38 所示的效果。

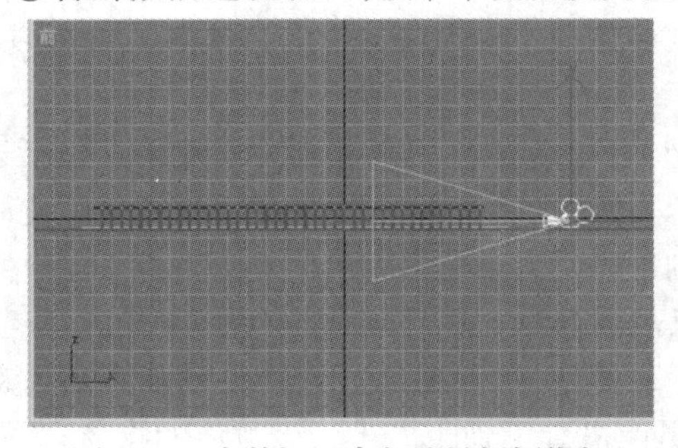

图 8.37 在前视口中创建目标摄像机

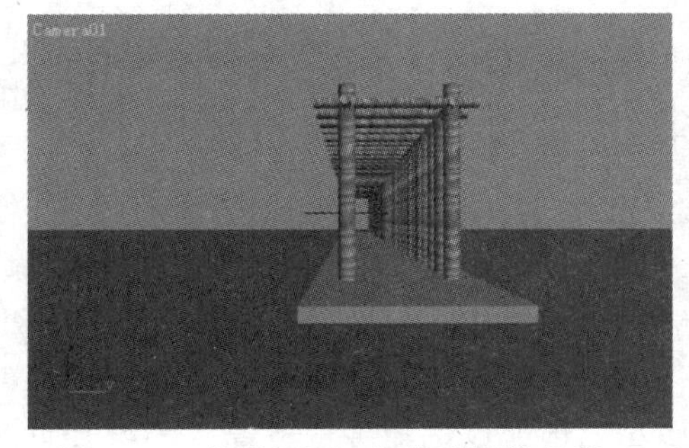

图 8.38 将透视视口切换为摄像机视口

④单击 15 mm 镜头按钮，摄像机视口的视野变大。

⑤单击 200 mm 镜头按钮，摄像机视口视野局部化。

8.3.3 视口操作按钮的使用

激活摄像机视口时,屏幕右下方的视口操作钮会发生变化,如图 8.39 所示。

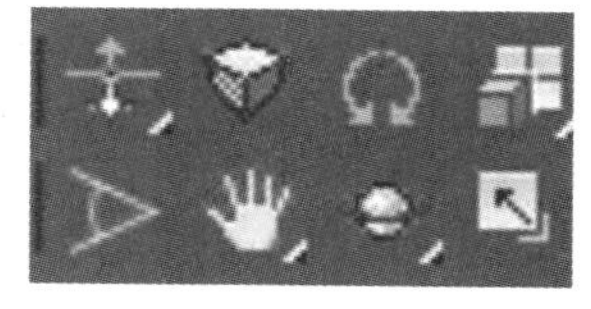

图 8.39 视口操作钮

(1)移动摄像机按钮 单击该按钮并在摄像机视口中上下拖动鼠标,模型在视口中变大或变小。

(2)透视按钮 单击该按钮并在摄像机视口中上下拖动鼠标,视野变大或变小,模型在视口中的大小不变。

(3)滚动摄像机按钮 单击该按钮并在摄像机视口中拖动鼠标,模型和摄像机位置没变化,但模型在视口中沿自身轴线转动。

(4)观察视域按钮 单击该按钮并在摄像机视口中拖动鼠标,模型和摄像机位置没变化,但摄像机的视野发生了变化,即模型在视口中变大或变化。

(5)平移摄像机按钮 单击该按钮并在摄像机视口中拖动鼠标,模型和摄像机一起在视口中移动。

(6)旋转摄像机按钮 单击该按钮并在摄像机视口中拖动鼠标,模型位置不变,摄像机围绕目标点转动。

8.4 渲染输出

用 3ds Max 设计制作完效果图后,人们最关心的就是效果如何。为此需要对效果图进行渲染输出。在渲染效果图时,3ds Max 2013 为我们提供了 3 种类型的渲染器。这 3 种类型渲染器分别是扫描线渲染器,mental ray 渲染器和 VUE 文件渲染器。

8.4.1 扫描线渲染器

扫描线渲染器是系统默认渲染器,前面列举的各种效果输出都是在该渲染器中进行渲染的。单击菜单栏中的【渲染】|【渲染】菜单命令,或按 < F10 > 键,就会弹出“渲染场景”对话框,如图 8.40 所示。下面分别介绍“渲染场景”对话框中各选项及参数。

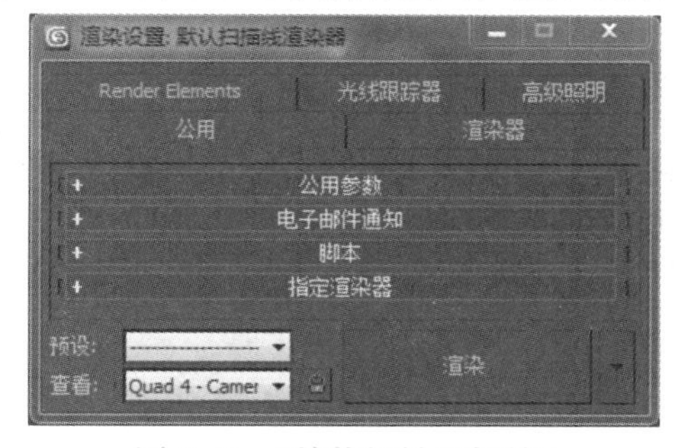

图 8.40 “渲染场景”对话框

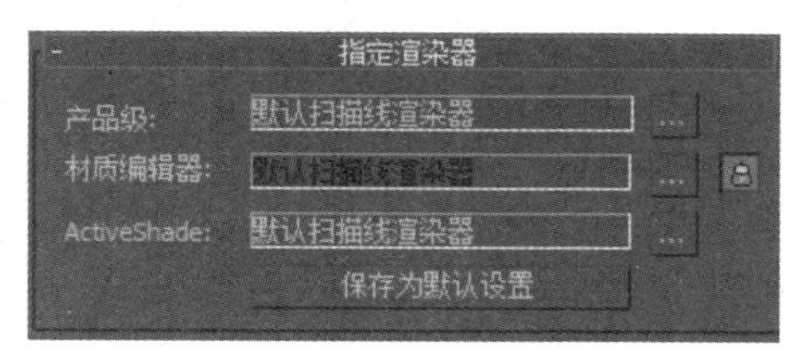

图 8.41 指定渲染器参数面板

1)“公用”面板

在该选项中有指定渲染器、公用参数、电子邮件通知和脚本。

(1)指定渲染器　单击指定渲染器前面的“+”号,可以看到指定渲染器参数面板(图8.41)。单击“产品级”后面按钮,弹出“选择渲染器”对话框,可指定不同类型的渲染器。

(2)公共参数　时间输出栏是设置渲染输出单帧还是多帧,如果是多帧,还可以设置活动时间段。

(3)输出大小栏　可设置渲染输出图像的大小,有4个标准选项,还可以设置图像纵横比,像素纵横比等值,也允许用户自定义渲染输出图像的大小。

(4)选项栏　可设置渲染输出是否有大气、效果、置换、视频颜色检测等功能。

(5)高级照明栏　可设置渲染是否要使用高级照明、是否要计算高级照明。

(6)渲染输出栏　可设置渲染输出文件的默认保存位置等。

(7)电子邮件通知　选“启动通知”复选项,在渲染输出后可通过电子邮件通知对方。

2)“渲染器”面板

“渲染器面板”常用选项功能如下:

(1)选项　设置渲染输出时是否有贴图、阴影、自动反射/折射和镜像等效果。

(2)抗锯齿　设置是否要抗锯齿,是否要过滤贴图及过滤器形式。

(3)全局超级采样　有禁用和启用两个选项。

(4)对象运动模糊　设置是否启用场景中的所有对象加入动态模糊效果,还可设置动态模糊的持续时间、持续时间细分。

(5)自动反射、折射贴图　用来设置渲染迭代次数,初始值为1;值越大,则渲染品质越高,但渲染时间越长。

3)“光线跟踪器”面板

“光线跟踪器”面板常用选项功能如下:

(1)光线深度控制　用来设置光线的最大深度值、中止阈值、最大深时使用的颜色。

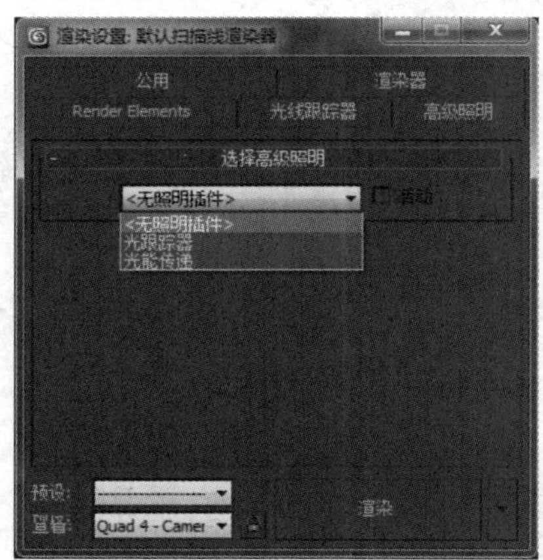

图8.42　“高级照明”面板

(2)全局光线抗锯齿器　用来设置是否启用全局光线抗锯齿器,如果启用,则可防止渲染时对象的边缘产生锯齿效果,但要影响渲染速度。

(3)全局光线跟踪引擎选项　用来设置是否启用光线跟踪、自反射/折射、光线跟踪大气等项,还可以进行加速控制。

4)“高级照明”面板

“高级照明”面板如图8.42所示,共有3个选项,分别是无照明插件、光跟踪器和光能传递,默认设置是无照明插件。在进行户外天光效果渲染时,一般使用光跟踪器。

8.4.2 使用扫描线渲染器进行渲染

①单击菜单栏中的【文件】|【打开】菜单命令，打开本书配套光盘本章文件夹中的“长廊”文件。

②按 <F10> 键打开“渲染场景”对话框。

③选择“默认扫描线渲染器”。

④对相关参数进行设置。

⑤单击“渲染”按钮，渲染结果如图8.43所示。

图8.43 扫描线渲染器渲染效果

8.4.3 Mental Ray 渲染器简介

Mental Ray 渲染器是3ds Max 6 以后新增加的，以前版本的3ds Max 只有单一的扫描线渲染器，渲染效果不尽如人意，使得在表现能力上受到限制。而 Mental Ray 渲染器是一种高级渲染器，它的渲染效果是无与伦比的。

案例实训

1）目的要求

通过实训掌握3ds Max 的基本文件操作和视图控制。

2）实训内容

①运行3ds Max 软件，单击菜单栏中的【文件】|【打开】菜单命令，打开本书配套光盘本章文件夹中的“茶几.max”文件。

②按 <M> 键，打开材质编辑器，选择一个空白的材质球，命名为“金属”。

③单击“明暗器基本参数”面板中的下拉按钮，选择“金属”着色模式。

④在“金属基本参数”控制区，按图 8.44 设置参数。

⑤打开“贴图”下拉菜单，单击“反射”后面的按钮，在弹出的“材质/贴图浏览器”对话框中，选择“光线跟踪”贴图。

⑥单击按钮，返回上一层，设置反射项的数量为40。

⑦在视图中选择茶几腿造型，单击按钮，赋予材质。

⑧再选择一个空白的材质球，命名为“玻璃”。

⑨单击“明暗器基本参数”面板中的下拉按钮，选择“Phong”着色模式。

⑩在“Phong”控制区，按图 8.45 设置参数。

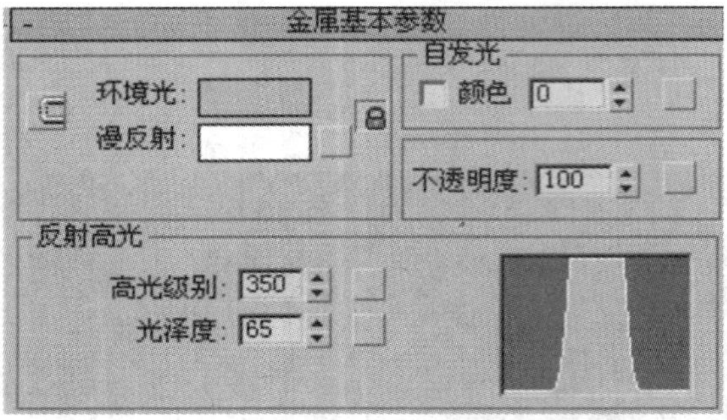

金属基本参数
自发光
颜色
0
环境光:
漫反射:
不透明度:
100
反射高光
高光级别:
350
光泽度:
65

图 8.44 “金属基本参数”控制区

Phong 基本参数
自发光
颜色
0
环境光:
漫反射:
高光反射:
不透明度:
50
反射高光
高光级别:
80
光泽度:
65
柔化:
0.1

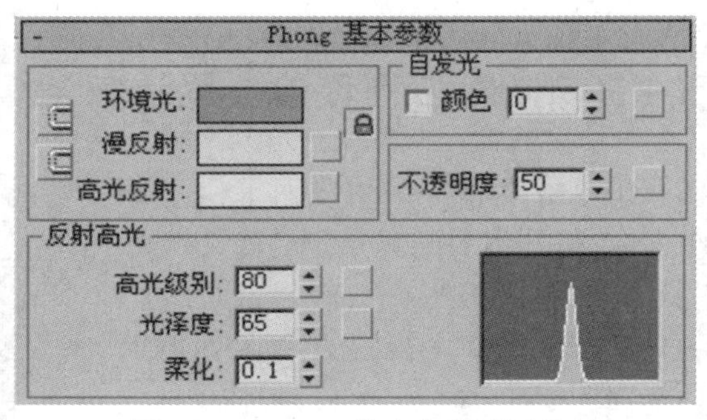

图 8.45 “Phong 基本参数”控制区

⑪打开“贴图”下拉菜单，单击“反射”后面的按钮，在弹出的“材质/贴图浏览器”对话框中，选择“光线跟踪”贴图。

⑫单击按钮，返回上一层，设置反射项的数量为 5。

⑬在视图中选择上层茶几面和下层茶几面造型，单击按钮，赋予材质。

⑭在场景中设置泛光灯一盏、目标摄像机一架，如图 8.46 所示。

顶
前
左
Camera01

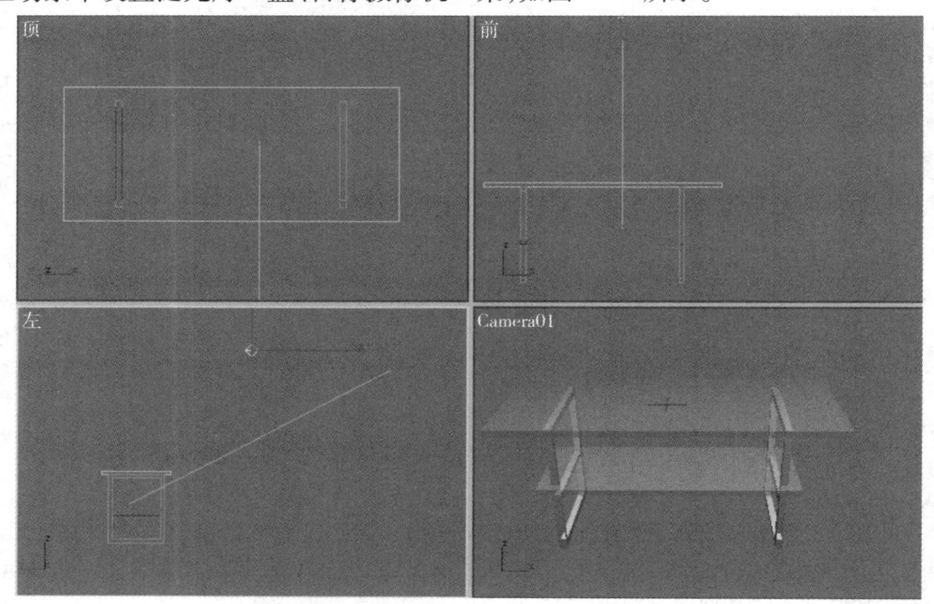

图 8.46 在场景中设置灯光与摄像机

⑮对场景进行渲染，结果如图 8.47 所示。

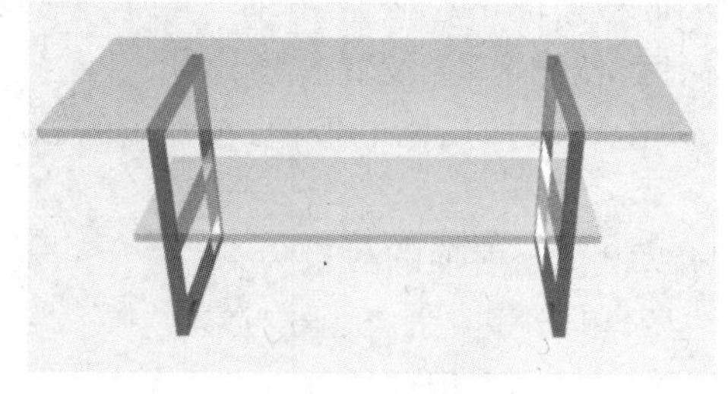

图 8.47 渲染效果

3）考核标准

考核项目	分 值	考核标准	得 分
基本操作	30	能进行基本的创建、修改操作	
熟练程度	20	能在规定时间内完成任务	
灵活应用	30	能举一反三	
准确程度	20	作图正确	

4）作业

试改变金属的颜色、光泽度等，重新为茶几腿赋材质；改变玻璃的颜色、透明度等，重新为茶几玻璃赋材质。

复习思考题

1. 材质编辑器有哪些部分组成？ 如何赋给对象材质，并在场景中显示出来？
2. 如何通过材质编辑器进行控制和调整材质的参数？
3. 在 3ds Max 2013 中，贴图可以分为几种类型？
4. 贴图通道有多少种？ 如何进入贴图通道？
5. 泛光灯和聚光灯有何特点与区别？
6. 如何进行灯光参数控制？
7. 在 3ds Max 2013 中，摄像机分为几种类型？
8. 怎样创建摄像机？ 摄像机的控制参数有哪些？
9. 扫描线渲染器与 Mental Ray 渲染器各有何特点？
10. 扫描线渲染器与 Mental Ray 渲染器各控制面板的作用有哪些？

9 3ds Max 园林应用实例

【知识要求】

- 掌握园林小品效果图制作方法;
- 掌握别墅效果图制作方法;

【技能要求】

- 能进行常见园林小品的建模;
- 能绘制建筑效果图;
- 能创建摄像机和灯光并渲染出图。

9.1 园林小品效果图制作

9.1.1 石桌、石凳的制作

①创建石凳的造型,在创建命令面板中的几何体选项框中选择"扩展基本体"选项,将其下的 纺锤 按钮激活,在顶视图中创建纺锤体,并适当调整位置(图9.1)。

②单击选择已创建的,单击修改按钮 进入纺锤体修改面板,将"参数"栏中的相关参数进行修改,修改后的参数如图9.2所示。参数调整后的纺锤体即为我们需要制作的石凳(图9.3)。

③选中修改后的纺锤体,按〈M〉键调出"材质编辑器"窗口,选择一个空白材质球,单击"贴图"按钮,选择"漫反射颜色",单击其后面的 None 按钮,弹出"材质/贴图浏览器"窗口,选择"3D贴图"中的"斑点",单击"确定"按钮,调整各项参数,调整后的参数如图9.4所示。单击将材质指定给选定对象按钮,将材质赋给石凳。单击显示贴图按钮,在透视窗口观察获得材质后的石凳(图9.5)。

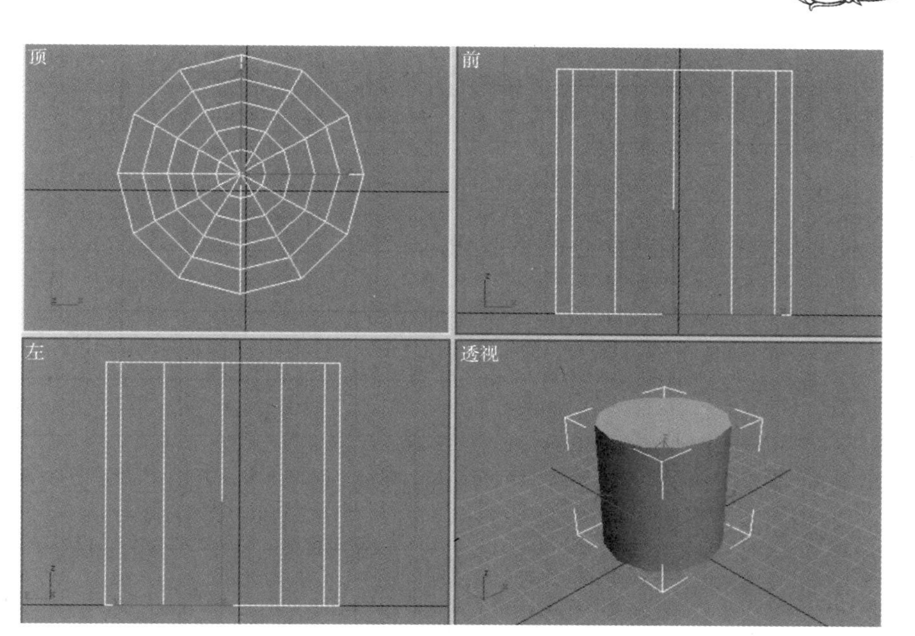

图9.1 创建纺锤体

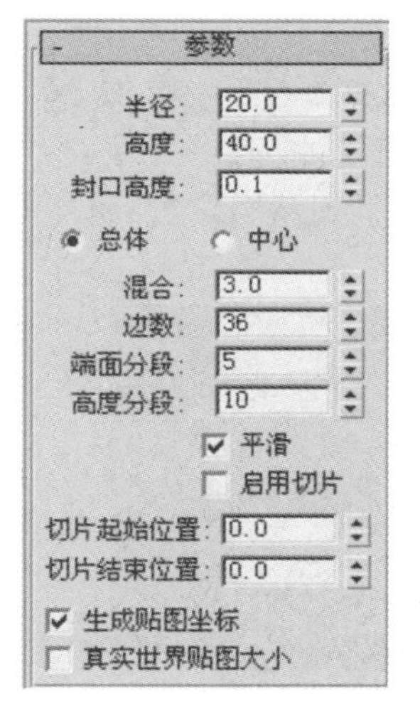

图9.2 修改锤体参数

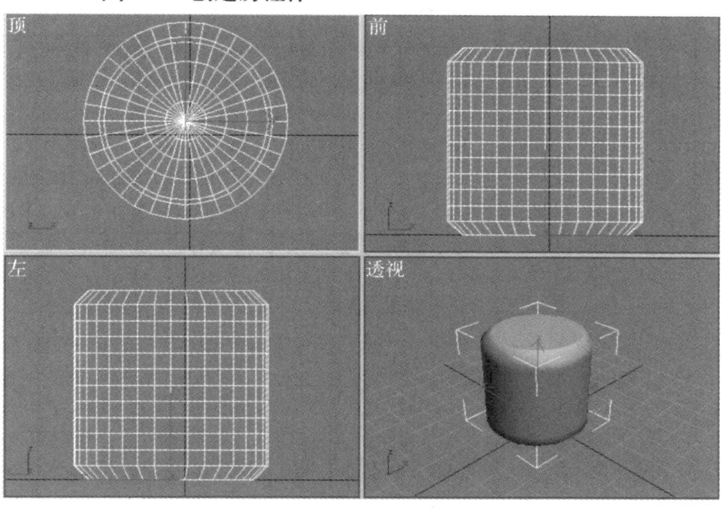

图9.3 修改锤体参数后的场景

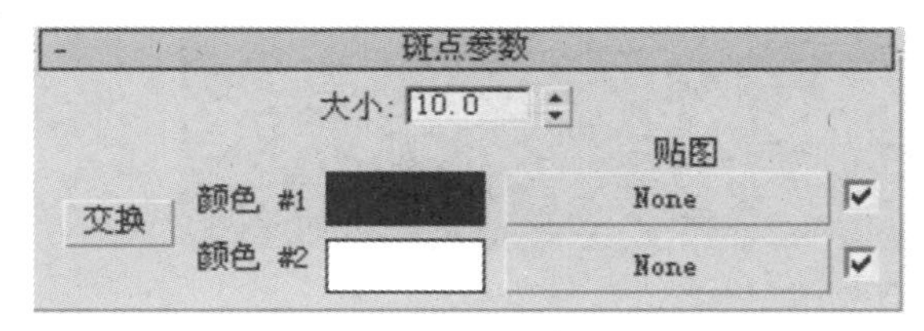

图9.4 调整斑点参数

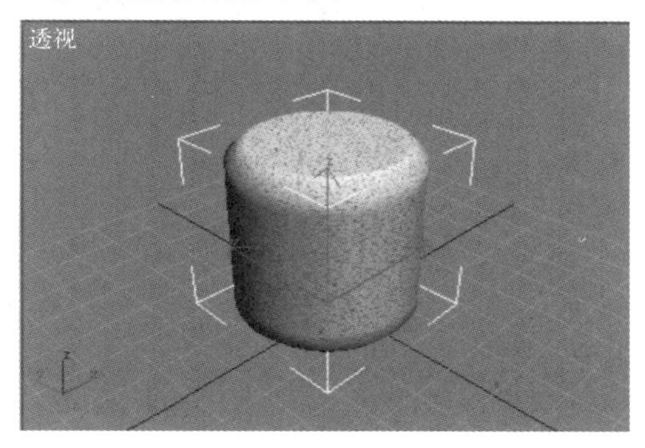

图9.5 获得材质后的石凳

④选择顶视窗，单击创建按钮，在创建命令面板中的几何体选项框中选择“扩展基本体”选项，将其下的 切角长方体 按钮激活，在顶视图中创建一个切角长方体作为桌面，其参数如图 9.6 所示，并适当调整位置，得到如图 9.7 所示造型。

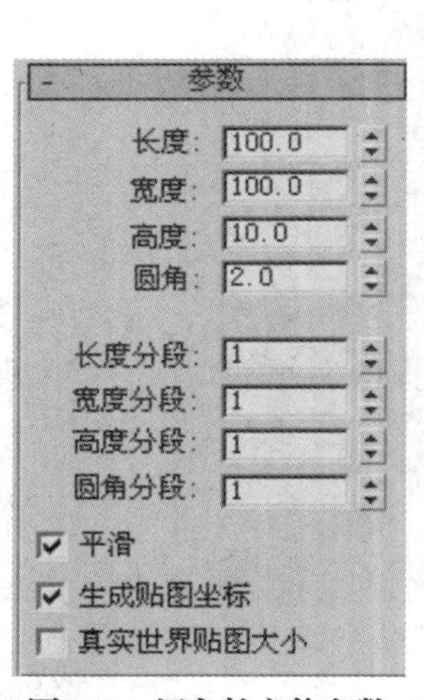

图 9.6　切角长方体参数

图 9.7　创建的切角长方体

⑤选择顶视窗，单击创建按钮，在创建命令面板中的几何体选项框中选择“标准基本体” 选项，单击圆柱体工具，建立一个高度为 60，半径为 6 的圆柱体，作为桌腿。

⑥利用复制命令将创建的圆柱体复制 3 个，作为其他桌腿，并调整到适当位置，将“桌面”移动到合适的位置，得到石桌造型(图 9.8)。

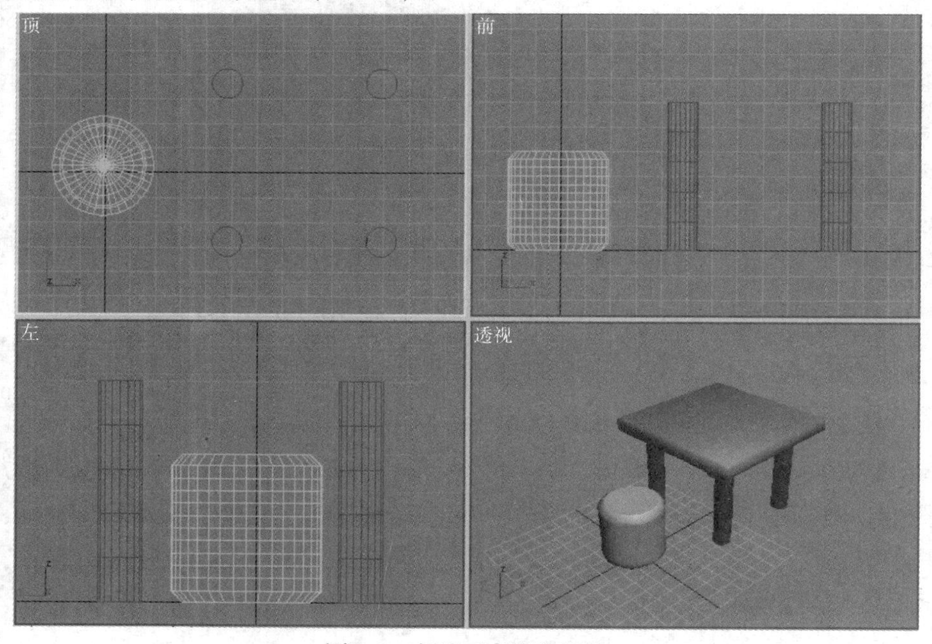

图 9.8　创建石桌后的场景

⑦选择构成石桌的所有个体，将石凳的材质赋给石桌，在透视窗口观察获得材质后的石桌(图 9.9)。

⑧用复制命令复制石凳，使石凳总数为4个，并调整好石凳的位置。

⑨单击创建按钮，单击灯光，单击泛光灯，在前视口中设置两盏泛光灯，调整好位置。

⑩单击创建按钮，单击摄像机，在前视口中设置一架目标摄像机，调整好位置（图9.10）。

⑪选择摄像机视口，按 < F9 > 键进行快速渲染，渲染结果如图9.11所示。

图9.9　获得材质后的石桌

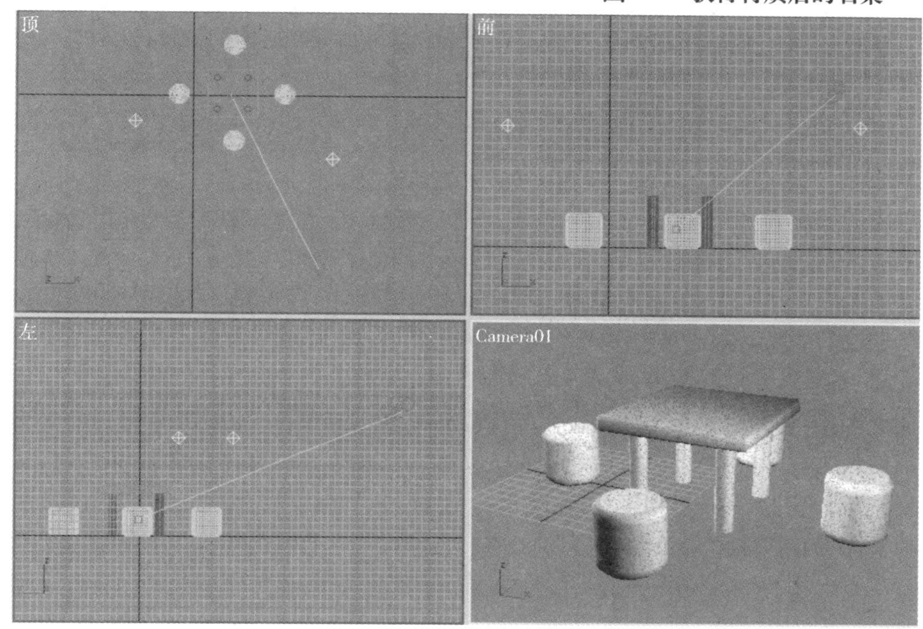

图9.10　加进灯光、摄像机后的场景

9.1.2　园桥的制作

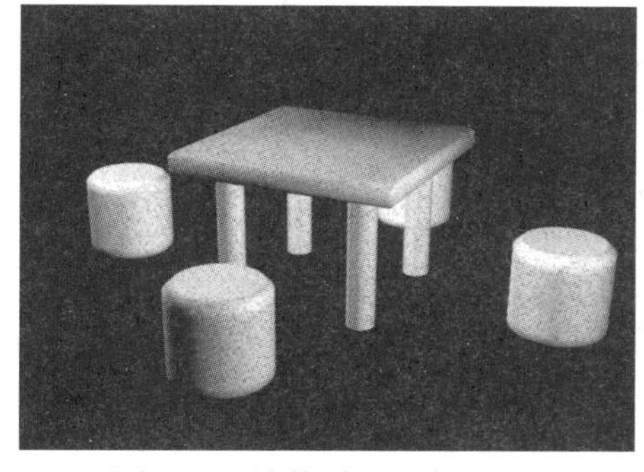

图9.11　渲染后的石桌、石凳

①在前视图中用二维线型绘制一条600长的弧，弧度视需要而定，在修改面板的下拉菜单中选择编辑样条线，在编辑样条线的子命令中选择样条线命令，在参数面板中的轮廓后输入10（桥面的厚度），在修改面板的下拉菜单中选择挤出，在挤出参数面板中的数量后输入200（桥面的宽度），得到桥面的造型（图9.12）。

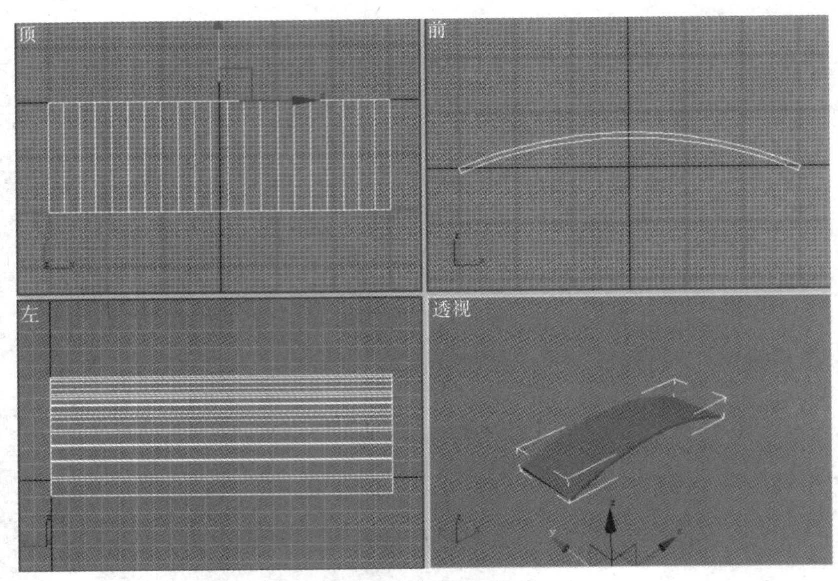

图 9.12　桥面的造型

②在顶视图中桥面的一角处制作一个长度 15、宽度 15、高度 120 的长方体，作为桥头的柱子，按住〈Shift〉键拖动并复制 3 个置于另外的 3 个角上。

③在前视图上绘制一条和桥面弧相近的弧，基于桥面的高度沿 y 轴向上提高 100，制作数量为 10 的轮廓后挤出，挤出数量为 10。得到桥的扶手，在顶视图上按住〈Shift〉键移动复制扶手到桥面的另一侧。

④在前视图中绘制长度为 100、宽度 10、高度 10 的长方体作为桥的栏杆，按住〈Shift〉键水平移动复制该长方体 5 个，并分别移动至适当位置，在顶视图中选择刚才制作并复制的 6 个长方体，按住〈Shift〉键，移动并复制至桥面的另一侧，通过调整得到园桥的造型(图 9.13)。

⑤选中视图中的"桥面"，按〈M〉键调出材质编辑器，选择一个空白材质球，点击"漫反射"后面的按钮 ，弹出"材质/贴图浏览器"对话框，选择"2D 贴图"中的"位图"，单击"确定"按钮，弹出的"选择位图图像文件"对话框，选择图片"STONE_011. jpg"文件。单击将材质指定给选定对象按钮，将材质赋给"桥面"。

⑥用同样的方法将图片"WOOD_1. JPG"材质赋给视图中的"栏杆"和"扶手"，单击快速渲染按钮，可观察到获得材质后的园桥(图 9.14)。

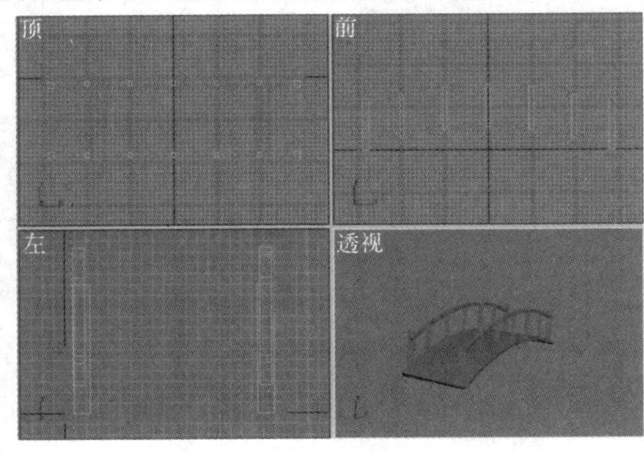

图 9.13　创建的园桥场景

图 9.14　园桥渲染后的效果

9.1.3 景石的制作

①首先创建景石的造型，在创建命令面板中的几何体选项框中选择“扩展基本体”选项，将其下的**切角长方体**按钮激活，在顶视图中创建切角长方体。

②单击选择已创建的切角长方体，单击修改按钮进入切角长方体修改面板，将“参数”栏中的相关参数进行修改，设置其下的参数如图 9.15 所示。在视图中生成的形态如图 9.16 所示。

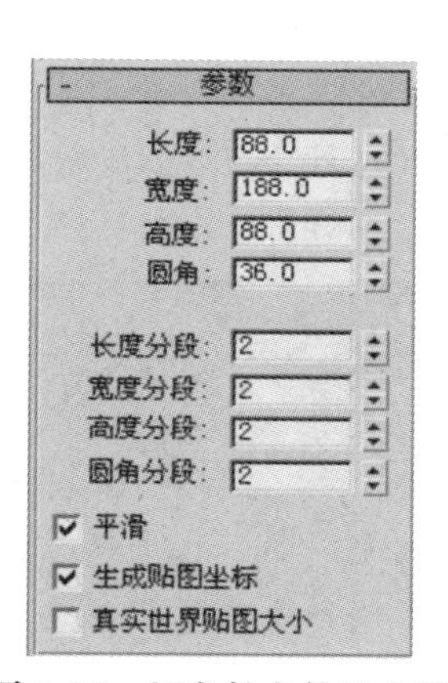

图 9.15 切角长方体的参数

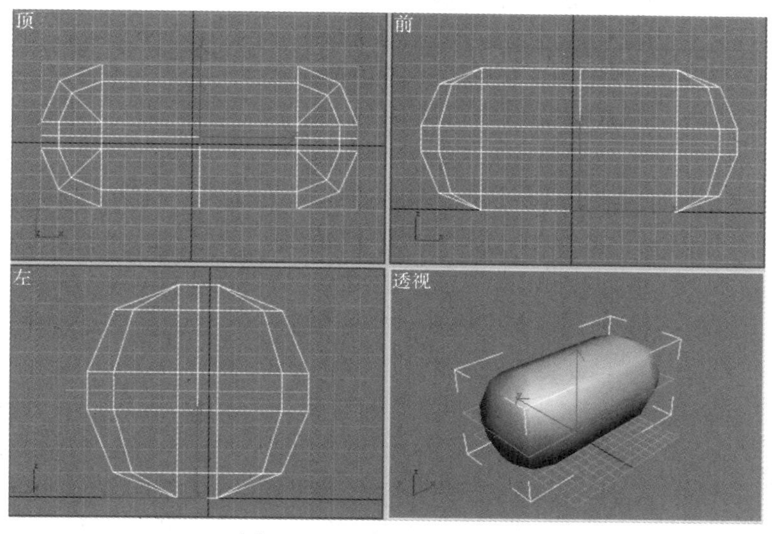

图 9.16 切角长方体的形态

③在修改器列表选项框中选择“噪波”，设置其下的参数如图 9.17 所示。切角长方体运行“噪波”命令后，在视图中生成的形态如图 9.18 所示。

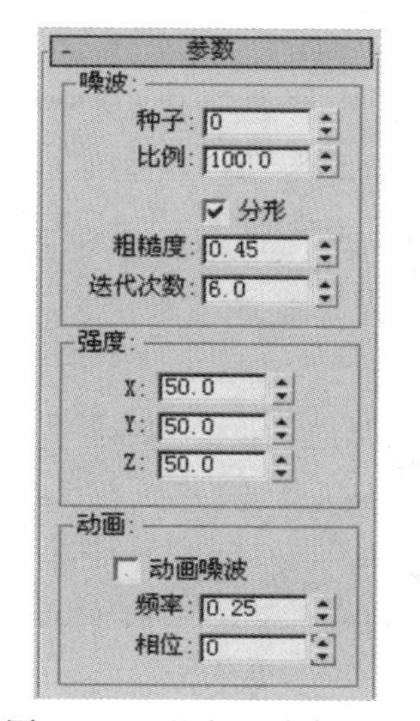

图 9.17 “噪波”的参数设置

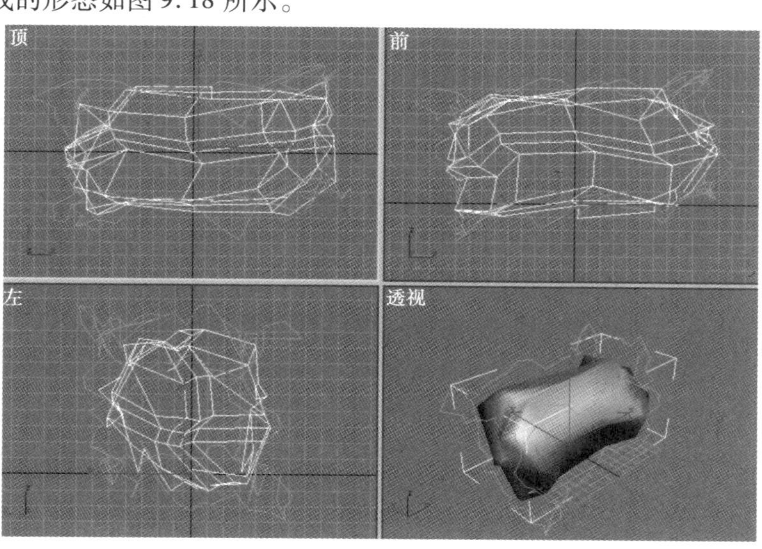

图 9.18 噪波处理后的形态

④在修改器列表选项框中选择“优化”，切角长方体即生成如图9.19所示的形态。

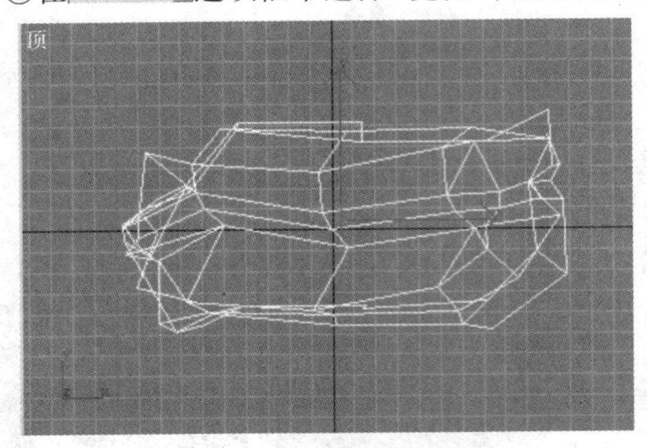

图9.19 优化处理后的形态

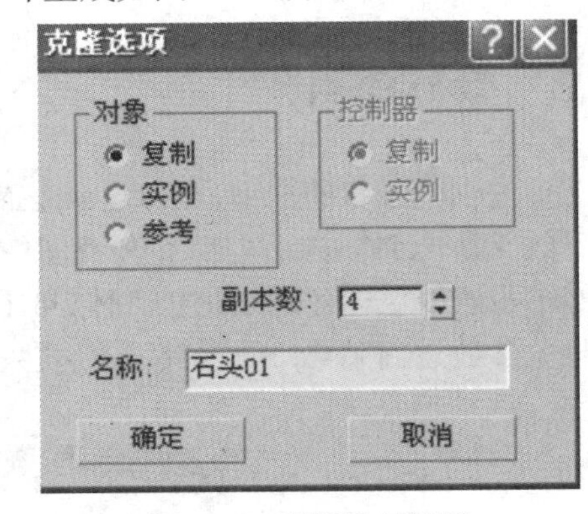

图9.20 克隆选项设置

⑤在修改命令面板的“颜色和名称”窗口中，将切角长方体生成的最终形态命名为“石头”。

⑥单击工具栏中的按钮，按〈Shift〉键，在前视图中移动并复制“石头”。

⑦在弹出的“克隆选项”对话框中，将“副本数”值设为4(图9.20)，然后单击“确定”按钮。

⑧利用缩放、旋转和移动工具将复制的“石头”调整至如图9.21所示的状态。

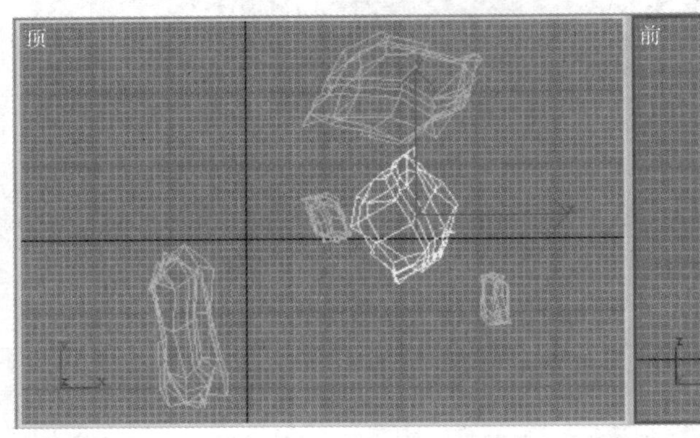

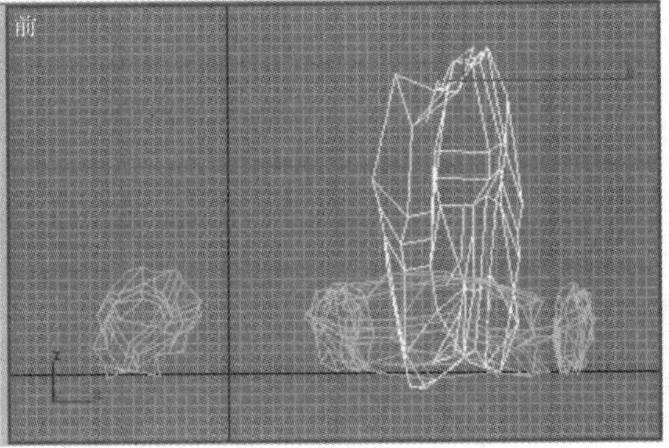

图9.21 调整后的石头造型

⑨选中视图中所有的石头造型，按〈M〉键调出材质编辑器，选择一个空白材质球，点击“漫反射”后面的按钮，弹出“材质/贴图浏览器”对话框，选择“2D贴图”中的位图，单击“确定”按钮，弹出的“选择位图图像文件”对话框，选择图片“STONE_3.JPG”文件。单击将材质指定给选定对象按钮，将材质赋给石头。单击快速渲染按钮，可观察到获得材质后的景石(图9.22)。

图9.22 景石渲染后的效果

9.1.4 园灯的制作

①制作灯柱，在顶视图中，用二维图形建立一个半径5左右的圆，在前视图或左视图中建立一条线来表示灯柱的形状，采用放样，用顶视图中的圆作为拾取的图形，线作为拾取的路径，得到灯柱。

②制作灯罩，在前视图中使用二维线型做一个矩形，长、宽视灯罩的具体尺寸而定（长即灯罩的长度，宽即灯罩的厚度），使用旋转工具将矩形沿Z轴进行旋转大约50°。确定矩形被选中，在修改面板中的下拉工具菜单中选择车削，然后点击车削前的加号，出现轴选项，点击轴选项后，在前视图中，通过旋转和移动轴，最终得到灯罩的造型。

③制作灯泡，在前视图中使用二维线型做出一半灯泡的轮廓，在修改面板中下拉工具菜单中选择车削，然后调整轴的位置得到灯泡的造型。

④通过移动将以上的组件进行组合，得到路灯的造型。

⑤点击M弹出材质编辑器，选择一个空白材质球，在Blinn基本参数下的自发光下的颜色前打勾，为灯泡调配一种颜色，选择灯泡，将刚才调出的材质赋予灯泡（图9.23）。

⑥单击<M>键，在材质编辑器中分别为路灯的其余组件调出材质并分别赋予（图9.24）。

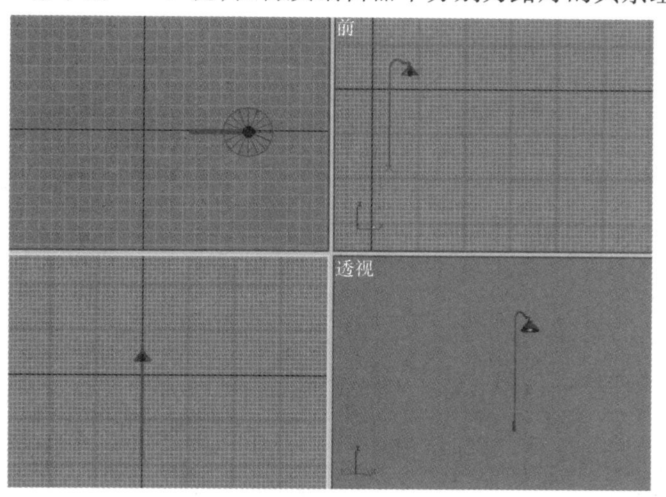

图9.23 创建园灯场景

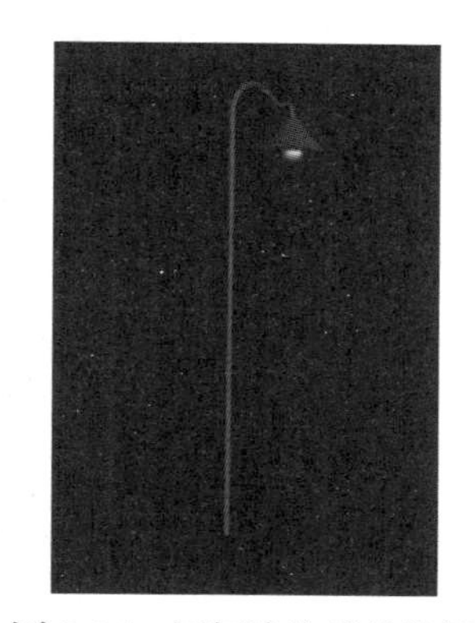

图9.24 园灯渲染后的效果

9.1.5 花架的制作

①在顶视图制作一个长10、宽300、高20的长方体。

②在顶视图中确定长方体被选择，点击工具，在弹出的菜单中选择阵列，在出现的这列工具栏中的增量Y下移动数量内输入40，阵列维度下1D的数量为20，根数自定，点击“确定”按钮，得到花架的顶。

③在顶视图中，顶的一侧制作一个长 800、宽 30、高 30 的长方体，作为梁，按住〈Shift〉键，拖动并复制该长方体至顶的另一侧，点击“确定”按钮。

④在顶视图中，制作一个长 20、宽 20、高 300 的长方体作为花架的立柱。

⑤在顶视图中，确定立柱被选择，点击工具菜单中的阵列，增量 x 的移动数量内输入 300，列阵维度下 1D 数量为 2，2D 数量为 4，Y 轴偏移为 200，点击“确定”按钮，得到花架的立柱。

⑥通过各视图的协调移动得到花架的造型，并调制材质赋予花架造型的各个部分（图9.25、图 9.26）。

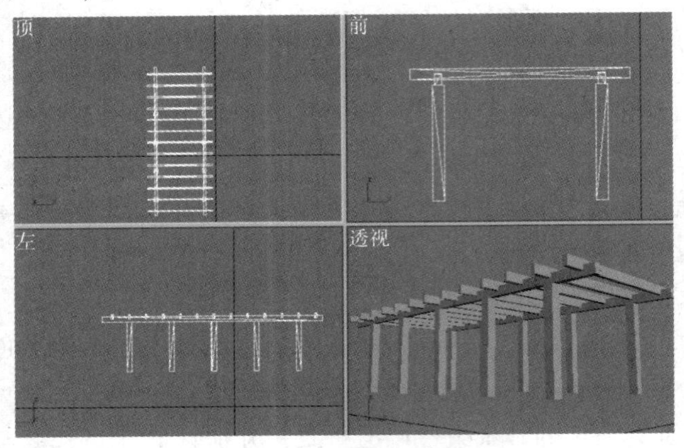

图 9.25 创建花架场景

图 9.26 花架渲染后的效果

9.1.6 景墙的制作

用 3ds Max 完成图 9.27 效果图中景墙的建模。

图 9.27 景墙的效果

①在顶视图用画线命令绘制景墙平面图(图9.28)。

②利用修改命令面板中的倒角,给景墙立高,结果如图9.29所示。

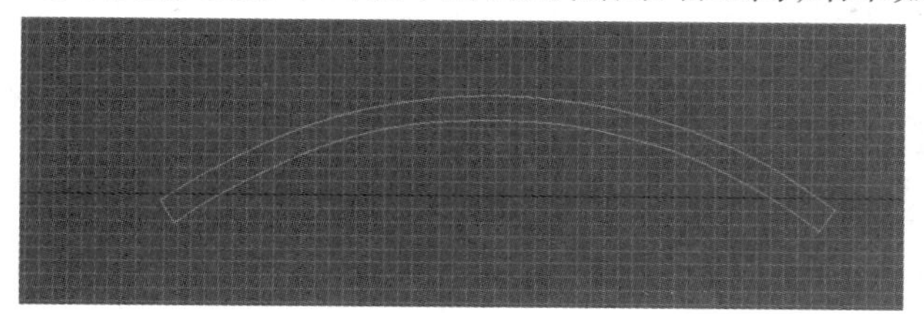

图9.28 在顶视图中绘制景墙平面图

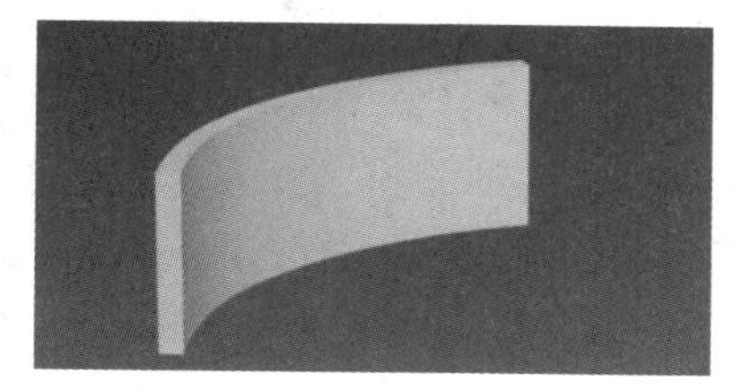

图9.29 景墙立高后的效果

③用相同的方法,制作压顶和墙基,如图9.30所示。

④在前视图中绘制扇形,使其位于弧形景墙的中间,如图9.31所示。

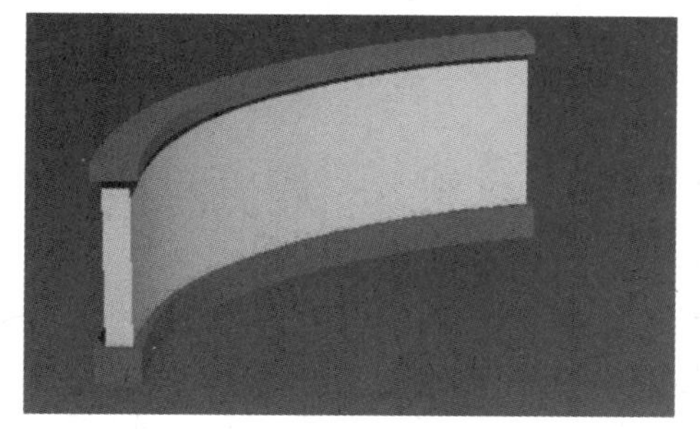

图9.30 景墙加上压顶和墙基

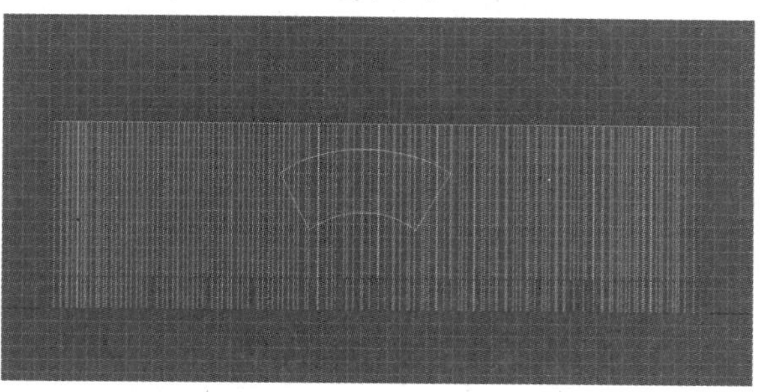

图9.31 在前视图绘制扇形

⑤利用修改命令面板中的倒角,给扇形立高,并将其调整到穿越景墙的位置,如图9.32所示。

⑥使景墙处于被选中的状态,点击创建命令面板中的复合对象—布尔—拾取操作对象,选取扇形物体,打开扇形洞口(图9.33)。

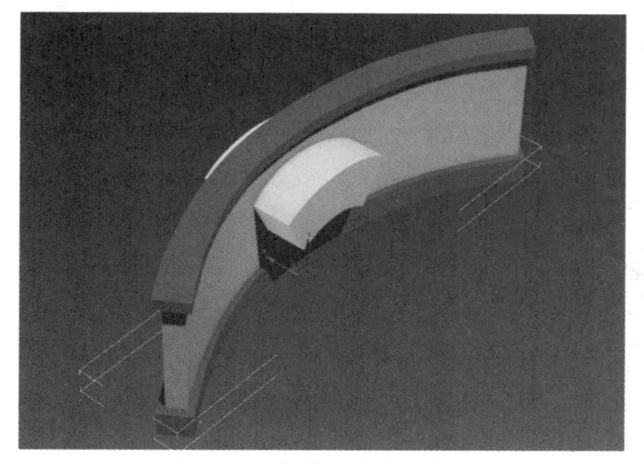

图9.32 扇形立高穿越景墙

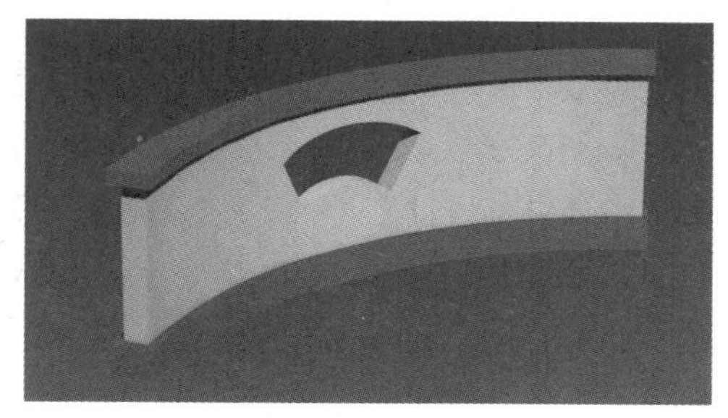

图9.33 景墙上开扇形景窗

⑦在扇形洞口两侧创建4个立方体,并通过旋转工具调整其位置,使其和墙体垂直(图9.34)。

⑧使景墙处于被选中的状态,运用布尔—拾取操作对象,依次打开8个方形洞口,如图9.35所示。

⑨在扇形空洞中间创建圆柱,如图9.36所示。

图9.34 创建8个长方体穿越墙体

图9.35 布尔运算后的结果

图9.36 扇形空窗内创建圆柱

⑩分别选择3种材质(图9.37),将其中文化墙材质赋给景墙,打开修改器列表中的"UVW贴图",将贴图方式改为长方体,并修改平铺次数,如图9.38所示;将其中米色材质赋给压顶和墙基;将其中青龙图案(注意青龙圆形图案应为无背景的png格式的图片)赋给扇形窗洞中间的小圆柱,将其贴图方式改为"平面"。点击快速渲染,贴图结果如图9.39所示。

图9.37 景窗用的材质

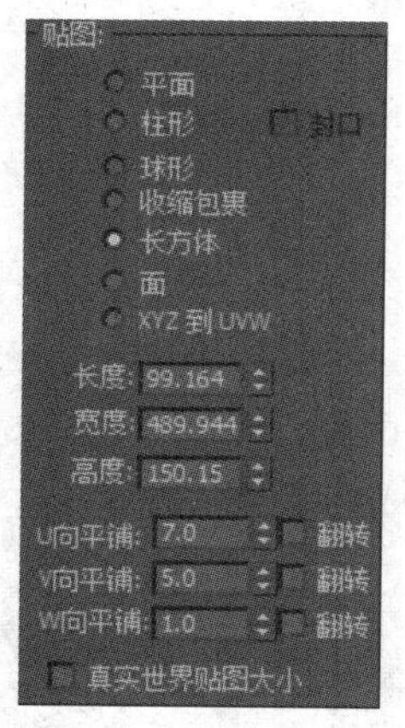

图9.38 修改贴图参数

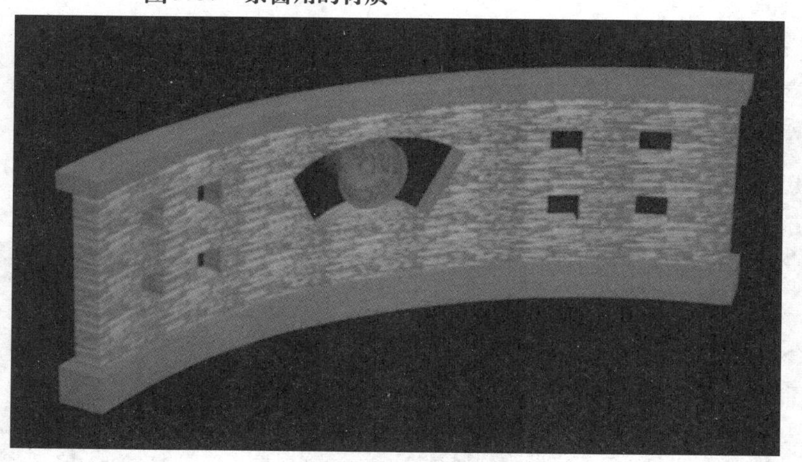

图9.39 贴图结果

⑪在顶视图中创建目标平行光,在左视图中调整其高度;选中灯头,打开修改命令面板,修改其参数如图9.40所示;在顶视图中创建泛光灯,完成灯光的创建。在顶视图中创建摄像机,在左视图中调整其高度。灯光及摄像机位置如图9.41所示。

⑫点击渲染设置,将输出大小改为3 200×2 400,点击"文件"指定保存路径,将保存格式改为jpg格式后,点击"渲染",结果如图9.42所示。

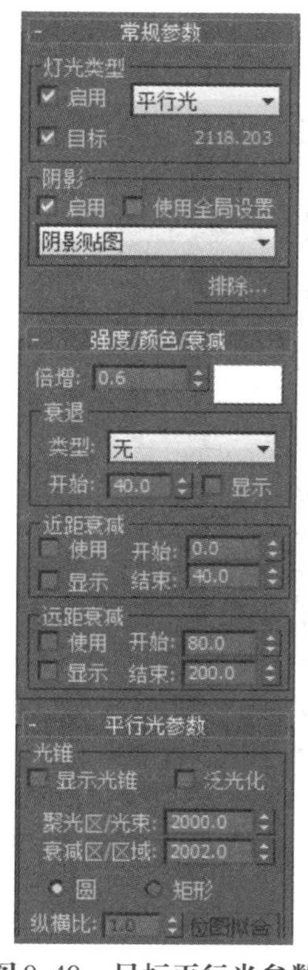

图9.40 目标平行光参数

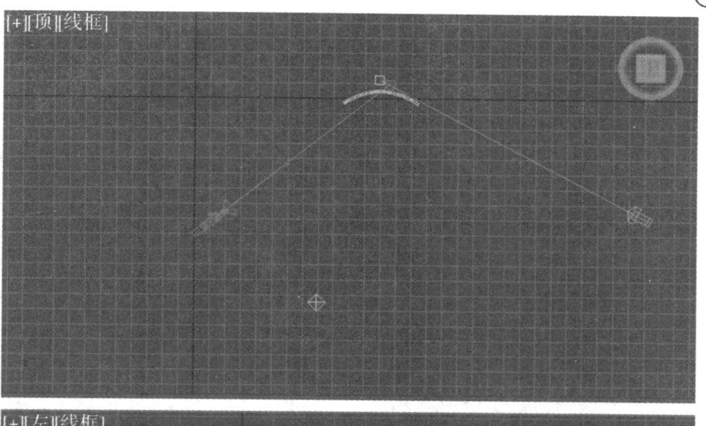

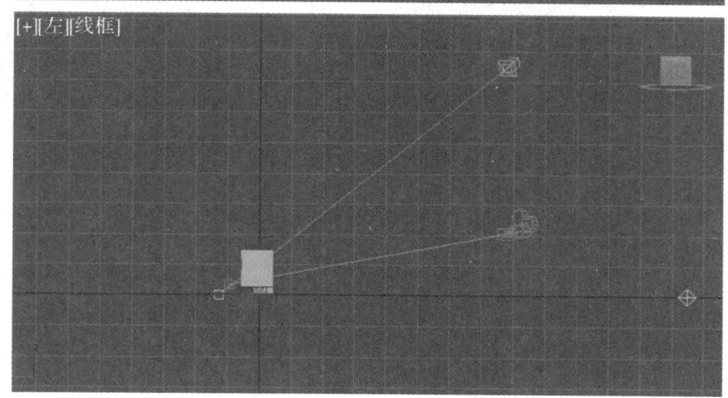

图9.41 灯光与摄像机

图9.42 渲染结果

9.2 别墅效果图制作

9.2.1 别墅效果图的建模

1) 墙体的制作

①启动进入3ds Max界面,设置系统单位为mm。

②执行菜单栏中的【文件】|【导入】命令,将本书配套光盘本章文件夹中的“别墅平面图.dwg”文件导入场景中,如图 9.43 所示。

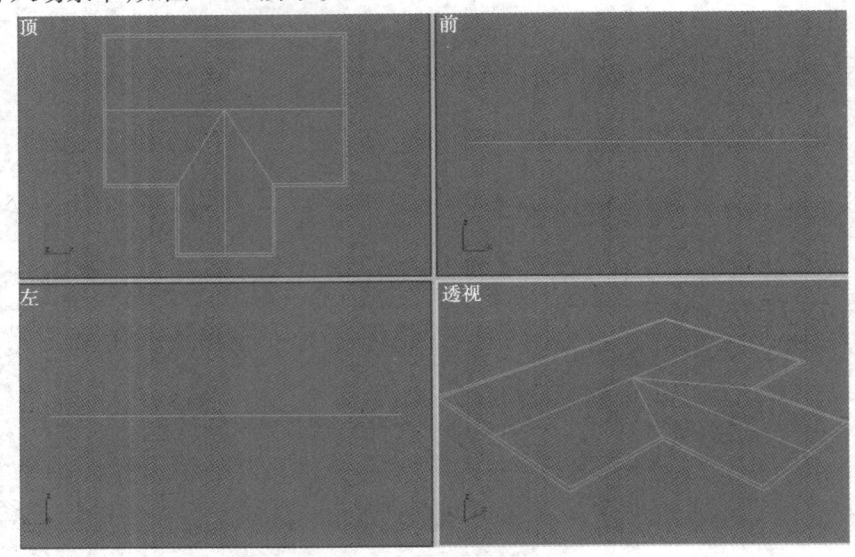

图 9.43 导入“别墅平面图.dwg”文件

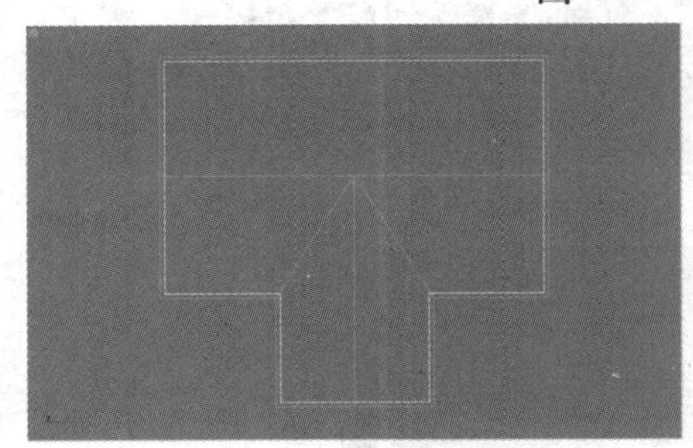

图 9.44 捕捉到的白色线框

③将导入的“别墅平面图.dwg”全部选中,执行菜单栏中的【组】|【成组】命令,在弹出的对话框中,将组群命名为“平面图”。

④设置捕捉方式为定点捕捉,单击 线 按钮,在顶视图中捕捉 CAD 图纸上的点绘制线形,结果如图9.44 所示。

⑤单击 Line01,在“修改”命令面板中单击样条线按钮,轮廓按钮,设置其后的参数,如图 9.45 所示,修改结果如图 9.46 所示。

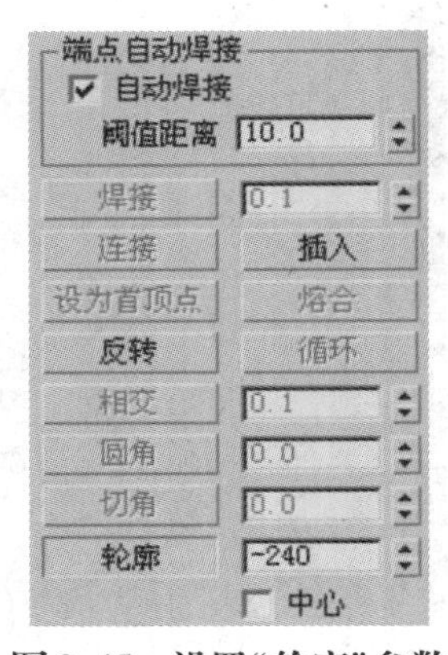

图 9.45 设置“轮廓”参数

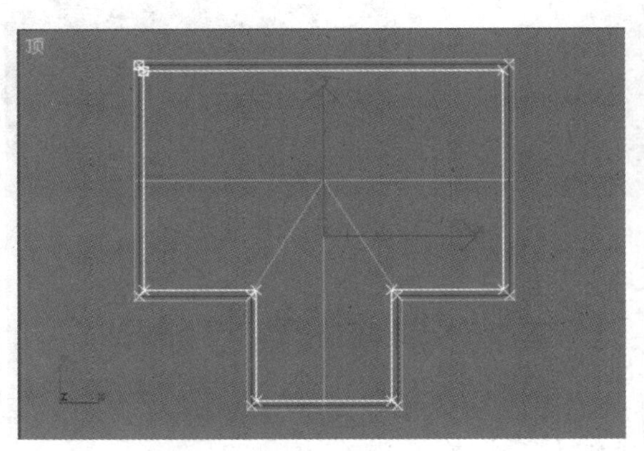

图 9.46 修改后的 Line01

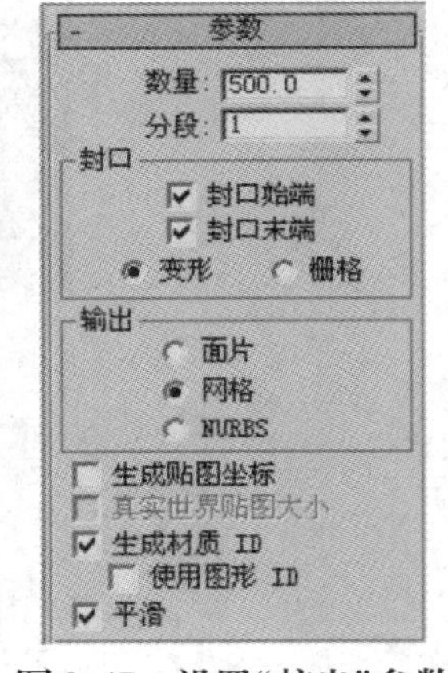

图 9.47 设置“挤出”参数

⑥选择“修改编辑器”下的“挤出”命令,“数量”设置为 500(图 9.47),颜色设置为“绿色”,更名为“圈梁 1”,冻结“平面图”,结果如图 9.48 所示。

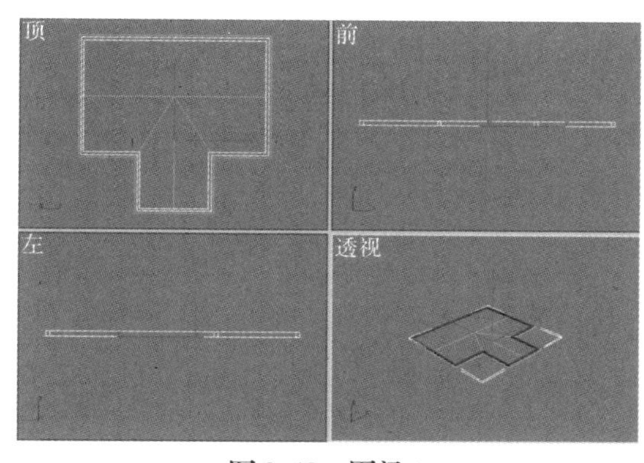

图9.48 圈梁1

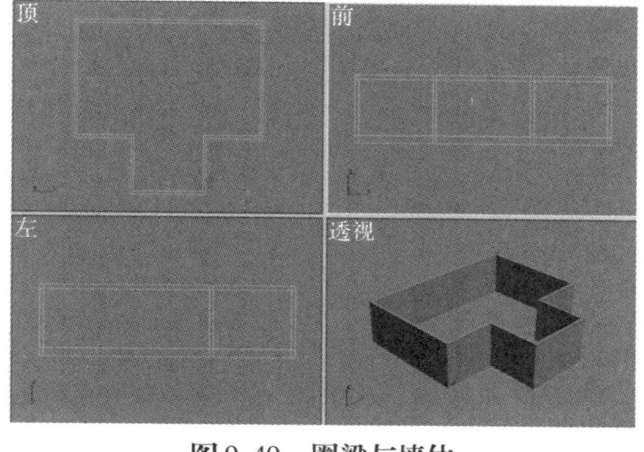

图9.49 圈梁与墙体

⑦复制"圈梁1",设定"副本数"为1,更名为"墙体1",沿Y轴向上移动500,修改"挤出"参数为3 700,改变颜色为白色。

⑧复制"圈梁1",设定"副本数"为1,更名为"圈梁2",沿Y轴向上移动4 200,修改"挤出"参数为300,结果如图9.49所示。

⑨执行菜单栏中的【文件】|【导入】命令,将本书配套光盘本章文件夹中的"别墅立面图.dwg"和"别墅侧立面图.dwg"文件导入场景中。

⑩将导入的"别墅立面图.dwg"和"别墅侧立面图.dwg"分别选中,执行菜单栏中的【组群】|【成组】命令,在弹出对话框中,将组群分别命名为"立面图"和"侧立面图"。

⑪在顶视图中旋转调整位置后如图9.50所示。

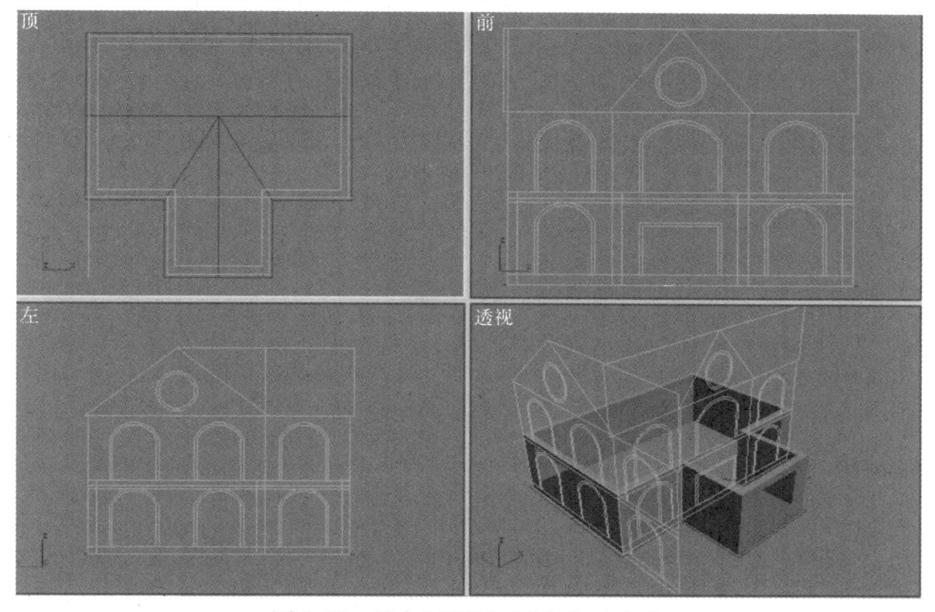

图9.50 导入"别墅立面图.dwg"文件

⑫设置捕捉方式为定点捕捉,单击 线 按钮,在前视图和左视图中捕捉CAD图形上门、窗的点绘制线形制作门、窗洞。

⑬将绘制好的门、窗洞线形选中,单击"修改编辑器 ",在"修改器列表"中选择"挤出"命令,并将"数量"设置为1 000,分别命名为"门"和"窗洞"。

⑭参照立面图中一层的门窗数量和位置,复制并移动"门"和"窗洞"模型,使所有"门"和"窗洞"均与"墙体1"相交(图9.51)。

⑮全部选中"挤出"后的"门"和"窗洞"模型,单击"塌陷"按钮,单击"塌陷选定对象"按钮,更名为"门窗洞";全部选中墙体,单击"塌陷"按钮,单击"塌陷选定对象"按钮,更名为"墙体"。

⑯选择"墙体"对象,单击"创建"命令面板中的"几何体"按钮,从"标准基本体"下拉列表框中选择"复合对象",单击"布尔"按钮,"参数"卷展栏的"操作"框中选择"差集(A-B)"选项,在"拾取布尔"卷展栏中单击"拾取操作对象B"按钮,然后选择"门窗洞"对象,得到开出门窗洞的一楼墙体。复制并向上移动"墙体",得到二楼墙体。用同样的方法建出其余墙体部分。结果如图9.52所示。

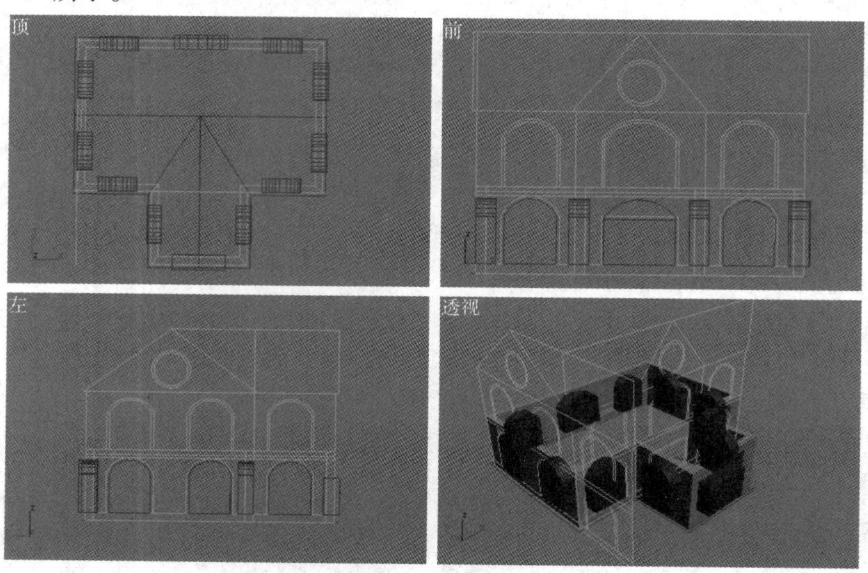

图9.51 窗洞线形的"复制"与"挤出"

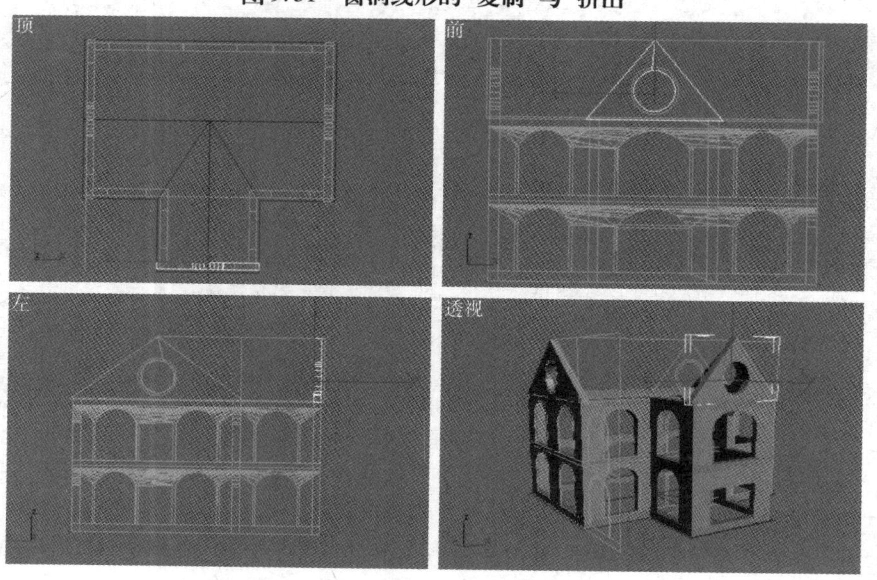

图9.52 已开出门、窗洞的墙体

2）门窗的制作

①设置捕捉方式为定点捕捉，单击 线 按钮，在前视图和左视图中捕捉 CAD 图纸上门、窗的点绘制线形制作门、窗框，分别命名为“门”和“窗框”。

②在视图中选择“窗框”对象，从“修改”命令面板的“修改编辑器”列表框中选择“编辑样条线”选项，在“几何体”卷展栏中设置“轮廓”值为150，确认“窗框”处于选中状态，从“修改编辑器”列表中选择“挤出”命令，设置“参数”卷展栏中“数量”为50。

③在视图中选择“门框”对象，从“修改”命令面板的“修改编辑器”列表框中选择“编辑样条线”选项，在“几何体”卷展栏中设置“轮廓”值为200，确认“门框”处于选中状态，从“修改编辑器”列表中选择“挤出”命令，设置“参数”卷展栏中“数量”为50。

④用同样的方法建出圆形窗框。

⑤按门窗数量复制门、窗框，调整位置，结果如图9.53所示。

⑥将全部门窗框编成组，命名为“框组”。

⑦执行菜单栏中的【文件】|【导入】命令，将本书配套光盘本章文件夹中的“门窗.dwg”文件导入场景中。

⑧旋转导入的“门窗.dwg”CAD图，并以CAD图为参照制作门窗（方法同步骤1—7，所有窗的“轮廓值”为80、“挤出”值为70，门的“轮廓值”为100、“挤出”值为80），结果如图9.54所示；利用同样的方法制作门窗玻璃（玻璃的“挤出”值为10），结果如图9.55所示。

图9.53　制作门、窗框

图9.54　已制作的门窗

图9.55　已制作门窗玻璃

⑨将全部门窗编成组，命名为“门窗组”。

⑩将全部门窗玻璃编成组，命名为“门窗玻璃组”。

3）屋顶等的制作

①利用捕捉，在“别墅侧立面图”中勾画出屋顶轮廓线，从“修改”命令面板“修改编辑器”列表中选择“挤出”命令，设置“参数”卷展栏中“数量”为21 000；利用同样的方法制作屋顶两边的装饰边框，如图9.56所示。

②利用捕捉，在“别墅平面图”中勾画轮廓线，制作“外护面”“外墙装饰线”及“门庭等”；利用捕捉在“别墅侧立面图”中制作屋顶瓦，结果如图9.57所示。

③按前面方法制作车库与库顶花园栏杆，如图9.57所示。

图 9.56　已制作屋顶

图 9.57　建模完成

9.2.2　别墅效果图材质的制作

1）制作门窗玻璃材质

按〈M〉键打开“材质编辑器”，选择一个空白材质球，命名为“玻璃”，各向特异基本参数按图 9.58 设置（其中，“环境光与漫反射”颜色设置数值为 56，212，126 ），贴图中漫反射为 100，不透明为 64，反射为 63 ，将材质赋予门窗玻璃。

2）为门窗边制作材质

按〈M〉键打开“材质编辑器”，选择一个空白材质球，命名为“门窗边”，在“明暗器基本参数”中选择“金属”选项，金属基本参数按图 9.59 设置（其中，“环境光”颜色设置数值为 226，226，226；“自发光”颜色设置数值为 210，210，210），贴图中漫反射 80 ，将材质赋予门窗边。

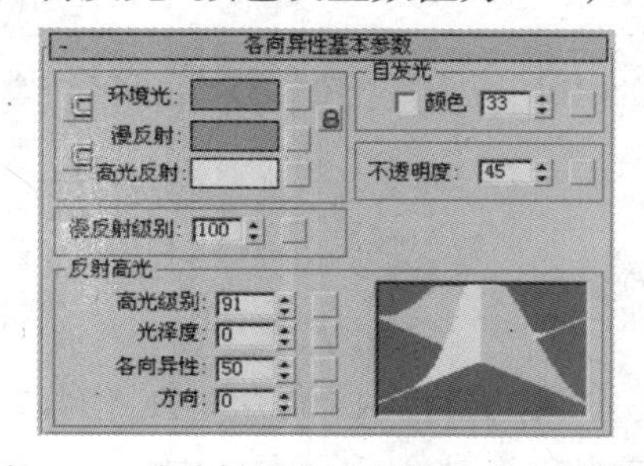

图 9.58　玻璃材质各向特异基本参数设置

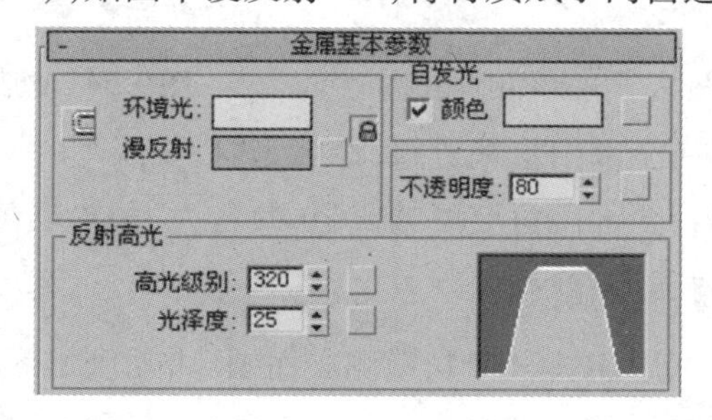

图 9.59　门窗边材质金属基本参数设置

3）为外墙装饰线和门窗框制作材质

按〈M〉键打开“材质编辑器”，选择一个空白材质球，命名为“装饰线\门窗框”，单击 Standard 按钮，打开“材质/贴图浏览器”，选择“建筑”材质，对“模板”和“物理属性”面板按图 9.60 所示进行设置。

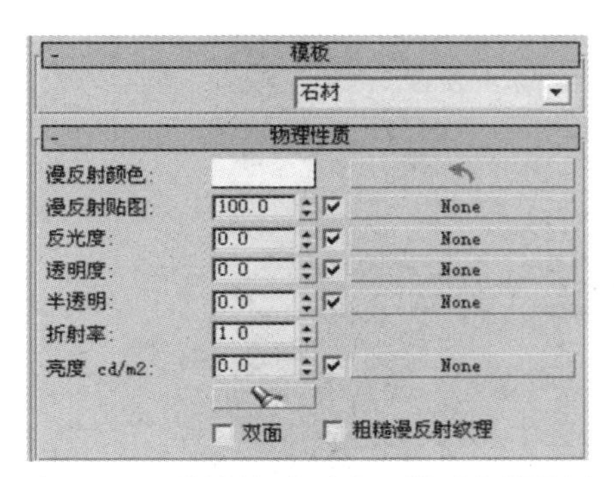

图9.60　“装饰线\门窗框”材质参数设置

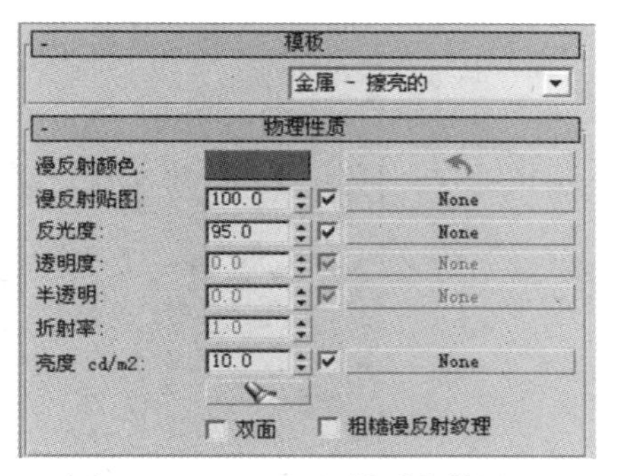

图9.61　“屋顶瓦”材质参数设置

4)为屋顶瓦制作材质

按〈M〉键打开“材质编辑器”,选择一个空白材质球,命名为“屋顶瓦”,单击 Standard 按钮,打开“材质/贴图浏览器”,选择“建筑”材质,对“模板”和“物理属性”面板按图9.61进行设置(“漫反射”颜色设置数值为234,27,85),结果如图9.62所示。

图9.62　赋材质后的效果

9.2.3　别墅效果图的后期处理

①在场景中设置泛光灯3盏,参数如图9.63所示。

②在场景中设置平行光1盏,参数如图9.64所示。

图9.63　泛光灯参数设置

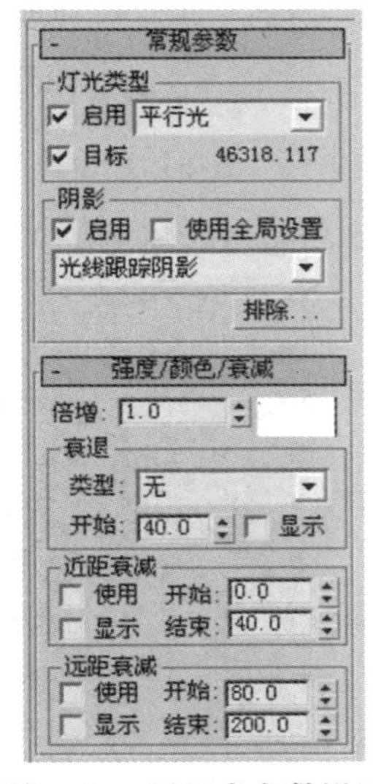

图9.64　平行光参数设置

③在场景中设置目标摄像机一架,镜头参数为:焦距35 mm、视野45°,结果如图9.65所示。

④执行菜单栏中的【渲染】|【渲染】命令,在弹出的“渲染器”对话框中,按图9.66所示进行设置,输出结果如图9.67所示。

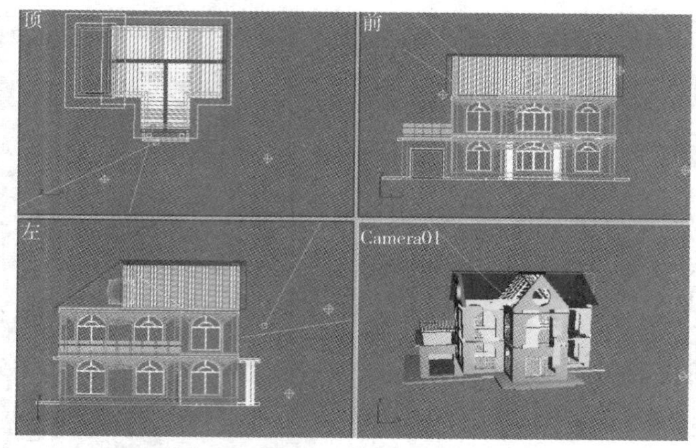

图9.65　在场景中设置灯光与摄像机

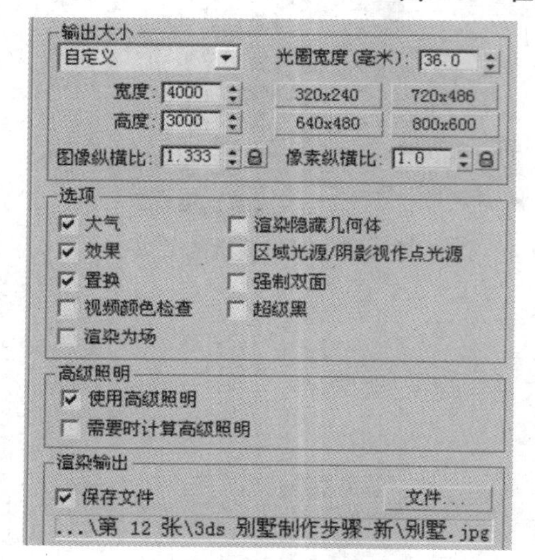

图9.66　渲染输出设置

图9.67　渲染输出为jpg格式文件

⑤按照前面园林效果图处理方法,设置环境,输出效果图,如图9.68所示。

图9.68　别墅效果图

9.3　园林场景建模

用3ds Max完成园林场景的建模。

9.3.1　基础地形的制作

①启动3ds Max,单击【自定义】|【单位设置】菜单命令,设置系统单位为“mm”。

②单击菜单栏中【文件】|【导入】命令,在弹出的“选择要导入的文件”对话框中选择本书配套光盘本章文件夹中的“地形.dxf”文件,文件类型选“AutoCAD图形(＊.DWG,＊.DXF)”,单击“确定”按钮,导入地形CAD图形。

③单击工具栏中的“层管理器”按钮,在弹出的“层”对话框中新建一个“平面”层,在视图中选择导入进来的地形,单击“添加选定对象到高亮层”按钮,将其添加到“平面”层中,如图9.69所示。

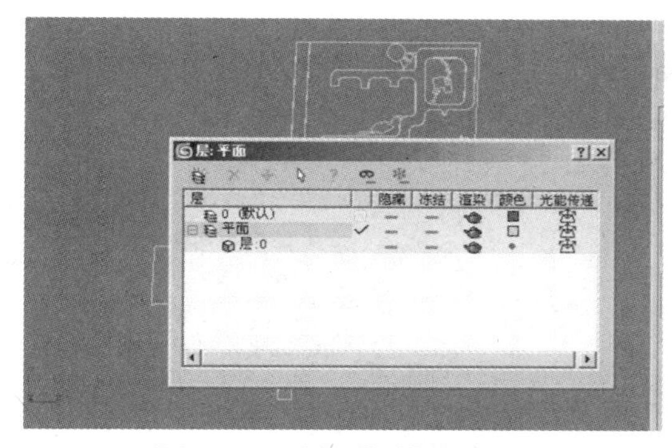

图9.69　“层”对话框的设置

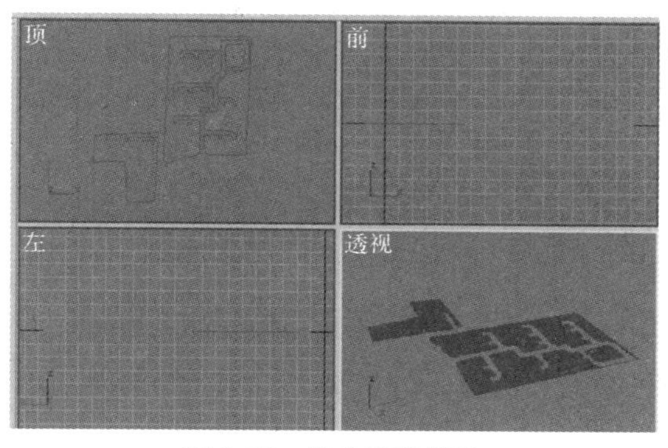

图9.70　挤出后的草地

④在视图中选择导入进来的图形,在图形上单击鼠标右键,在弹出的快捷菜单中选择【冻结选择的】命令将其冻结,按〈G〉键取消网格。

⑤激活工具栏中的“捕捉开关(2.5维捕捉)”按钮,单击右键,在弹出的“栅格和捕捉设置”对话框中选择【顶点】和【捕捉到冻结对象】选项。

⑥按以上导入CAD文件的方法,导入“草地.dxf”文件,在弹出的“AutoCAD DWG｜DXF导入选项”对话框中选择【焊接】选项,将导入到场景中的图形命名为“草地”。

⑦在修改命令面板的“修改器列表”中选择【挤出】命令,对草地进行挤出修改,设置挤出的【数量】值为80,并取消【封口始端】选项以减少面数,如图9.70所示。

⑧在视图中选择的“草地”上单击鼠标右键,在弹出的快捷菜单中选择【属性】命令,在“对象属性”对话框中取消【投影阴影】选项,使草地不投射阴影。

⑨单击常用工具栏上的“材质编辑器”按钮,在打开的“材质编辑器”对话框中选择一个空白的示例球,将其命名为“草地”材质,并为【漫反射】指定本书配套光盘本章文件夹中的“草地.jpg”贴图文件,将“草地”材质赋予“草地”造型。

⑩选择“草地”造型，在修改命令面板中利用【UVW贴图】进行修改，其参数分别为：【平面】、长度【5000】、宽度【5000】。

⑪导入“道路.dxf”文件到场景中，注意一定要选择【焊接】选项，将导入的图形命名为“道路”。

⑫利用【挤出】命令对“道路”图形进行挤出修改，设置挤出的【数量】值为40。

⑬打开“材质编辑器”对话框，重新选择一个空白的示例球，将其命名为“道路铺装”材质，为【漫反射】指定本书配套光盘本章文件夹中的“道路铺装.jpg”贴图文件，将调配好的材质赋予“道路”造型，利用【UVW贴图】命令对“道路”进行修改，其参数分别为：【平面】、长度【1000】、宽度【1000】。

⑭在顶视图中将“道路”造型以【复制】的方式在原位置复制一个，将复制后的造型重新命名为“路沿”。在修改器堆栈中将【UVW贴图】命令和【挤出】命令删除。选择整个“路沿”样条线，在【几何体】卷展栏中将“轮廓”按钮下的【中心】选择，输入轮廓值为150。利用【挤出】命令对“路沿”进行修改，挤出的【数量】值为120，生成“路沿”造型。打开“材质编辑器”对话框，重新选择一个空白的示例球，将其命名为“路沿石”材质，并调节参数为：环境光【白色】、高光级别【30】、光泽度【20】，赋予“路沿”造型，如图9.71所示。

图9.71 路沿造型

9.3.2 制作小路以及地形铺装

①在顶视图中，沿着导入进来的地形平面绘制一条封闭的二维线形，命名为“小路”，形态如图9.72所示。

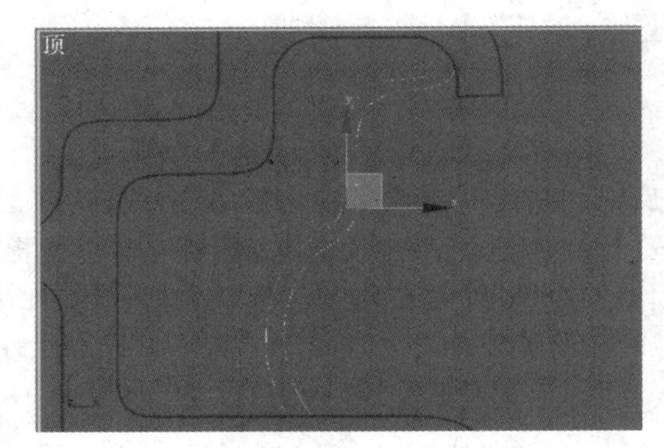

图9.72 绘制的二维线形形态

②在修改命令面板的【修改器列表】中选择【挤出】命令，对线形进行挤出修改，设置挤出的【数量】值为100。在“材质编辑器”对话框中，重新选择一个空白的示例球，命名为“小路”材质，为【漫反射颜色】指定本书配套光盘本章文件夹中的“小路拼花.jpg”贴图文件。将调配好的材质赋予“小路”造型，然后利用【UVW贴图】命令进行修改，参数为：【长方体】、长度【1500】、宽度【1500】、高度【1000】。

③在顶视图中，用同样方法绘制如下封闭的二维线形，形态如图9.73所示。

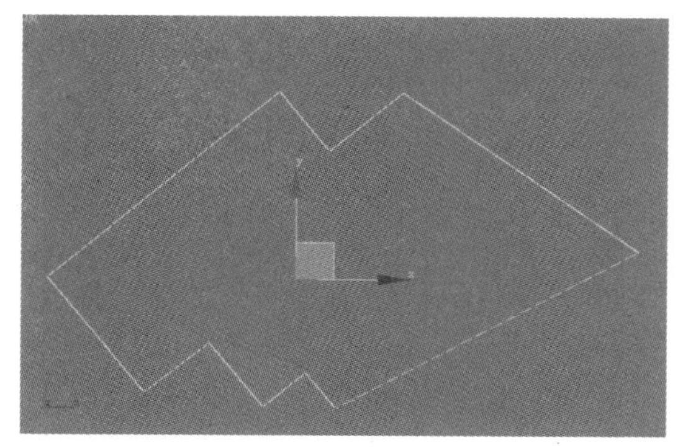

图9.73　**绘制的二维线形形态**

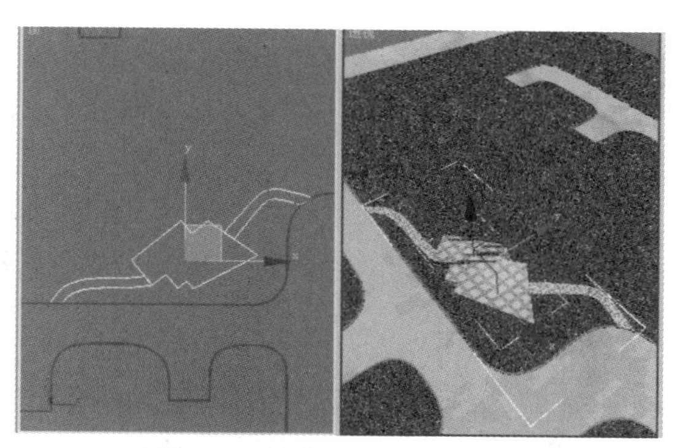

图9.74　**绘制的二维线形形态**

④利用【挤出】命令进行挤出修改,挤出的【数量】值为100。打开“材质编辑器”对话框,选择一个空白的示例球,命名为“铺装01”材质,为【漫反射】,选择本书配套光盘本章文件夹中的“铺装01.jpg”贴图文件。将调配好的材质赋予刚挤出的造型,利用【UVW贴图】进行修改,参数设置为:【长方体】、长度【1000】、宽度【1000】、高度【100】。

⑤用同样的方法,沿着地形平面绘制一条封闭的二维线形。确认绘制的线形仍处于选择状态,在【对象类型】卷展栏中取消【开始新图形】选项,在顶视图中绘制一条封闭的二维线形。选择【挤出】命令,设置【数量】值为100。将“小路”材质赋予刚挤出后的造型,利用【UVW贴图】命令进行修改,参数设置为:【长方体】、长度【1000】、宽度【1000】、高度【100】,效果如图9.74所示。

⑥在顶视图中,沿着地形平面绘制一个封闭的图形。选择【挤出】命令,设置【数量】值为100。打开“材质编辑器”对话框,重新选择一个空白的示例球,将其命名为“铺装02”材质,并在【贴图】卷展栏中为【漫反射颜色】选择本书配套光盘本章文件夹中的“铺装02.tif”贴图文件。赋材质,利用【UVW贴图】进行修改,参数设置为:【平面】、长度【12000】、宽度【12500】。

⑦用同样的方法绘制如下效果,形态如图9.75所示。

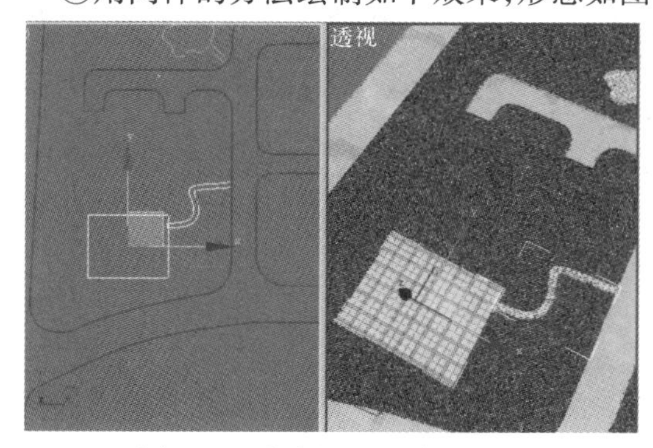

图9.75　**绘制的二维线形形态**

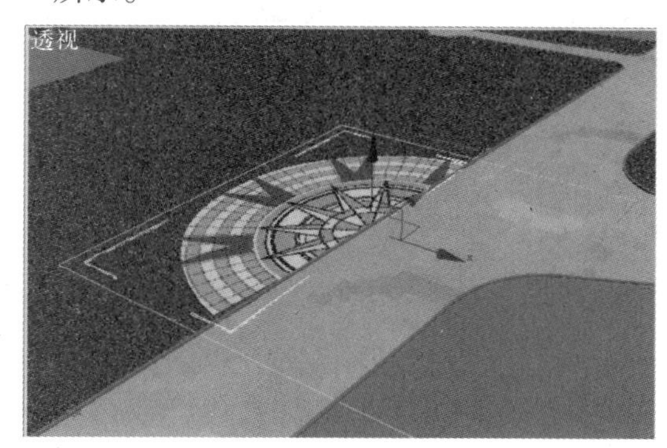

图9.76　**小广场造型**

⑧用以上相同的方法,在顶视图中创建形态如图9.76所示的效果。

提示:【挤出】|【数量】值为100,“小广场”材质,【漫反射】选择本书配套光盘本章文件夹中的“小广场.jpg”贴图文件。【UVW贴图】参数设置为:【平面】、长度【23000】、宽度【20000】。注意在【UVW贴图】命令中选择【Gizmo】在视图中移动到合适位置。

⑨绘制封闭的图形,设置【挤出】|【数量】值为100,赋予"铺装02"材质,【UVW贴图】参数设置为:【平面】、长度【12000】、宽度【12000】,其形态效果如图9.77所示。

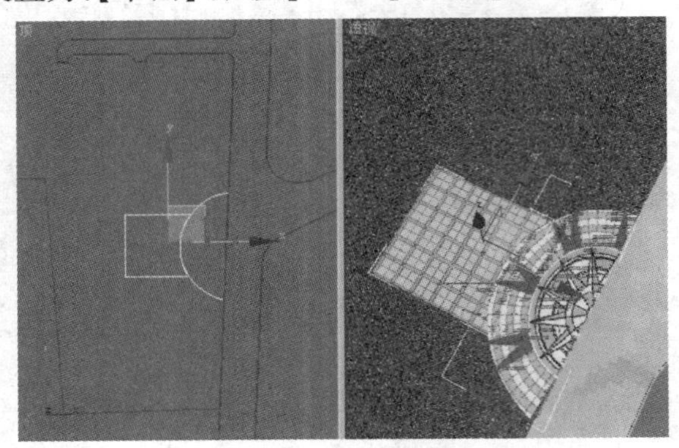

图9.77 挤出后的造型

图9.78 地形铺装

⑩绘制形态效果如图9.78所示的地形铺装。

提示:圆形广场【挤出】|【数量】值为100,赋予"小广场"材质,【UVW贴图】参数设置为【平面】、长度【9200】、宽度【9200】。侧广场【挤出】|【数量】值为100,赋予"小广场"材质,【UVW贴图】参数设置为【平面】、长度【18000】、宽度【18000】。侧广场的路沿【挤出】|【数量】值为110,赋予"路沿石"材质。

⑪绘制形态效果如图9.79所示的地形铺装。

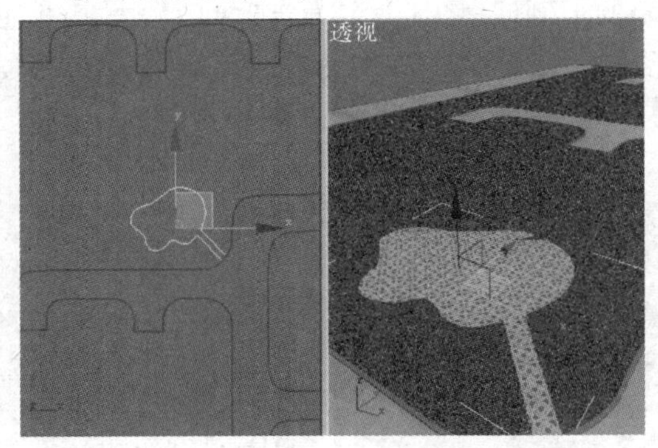

图9.79 绘制的二维线形形态

图9.80 绘制的二维线形形态

提示:封闭图形【挤出】|【数量】值为100,赋予"小路"材质,【UVW贴图】参数设置为【长方体】、长度【1000】、宽度【1000】、高度【100】。

⑫在顶视图中依据导入的地形平面绘制封闭的二维线形,形态效果如图9.80所示。

图中所用参数【挤出】【数量】值为100,赋予"铺装01"材质,【UVW贴图】参数设置为:【长方体】、长度【1000】、宽度【1000】、高度【100】。

⑬在顶视图中,沿着导入的地形平面创建一个【长度】为984.4、【宽度】为1785.6、【角半径】为350的矩形,并利用"旋转"工具将其沿Z轴旋转,位置如图9.81所示。

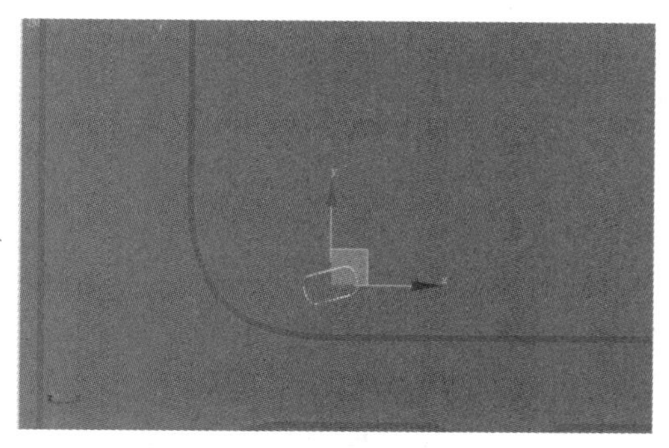

图9.81　创建的矩形

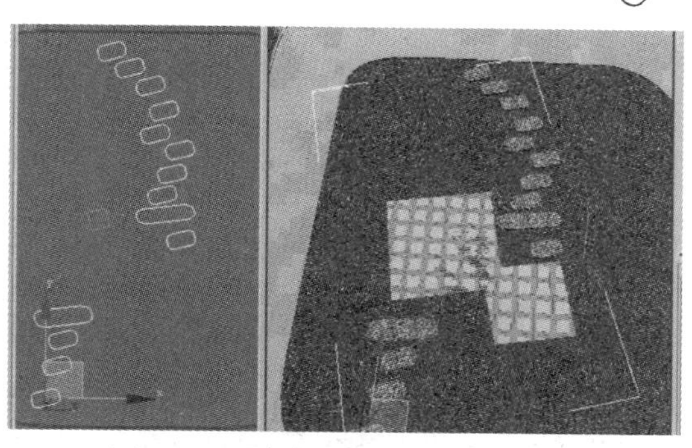

图9.82　复制后的矩形样条线位置

⑭在修改命令面板的【修改器列表】中选择【编辑样条线】命令，单击【选择】卷展栏中“样条线”按钮，在顶视图中选择整个矩形样条线，按住〈Shift〉键将矩形样条线依据地形平面复制多个，并利用“缩放”工具对其进行缩放调整。

⑮【挤出】/【数量】值为152，在“材质编辑器”对话框中重新选择一个空白的示例球，将其命名为“石路”材质。为【漫反射】选择本书配套光盘本章文件夹中的“石路.jpg”贴图文件。将调配好的材质赋予挤出后的矩形造型，利用【UVW 贴图】命令进行修改，参数设置为：【平面】、长度【1200】、宽度【1200】。最终效果如图9.82所示。

⑯在顶视图中，沿着地形平面绘制一条封闭的二维线形，在项视图中选择线形的顶点，将其转换为【Bizer 角点】方式，对线形进行调整。

⑰在顶视图中，将刚绘制的二维线形以【复制】的方式在原位置复制一个。

⑱选择绘制的二维线形，在修改命令面板中单击【选择】卷展栏中“样条线”按钮，选择整个样条线，在【几何体】卷展栏“轮廓”按钮右侧数值框中输入350，按〈Enter〉键。

⑲【挤出】【数量】值为150，将“路沿石”材质赋予刚挤出后的造型。

⑳在视图中选择前面复制的二维线形，【挤出】【数量】值为100，在“材质编辑器”对话框中重新选择一个空白的示例球，将其命名为“花坛”材质，【漫反射】选择本书配套光盘本章文件夹中的“花坛.jpg”贴图文件。将调配好的材质赋予刚挤出后的造型，利用【UVW 贴图】进行修改，参数设置为：【长方体】、长度【3400】、宽度【3100】、高度【100】。最终效果如图9.83所示。

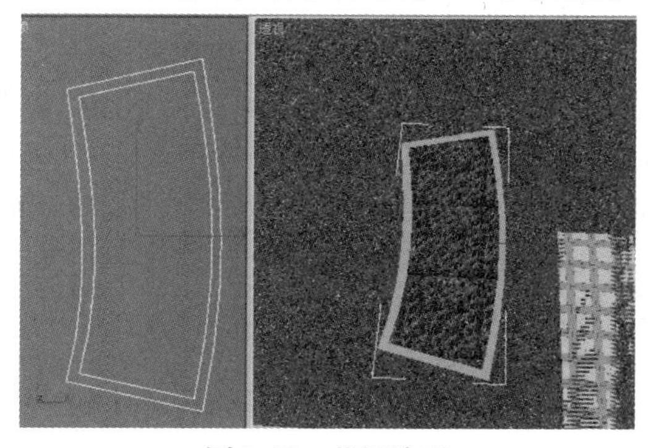

图9.83　花坛造型

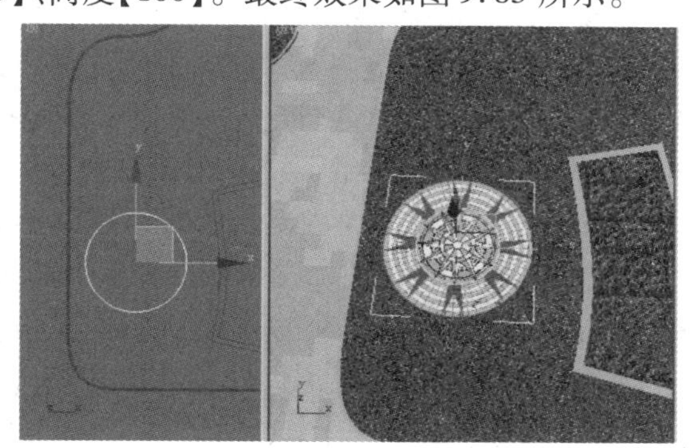

图9.84　小广场造型

㉑在顶视图中创建一个【半径】为3 232.8的圆，并在修改命令面板中利用【挤出】命令进行修改，设置挤出的【数量】值为100，如图9.84所示。

㉒在“材质编辑器”对话框中将“小广场”材质赋予刚挤出后的圆造型。

9.3.3 制作水池造型

下面制作水池造型,效果如图9.85所示。

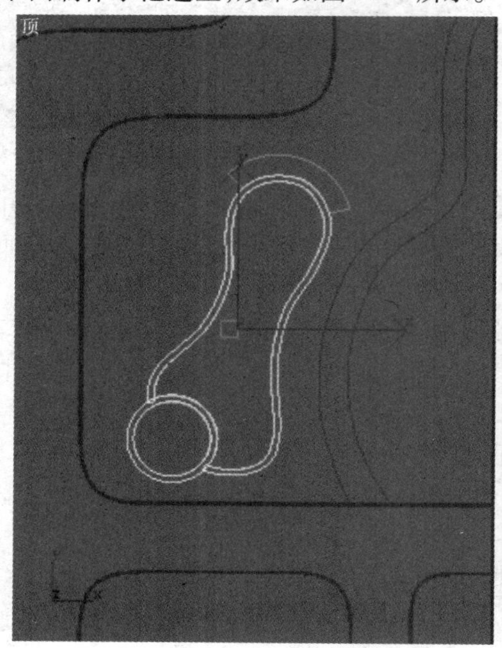

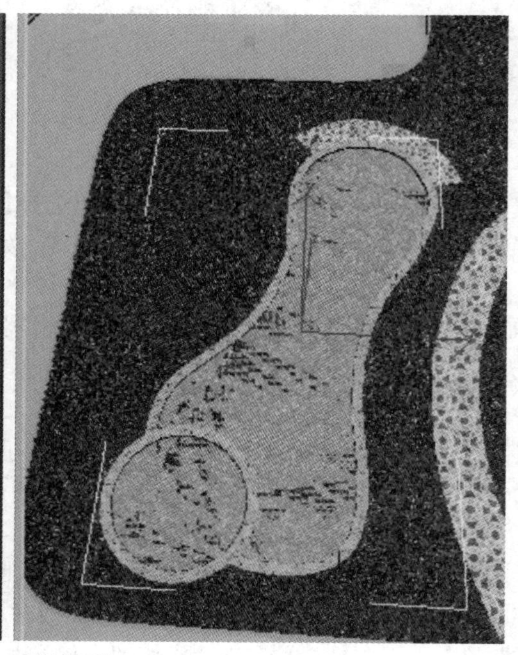

图9.85 水池造型

①在顶视图中,沿着导入进来的地形平面绘制一条封闭的二维线形作为水面,确认绘制的线形处于选择状态,在二维图形创建命令面板中取消【开始新图形】选项,继续在顶视图中创建一个【半径】为2 175的圆。将刚创建的造型以【复制】的方式在原位置复制一个,作为水池沿的基础线形。

②在视图中选择刚绘制的线形,【挤出】命令的【数量】值为100,在"材质编辑器"对话框中重新选择一个空白的示例球,将其命名为"水"材质,【漫反射】选择本书配套光盘本章文件夹中的"水.jpg"贴图文件。将调配好的材质赋予刚挤出的造型,然后在修改命令面板中利用【UVW贴图】命令进行修改,参数为:【长方体】、长度【1 000】、宽度【1 000】、高度【1 000】。

③在顶视图中选择复制后的作为水池沿的线形,在修改命令面板中单击【选择】卷展栏中"样条线"按钮,在顶视图中选择圆样条线,按〈Delete〉键将其删除,再在【选择】卷展栏中单击"线段"按钮,选择和圆相交的一部分线段,按〈Delete〉键将选择的线段删除。

④确认刚调整后的线形仍处于选择状态,在二维图形创建命令面板中取消【开始新图形】选项,在顶视图中创建一个【半径】为2 560的圆,在修改命令面板中单击【选择】卷展栏中的"样条线"按钮,在顶视图中,将整个样条线选择,在【几何体】卷展栏中的"轮廓"按钮右侧的数值框中输入360,按〈Enter〉键扩展轮廓。

⑤【挤出】命令【数量】值为200,在"材质编辑器"对话框中重新选择一个空白的示例球,将其命名为"混凝土"材质,【漫反射】选择本书配套光盘本章文件夹中的"混凝土.jpg"贴图文件,

将上面调配好的材质赋予刚挤出的造型，然后在修改命令面板中利用【UVW 贴图】进行修改，参数设置为：【长方体】、长度【1000】、宽度【1000】、高度【1000】。

⑥在顶视图中水池的一侧，沿着地形平面创建一段圆弧，在修改命令面板的【修改器列表】中选择【编辑样条线】命令，然后在修改器堆栈中进入【样条线】子对象层级，对其进行扩展轮廓，设置轮廓值为 -1 200，【挤出】命令的【数量】值为 100。打开"材质编辑器"对话框，将"小路"材质赋予刚挤出后的造型，然后在修改命令面板中利用【UVW 贴图】命令进行修改，参数设置为：【长方体】、长度【1000】、宽度【1000】、高度【100】。

⑦在顶视图中选择除"草地""道路""路沿"造型以外的所有造型。在视图中选择的造型上单击鼠标右键，在弹出的快捷菜单中选择【属性】命令，再在弹出的"对象属性"对话框中取消【投影阴影】选项，使其不投射阴影。

⑧单击工具栏中的"渲染"按钮，快速渲染透视图，如图 9.86 所示，将场景保存为"鸟瞰.max"。

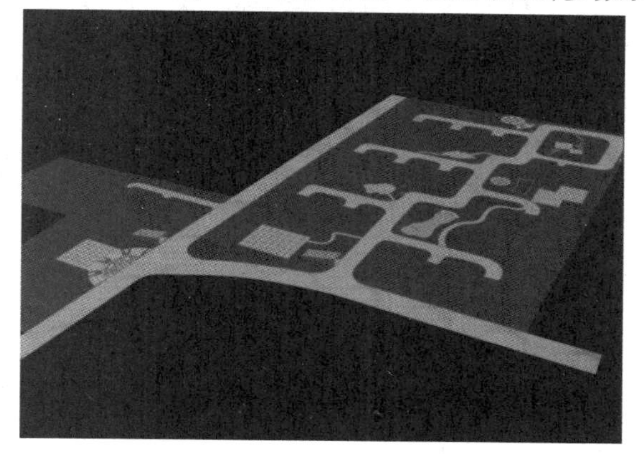

图 9.86　鸟瞰透视图

9.3.4　合并场景

为了丰富建筑规划的效果，营造出和谐的人文环境，景观小品是不可缺少的，这些景观小品一般都调用现成的模型。一般在鸟瞰地形中，建筑摆放的位置已确定，所以在合并建筑时只要将建筑摆放到既定的位置即可。

①单击菜单栏中的【文件】|【合并】命令，在弹出的"合并文件"对话框中选择本书配套光盘本章文件夹中的"廊架.max"文件，将其调入场景中，调整其位置如图 9.87 所示。

图 9.87　合并后的廊架位置

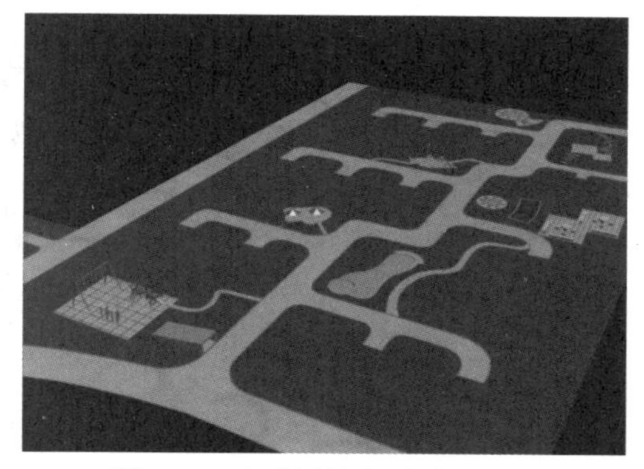

图 9.88　各种设施合并后的场景

②运用同样的文件，将本书配套光盘本章文件夹中的"娱乐设施.max""阳伞.max""休闲凳 01.max""休闲凳 02.max"等文件合并到场景中，调整其位置如图 9.88 所示。

③在视图中同时选择合并进来的所有景观造型，在"层"对话框中新建一个"景观"层，并将

选择的造型添加到此层中。

④单击菜单栏中的【文件】|【合并】命令,在弹出的“合并文件”对话框中选择本书配套光盘本章文件夹中的“住宅.max”文件,将其调入场景中,调整其位置如图 9.89 所示。

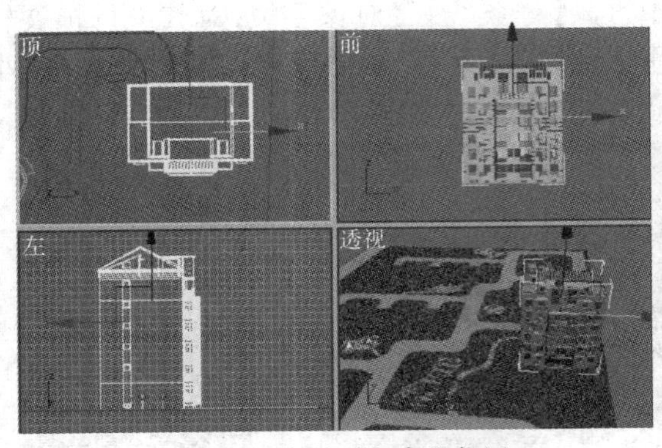

图 9.89　合并后住宅的位置

图 9.90　渲染后的鸟瞰效果

⑤在顶视图中,将合并形成的住宅建筑沿地形以【实例】的方式移动复制 12 栋,并将住宅模型利用“缩放”工具沿 X 轴进行缩放。在视图中同时选择合并进来的所有住宅建筑,在“层”对话框中新建一个“建筑”层,并将选择的造型添加到此层中。

⑥至此鸟瞰场景整合完成。单击工具栏中的“渲染”按钮,快速渲染透视图,效果如图 9.90 所示,保存对场景所做的修改。

9.3.5　设置相机和灯光

鸟瞰效果图要将创建的相机视点升高,从高空向下俯视,这样可以将整个小区的规划,以及建筑群之间的关系一览无余。鸟瞰效果图的灯光设置,应着重表现建筑群的整体效果,不要只表现局部的光影变化,应把所有的建筑作为一个整体来看,所有的灯光都是照射这个整体模型的。

①在顶视图中创建一架目标相机。

②在前视图中,将创建的目标相机的视点向上移动。

③激活透视图,按〈C〉键,将透视图转换为相机视图。

④按〈Shift + C〉键将创建的相机隐藏。在顶视图中创建一盏目标平行光,在修改命令面板中调整灯光的阴影以及阴影类型,然后在前视图中,将灯光向上移动。单击工具栏中的“渲染”按钮,快速渲染透视图,观察设置主光源后的效果,如图 9.91 所示。

⑤在顶视图中创建一盏泛光灯照亮建筑的侧面,将刚创建的泛光灯以【实例】的方式移动复制两盏。

⑥将隐藏的相机显示出来,然后同时选择相机和所有的灯光,在“层”对话框中新建一个“灯光相机”层,单击“ + ”按钮,将选择的相机和灯光添加到此层中。

⑦至此灯光设置完成。单击工具栏中的“渲染”按钮,快速渲染透视图,设置灯光后的鸟瞰效果如图 9.92 所示,将场景另存为“鸟瞰 A.max”文件。

图9.91　目标平行光效果

图9.92　设置灯光后的渲染效果

9.3.6　效果图的渲染输出

由于鸟瞰效果图表现的是建筑群的规划效果，因此为了更加清楚地体现场景效果，在输出图像时一般将渲染分辨率设置得比较大，以满足输出的要求。

①激活相机视图，在工具栏中的【渲染类型】下拉列表中选择“放大”选项，然后单击其左侧的“渲染类型”按钮，在“渲染场景”对话框的【公用参数】卷展栏中调整输出图像的【宽度】为3 500，【高度】为2 625，然后单击【渲染输出】选项组中的“文件...”按钮，在弹出的“渲染输出文件”对话框中，为输出的图像文件指定文件名为“鸟瞰.tga”。

②在“渲染场景”对话框中单击“渲染”按钮，在相机视图中出现虚线框，调整虚线框的大小和位置，确定渲染的裁剪放大区域。

③单击相机视图中的“确定”按钮，对鸟瞰图进行渲染计算，渲染效果如图9.93所示。

图9.93　渲染后的鸟瞰效果

渲染材质的选区通道图，便于在后期处理中按材质选择各个区域进行精确调整。

④单击菜单栏中的【文件】|【另存为】命令，将“鸟瞰 A. max”文件另存为“鸟瞰 X. max”文件。

⑤在“材质编辑器”对话框中选择“草地”材质示例球，在【贴图】卷展栏中将【漫反射】通道上的贴图取消，将材质调配成绿色，并使其 100% 自发光。

⑥运用相同的方法，将其他的材质调整成不同的颜色，再将场景中的灯光全部删除。

⑦最后对场景进行渲染，图像的大小及虚线框的位置与“鸟瞰. tga”相同，渲染的文件名为“鸟瞰 x. tga”，保存对场景所做的修改。

案例实训

1）目的要求

通过实训掌握 3ds Max 的基本文件操作和视图控制。

2）实训内容

(1)上机练习石凳的制作。

①用放样绘制如图 9.94 所示的凳身。

②用布尔完成如图 9.95 所示石凳的造型。

③用大理石图案给石凳赋材质，如图 9.96 所示。

图 9.94　石凳凳身

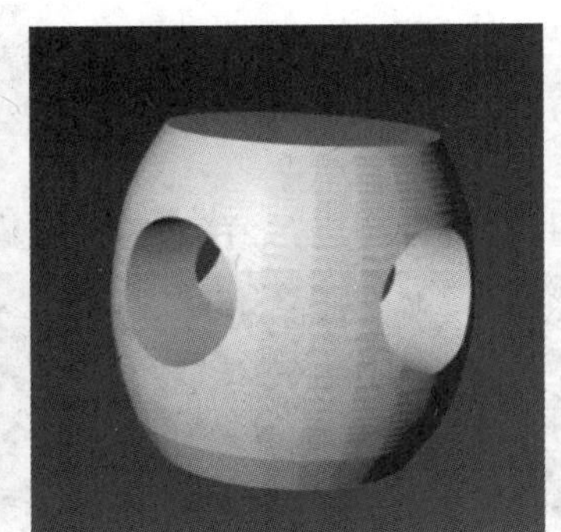

图 9.95　石凳打洞

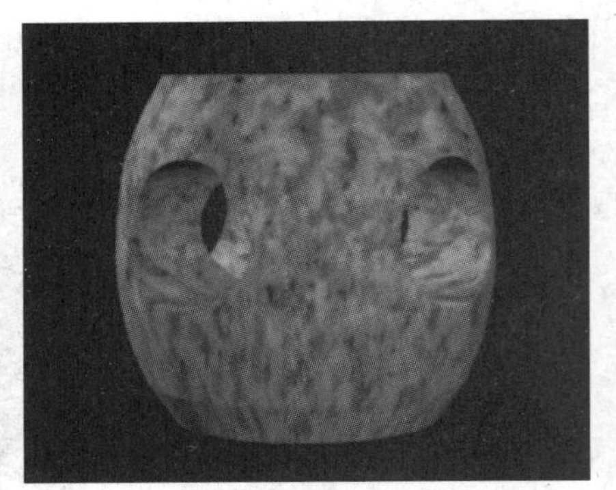

图 9.96　石凳赋材质

(2)上机完成本章 9.2 别墅的建模。

(3)上机练习本章 9.3 场景的建模。

3）考核标准

考核项目	分　值	考核标准	得　分
基本操作	30	能进行基本的创建、修改操作	
熟练程度	20	能在规定时间内完成任务	
灵活应用	30	能灵活选择多种绘制工具和途径完成任务	
准确程度	20	作图正确	

复习思考题

1. 石桌、石凳的制作主要使用哪些命令和操作?
2. 简述园桥的制作过程。
3. 使用3ds Max绘制园林建筑透视图,经常使用哪些命令和操作?

第3篇

Photoshop

10 Photoshop基础知识

【学习目的】

- 掌握 Photoshop 的安装与启动方法；
- 熟悉 Photoshop 的工作界面；
- 掌握 Photoshop 的系统参数设置。

【学习提示】

- 掌握 Photoshop 安装与系统参数设置的基本技能。

Photoshop 是目前应用最广泛的图像处理软件，也是制作园林设计效果图时后期处理环节必不可少的一款软件，Adobe 公司定期推出新的版本，目前普遍使用的版本为 Photoshop CS5、Photoshop CS6、Photoshop CC。本书将以 Photoshop CS6 的中文版为例，讲解其操作技巧。

10.1 Photoshop CS6 工作界面

Photoshop CS6 工作界面的工作区域由主菜单、工具箱、工具选项栏、浮动调板、状态栏、现用图像区域等部分组成，如图 10.1 所示。

10.1.1 主菜单

主菜单包括执行任务的菜单，这些菜单是按相应功能进行组织的。例如“图层”菜单中包含的是用于处理图层的命令。

图 10.1 工作界面

10.1.2 工具箱

工具箱是整个软件最基础的部分,集成了用于创建和编辑图像的各种工具,用于方便快捷地进行操作。将鼠标移到工具图标上,右下角就会弹出提示框,显示当前工具的名称和切换它的字母键。在工具箱中,如果工具图标的右下角带有一个小黑三角,则单击鼠标右键不放可看到并选择隐藏的工具,如图 10.2 所示。

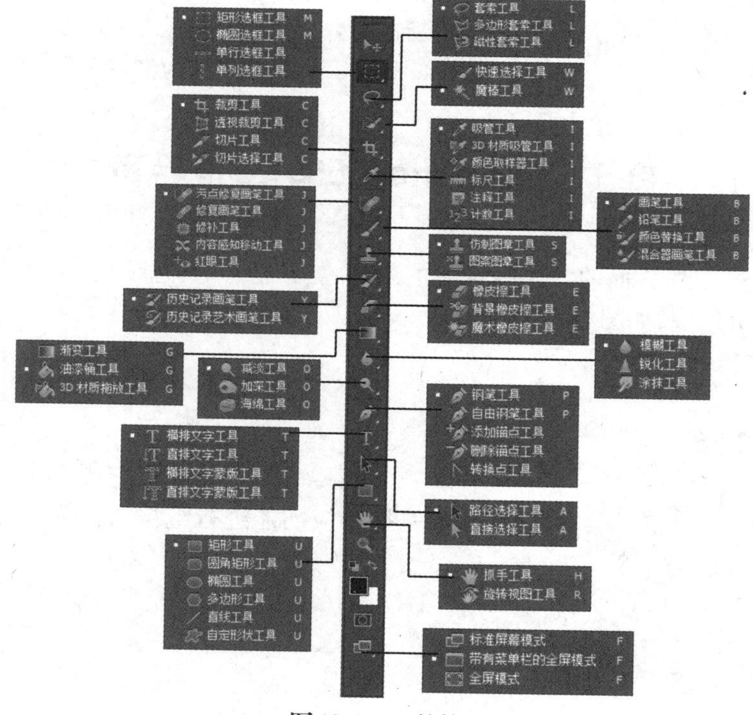

图 10.2 工具箱

其中为移动工具；为缩放工具。

10.1.3 工具选项栏

提供所选择工具的相应选项。在工具箱中选择一种工具，则工具选项栏中显示该工具的相关属性。

10.1.4 浮动调板

浮动调板是指打开 Photoshop 软件后在桌面上可以移动、可以随时关闭并且具有不同功能的各种控制调板。Photoshop 调板具有监视和修改作品的功能，能供用户设置各种修改参数，并显示图像处理过程中的各种信息。

Photoshop 默认将调板分为 5 组。第一组调板显示图像信息，包括导航器、信息和直方图 3 个子调板；第二组调板用于管理颜色和样式，有颜色、色板、样式 3 个子调板；第三组提供历史记录和动作两个调板功能；第四组调板含图层、通道和路径 3 个调板，该调板最为常用；还有一个在输入文字时可点击弹出的字符/段落调板，用于编辑文字。

在默认状态下，每组的调板都是以组合在一个调板组中出现的，如“导航器”“信息”及“直方图”的组合调板等。在组合调板中，名称标签的颜色呈白色表示是当前显示的调板。每组的调板都可分开，用鼠标按住其中一个调板的标签部分向外拖拉，就可使其成为一个独立的调板；也可将调板上下链接起来，用鼠标拖动调板的标签，将其拖到另一个调板下方，见到调板下方出现一条黑色的粗线，此时再放开鼠标就可以将两个调板链接在一起（可将多个调板链接在一起）。当不小心关掉了某个调板组时，只需打开菜单栏上的“窗口”菜单，然后从中选择相关的菜单命令，就可以隐藏或打开某个调板组。如图 10.3 所示，选择【窗口】|【导航器】命令，就可将导航器调板打开。

图 10.3 导航器调板

10.1.5 状态栏

状态栏位于每个文档窗口的底部,在状态栏里可以显示现用图像的文件信息、当前操作工具的信息、各种操作提示信息等。单击该部分右侧的三角形按钮,可以选择不同的菜单项,此栏中的信息随着选择工具的不同而实时变化(图 10.1)。

10.2 图像基础知识

10.2.1 图像类型

在计算机中图像是以数字方式记录、处理和保存的,图像大致可分为矢量图像和位图图像两种类型。

(1)矢量图像　矢量图像也称为向量图像,它以矢量方式记录图像内容,内容以线条和色块为主。例如,一条直线只需记录两个端点的坐标、线段的精细和线段的颜色。矢量图像的优点是占用磁盘空间较小,可很容易地执行缩放或者旋转等操作,并且处理时不易失真,精确度较高,还可制作 3D 图像。矢量图像的缺点是不易制作色调丰富多变的图像,也不易在不同的软件之间交换文件。

(2)位图图像　位图图像由称作像素的多个点组成,多个不同颜色的点组合后构成一个完整的图像。保存位图图像文件时,需要记录每一点的位置和色彩数据,因此图像像素越高,文件也越大,占用的磁盘空间也越多。由于记录了每个点的信息,因而位图图像可精确地记录色调丰富多变的图像,逼真地再现真实世界。位图图像的优点是弥补了矢量图像的缺点,能够制作色彩丰富多变的图像,可以栩栩如生地反映现实世界,也便于在不同的软件间交换文件。位图图像的缺陷是占用的磁盘空间较大,在执行缩放或旋转操作时易失真,且无法制作真正的 3D 图像。

10.2.2 图像文件的常用格式

不同的图形处理软件保存的图像格式各不相同,这些图像文件格式各有优缺点。Photoshop 支持 20 多种图像格式,可打开这些格式的图像进行编辑并保存为其他格式。

(1)PSD 格式　扩展名为 PSD,这是 Photoshop 软件专用的文件格式。其优点是保存图像的每一个细微部分,包括层、附加的蒙版、通道以及其他一些用 Photoshop 制作后的效果,而这些部分在转存为其他格式时可能丢失。使用这种格式保存的图像文件占用的磁盘空间很大,不过因为保存了所有的数据,所以在编辑过程中最好以这种格式保存,编辑后再转换为其他占用磁盘空间较小且质量较好的文件格式。园林制图过程中最常用到,以此方式保存可便于以后对图像的修改工作。

(2)BMP格式　扩展名为BMP,这是一种MS-Windows标准的点阵图形文件格式,可被多种应用程序所支持,它支持RGB、索引色、灰度和位图色彩模式,不支持Alpha通道。

BMP格式的优点是色彩丰富,保存时还可执行无损压缩,缺点是打开这种压缩文件花费时间较长,而且一些兼容性不好的应用程序可能打不开这些文件。

(3)TIFF格式　TIFF格式文件是为在不同软件间交换图像数据而设计的,尤其是在PC与苹果电脑之间进行图像文件交换,应用非常广泛。

(4)PNG格式　扩展名为PNG,这种格式的优点可将图形保存为透明的背景,特别适合制作Photoshop的素材,可减少素材去背景的步骤,提高作图效率。也可以用来制作3ds Max中的异性贴图材质。

(5)JPEG格式　扩展名为JPEG或JPG,是目前所有格式中压缩比最高的,例如,一个40 MB的PSD文件可压缩至2 MB左右。JPEG格式使用有损压缩,忽略一些图像细节以节省磁盘空间。JPEG格式支持RGB、CMYK和灰度模式,但不支持Alpha通道。在Photoshop图像完成制图修改操作后,一般保存为此种格式,以便于其他的处理过程。

(6)EPS格式　扩展名为EPS,这种格式可应用于绘图或者排版,其优点是在排版软件中以低分辨率预览编辑排版插入的文件,在打印时则以高分辨率输出。

(7)GIF格式　扩展名为GIF,是一种压缩的8位图像文件,传输时比较经济和快速。这种格式的文件大多用在网络传输上,其传输速度比其他格式的图像文件快得多,GIF格式的缺点是只能处理256种色彩,因此不能用于保存真彩色图像文件,而且由于色彩数不够,因此视觉效果不理想。

10.2.3　分辨率

分辨率是指在单位长度内所含有点的多少,下面就几种不同的分辨率进行简单介绍。

(1)图像分辨率　图像分辨率是指每英寸图像含有的点数,单位为dpi,例如,100 dpi表示每英寸含有100个点。

在数字化图像中,分辨率直接影响图像的质量。分辨率越高,图像越清晰,反之越模糊。分辨率越高,所占用的磁盘空间也越大,处理速度也越慢。相同分辨率的图像,尺寸越大,占用的磁盘空间越大;相同尺度的图像,分辨率越高,占用的磁盘空间越大。

在进行园林设计制图及建筑效果图制作过程前,一定要首先选择合适的图像分辨率大小,然后进行制图过程,否则会造成不必要的麻烦。

(2)屏幕分辨率　屏幕分辨率就是在屏幕上观察图像所感受的分辨率。一般来说,屏幕可以设置的分辨率是由显卡所决定的。例如,现在常用的1 024×768分辨率是指屏幕显示画面宽1 024点(像素),高768点(像素)。

(3)设备分辨率　设备分辨率指每单位输出的点数或者像素,和大小颜色一样,均为设备的固有属性,不能改变。如电脑显示器、扫描仪等设备,都有一个固定的最大分辨率参数。

(4)位分辨率　位分辨率描述每个像素保存的颜色信息的位元数。例如,一个24位的RGB图像,表示其各原色R(红)、G(绿)、B(蓝)均使用8位,三者之和为24位。在RGB图像中,每一个像素均记录R、G、B三原色值,因此每一个像素所保存的位元数为24位。

(5)输出分辨率　输出分辨率是指激光打印机等输出设备在输出图像时,每英寸上所能输出的最大点数。

案例实训

1)目的要求

通过实训掌握 Photoshop 的一般文件操作。

2)实训内容

①完成 Photoshop 软件的安装。

②熟悉 Photoshop 的工作界面,并准确说出各部分的名称。

3)考核标准

考核项目	分　值	考核标准	得　分
软件的安装	50	成功安装 Photoshop	
熟练程度	20	能在规定时间内完成安装	
准确程度	30	准确说出 Photoshop 的工作界面各部分的名称	

复习思考题

1. Photoshop 的工作界面包括哪几个部分?各部分的作用是什么?
2. 图像分辨率、屏幕分辨率和输出分辨率有什么区别?试举例说明。
3. PNG 格式的图像保存格式与其他格式相比有哪些优点?

11 Photoshop 基本操作

【知识要求】

- 掌握 Photoshop 中图像文件的一般操作方法；
- 熟练掌握选区和图层的操作方法；
- 掌握文字工具的使用方法。

【技能要求】

- 能熟练进行文件的存取和图层的操作；
- 熟练掌握选框工具、套索工具和魔棒工具的使用方法。

11.1 Photoshop 基本操作

11.1.1 新建图像文件

单击【文件】|【新建】菜单命令，出现“新建”对话框，如图 11.1 所示，该对话框内各选项的作用如下。

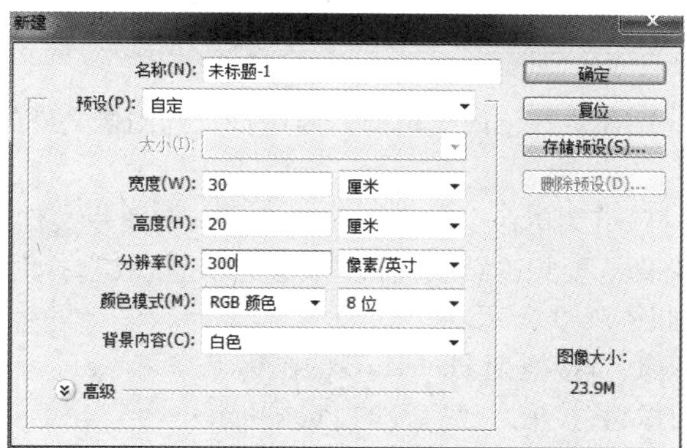

图 11.1 “新建”对话框

(1)名称　输入图像文件的名称。

(2)预设　复选栏后面的下拉菜单中可选择一些内定的图像尺寸,也可在“宽度”和“高度”复选栏后面的文本框中输入自定的尺寸,在文本框后面的弹出菜单中还可选择不同的度量单位;“分辨率”的单位习惯上采用像素/英寸,如果制作的图像是用于印刷,需设定300像素/英寸的分辨率;在“模式”后面的下拉菜单中可设定图像的色彩模式;“图像大小”后面显示的是当前文件的大小,数据将随着宽度、高度、分辨率的数值及模式的改变而改变。

(3)内容栏　用来设置画布的颜色和透明度状态。“背景内容”中的3个选项用来设定新文件的颜色,包括“白色”“背景色”和“透明”。选择“透明”选项后新建的图像背景显示的是灰白相间的方格(图11.2),并且图像的名称栏上有“图层”字样,表明当前文件是透明的图层文件。最上面的名称栏中表明当前文件的名称,括号内的“图层1”表明当前选中的图层,RGB表示当前的图像模式。选择“白色”选项后,用白色(默认的背景色)填充背景图层或第一层。选择“背景色”选项后,用当前的背景色填充背景图层或第一个图层。

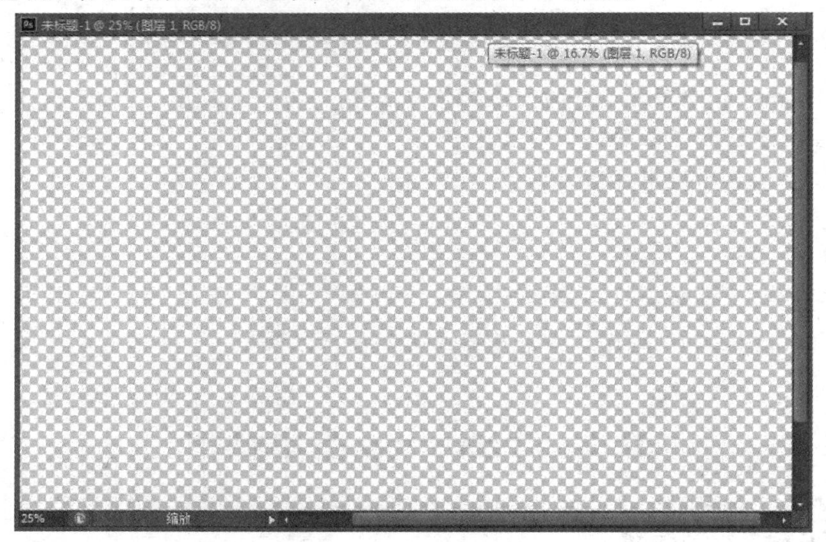

图11.2　透明背景的画布

11.1.2　打开图像文件

导入图像或对已有的图像进行修改编辑都需要进行打开图像文件的操作,有多种方法可以在Photoshop中打开文件。

(1)选取【文件】|【打开】菜单命令。只有在选择某一个图片文件后才可以在下方的浏览区域中看到该图片的缩略图。要想连续或跳跃选择多个文件,在选择时可分别按下<Shift>键和<Ctrl>键进行选择,如图11.3所示。

(2)选择要打开的图像,直接拖到Photoshop的图标上。

(3)选择要打开的图像,直接拖入已打开的Photoshop中。

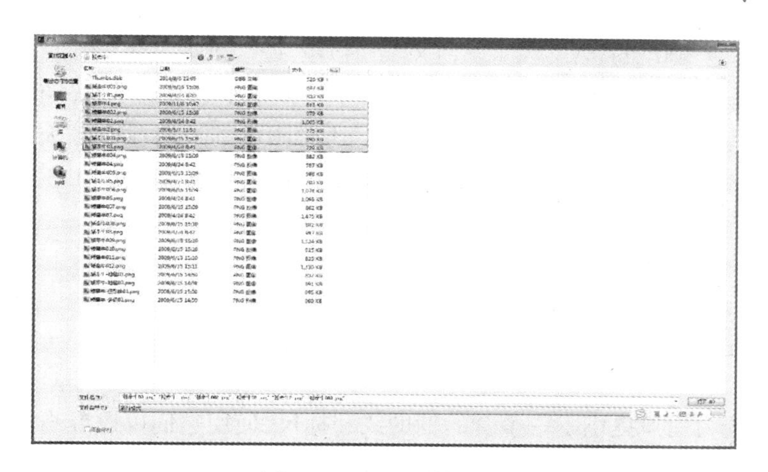

图 11.3 打开图像文件

11.1.3 存储图像文件

图像在创建编辑过程中要及时进行保存,使用下述方法可以完成保存文件的操作。

(1)选取【文件】|【存储为】菜单命令 调出“存储为”对话框,利用该对话框,选择文件类型、选择文件夹和输入文件名字,还可以确定是否存储图像的图层、通道和ICC配置文件等。单击“存储”按钮即可调出相应图像格式的对话框,利用该对话框可以设置与图像格式有关的一些选项,单击“保存”按钮,即可将图像保存。

(2)选取【文件】|【存储】菜单命令 如果是第一次存储新建的图像文件,则会调出“存储”对话框。如果不是第一次存储新建的图像文件或存储打开的图像文件,则不会调出“存储”对话框,直接进行图像文件的存储。

11.1.4 更改图像大小

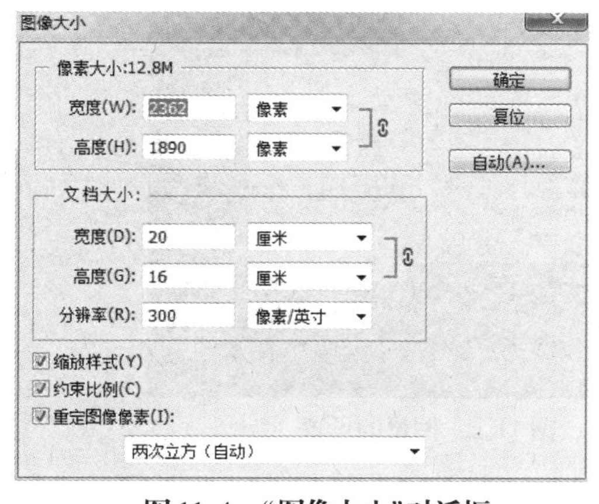

图 11.4 “图像大小”对话框

选择【图像】|【图像大小】命令,就会弹出“图像大小”对话框,如图11.4所示,在“像素大小”选项卡中可以看到当前图像的“宽度”和“高度”,右边的链接符号表示锁定长宽的比例。若想改变图像的比例,可取消勾选对话框下端的“约束比例”复选框。“像素大小”后面的数字表示当前文件的大小,如果改变了图像的大小,“像素大小”后面会显示改变后的图像大小,并在括号内显示改变前的图像大小。

在“文档大小”选项栏中可设定图像的高度、宽度以及分辨率,常用分辨率的单位是“像素/英寸”,

印刷常用的分辨率是 300 dpi。

在对话框的最下端有一个“重定图像像素”复选项，如果选中此选项，可以改变图像的大小；如果将图像变小，也就是减少图像中的像素数量，对图像的质量没有太大影响；若增加图像的大小，或提高图像的分辨率，也就是增加像素，则图像就根据此处设定的差值运算方法来增加像素。

11.1.5 标尺、参考线和网格

Photoshop 系统为用户提供了一整套的辅助线和标尺，使用它们可以准确定位。

(1)标尺　选择【视图】|【标尺】命令，或按 < Ctrl + R > 快捷键，便可以打开标尺。标尺的水平和垂直的 0 刻度交汇点称为标尺的原点，原点默认是在图像的左上角，要将标尺原点对齐网格、切片或者文档边界，选取【视图】|【对齐到】命令，然后从子菜单中选取相应选项即可。

(2)参考线　参考线是浮在整个图像上但不打印的直线。可以移动或删除参考线，也可以锁定参考线，以免不小心移动它。为了得到最准确的读数，建立参考线最好是先把标尺打开。

①创建参考线的方法：选取【视图】|【新建参考线】命令；在对话框中，选择“水平”或“垂直”方向，并输入参考线所处的位置。如距离左边缘 3 cm 处建一条竖直参考线，点选“垂直”，并在“位置”栏直接输入 3 cm；如想在中间建一条竖直的参考线，则在“位置”栏直接输入 50%(图 11.5)，后单击“好”按钮，则在图像区中间出现一条参考线。

新建参考线
取向
水平(H)
垂直(V)
确定
取消
位置(P): 50%

图 11.5　“新建参考线”对话框

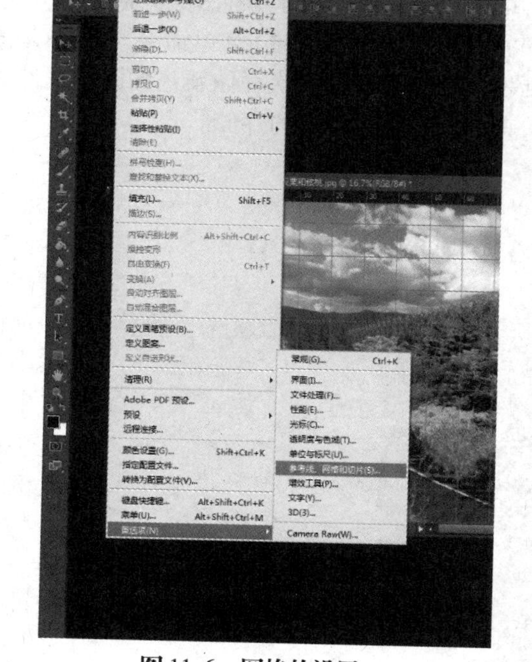

图 11.6　网格的设置

还可以从水平标尺拖移以创建水平参考线；从垂直标尺拖移以创建垂直参考线。按住 < Alt > 键，可以从垂直标尺拖移以创建水平参考线；从水平标尺拖移以创建垂直参考线。按住

<Shift>键并从水平或垂直标尺拖移以创建与标尺刻度对齐的参考线。

② 移动参考线的方法：选择工具箱中的移动工具将指针放置在参考线上（指针会变为双箭头），移动参考线。

③锁定参考线的方法：选择【视图】|【锁定参考线】命令将参考线锁定。

④删除参考线的方法：删除一条参考线，可将该参考线拖移到图像窗口之外；删除全部参考线，可选取【视图】|【清除参考线】命令。

（3）网格　网格与参考线的特性相似，也是显示不打印的辅助线，可通过【视图】|【显示】|【网格】命令显示网格，如图11.6所示。当在屏幕（不是图像）像素内拖移时，选区、选框和工具与参考线或网格对齐，参考线移动时也与网格对齐，可以通过【视图】|【对齐到】|【网格】命令，打开或关闭此功能。网格的相关设置主要在【编辑】|【首选项】|【网格】中设置的。

参考线和网格的颜色、样式等都是可以改变的，选择【编辑】|【首选项】|【参考线、网格和切片】命令，在弹出的"首选项"对话框中进行设置即可，如果打算关掉参考线和网格，再次选择【视图】|【显示】|【网格和参考线】命令，取消前面的勾选即可。

11.1.6　图像浏览

在工具箱的下面提供了3种图像浏览方式，分别是标准屏幕模式、带有菜单栏的全屏模式、全屏模式，在西文状态下通过字母键<F>可达到切换的目的。在全屏模式下，按<Tab>键可将所有的调板关闭，这样可无干扰地观看图像效果。

在Photoshop的"视图"菜单下，有很多菜单命令用来控制不同的显示比例，可通过下拉菜单中右侧一栏的快捷键来实现图像的放大或缩小显示。显示比例为100%时，表示一个屏幕像素对应一个图像像素，即图像在显示器上的真实显示尺寸，也就是"实际像素"，并非印刷的真实"打印尺寸"；显示比例为200%时，则表示显示器上两个像素对应图像中的一个像素。

（1）放大与缩小命令　使用"视图"菜单下的"放大"与"缩小"命令，可以用来改变当前图像的显示比例。其操作特点是每使用一次命令，图像的显示尺寸放大一倍或缩小一倍，如从300%放大到400%，或从300%缩小到200%，而无法产生非整数倍的显示比例。

（2）满画布显示　使用"视图"菜单下的"满画布显示"命令，或双击工具箱中抓手工具图标，可以自动找到屏幕上完全显示当前图像的最大显示比例，也就是以图像完全出现在当前窗口内的最大比例来显示图像。

（3）实际像素　真实显示尺寸即是以一个显示器的屏幕像素对应一个图像像素时所有的显示比例，也就是100%的显示比例。在Photoshop中，直接使用"视图"菜单中的"实际像素"命令，或双击工具箱中放大镜工具的图标，便可实现100%的显示比例。

（4）打印尺寸　真实印刷尺寸，即不考虑图像的分辨率，而只以图像本身的宽度和高度（印刷时的尺寸）来表示一幅图像的大小。使用"视图"菜单下的"打印尺寸"命令可以在屏幕上显示出图像的实际印刷大小，但如果真正用尺子量一下，会发现这个尺寸仍然是一个相对大小，它只是实际印刷尺寸的一个近似值。

（5）缩放工具　缩放工具可以起到放大或缩小图像的作用。在工具箱中选择缩放工具时，光标在画面内显示为一个带加号的放大镜，使用这个放大镜单击图像，即可实现图像的成倍放大，而按着 Option(Mac OS)/Alt(Windows)键使用缩放工具时，光标为一带减号的缩小镜，单击可实现图像的成倍缩小，也可使用缩放工具在图像内圈出部分区域，来实现放大或缩小指定区域的操作。

在缩放工具的选项栏中，允许用户选定一个重设窗口尺寸的开关"调整窗口大小以满屏显示"。这个开关被选中时，每次使用缩放工具改变图像显示比例，都会重新设定窗口的大小，也就是窗口尺寸会跟着变化；而关闭这一开关时，使用缩放命令时窗口的尺寸不变。

(6)抓手工具　当图像的显示比例较大时，图像窗口不能完全显示整幅画面，这时可以使用抓手工具来拖动画面，以卷动窗口来显示图像的不同部位。当然，也可以通过窗口右侧及下方的滑轨和滑块来移动画面的显示内容。

(7)导航器调板　导航器调板是用来观察图像的，如图 11.7 所示，可方便地进行图像的缩放(此处的缩放是指将图像放大或缩小以便对图像全部及局部的观察，图像本身并没有发生大小的变化或像素的增减)。在调板的左下角显示百分比数字，可直接输入百分比，按回车键，图像就会按输入的百分比显示，在导航器中会出现相应的预览图；也可用鼠标拖动导航器下方的三角滑块来改变缩放的比例，滑动栏的两边有两个形状像山的小图标，左侧的图标较小，单击此图标可使图像缩小显示，单击右侧的图标可使图像放大。

图 11.7　导航器调板

图 11.8　导航器面板选项

单击"导航器"上方右边的三角按钮，在弹出的菜单中选择"面板选项"命令，可弹出"面板选项"对话框(图 11.8)，在该对话框中可定义"显示框"的颜色，在"导航器"的预览图中可看到用色框表示图像的观察范围，默认色框的颜色是红色。在"调板选项"对话框中，用鼠标单击色块就会弹出拾色器，选择颜色后将其关闭，在色块中会显示所选的颜色。另外，也可从"颜色"后面的弹出菜单中，选择软件已经设置的其他颜色。可按鼠标左键，将"导航器"中的"显示框"移动到任意位置。当按住 <Ctrl> 键(Windows 系统)时，鼠标在"导航器"中就变成放大镜的形状，此时，可用鼠标拖拉出任意大小的方框来对图像进行局部的观察。

11.2 选区操作

在 Photoshop 中,常需要对图像的一部分进行操作,这就需要将这一部分图像选取出来,构成一个选区。该选区也称为选框,它是一条流动的虚线围成的区域,俗称"蚂蚁线"。有了选区后,当前所有的图像编辑操作只对选区内的图像起作用。如果没有创建选区,编辑操作是针对整个图像的,有些操作则无法进行。

工具箱中提供了多个用于创建选区的选取工具,它们分成 3 组,分别是选框工具组、套索工具组和魔棒工具组。这些选取工具被放置在工具箱的上边。

11.2.1 选框工具组

选框工具组有 4 个工具:矩形选框工具、椭圆选框工具、单行选框工具和单列选框工具,选框工具组里的工具是用来创建规则选区的。

1)矩形选框工具

矩形选框工具用法比较简单,在工具箱中选择矩形选框工具,将鼠标指针移动至图像上,按鼠标左键并拖动即可产生一个矩形选框。

矩形选择工具的使用要点如下:

①按住〈Shift〉键的同时按住鼠标左键拖动可建立正方形选区。

②按住〈Alt〉键的同时,按住鼠标左键拖动可以鼠标所在点为中心建立矩形选区。

③按住〈Shift + Alt〉快捷键不放,在图像中按下鼠标左键用拖动创建出的正方形选区是从中心向外选取的。

矩形选择工具的选择效果如图 11.9 所示。

图 11.9 矩形选框效果

2)椭圆选框工具

单击椭圆选框工具,鼠标指针变为十字线状,用鼠标在画布窗口内拖曳,即可创建一个椭圆的选区。按住〈Shift〉键,在图像中按住鼠标左键拖动,创建出的选区将是一个正圆选区。

3)单行和单列选框工具

单击单行或单列选框工具,鼠标指针变为十字线状,用鼠标在画布窗口内单击,即可创建一行或一列单像素的选区。

4)选框工具的属性栏

选框工具的属性栏如图 11.10 所示,各选项的作用如下。

图 11.10 “选框工具”属性栏

(1)设置选区的形式按钮

①“新选区”按钮:单击后只能创建一个新选区。在此状态下,如果已经有了一个选区,再创建一个选区,原来的选区将消失。

②“添加到选区”按钮:单击后如果已经有了一个选区,再创建一个选区,新选区与原来的选区连成一个新的选区。例如,一个矩形选区和一个与之相互重叠一部分的椭圆选区连成一个新的选区,如图 11.11(a)所示。

③“从选区减去”按钮:单击后可在原来选区上减去与新选区重合的部分,得到一个新选区。例如,一个矩形选区和一个与之相互重叠一部分的椭圆选区连成一个新的选区,如图 11.11(b)所示。按住〈Alt〉键,用鼠标拖曳出一个新选区,也可完成相同的功能。

④“与选区交叉”按钮:单击后可以只保留新选区与原来选区重合的部分,得到一个新选区。

(2)“羽化”文本框　羽化就是使选定范围的图像边缘达到朦胧的效果,羽化值越大,朦胧范围越宽;羽化值越小,朦胧范围越窄,可根据计划保留下图的大小来调节。数值的单位是像素,数字为 0 时,表示不进行羽化。如果把握不准可以将羽化值设置小一点,重复按〈Delete〉键,逐渐增大朦胧范围,从而选择自己需要的效果。

(a)“添加到选区”示例

(b)“从选区减去”示例

图 11.11 选区按钮使用

(3)“消除锯齿”复选框　单击按下“椭圆选框工具”按钮后,该复选框变为有效。选中它后,可使选区边界平滑。

11.2.2 套索工具组

套索工具组包含 3 个工具:套索工具、多边形套索工具和磁性套索工具,套索工具组是用来创建不规则选区的。

1)套索工具

图 11.12　套索工具使用

套索工具可以在图像中获取自由区域。它的随意性很大,要求对鼠标指针要有良好的控制能力,因为总是用它勾画任意形状的选区,如想勾画出非常准确的选区,则不宜使用它。

其操作方法是按住鼠标进行拖拉,随着鼠标的移动可形成任意形状的选择范围,松开鼠标后就会自动形成封闭的浮动选区。如图 11.12 所示是松开鼠标后形成的选区。

2)多边形套索工具

多边形套索工具可产生直线型的多边形选择区。方法是单击鼠标形成直线的起点,移动鼠标,拖出直线,再次单击鼠标,两个击点之间就会形成直线,依此类推。当终点和起点重合时,工具图标的右下角有圆圈出现,单击鼠标就可形成完整的选区。

若双击鼠标时鼠标起点和终点不重合,系统将自动用直线将这两点连接。在选取多边形区域时,若按住〈Shift〉键选取,可以按水平、垂直和 45°方向选取图像区域。

3)磁性套索工具

磁性套索工具是一种自动选择边缘的套索工具,当拖动磁性套索工具,它将分离前景和背景,在前景图像边缘上设置节点,直到形成选择域。在合适的条件下,磁性套索工具可以自动地分辨出图像上物体的轮廓而加以选择。选择条件就是所选轮廓与背景有很明显的对比。磁性套索工具能自动地选择出轮廓,是因为它可以判断颜色的对比度,当颜色对比度的数值在它的判断范围以内,它就可以毫不费力地选中轮廓;而当轮廓与背景颜色接近时,不宜使用。

可以调整工具属性栏中的数值,通过合适的设置,可以使用磁性套索工具更精确地选择物体边缘。选中工具箱中的磁性套索工具,会弹出其工具选项栏,如图 11.13 所示,其中各选项的含义如下。

羽化: 1像素　消除锯齿　宽度: 10 像素　对比度: 10%　频率: 57　调整边缘...

图 11.13　“磁性套索工具”属性栏

(1)宽度　数字框中的数字范围是 1 ~ 40 像素,用来定义磁性套索工具检索的距离范围。当输入一个数字如 10,再移动鼠标时,磁性套索工具寻找 10 个像素距离之内的物体边缘。数字越大,寻找的范围也越大,可能会导致边缘的不准确。

(2)边对比度　数字范围为 1% ~ 100%,用来定义磁性套索工具对边缘的敏感程度。如果输入较大的数字,磁性套索工具只能检索到那些和背景对比度非常大的物体边缘;如输入较小的数字,就可检索到低对比度的边缘。

(3)频率　数字范围为 0 ~ 100,它用来控制磁性套索工具生成固定点的多少,频率越高,越能更快地固定选择边缘。

对于图像中边缘不明显的物体,可设定较小的套索宽度和边缘对比度,跟踪的选择范围会比较准确。

通常来讲,设定较小的“宽度”和较大的“边对比度”,会得到较准确的选择范围;反之,设定较大的“宽度”和较小的“边对比度”,得到的选择范围会比较粗糙。

设定好各项数值后,可按照下列步骤确定选择范围:

①选中磁性套索工具,根据图像的情况,在磁性套索选项栏中进行有关的数字设定,然后将光标移动到边缘的某一部位,单击鼠标确定起始点,然后沿着图像边缘拖动鼠标(不用按住鼠标),就会自动增加固定锚点,如图 11. 14(a)所示。

②在拖动鼠标的过程中,如果没有很好地捕捉到图像的边缘,可单击鼠标手工加入固定点。

③如果要删除刚画的固定锚点和路径片段,可直接按〈Delete〉键。

④若要结束当前的路径,可双击鼠标,终点和起点会自动连接起来,以形成封闭的选择区域,如图 11. 14(b)所示。

⑤若要以直线点封闭选择区域,双击鼠标左键。

⑥在使用磁性套索工具的过程中,若要改变套索宽度,可按"["和"]"键。每按一次"["键,可将宽度减少 1 个像素;每按一次"]"键,可将宽度增加 1 个像素。

(a) (b)

图 11. 14 "套索工具"示例

11. 2. 3 魔棒工具

魔棒工具可以选择图像中着色相同的或颜色相近的区域,其功能相当强大,常常用于物体范围的选取。使用魔棒工具选取图形时,用鼠标单击需要选取图像中的任意一点,附近与它颜色相同或相似的颜色区域将会自动被选取。例如,图 11. 15 中的唐菖蒲有一个白色的背景,如果想把唐菖蒲选取出来,可用魔棒工具单击唐菖蒲图像的白色背景,即在唐菖蒲边界和整张图的矩形外缘处均出现了蚂蚁线,说明被选中的是唐菖蒲图像以外的白色区域,此时再利用"选择"菜单中的"反相",即可方便地将唐菖蒲图像选取出来,效果如图 11. 15 所示。

(a)唐菖蒲以外的区域被选中

(b)唐菖蒲图像区域被选中

图 11.15　魔棒工具的使用

单击工具箱中的魔棒工具,其属性栏如图 11.16 所示。下面将介绍工具栏中各选项的使用方法:

图 11.16　“魔棒工具”属性栏

(1)容差　用于设置选取的颜色范围的大小,参数设置范围为 0 ~ 255。输入的数越大,选取的颜色范围越大;输入的数值越小,选取的颜色与单击鼠标处图像的颜色越接近,范围也就越小。如图 11.17 所示,将容差值分别设置为较大值和较小值效果对比。

(2)“清除锯齿”复选框　用于消除选区边缘的锯齿。如果它被选中,选区的边缘比较平滑。

(3)“连续”复选框　选中该复选框,可以只选取相邻的图像区域;未选中该复选框时,可将不相邻的区域也添加入选区。

图 11.17　“容差”示例

(4)“对所有图层取样”复选框　当图像中含中有多个图层时,选中该复选框,将对所有可见图层的图像起作用,未选中时,魔棒工具只对当前图层起作用。

11.2.4　编辑选区

1)移动、取消和隐藏选区

(1)移动选区　在使用选框工具组工具的情况下,将鼠标指针移到选区内部(此时鼠标指针变为三角箭头状,而且箭头右下角有一个虚线小矩形),再拖曳鼠标,即可移动选区。

(2)取消选区　多种方法可以取消选区,在“与选区交叉”或“新选区”状态下,单击画布窗口内选区外任意处，即可取消选区；也在图像区单击鼠标右键，在菜单中选择“取消选区”；此外，取消选区也可用快捷键〈Ctrl + D〉实现。

2）羽化和修改选区

（1）羽化选区　创建羽化的选区可以在创建选区时利用属性栏进行。如果已经创建了选区，再想将它羽化，可单击【选择】菜单｜【修改】｜【羽化】命令，调出“羽化选区”对话框，输入羽化半径的数值，再单击“好”按钮，即可进行选区的羽化。

（2）修改选区　修改选区是指将选区扩边、平滑、扩展和收缩。这只要在创建选区后，单击【选择】｜【修改】菜单命令即可。

3）变换选区

创建选区后可以变换选区，单击【选择】｜【变换选区】菜单命令，即可调整选区的大小、位置和旋转选区。

11.3 图　层

图层可以看成是一张张透明胶片。当多个没有图像的图层叠加在一起时，可以看到最下面的背景图层。当多个有图像的图层叠加在一起时，可以看到各图层图像叠加的效果。图层有利于实现图像的分层管理和处理，可以分别对不同图层的图像进行加工处理，而不会影响其他图层内的图像。各图层相互独立，但又相互联系，可以将各图层进行随意的合并操作。在同一个图像文件中，所有图层具有相同的属性。各图层可以合并后输出，也可以分别输出。

11.3.1 图层调板

1）打开图层调板

（1）快捷键方法　按〈F7〉键可以打开图层调板。

（2）菜单方法　选择【窗口】｜【图层】命令可以打开图层调板，如图 11.18 所示。

2）图层调板

利用图层调板，可以对图层进行创建、复制、合并、删除等操作，还可以隐藏或显示单独的图层。调板中“合成方式”共有 23 种。

（1）混合模式选项　用鼠标单击此处可弹出菜单，用来设定图层之间的混合模式。

（2）图层锁定选项　当用鼠标单击，图标凹进，表示选中此选项，再次单击图标弹起，表示取消选择。从左至右分别为锁定透明度、锁定图像编辑、锁定位置、锁定全部。

（3）显示当前图层　位于每个图层最左端的“眼睛”图标，用鼠标单击，“眼睛”图标消失，表示此图层隐藏。

（4）图层组　同类图层可放置于类似于文件夹的图层组中，文件夹图标前面的小三角向下表示展开图层组的内容，再次单击可收回。

（5）文字图层　创建了文字时自动创建一个新的“文字”图层。

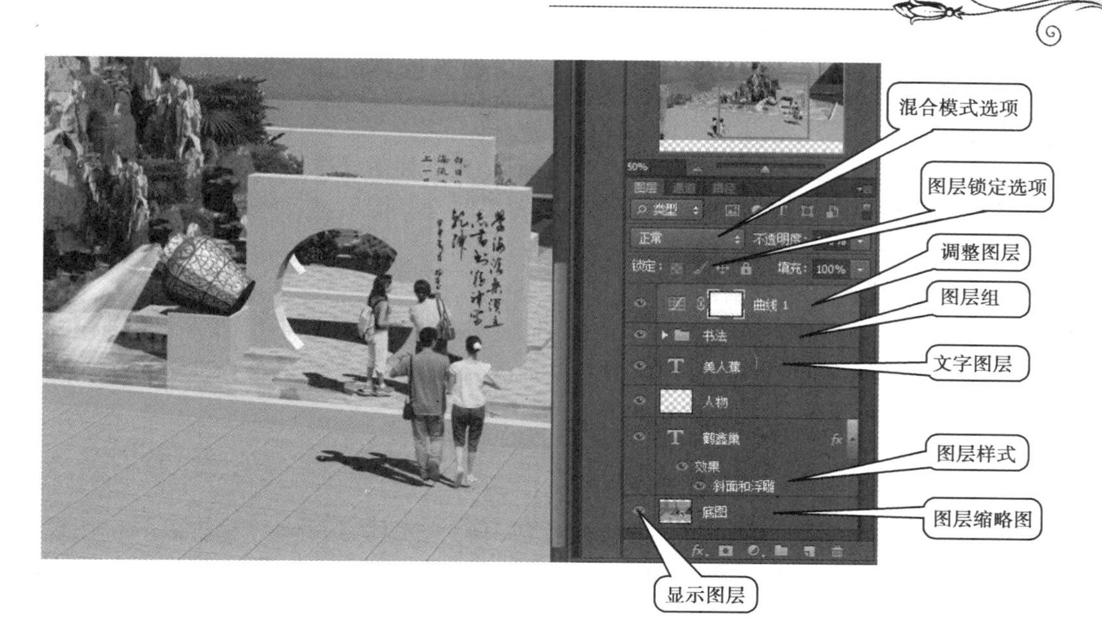

图 11.18 图层调板

(6)图层样式　单击调板下方的“fx”图标可以创建不同的图层样式，图 11.18 中显示当前图层执行的图层样式为“斜面和浮雕”。

11.3.2 图层的创建和编辑

1)新建图层

在 Photoshop 中，新建图层的方法有很多，也比较灵活。以下方法可以新建图层：

(1)在图层调板中单击创建新图层按钮，可以在当前图层的上方创建一个新图层。

(2)单击菜单栏中的【图层】|【新建】|【图层】命令可以新建一个图层。

(3)向图像中拖入别的文件中的图像时，系统会自动产生一个新的图像图层；添加文字时，会自动产生一个新的文字图层。

(4)当使用“形状”工具在图像中创建图形时，系统将自动产生一个新的图层。

2)复制图层

可将某一图层复制到同一图像中或者复制到另一幅图像中。当在同一图像中复制图层时，最快速的方法就是将图层拖动至创建新图层按钮上，复制后的图层将出现在被复制图层上方。

将某一幅图像中的某一图层复制到另一图像中，快速简便的方法是，首先同时显示这两个图像文件，然后在被复制图像的图层面板中拖动图层至另一图像窗口中即可。

3)移动图层

要移动图层中的图像，可以使用移动工具进行移动。在移动图层中的图像时，如果是要移动整个图层内容，则不需要先选取范围再进行移动，而只要先将要移动的图层设为当前图层，然后用移动工具就可以移动图像。如果是要移动图层中的某一块区域，则必须先选取范围后再使用移动工具进行移动。

4)合并图层

理论上,一个图像文件中可以包含无数图层,但是太多的图层会占用大量的内存,导致计算机处理图像速度减慢。所以在处理图像过程中需要及时合并图层,以释放内存增加计算机运行速度。

在"图层"菜单中有一组专门用于合并图层的命令。

(1)"向下合并" 将当前图层与其下面的图层合并为一层,并以下层名字命名新层。如果当前图层与其他图层存在链接关系,则向下合并变为合并链接,也就是将存在链接关系的图层合并为一层。

(2)"合并可见图层" 将所有可见图层合并为一层,对隐藏的图层不产生作用。

(3)"拼合图像" 将所有的图层合并为一层。

在制作园林效果图时,往往将同一类的元素(如树种、水体、道路等)拼合到一个图层中以节省内存,方便进行其他图像操作。

5)删除图层

当不再需要某个图层时,可以将它删除。以下方法可以删除图层:

(1)在"图层"调板中选择要删除的图层,然后单击按钮,可以删除当前图层。

(2)单击菜单栏中的【图层】|【删除】,可以删除当前图层。

(3)在图层调板上,将要删除的图层拖至按钮上,可以删除图层。

6)图层的排列

图像一般由多个图层组成,而图层的叠放次序直接影响图像显示的真实效果,上方的图层总是遮盖其下方的图层,因此在编辑图像时可以调整各图层之间的叠放次序来实现最终的效果。

在图层面板中将鼠标指针移到要调整次序的图层上,拖动鼠标至适当的位置就可以完成图层的次序调整。

也可以用菜单命令【图层】|【排列】来调整图层次序,方法是单击【图层】|【排列】菜单命令,调出其子菜单,再单击子菜单中的菜单命令,可以移动当前图层。

7)图层栅格化

画布窗口内如果有矢量图形(如文字等),可以将它们转换成点阵图像,这就称为图层栅格化。图层栅格化的方法如下:

(1)单击选中有矢量图形的图层。

(2)单击【图层】|【栅格化】菜单命令,调出其子菜单。如果单击子菜单中的"图层"菜单命令,即可将选中的图层内的所有矢量图形转换为点阵图像。如果单击子菜单中的"文字"菜单命令,即可将选中的图层内的文字转换为点阵图像。

11.3.3 图层样式

图层效果是 Photoshop 制作的图层特效,如阴影、发光、斜面和浮雕等,图层特效的界面可视化操作性很强，用户对图层效果所做的修改，均会实时地显示在图像窗口中。灵活地使用图层效果，可以使园林平面图产生较好的平面鸟瞰效果。

图层面板中的fx包含了许多效果，可以自动应用到图层中，包括投影、发光、斜面和浮雕、描边、图案填充等效果。在编辑图层时，图层效果会进行相应地更改，而在该层中添加新的每一个图像实体，都具有图层的这种效果，不必重复设置每个图像实体的效果。图层效果菜单如图11.19所示。

横线下面的选项都是混合选项的子菜单，可以点选一个选项进入。当发现选择的选项制作效果不佳时，可以直接在对话框左边的矩形框内更改选择，如图11.20所示。

图层样式的效果较多，各种效果的设置大同小异，可以相互参照。

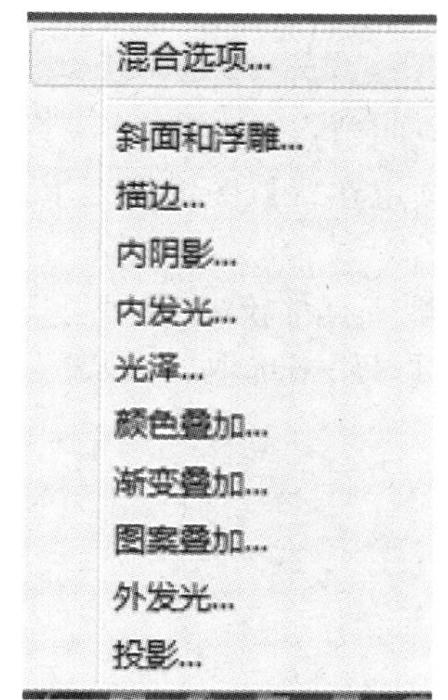

图11.19 图层效果菜单

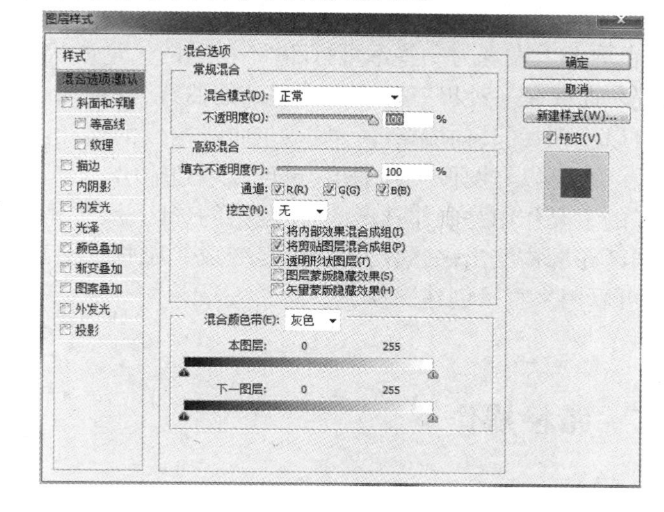

图11.20 “图层样式”窗口

11.3.4 填充工具

填充工具可以对图像选区或图层进行填充，填充的内容可以是颜色，也可以是图案。填充工具一共包括3个工具：渐变工具、油漆桶工具和“填充”菜单命令。

1)“填充”菜单命令

“填充”菜单命令使用方法如下：

①指定前景色或背景色。

②使用选框工具选择要填充区域，如果不指定选择区域则对整个当前图层进行填充。

③执行【编辑】|【填充】菜单命令，打开“填充”对话框。可以选择使用“前景色”“背景色”以及“图案”等填充方式，同时可以修改填充的模式和不透明度。

2)定义图案

利用选择工具选择一定区域，然后选择菜单【编辑】|【定义图案】命令定义图案。把一幅图像定义为图案的步骤如下：

①导入一幅不太大的图像，或者绘制一幅不太大的图像。如果图像较大，可单击【图像】|【图像大小】菜单命令，调出“图像大小”对话框，重新设置图像大小。

②单击【编辑】|【定义图案】命令,打开"图案名称"对话框,在对话框中输入图案名称后确认,即可完成图案定义。

注意:定义图案时,选择区域只能为矩形,且羽化值必须是0。

11.4 路 径

路径是指由贝赛尔曲线构成的形状较规则的图形,可以是一个点、一条线段或者多条贝赛尔线段,在屏幕上表现为一些不可打印、不活动的矢量形状。

贝赛尔曲线是一种以三角函数为基础的曲线,它的两个端点叫节点,也叫锚点。多条贝赛尔曲线可以连在一起,构成路径。贝赛尔曲线构成的路径没有锁定在背景图像像素上,很容易编辑修改。它可以与图像一起输出,也可以单独输出。

路径的主要作用是制作选区,对于复杂的选区设定,其他选取工具都较难,路径可以比较简单地将选区轮廓描绘出来,然后再将路径变成一个选区。路径可以用来选取、剪裁复杂的物体轮廓,也可以用来直接创建图像。

11.4.1 路径操作

单击工具箱内钢笔工具组中的工具按钮,调出钢笔工具组中的所有工具;单击工具箱中的选择路径工具组按钮,可以调出选择路径工具组中的所有工具。

1)钢笔工具

钢笔(Pen)工具是用来绘制连接多个锚点的线段或曲线路径的。单击"钢笔工具"按钮后,在画布内单击,即可建立一个锚点。

(1)绘制直线的方法

①选中工具箱中的钢笔工具,在其属性栏中单击图标,表示用钢笔工具绘制路径而不是创建图形或形状图层。

②将钢笔工具的笔尖放在要绘制直线的开始点,通过单击鼠标确定第一个锚点。

③移动钢笔工具到另外的位置,再次单击鼠标,两个锚点之间就会以直线连接。按下〈Shift〉键可保证生成的直线是水平线、垂直线或为45°倍数角度的直线。

④继续单击鼠标可创建另外的直线段。最后添加的锚点总是一个实心的正方形,表示该锚点是被选中的。当继续添加更多的锚点时,先前确定的锚点被变成空心的正方形。

⑤要结束一条开放的路径,可按住〈Ctrl〉键并单击路径以外的任意处。要封闭一条路径,可将钢笔工具放在第一个锚点上,当放置正确时,在钢笔工具笔尖的右下角会出现一个小的圆圈,单击鼠标就可使路径封闭,如图11.21(a)所示。

(2)绘制曲线路径的方法

使用钢笔工具绘制曲线,在曲线段上,每一个选定的锚点都显示一条或两条指向方向的方向线。方向线和方向点的位置决定了曲线段的形状,如图 11.21(b)所示。

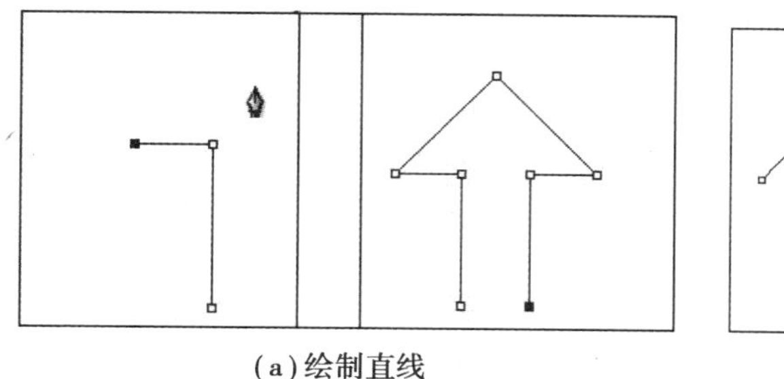

(a)绘制直线　　(b)绘制曲线

图 11.21　钢笔工具绘制直线、曲线

方向线总是和曲线相切的。每一条方向线的斜率决定了曲线的斜率,移动方向线可改变曲线的斜率。每一条方向线的长度决定了曲线的高度或深度。

①选择钢笔工具。

②将钢笔工具的笔尖放在要绘制曲线的起始点。按住鼠标进行拖拉操作(而不是像绘制直线点那样单击鼠标),此时钢笔工具变成箭头的图标,鼠标的落点成为曲线的起点,拖拉出来的方向线随鼠标的移动而移动。按住〈Shift〉键可保证方向线的角度是 45° 的倍数。

③释放鼠标键可形成第一个曲线锚点。

④将钢笔工具移动到另外的位置,按下鼠标,并且沿相反的方向拖动鼠标,得到一段弧线。

⑤继续第④步的操作得到波浪形曲线。

若要改变一个方向线的方向,可将鼠标放在要移动的方向线的方向点上,在按住〈Alt〉键的同时,按下鼠标向相反方向拖动。

2)自由钢笔工具

自由钢笔工具用于绘制任意形状曲线路径。在单击"自由钢笔工具"按钮后,在画布窗口内拖曳鼠标,可以创建一个形状路径。

11.4.2　添加、删除和转换锚点

可以在任何路径上添加或删除锚点。添加锚点可以更好地控制路径的形状。同样,可以删除锚点来改变路径的形状或简化路径。如果路径中包含太多的锚点,删除不必要的锚点可减少路径的复杂程度,这对简化文件非常有帮助。

若要在选定路径段的指定位置上添加或删除个别锚点,首先用选择工具将路径选中,然后将钢笔工具 移动到路径上。当钢笔工具处在选中的路径片段上时,钢笔工具就变为添加锚点工具,此时,单击鼠标就可增加一个锚点;当钢笔工具移动到一个锚点上时,钢笔工具就变为删除锚点工具,此时,单击鼠标就可删除一个锚点。

当然,也可以从工具箱中直接选择添加锚点工具或删除锚点工具。单击按下"添加锚点工具"按钮,当鼠标指针移到路径线上时,鼠标指针会在原指针的右下方增加一个"+"号,在路径线上单击要添加锚点的地方,即可在此处增加一个锚点。单击按下"删除锚点工具"按钮,当鼠标指针移到路径线上的锚点或控制点处时,鼠标指针会在原指针的右下方增加一个"-"号,在路径锚点上单击,即可将该锚点删除。

转换锚点工具 的使用非常简单，首先选中此工具，将它放到曲线点上，单击鼠标就可将曲线点的方向线收回，使之成为直线锚点；反之，将此工具放到直线锚点上，按住鼠标并进行拖拉，就可拖拉出方向线，也就是将直线点变成了曲线点。

另外，将转换点工具放到方向线端部的方向点上，按住鼠标拖拉，可改变方向线的方向，此方向线所控制的弧线也就发生相应的变化。

11.4.3 移动和调整路径

可以通过移动两个锚点之间的路径片段、路径上的锚点、锚点上的方向线和方向点来调整曲线路径。

若要在绘制路径时快速调整路径，可在使用钢笔工具的同时按住〈Ctrl〉键，即可切换到箭头状的选择工具，选中路径片段或锚点后可直接进行路径的调整，释放〈Ctrl〉键就可恢复到钢笔工具。

要移动一个曲线片段并且不改变它的弧度，首先在工具箱中直接选择工具 ，在曲线片段的一端单击鼠标，将锚点选中。然后按住〈Shift〉键在曲线片段另一端的锚点处单击鼠标，这样就可将固定曲线片段两端的锚点都选中，按住鼠标拖拉此曲线片段就可移动此片段，但不改变它的弧度。

要移动一条直线段，就用直接选择工具，在直线段上单击，然后按住鼠标进行拖拉，就可改变直线段的位置。

可以直接用选择工具移动曲线来改变曲线的位置，也可以直接移动曲线锚点或方向线来改变曲线的位置和弧度。

11.4.4 路径调板的使用

选择【窗口】|【路径】命令，就会出现“路径”调板，绘制的路径在路径调板中就会显示出来。如果“路径”命令前面已经有“√”图标，表示路径调板已经在桌面上，此时再次单击此命令，前面的“√”消失，表示已将路径调板关闭。如图 11.22 所示，在路径调板的最下面有一排小图标，从左到右分别为：用前景色填充路径；用画笔描边路径（宽度和硬度由画笔调板中画笔的大小及硬度来决定，填充的颜色和工具箱中的前景色相同）；将路径作为选区载入；从选区建立工作路径；创建新路径；删除当前路径。

这些图标所代表的选项在路径调板右上角的弹出式菜单中都可以找到。选中路径后单击小图标或将路径拖到图标上就可以达到目的。下面通过简单步骤介绍路径调板的使用方法。

①任意打开一幅图像。选择工具箱中的钢笔工具，在要选择的物体边缘单击鼠标，出现第一个锚点，此时在路径调板中会出现斜体的“工作路径”字样。

②用钢笔工具单击下一个位置，两个锚点会以直线形式自动连接起来，如果碰到圆弧的形状就需要用钢笔工具生成曲线。方法是在生成下一锚点时不是单击鼠标，而是按住鼠标拖动，此时从锚点处将向两个相反方向延伸出方向线，按住鼠标移动方向线，两个锚点所形成的圆弧的形状将随之改变，方向线始终和圆弧相切。

一般情况下,为了便于曲线的控制,需取消锚点的一个方向线,方法是在按住〈Alt〉键的同时用钢笔工具单击曲线锚点。

③当路径要封闭时,在钢笔工具的右下角会出现圆圈的符号。画好路径后在路径调板右上角的弹出菜单中选择“存储路径”命令,如图 11.23 所示。在弹出的对话框中输入名字后,单击“好”按钮,路径调板中的路径名称不再是斜体字,此路径会随着文件的存储而存储。

④如果想删除当前路径,选中路径后,在路径调板右上角的弹出式菜单中选择“删除路径”命令,或直接将路径拖到路径调板下面的垃圾桶中即可。

⑤如果想复制路径,在路径调板右上角的弹出式菜单中可选择“复制路径”命令,或直接将路径拖到路径调板下面的图标上即可。路径调板中可存放若干个路径。

⑥如果想改变路径的名字,双击路径调板中路径的名称部分就会直接变成输入框,输入新的名称就可以了。

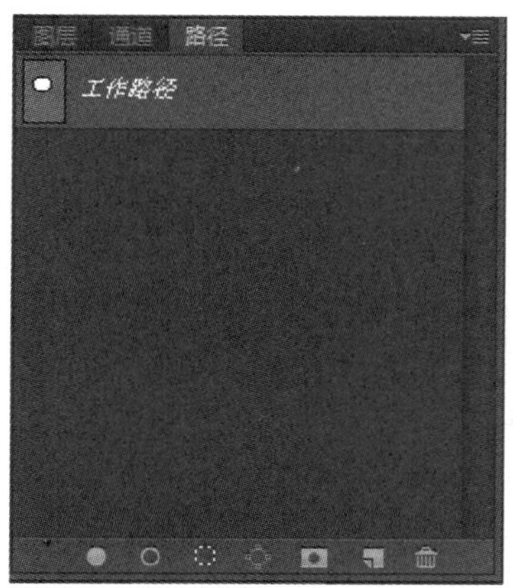

图 11.22 路径调板

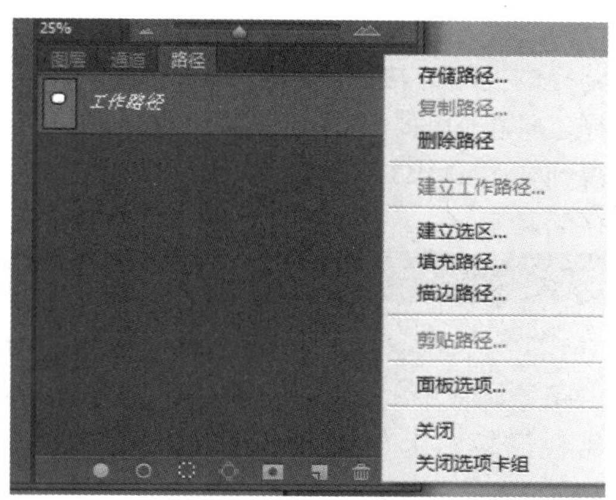

图 11.23 路径弹出菜单

11.4.5 路径和选择范围之间的转换

画好路径后,可将路径转换成浮动的选择线,路径包含的区域就变成了可编辑的图像区域。转换的方法是直接用鼠标将路径调板中的路径拖到调板下面的图标上,在图像窗口中即可看到转化完成的选择范围。

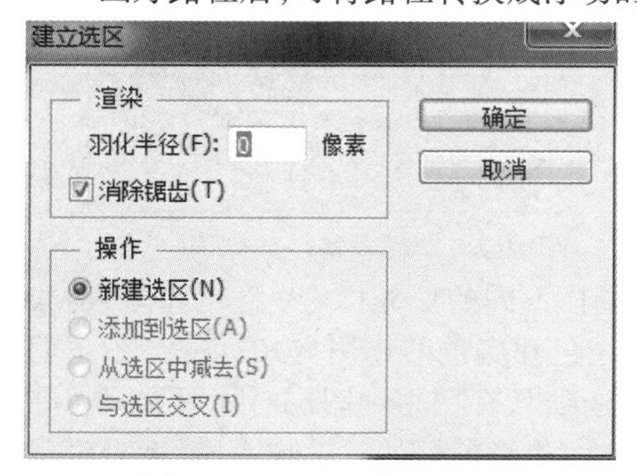

图 11.24 “建立选区”对话框

也可在路径调板右上角的弹出菜单中选择“建立选区”命令,在出现的对话框(图 11.24)中选择“羽化半径”的程度,单击“好”按钮即可。如果当前图像中已有选择区域,可在“操作”一栏中选择转化后的选区和现有选区的相加、相减和相交。

当然,也可以将浮动的选择范围转换成为路径。当图像中有选择范围时,单击路径调板中的图标,即可将选择范围转换为工作路径。

还可在路径调板右上角的弹出菜单中选择“建立工作路径”命令，在弹出的对话框（图 11.25）中设定“容差”的像素值，其范围为 0.5～10 像素，“容差”数值越大，转换后路径的锚点就越少，路径越不精细；反之路径越精细。如果“容差”数值很小，比如为 0.5，路径上的锚点可能非常密集，因而路径相对复杂，输出时可能会提示错误而不能打印；如果“容差”数值很大，锚点太少，则不能很好地符合所选物体的形状，所以要根据实际情况来进行设定，软件的内定值为 2。如果没有把握，可采用软件的内定值。由浮动的选择线转换来的路径还需手工做一些小的修改。

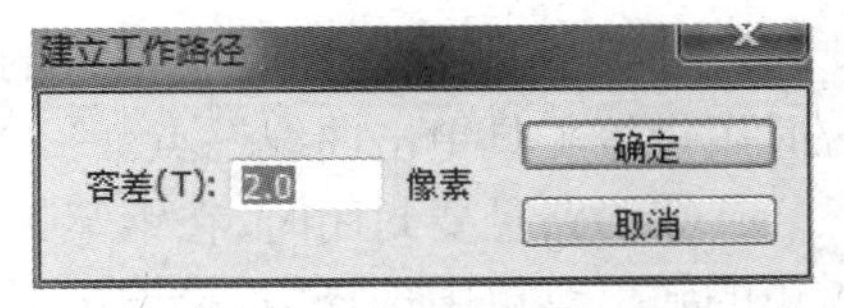

图 11.25 “建立工作路径”对话框

11.4.6 填充路径

填充路径的使用方法如下：

①选择工具箱中的自定形状工具，并在其选项栏中进行如图 11.26 所示的设定。在窗口中拖拉鼠标得到如图 11.27(a) 所示的路径。在路径调板右上角的弹出菜单中选择“存储路径”命令将路径存储起来。

图 11.26 路径属性栏

②单击路径调板中的■图标，路径按照内定的设置被填充，结果如图 11.27(b) 所示。

③在路径调板右上角的弹出菜单中选择“填充路径”命令，将弹出如图 11.28 所示的对话框。

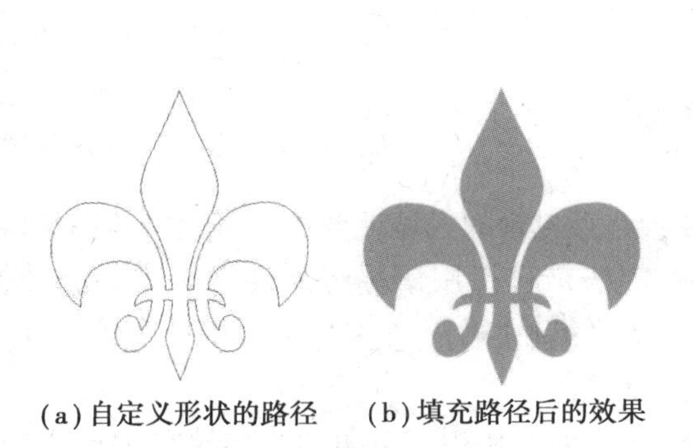

(a) 自定义形状的路径　(b) 填充路径后的效果

图 11.27 填充路径

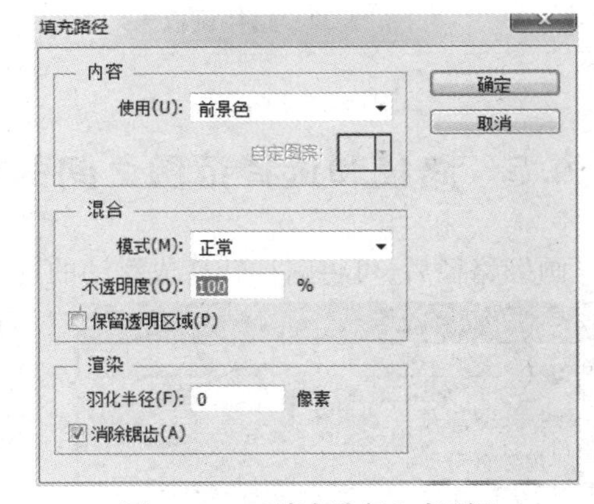

图 11.28 “填充路径”对话框

在“内容”一栏中，可在“使用”后面的弹出菜单中选择不同的填充内容（此处选择“前景色”）。在“混合”一栏中，在“模式”后面选择所需的填充色和底色的作用方式；可在“不透明度”后面的数据框中输入相应的数值；“保留透明区域”选项只有在用到图层时才可选择。在“渲染”栏中“羽化半径”后面的数据框输入数值，数值越大，边缘晕开的效果越明显（此处设定数值为 5）；选中“消除锯齿”选项，可使边缘平滑。所有设置完毕后单击“确定”按钮，结果如图 11.29(a) 所示。在路径调板上单击空白处，将路径关闭后的效果如图 11.29(b) 所示。

对于一些有重叠的路径，在执行“填充路径”命令后，可得到镂空的效果，如图 11.30 所示。

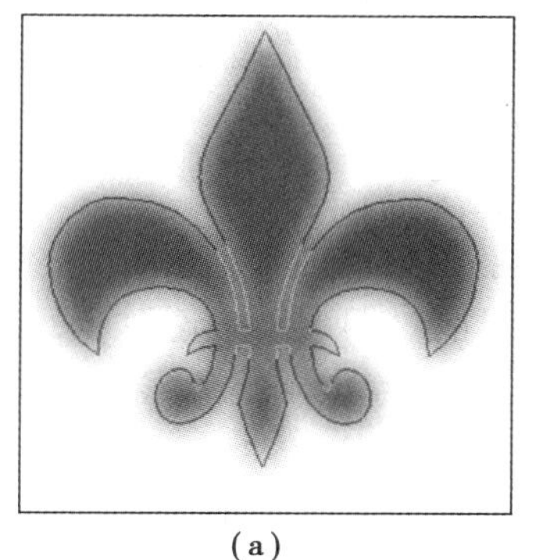
(a)

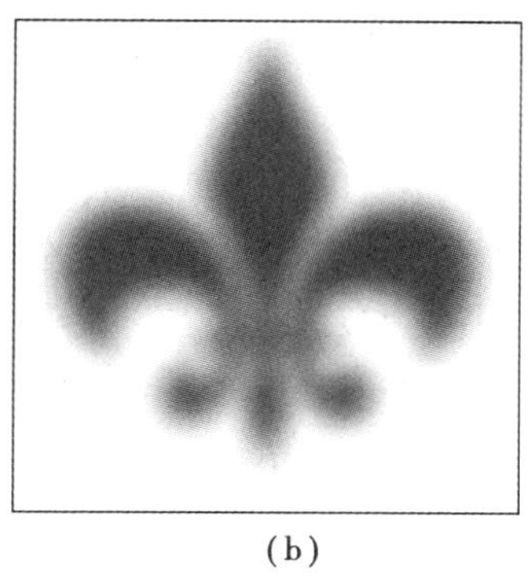
(b)

图 11.29 改变羽化值后的晕开效果

图 11.30 填充路径后的镂空效果

11.4.7 描边路径

图 11.31 描边路径

描边路径和工具箱中所选的工具及画笔的大小和形状有关。例如,要制作一些简单的发光效果就可在选择不同的画笔及颜色后,多次重复使用“描边路径”命令来实现。

(1)在路径调板右上角的弹出菜单中选择“描边路径”命令,或在按住〈Alt〉键的同时单击路径调板中的图标,都会弹出“描边路径”对话框,如图 11.31 所示。

(2)在使用“描边路径”命令前,需要先对描边的工具进行各项设定。例如,若选择画笔工具进行描边操作,首先在工具箱中选择画笔工具,然后在“画笔”调板中选择画笔的大小,如果要加一个柔柔的边,就选择较软的画笔。

11.5 文字处理

使用文字工具可以给图像加入各种字体的文字或字体图案。文字工具共有 4 个,分别是横排文字、直排文字、横排文字蒙版、直排文字蒙版。

11.5.1 文字工具的选项栏

文字工具提供了许多有关输入文字和文字外形的选项,在添加文本前应当先熟悉它们的作用。选择工具箱中文字工具,文字工具的属性栏显示在屏幕上,如图 11.32 所示。

图 11.32　文字工具的属性栏

在图中有 4 种工具可供选择，使用(T)工具时，表示输入水平文字；当使用(IT)工具时，表示输入垂直的文字，在文字图层属性调板中会自动出现相应的文字图层；使用(T)工具，在图像中单击，同样会出现输入符，但整个图像会被蒙上一层半透明的红色，相当于快速蒙版，可以直接输入文字，并对文字进行编辑和修改，单击其他工具，蒙版状态的文字会转换为虚线的文字边框，相当于创建的文字选区；使用(IT)工具，表示创建垂直的文字选区。

选择其中的一种，进行文字输入。

输入文字后，要对文字的属性(包括字符属性、段落属性)进行设置。字符的属性包括文字的字体、大小、样式和字距等，段落属性包括段落的编排、对齐和定位等。

其中，“消除锯齿”选项控制字体边缘是否带有羽化效果，一般如果字号较大的话应开启该选项以得到光滑的边缘，这样文字看起来较为柔和。但不适于较小的字号，这是因为较小的字本身的笔画就较细，在较细的部位羽化就容易丢失细节，此时关闭消除锯齿选项反而有利于清晰地显示文字。

11.5.2　文字输入

在工具箱中单击“横排文字工具”可以在图像中添加横排格式的文本，使用方法如下：

①打开要编辑的图像文件，在工具箱中单击“横排文字工具”。

②在横排文字工具选项栏中设置文字基本属性。

③在图像上需要加入文字的地方单击鼠标，则该位置出现闪动的光标，即可输入文字，如图 11.33 所示。

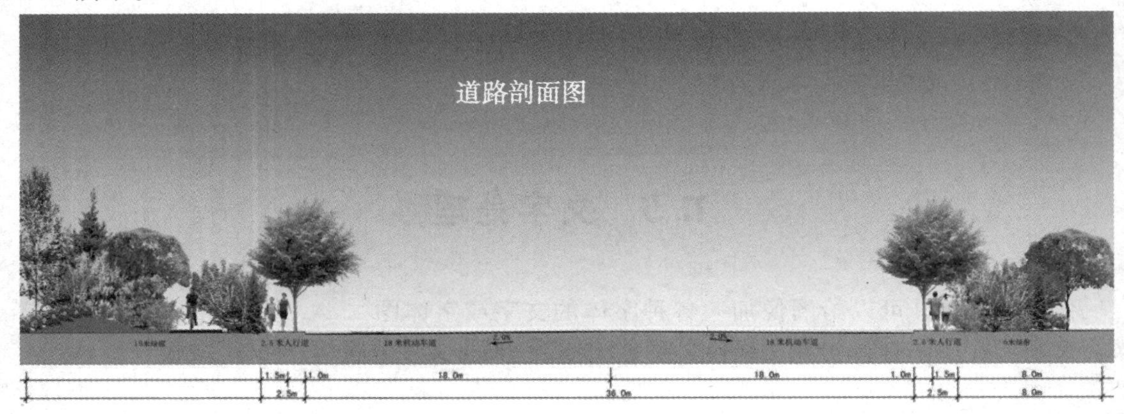

图 11.33　文字输入

④在图像窗口中按住鼠标左键并拖曳出一个矩形框，在矩形框中输入文本就可以完成段落文本的输入。

⑤输入文字过程中，“横排文字工具”选项栏上会出现图标⊘✓，单击✓完成输入，单击⊘取消输入。

11.5.3 文字编辑

如果要设置文字的更多属性,可以选择【窗口】|【字符】和【窗口】|【段落】菜单命令或直接单击文字属性栏中的"切换字符和段落调板"图标。

1)设置文字格式

在"字符"调板中可以设置文字的属性,即文字的字体、样式、大小、字距等。

设定文字字体与大小的步骤如下:

①使用"横排文字工具"选中要改变的文字。

②在"字符"调板中(也可直接从"横排文字工具"选项栏中)设置,从调板中的字体下拉列表中选择字体类型。

③在图标下拉列表中选择字符大小,或者直接在文本框中输入数值。

2)改变文字颜色

输入文字的颜色取自当前的前景色,也可以在输入文字之前或之后更改文字颜色。在编辑现有文字图层时,可以更改图层中个别选中字符或全部文字的颜色。

单击选项栏或"字符"调板中的"颜色"选区框,并使用拾色器选择颜色即可改变文字颜色。

3)设置段落属性

可以将文字与段落的一端对齐(对于横排文字是左、中或右对齐,对于直排文字是上、中或下对齐)以及将文字与段落两端对齐。对齐选项适用于点文字和段落文字;对齐段落选项仅适用于段落文字。设置段落属性主要通过"段落"调板。

(1)文字段落对齐

①选择要影响的段落。

②在"段落"调板或选项栏中,单击对齐选项。

(2)文字段落缩进与间距　缩进指定文字与定界框之间或与包含该文字的行之间的间距量。缩进只影响选中的段落,因此可以很容易地为多个段落设置不同的缩进。

①选择要影响的段落。

②在"段落"调板中,为缩进选项输入一个值。对于横排文字,首行缩进与左缩进有关;对于直排文字,首行缩进与顶端缩进有关。要创建首行悬挂缩进,请输入一个负值。

4)变换文字

输入文本后会自动产生一个文本图层,对这个文本图层可以进行缩放、旋转、翻转和变形等变换操作,通过这些操作可以产生各种不同的文字效果。

(1)缩放　在输入完文本后,可以对文本进行缩放变换,使文本放大或缩小,具体操作步骤如下:

①使用"横排文字工具"输入文字。

②选中文本图层,选择【编辑】|【变化】|【缩放】命令,放大或缩小文本。

(2)旋转和翻转　选择【编辑】|【变化】|【旋转】命令,可以旋转文本,其操作步骤与执行"缩放"命令相似。

(3)变形　可以使文字产生变形的效果,可以选择变形的样式及设置相应的参数。需要注意的是其只能针对整个文字图层而不能单独针对某些文字。如果要制作多种文字变形混合的效果,可以通过将文字分次输入到不同文字层,然后分别设定变形的方法来实现。

如要制作如图 11.34 所示变形效果,操作步骤为:

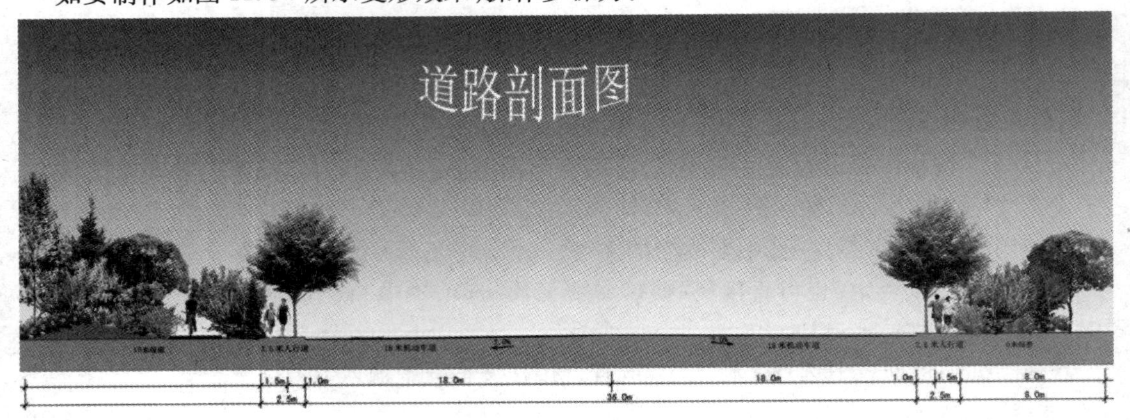

图 11.34　文字变形

①输入"道路剖面图"4 个字。

②在文字工具的选项栏中选取建立变形文字 命令。

③在弹出的"变形文字"对话框中选择所需样式,这里选择"下弧"样式。

④通过调整"弯曲""水平扭曲""垂直扭曲"滑块,进行文字变形调整,完成后按下"确定"按钮。

案例实训

1)目的要求

通过实训掌握 Photoshop 的基本操作方法以及为园林效果图添加配景的技术,初步掌握园林效果图处理的一般步骤。

2)所需素材

本书配套光盘本章文件夹中的文件。

3)方法步骤

①单击菜单栏中的【文件】|【打开】命令,打开本书配套光盘本章文件夹中"花园. tif"和"人物-1. psd"图像文件。

②单击工具箱中的"魔棒工具"按钮,在人物图像的蓝色区域单击鼠标左键,蓝色区域被全部选择,按〈Ctrl + Shift + I〉组合键,将选区反选。

③用"移动工具"将人物图像调入花园效果图场景中,并使"人物-1"所在层位于花园所在层的上面,图像效果如图 11.35 所示。

图 11.35　拖曳到图像文件中的人物效果

图 11.36　添加人物配景的图像效果

④在“图层”面板上，将“人物-1”所在层命名为“图层 1”。选择【编辑】|【自由变换】菜单命令，将人物缩放一定的比例，并调整其位置，如图 11.36 所示。

⑤单击工具箱中的“缩放工具”按钮，将图像中的人物放大到如图 11.37 所示的效果。

图 11.37　视图缩放

图 11.38　扭曲变形后的影子效果

⑥在“图层”面板中，将“图层 1”拖曳到“创建新的图层”按钮上，将“图层 1”复制一层，将复制层命名为“图层 1 副本”，然后将“图层 1 副本”层拖到“图层 1”的下方。

⑦按住〈Ctrl〉键，在“图层”面板上，单击“图层 1 副本”层，则人物图像被选取。

图 11.39　模糊并调整透明度后的影子效果

⑧将工具箱中的前景色设置为黑色，按住〈Alt + Delete〉快捷键，选区被填充为黑色。

⑨单击菜单栏中的【编辑】|【变换】|【扭曲】命令，调出扭曲变形框，用鼠标将图像调整到如图 11.38 所示的形态。单击〈Enter〉键，确认变形操作，然后按〈Ctrl + D〉快捷键，取消选区。

⑩单击菜单栏中的【滤镜】|【模糊】|【高斯模糊】命令，在弹出的“高斯模糊”对话框中设置各项参数。在“图层”面板中，将“图层 1 副本”层的“不透明度”值调整为 60，图像效果如图 11.39 所示。

⑪运用同样的方法，打开本书配套光盘本章文件夹中“儿童-1. psd”“儿童-2. psd”“儿童-3. psd”“人群-1. psd”图像文件，分别将它们加入花园效果图场景中。

至此，人物配景就制作完成。

4)考核标准

考核项目	分 值	考核标准	得 分
工具的应用	30	掌握各种工具的操作步骤	
熟练程度	20	能在规定时间内完成绘制	
灵活应用	30	能综合运用多种工具绘制	
准确程度	20	透视关系正确、画面真实	

复习思考题

1. 选框工具、套索工具、魔棒工具在选取图像操作时有什么异同?
2. 图层操作有什么作用和意义?
3. 应用路径工具建立选区有什么特点?
4. 怎样打开“图层样式”对话框?
5. 怎样改变图层混合模式?
6. 练习使用“选择”菜单处理图像的操作。

12 效果图处理方法

【知识要求】

- 掌握图像色彩调整的方法；
- 掌握修复工具、图章工具、橡皮擦工具和修饰工具等常用工具的使用方法；
- 掌握滤镜的安装和使用；
- 掌握设计底图的扫描处理以及园林素材库的建立方法。

【技能要求】

- 能熟练使用修复工具、图章工具、橡皮擦工具和修饰工具等常用工具处理园林效果图；
- 会在园林效果图处理中使用滤镜。

12.1 图像的色彩调整

图像色彩对于园林效果图非常重要，色彩可以烘托出效果图所要表现的环境和画面的意境。配景素材的调整、图纸的色调控制以及从 3ds Max 渲染输出的渲染图都需要使用色彩调整工具进行调整。

图像的色彩调整常用的方法是从【图像】|【调整】子菜单中选取一个命令，此方法可以永久改变现用图层中的像素。

在对园林效果图进行处理的过程中，常用“色阶”及“曲线”调整中间调，“色彩平衡”对话框的灰度吸色器有助于除去偏色，可以对全图进行色彩校正。另外，可以使用“色相/饱和度”命令对特定选择区及颜色范围进行校正。如果需要在图像上增加某种颜色，则可以应用“色相/饱和度”对话框的“着色”命令对图像着色，也可应用绘画及编辑工具进行详细的色彩校正。限于篇幅，本书仅介绍在园林效果图处理中使用较多的几个命令的使用方法。

12.1.1 色相/饱和度

“色相/饱和度”命令可以调整整个图像或图像中单个颜色成分的色相、饱和度和明度，或者同时调整图像中的所有颜色，对于图像色相及饱和度的调整非常有效，此命令尤其适用于调整 CMYK 图像中的特定颜色，以便它们包含在输出设备的色域内。如果需要把图像整个或某个区域换色，“色相/饱和度”是最佳选择。

1)“色相/饱和度”命令的使用方法

①单击【图像】|【调整】|【色相/饱和度】菜单命令，即可调出“色相/饱和度”对话框，如图12.1 所示。

在对话框中显示有两个颜色条，它们以各自的顺序表示色轮中的颜色。上面的颜色条显示调整前的颜色，下面的颜色条显示调整如何以全饱和状态影响所有色相。

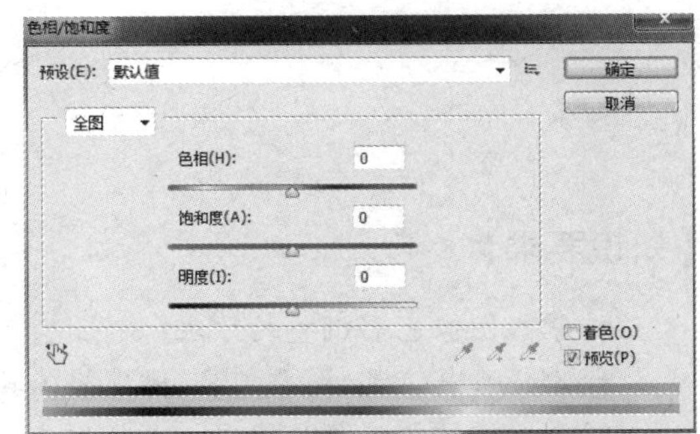

图 12.1 “色相/饱和度”对话框

②使用“编辑”弹出菜单选取要调整的颜色，选取“全图”可以一次调整所有颜色。

③对于“色相”，输入一个值或拖移滑块，直至出现需要的颜色。

④对于“饱和度”，输入一个值或将滑块向右拖移增加饱和度，向左拖移减少饱和度。

⑤对于“明度”，输入一个值或者向右拖移滑块以增加明度（向颜色中增加白色），或向左拖移以降低明度（向颜色中增加黑色）。

2)“色相/饱和度”对话框中主要选项的作用

(1)“编辑”下拉列表框　用来选择“全图”（所有像素）和某种颜色的像素。

(2)“色相”“饱和度”和“明度”滑块及文本框　用来调整它们的数值。色相的数值范围是 -180 ~ +180，饱和度和明度的数值范围是 -100 ~ +100。

(3)两个彩条和一个控制条　两个彩条用来标示各种颜色，调整时下边彩条的颜色会随之变化。控制条上有 4 个控制块，用来指示色彩的范围，用鼠标拖曳控制条内的 4 个控制块，可以调整色彩的变化范围（左边）和禁止色彩调整的范围（右边）。

(4)3 个吸管按钮　单击按钮后，将鼠标指针移到图像或“颜色”调板上时，单击鼠标左键，即可吸取单击处像素的色彩。

(5)“着色”复选框　单击选中该复选框后，可以使图像变为单色、不同明度的图像。

12.1.2 图像的替换颜色调整

“替换颜色”命令用于在特定颜色区域上创建一个临时蒙版，以便在临时蒙版内进行色调、饱和度及亮度的调整，临时蒙版外的部分不被改变。使用“替换颜色”命令，可以创建蒙版，以

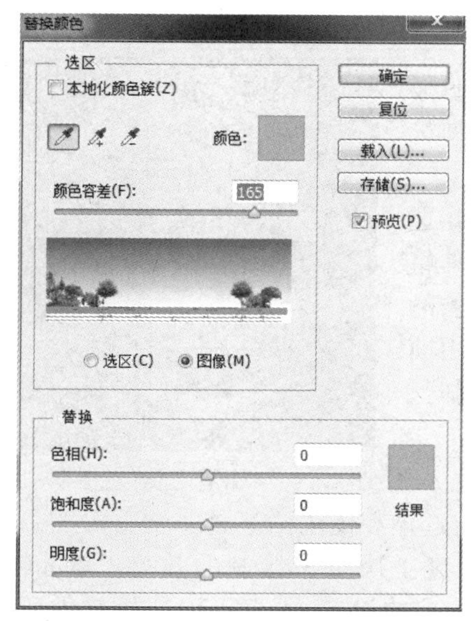

图 12.2　“替换颜色”对话框

选择图像中的特定颜色,然后替换那些颜色;可以设置选定区域的色相、饱和度和亮度;也可以使用拾色器选择替换颜色。由“替换颜色”命令创建的蒙版是临时性的。

替换颜色的操作方法如下:

①选取【图像】|【调整】|【替换颜色】菜单命令,“替换颜色”对话框,如图 12.2 所示。

②单击“替换颜色”对话框图像中的背景,确定要替换颜色的对象。

③调整“颜色容差”滑杆中的滑块,以确定颜色的容差。此操作可以改变临时蒙版的面积,如果临时蒙版还多或少一小部分,可以单击右边两个吸管工具图标之一,再单击图像中相应的部分,进行加和减蒙版。

④调整色相、饱和度和明度,以确定要替换的颜色,设置完成。

12.1.3　亮度/对比度调整

改变图像的亮度、对比度,使用方法如下:

单击【图像】|【调整】|【亮度/对比度】菜单命令,即可调出“亮度/对比度”对话框,如图 12.3 所示。对话框中各选项的作用如下:

(1)“亮度”滑杆　用鼠标拖曳滑杆上的滑块,可调整图像的亮度。

(2)“对比度”滑杆　用鼠标拖曳滑杆上的滑块,可调整图像的对比度。

12.2　常用工具

12.2.1　绘图工具

工具箱内的画笔工具组有两个工具:画笔工具和铅笔工具。

1)画笔工具

使用画笔工具可绘出边缘柔软的画笔效果,画笔的颜色为工具箱中的前景色。单击工具选项栏中画笔后面的预视图标或小三角,可出现一个弹出式调板,可选择预设的各种画笔,选择画笔后再次单击预视图标或小三角将弹出式调板关闭,如图 12.3 所示。

模式: 正常　不透明度: 100%　流量: 100%

图 12.3　“画笔工具”属性栏

2）铅笔工具

使用铅笔工具可绘出硬边的线条，如果是斜线，会带有明显的锯齿。绘制的线条颜色为工具箱中的前景色。在铅笔工具选项栏的弹出式调板中可看到硬边的画笔，如图12.4所示。

在铅笔工具的选项栏中有一个“自动抹掉”选项。选中此选项后，如果铅笔线条的起点处是工具箱中的前景色，铅笔工具将和橡皮擦工具相似，会将前景色擦除至背景色；如果铅笔线条的起点处是工具箱中的背景色，铅笔工具会和绘图工具一样使用前景色绘图；铅笔线条起始点的颜色与前景色和背景色都不同时，铅笔工具也是使用前景色绘图。

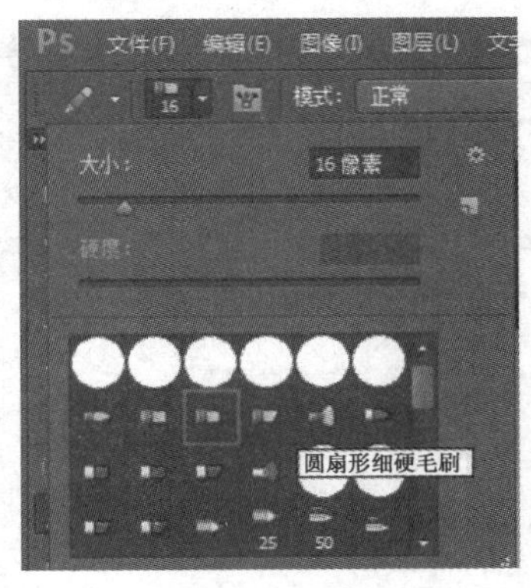

图12.4 “铅笔工具”对话框

3）画笔设置

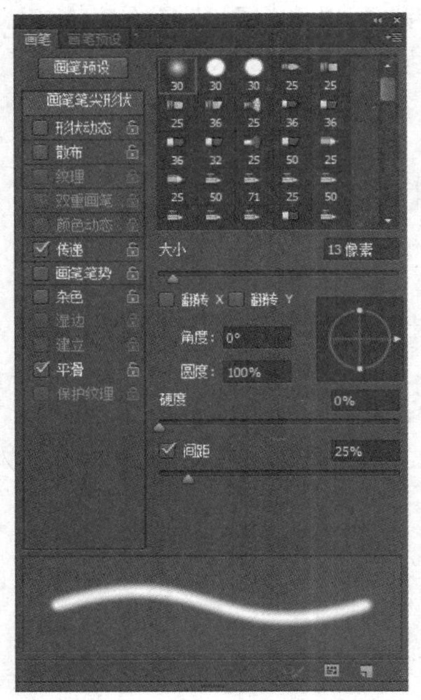

图12.5 “画笔调板”对话框

对于绘图编辑工具而言，选择和使用画笔是非常重要的一部分。所选择的画笔很大程度上决定了绘制的效果。Photoshop CS增加了更多的画笔选项的设定，不仅可以选择软件所附带的各种画笔设定，而且可以根据自己的需要创建不同的画笔，从而增强了Photoshop的绘画功能。绘图和编辑工具包括：画笔工具组、图章工具组、历史记录画笔工具组、橡皮擦工具组、模糊/锐化/涂抹工具组和加深/减淡/海绵工具组。

选择【窗口】|【画笔】命令或单击任何一个绘图编辑的工具属性栏右侧的图标，都可以调出画笔调板。用鼠标单击画笔调板左侧最上面的“画笔预设”，可看到如图12.5所示的画笔调板。

在画笔使用过程中，单击鼠标右键，会弹出简易的画笔调板，画笔调板的下方有一个可供预视画笔效果的区域。将鼠标放在某一个画笔上停留几秒钟，直到右下角出现文字提示框，然后移动鼠标到不同的画笔预览图上，随着画笔的移动，画笔调板下方会动态显示不同画笔所绘制的效果，可以选择不同的预设好的画笔，也可通过拖拉“主直径”上的滑钮改变画笔的直径，也可在数字框中直接输入数字改变画笔的直径(图12.6)。

在画笔调板原有画笔的基础上，可以任意地编辑和制定各种画笔，并能够做出许多特殊的笔触效果，对图像表达有很大的帮助，扩大了绘图时的操作空间和创作空间。现举例说明：

①新建一个空白文件，打开一幅矮牵牛的图片素材，将其拖入作图区。

②选择【编辑菜单】|【定义画笔预设】命令，出现如图12.7所示的“画笔名称”对话框，将名称改为“矮牵牛”，单击“确定”按钮。

图12.6 “画笔调板”主直径和硬度调整滑块

③选择画笔工具，将鼠标停留在作图区，则鼠标变为矮牵牛的轮廓线，保证前景色为黑色，在空白处单击，则出现矮牵牛图案，如图 12.8 所示。此时单击鼠标右键，在画笔调板中的画笔预览窗口的最后已经出现了矮牵牛的画笔样式，如图 12.9 所示。

图 12.7 “定义画笔预设”后出现的“画笔名称”对话框

图 12.8 “定义画笔预设”后画笔工具绘制的图案

图 12.9 “定义画笔预设”后出现了矮牵牛的画笔样式

12.2.2 修复工具组

工具箱内的修复工具组有 5 个工具：污点修复画笔工具、修复画笔工具、修补工具、内容感知移动工具和红眼画笔工具。在园林效果图处理中，常用的是前 3 个工具。

1) 污点修复画笔工具

利用污点修复画笔工具可以快速移去照片中的污点和其他不理想部分。在使用污点修复画笔工具时，只需要确定需要修复的图像位置，调整好画笔大小，点击鼠标就会在确定需要修复的位置自动匹配，所以在实际应用时比较实用，而且在操作时也简单。如图 12.10(a) 所示，如果想去除井盖，使之变为草坪的图案，只需将污点修复画笔工具的画笔大小调至比井盖稍大的尺寸，点击鼠标，就可达到目的。但是使用污点修复画笔工具需要注意，只有当需要去除的部位的面积小于周边均匀图案的面积时才可使用，因此常用来修复较小的污点和瑕疵。

(a)

(b)

图 12.10 “修复画笔工具”操作示例

2)修复画笔工具

修复画笔工具可以将图像的一部分或一个图案复制到同一幅图像其他位置或其他图像中。而且可以只复制采样区域像素的纹理到鼠标涂抹的作用区域,保留工具作用区域的颜色和亮度值不变,并尽量将作用区域的边缘与周围的像素融合。此工具可用于校正瑕疵,使它们消失在周围的图像中。修复画笔工具的用法:

按住工具箱中的"修复画笔工具"按钮不放,出现修复工具组,选择"修复画笔工具"。修复时,先按住〈Alt〉键,然后用鼠标点击样本,获取修复源后再松开,再在需要涂抹的地方进行涂抹。涂抹完毕后,可使涂抹的区域与周围的区域变得非常融合。

修复画笔工具的选项栏如图 12.11 所示。

图 12.11 "修复画笔工具"选项栏

在修复画笔工具的属性栏中可以调整修复画笔的大小、模式,以及调整修复源是图像自身的某一部分,还是现有的图案。如果采用样本作为源,则需按住〈Alt〉键,然后用鼠标单击样本,获取修复源。

例如,打开本书所附光盘中本章的"修图 1. jpg"图像文件,如图 12.10(a)所示,现需要将图中井盖部分删除。

操作方法:用鼠标单击"修复画笔工具"按钮,适当调整画笔直径大小,在按〈Alt〉键的同时用鼠标在井盖旁边的草坪上点击获取修复源,松开〈Alt〉键,按鼠标左键的同时在井盖部位涂抹,结果如图 12.10(b)所示,井盖处的草坪已经与周围融为一体。

3)修补工具

修补工具是修复画笔工具功能的一个扩展,可以将图像的一部分复制到同一幅图像的其他位置,而且可以只复制采样区域像素的纹理到鼠标的作用区域,保留工具作用区域的颜色和亮度值不变,并尽量将作用区域的边缘与周围的像素融合。通过使用修补工具,可以用其他区域或图案中的像素来修复选中的区域。像修复画笔工具一样,修补工具也会将样本像素的纹理、光照和阴影与源像素进行匹配。

修补工具的使用方法有些特殊,更像打补丁。例如上例中,需要将草地上的井盖抹掉,呈现单纯草坪的效果。首先用鼠标左键选择想更改的井盖区域(图 12.12(a)),然后将光标移动到选中区域中间,拖动这个选中的区域,拖到草坪处松开鼠标。刚才选中的区域的井盖,就会变成松开鼠标草坪的那个地方的图像,而且边缘和背景也是融合的(图 12.12(b))。

(a)

(b)

图 12.12 "修补工具"操作示例

12.2.3 图章工具组

工具箱内的图章工具组共有两个工具，分别是仿制图章工具和图案图章工具。仿制图章工具从图像中取样，然后将样本应用到其他图像或同一图像的其他部分。仿制图章工具的主要作用是能够把图像的某一部分或全部复制到图像的其他地方。

使用仿制图章工具复制图像的方法如下：

①打开两幅图像，如图 12.13 所示。下面将“树”图像的全部或一部分复制到“综合效果图”图像中。

注意：打开的两幅图像应具有相同的彩色模式。

(a)

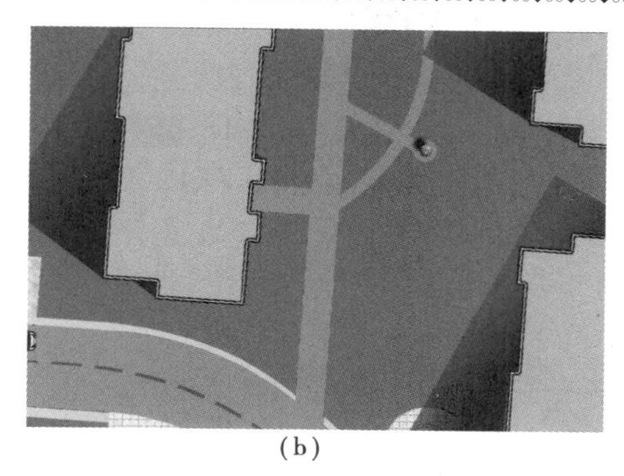

(b)

图 12.13 “图章工具”操作示例

②单击工具箱内的“仿制图章工具”按钮，其选项栏内的画笔、模式、不透明度等按默认设置。

③按住〈Alt〉键，同时用鼠标单击“树”图像的中间部分（此时鼠标指针变为图章形状），则单击的点即为复制图像的基准点（即采样点）。

④单击“综合效果图”图像画布窗口的标题栏，选中“综合效果图”图像画布窗口。在“综合效果图”图像内用鼠标拖曳，即可将“树”图像以基准点为中心复制到“综合效果图”图像中。

⑤多次重复步骤④的操作，复制后的图像如图 12.14 所示。

图 12.14 “图章工具”示例效果

图案图章工具与仿制图章工具的功能基本一样，只是它复制的不是以基准点确定的图像，而是图案。图案图章工具在使用前首先要定义图案，然后将图案复制到图像中。

12.2.4 渐变工具组

橡皮擦工具组中共包含 3 个工具：渐变工具、油漆桶工具和魔术橡皮擦工具。

1) 渐变工具

渐变工具用来填充渐变色，如果不创建选区，渐变工具将作用于整个图像。此工具的使用方法是按住鼠标键拖拉，形成一条直线，直线的长度和方向决定了渐变填充的区域和方向，拖拉鼠标的同时按住〈Shift〉键可保证鼠标的方向是水平、竖直或 45°。选择工具箱中的渐变工具，可看到如图 12.15 所示的工具属性栏。

图 12.15 “渐变工具”属性栏

(1) 选择渐变效果　单击渐变预视图标后面的小三角，会出现弹出式的渐变调板，如图 12.16 所示，在调板中可以选择一种渐变效果。

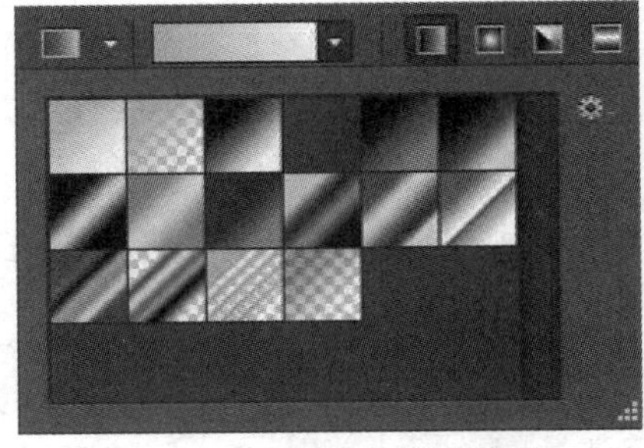

图 12.16 “渐变预示”对话框

(2) 选择渐变类型　在工具选项栏中，通过单击小图标，可选择不同类型的渐变。

- 线性渐变：可以创建直线渐变效果。
- 径向渐变：可以创建从圆心向外扩展的渐变效果。
- 角度渐变：可以创建颜色围绕起点，并沿着周长改变的渐变效果。
- 对称渐变：可以创建从中心向两侧的渐变效果。
- 菱形渐变：可以创建菱形渐变效果。

(3) “模式”“透明度”“反向”“仿色”和“透明区域”　在“模式”弹出菜单中选择渐变色和底图的混合模式；通过调节“不透明度”后面的数值改变整个渐变色的透明度；“反向”选项可使现有的渐变色逆转方向；“仿色”选项用来控制色彩的显示，选中它可以使色彩过渡更平滑；“透明区域”选项对渐变填充使用透明蒙版。

(4) 渐变编辑器　单击渐变工具属性栏中的渐变预视区域，弹出“渐变编辑器”对话框，如图 12.17 所示。

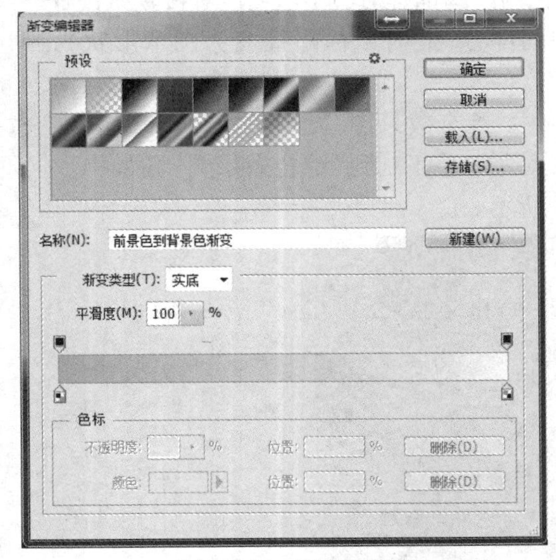

图 12.17 渐变编辑器

2) 油漆桶工具

油漆桶工具可根据像素的颜色的近似程度来填充颜色，填充的颜色为前景色或连续图案（油漆桶工具不能作用于位图模式的图像）。单击工具箱中的油漆桶工具，就会出现油漆桶工具选项栏，如图 12.18 所示。

前景 模式：正常 不透明度：100% 容差：32 消除锯齿 连续的 所有图层

图 12.18 油漆桶属性栏

(1)填充　有两个选项，即前景和图案。前景表示在图中填充的是工具箱中的前景色；选择图案选项时，可进行指定图案的填充。

(2)图案　填充时选中图案选项时，该选项才被激活，单击其右侧的小三角，在其后的“图案”弹出式调板中可选择不同的填充图案。

(3)模式　其后面的弹出菜单用来选择填充颜色或图案和图像的混合模式。

(4)不透明度　在其后的数值输入框中输入数值可以设置填充的不透明度。

(5)容差　用来控制油漆桶工具每次填充的范围，可以输入 0 ~ 255 的数值，数字越大，允许填充的范围也越大。

(6)消除锯齿　选择此项，可使填充的边缘保持平滑。

(7)连续的　选中此选项填充的区域是和鼠标单击点相似并连续的部分，如果不选择此项，填充的区域是所有和鼠标单击点相似的像素，不管是否和鼠标单击点连续。

(8)所有图层　选择该选项，可以在所有可见图层内按以上设置填充颜色或图案。

下面举例说明用油漆桶工具将黄色的花朵改变成粉色的花朵(图 12.19)的操作方法：首先设置好前景色为粉色，调整容差值为 50，去掉颜色连续的，调整不透明度为 50%，选择油漆桶工具，在花瓣上点击鼠标左键，效果如图 12.19 右图所示。

图 12.19 油漆桶工具使用

3)3D 材质拖放工具

3D 材质拖放工具是 Photoshop CS5 以后增加的工具，可以对 3D 文字和 3D 模型填充纹理效果，只能在 Photoshop 的 3D 模式下使用，3D 模式的切换在属性栏右侧的“选择工作区”进行。首先，打开“重庆大学出版社”文字素材，选择 Photoshop CS6 工具箱“3D 材质拖放工具”图标，在属性栏中选择材质(图 12.20)，如选择石砖材质，在后边显示所载入的材质名称。在 Photoshop CS6 图像中选择需要修改材质的地方，单击鼠标左键，将选择的材质应用到当前选择区域中。效果如图 12.21 所示。

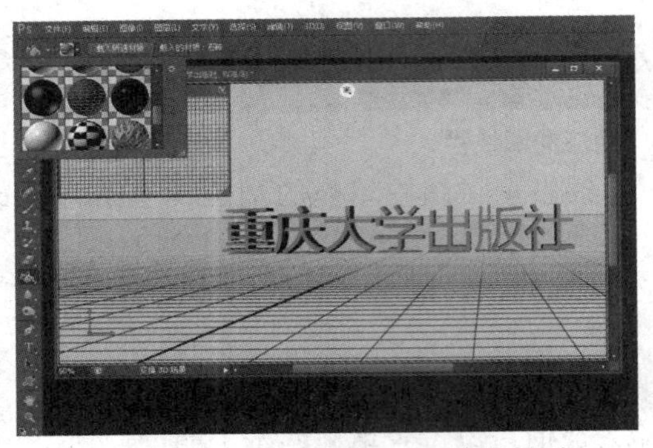

图 12.20 “3D 材质拖放工具”选择材质

图 12.21 文字上的材质

12.2.5 橡皮擦工具组

橡皮擦工具组中共包含 3 个工具:橡皮擦工具、背景色橡皮擦工具和魔术橡皮擦工具。

1)橡皮擦工具

橡皮擦工具的主要功能是擦除颜色,但擦除后的效果可能会因所在的图层不同而有所不同,当擦除图层不是背景层时,擦除过的区域变成透明,当擦除的图层是背景层时,擦除过的区域被背景色所填充。

橡皮擦工具的选属性栏如图 12.22 所示。

图 12.22 “橡皮擦工具”选项栏

“模式”下拉列表中的各项意义如下:

(1)画笔　橡皮擦工具使用画笔工具的笔刷及参数。

(2)铅笔　当此项被选中时,橡皮擦工具使用铅笔工具的笔刷及参数。

(3)块　当此项被选中时,橡皮擦使用方块笔刷。

不论使用哪一种笔刷,“抹到历史记录”复选框都是可用的。当“抹到历史记录”复选框被选中时,可以随意将修改过的图像全部或部分恢复到任意一个历史状态。

2)背景色橡皮擦工具

背景色橡皮擦工具可以专门作为擦除指定颜色的擦除工具,这个颜色称为标本色,使用它可以进行选择性擦除。

使用“背景色橡皮擦工具”擦除图像的方法与使用“橡皮擦工具”擦除图像的方法基本一样,只是擦除背景图层的图像时,擦除部分呈透明状,不填充任何颜色。

“背景色橡皮擦工具”的选项栏如图 12.23 所示,利用它可以设置橡皮的画笔形状、不透明度和动态画笔等。前面没有介绍过的一些选项的作用如下:

图 12.23 “背景色橡皮擦工具”选项栏

(1)“限制”下拉列表框　用来设定画笔擦除当前图层图像时的方式。

(2)“容差”　它与“魔棒工具”的选项栏中的“容差”文本框的作用基本一样,用来设置系统选择颜色的范围,即颜色取样允许的彩色容差值。

(3)“保护前景色”复选框　选择该复选框后,将保护与前景色匹配的区域。

(4)“取样”下拉列表框　用来设置取样模式。

3)魔术橡皮擦工具

魔术橡皮擦工具与魔棒工具的原理一样,能够选取一定的图像范围,并能够把选区的内容擦除。使用该工具在图像上单击,可以将图像中颜色相邻且相近的区域擦除。

魔术橡皮擦工具选项栏上的参数比魔棒工具选项栏中多了一个“不透明度”,其他均相同。“不透明度”选项用于控制工具的擦除力度,值越大被擦的区域越透明。

12.2.6 修饰工具组

在工具箱内的修饰工具分别放置在两个工具组中,共有6个工具。

1)模糊工具

模糊工具是利用降低图像相邻像素之间的反差,使图像的边界或区域变得柔和,产生一种朦胧的效果。模糊工具属性栏如图12.24所示。

13　模式:　正常　强度:　50%　对所有图层取样

图12.24 “模糊工具”选项栏

在模糊工具选项栏中,“强度”带滑块的文本框是用来调整压力大小的,压力值越大,模糊的作用越大。

2)锐化工具

锐化工具和模糊工具恰好相反,它增大图像相邻像素间的反差,使图像看起来更清晰明了。该工具的选项栏与模糊工具选项栏完全相同,这里不再重复介绍。

使用模糊工具时,按住〈Alt〉键则会变成锐化工具,反之亦然。

3)涂抹工具

涂抹工具可以用于模拟手指搅拌绘图的效果,使用该工具能把最先单击处的颜色提取出来,并与鼠标拖动过的地方的颜色相融合。当在图像上按住鼠标左键移动时,能够在画笔经过的路线上形成连续的模糊带。涂抹的大小、软硬程度等参数可以通过工具选项栏进行选择。

在涂抹工具选项栏中,多了一个“手指绘画”,其他选项与前面的模糊工具和锐化工具相同。选中“手指绘画”复选框,拖动鼠标时,涂抹工具使用前景色与图像中的颜色相融合;如果不选,该工具使用的颜色来自于每次单击处。

4)减淡工具

减淡工具的作用是使图像的亮度增加,使图像变淡。减淡工具的属性栏的作用如下:

(1)“范围”下拉列表框　它有3个选项,“暗调”对图像的暗色区域进行亮化,“中间调”对图像的中间色调区域进行亮化,“高光”对图像的高亮度区域进行亮化。

(2)“曝光度”带滑块的文本框　用来设置曝光度大小,取值在1%~100%。

在制作园林水体时,当需要根据光照方向适当加亮某部分时,可以使用该工具进行处理。

在使用该工具前应先设定该工具的笔刷，同时在其工具选项栏中设定“曝光度”大小。

5）加深工具

加深工具的作用是使图像的亮度减小，使图像变模糊。由于其使用方法与减淡工具相同，这里不再重复介绍。

6）海绵工具

海绵工具的作用是使图像的色彩饱和度增加或减小，能够像海绵一样吸附色彩或者增添色彩，使图像的色彩减淡或者加深。

当需增加颜色浓度时，在工具属性栏中的“模式”中选择“加色”，否则选择“去色”。

12.3 滤　镜

滤镜插件是 Photoshop 的功能扩展模块，其实质是将整幅图像或选区中的图像进行特殊处理，将各个像素的色度和位置数值进行随机或预定义的计算，从而改变图像的形状。这些插件可以十分方便地嵌入 Photoshop 程序中，大大增强了 Photoshop 的图像处理功能，用户利用它们可以十分轻松地制作出惊人的特殊效果。

Photoshop 系统默认的滤镜均放在“滤镜”菜单中。另外还可以使用外部滤镜（也称为外挂滤镜），例如，KPT、EyeCandy、Aurora、ShadowLab 和 GalleryEffects 滤镜等。

KPT 是由 Meta Tools 公司开发的滤镜插件软件包，它包含大量可插入 Photoshop 的滤镜插件，现已有众多版本。EyeCandy 是在 BlackBox 的基础上发展起来的一套滤镜插件软件包，它包含多个可插入 Photoshop 滤镜插件。GalleryEffects 是一套由 Adobe 公司开发的滤镜插件软件包，分有多个卷。

12.3.1 滤镜的一般使用方法

若要使用滤镜，可以从“滤镜”菜单中选取相应的子菜单命令。

①要把滤镜插件运用于层的一个区域，就必须先选定一个选区。若要把滤镜运用于整个层，就需要使层中没有选区存在。

②在滤镜菜单中选择滤镜，这时如果这种滤镜有对话框，对话框会弹出，然后在该对话框中设置选项。有些滤镜也可能没有参数选择。

③点击“OK”按钮，就可运用滤镜。

④重复使用刚刚使用过的滤镜：当刚刚使用过一次滤镜后，在“滤镜”菜单中的第一个子菜单命令是刚刚使用过的滤镜名称，其快捷键是〈Ctrl + F〉。

⑤如果对话框包含预览窗口，则使用下列方法预览效果：

如果对话框包含滑块，则在拖移滑块的同时按住〈Alt〉键，可看到该效果的实时预览（实时渲染）。如果“预览”选项可用，则选择该选项，预览整个图像的滤镜效果。

⑥使用“滤镜库”，可以累积应用滤镜，并应用单个滤镜多次，如图 12.25 所示。还可以重

新排列滤镜并更改已应用的每个滤镜的设置，以便实现所需的效果。

在使用滤镜插件之前，某些滤镜插件允许预览滤镜插件在激活层上的效果。因为运用滤镜插件（尤其对于大的图像）需要消耗很多的时间，使用预览选项可以节省时间并阻止不满意的效果，或者选择小范围的图像进行试用，满意后再大面积应用。

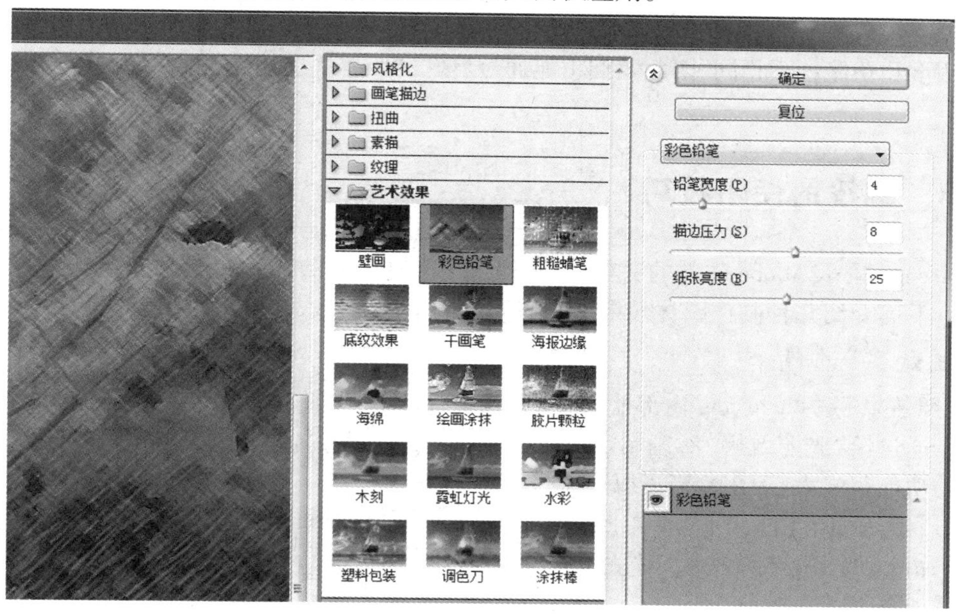

图 12.25 “滤镜库”对话框

12.3.2 安装外部滤镜

KPT、EyeCandy 和 GalleryEffects 都是外部滤镜，需要安装后才可以在 Photoshop 中使用。一般外部滤镜的安装方法很简单，只要执行这些外部滤镜的安装程序，再按照安装提示一步步往下执行即可。安装外部滤镜的关键是指定滤镜文件存放的文件夹，一般应将滤镜文件安装在 Photoshop 目录下的 Plug-Ins 文件夹中。下面以 KPT7 为例示范外部滤镜的安装方法。

运行 Setup. exe 开始安装 KPT7，按安装程序的提示输入序列号（图 12.26），选择安装的文件夹（图 12.27），复制文件后安装完成。

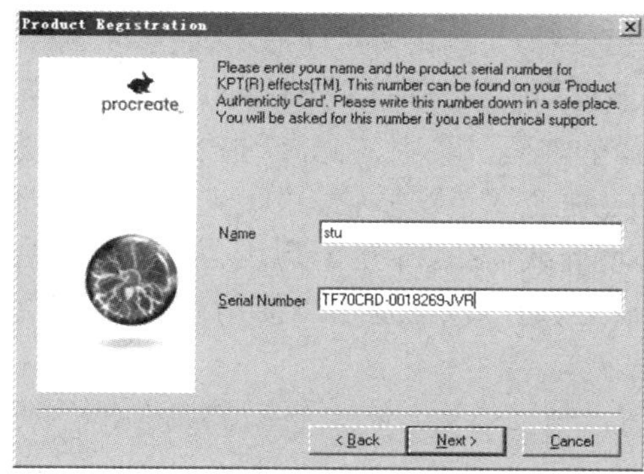

图 12.26 输入安装序列号

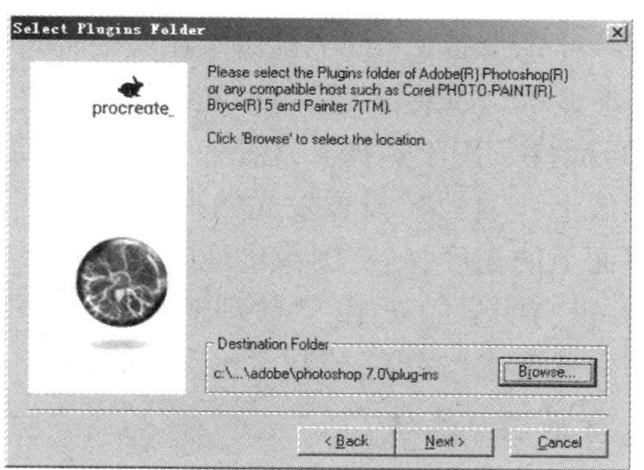

图 12.27 “选择安装文件夹”对话框

安装完成后启动 Photoshop 就会发现在“滤镜”菜单中多出了一个“KPT Effect”的子菜单，在这个子菜单中包含了 KPT7 的 9 个滤镜。

在使用 KPT 滤镜前，有必要对它的特点作些了解。与其他软件的升级方式有所不同的是，KPT 是一组系列滤镜，每个系列都包含若干个功能强劲的滤镜，目前的系列有 KPT3、KPT5、KPT6 以及 KPT7。虽然版本号上升，但是这并不意味着后面的版本是前面版本的升级版，每个版本的侧重和功能各不相同，因此我们不能通过看它的版本决定该滤镜是否过时。

12.3.3 滤镜的使用技巧

Photoshop 秉承 Adobe 软件的一贯风格，提供了丰富多彩的滤镜功能，大部分滤镜的用法都很简单。下面介绍几种制作园林效果图常用滤镜的使用方法，希望能起到抛砖引玉的作用。

1)“光照效果”滤镜

“光照效果”是 Photoshop 内部滤镜，能够给一幅图像增加一个光照的效果，形成特殊的光影效果。通过给“光照效果”滤镜制定纹理，能够给目标图像加上立体效果，使图像形成阴影。该滤镜的功能很强大，运用恰当可以产生极佳的效果。

单击【滤镜】|【渲染】|【光照效果】菜单命令，调出“光照效果”对话框，参数设置如图 12.28 所示。

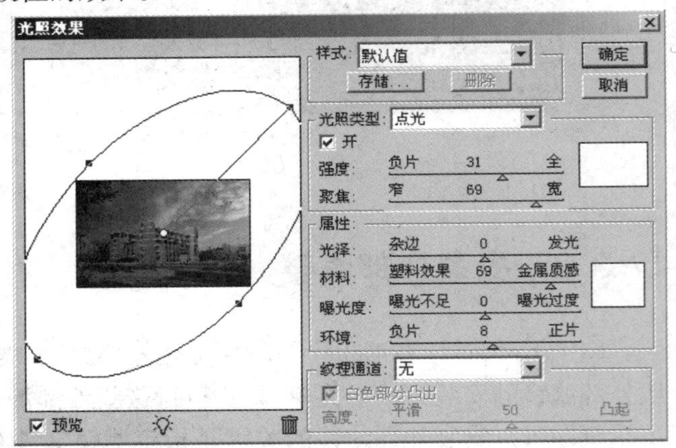

图 12.28 “光照效果”滤镜对话框

(1)样式　共有 17 种不同样式可供选择。这个下拉式列表中选择不同的设置能够实现各种效果。

(2)光照类型　有两种光线类型。点光源是一种椭圆投影，能够单击并拖动来定义光线的投影。代表窗口中的椭圆中心是其的作用地区。线表示光线的方向，单击并拖动方向线来确定方向。全光源光线没有方向性，因为它表示太阳光，光线来自于四面八方。

拖动代表框的中心可移动光线，拖动图上 4 点中的任一点可以增加或减少在图像中的作用距离。每一种光线都有不同的性质。在一个时间里只有一种光线在窗口中显示，而多光线效应则在背景图像显示。如果要关闭一种光线效应，可在光照类型中的“开”检查框中的标记勾选掉。

(3)属性　用于选择光线如何作用于活动图像的表面。其中，“光泽”控制有多少“热点”被加到图像上。“材料”设置发光的高亮处是塑料的还是金属色彩质感。“曝光度”控制光线照在图像表面上的亮度，确定图像出现的反差度。“环境光线”来自于屏幕周围，从其他的物体反射过来，并没有明显的来源。“纹理通道”可以选择通道，通过该通道可以使用光照效果滤镜来读入图像对比度。“高度”控制对比度的大小。

2)“天空效果”滤镜

天空效果(SkyEffects)滤镜是 KPT6 中的一个滤镜，可以用来制作效果图的天空背景。操作步骤如下：

①创建一个新图层，并将其填充为白色或其他颜色。

②启动 SkyEffects 滤镜，单击【滤镜】|【KPT6】|【KPT SkyEffects】。

③选择天空类型、合理设置参数，如图 12.29 所示，单击“OK”确定。

3）“ShadowLab”滤镜

EyeCandy（媚眼）滤镜是 Alien Skin 公司的产品，ShadowLab 是其中的一个滤镜，适合用来制作园林效果图中的树木阴影，使用方法如下：

①打开树木的图像文件，去除材质背景，转换成 RGB 模式。

②扩大画布，预留出为树木做阴影的空间。

③单击【滤镜】|【Eye Candy 4000】|【ShadowLab】，启动 ShadowLab 滤镜。

④设置阴影参数，如图 12.30 所示，单击“OK”确定。

⑤把处理完毕的树木插入效果图中。

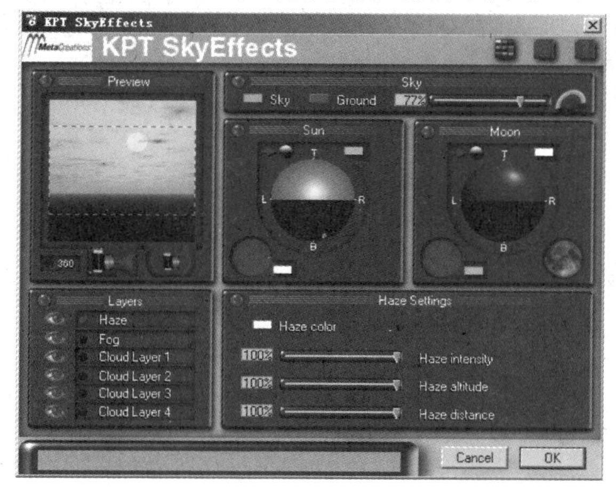

图 12.29 “SkyEffects”滤镜

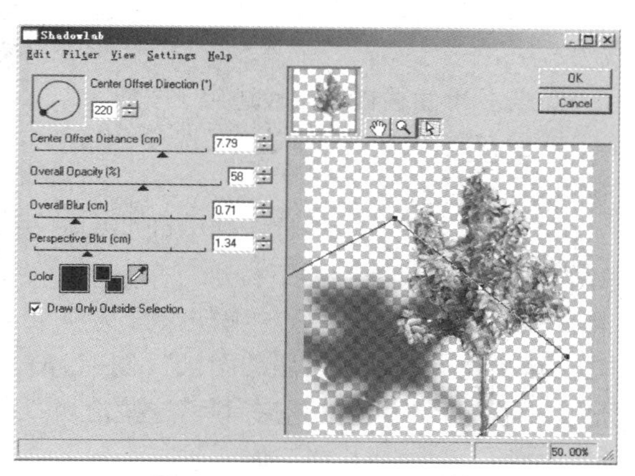

图 12.30 “ShadowLab”滤镜

12.4 园林设计素材的收集与加工

在制作效果图的过程中需要使用大量的材质，如树木、人物、地面铺装、墙面贴图等，要不断积累和丰富素材库才能满足工作的需要，素材的整理一般包括收集、加工、存储等步骤。

12.4.1 收集素材

使用数码相机拍摄、存储为图像文件，然后输入计算机中形成材质素材文件，是目前常用的收集素材的方法。拍摄素材时要注意将素材主体拍摄完整，并尽量使素材的轮廓清晰，与背景形成较强的对比，以方便抠图。收集的材质素材要有比较高的分辨率，要能够满足图样输出时的打印分辨率要求，扫描素材照片或图片的分辨率应控制在 300 dpi 以上，数码相机拍摄也要用较高的分辨率才能满足要求。

12.4.2 抠图

去除素材主体(如树木)周围的景物,将其抠出来,称为抠图。Photoshop 的抠图功能非常强大,方法也很多,要根据素材的边界清晰程度选择不同的抠图方法。下面举例说明几种常见的方法。

1)快速选择法

图 12.31 为一幅边界相对清晰的浮雕,我们现在要把浮雕抠出来,操作步骤如下:

图 12.31 浮雕素材原图

①单击“快速选择”工具,在属性栏将点击“添加到选区”,画笔直径调至 100 左右,在浮雕区域点击,直到浮雕区域全部被选中。选择中如不小心选多,再“从选区减去”。

②点击属性栏的“调整边缘”按钮,或单击鼠标右键,选择“调整边缘”选项,出现“调整边缘”对话框。

③点击“调整边缘”对话框中的“选择视图模式”小窗口右侧的下拉小三角,选择“黑底”(图 12.32),在下方“输出到”选项中选择“新建带有图层蒙版的图层”(图 12.33),其他一系列的选项可以根据图像设置。比如平滑边缘或者羽化等设置,左右调动这些滑块 ,直到你认为满意,然后点击确定。效果为透明背景的浮雕。

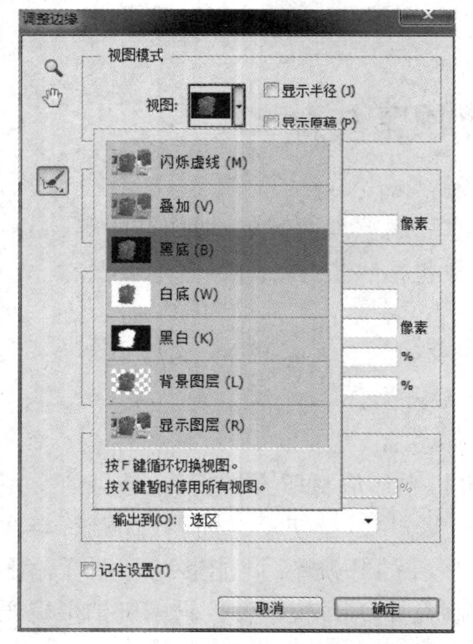

图 12.32 “视图”中选择“黑底”

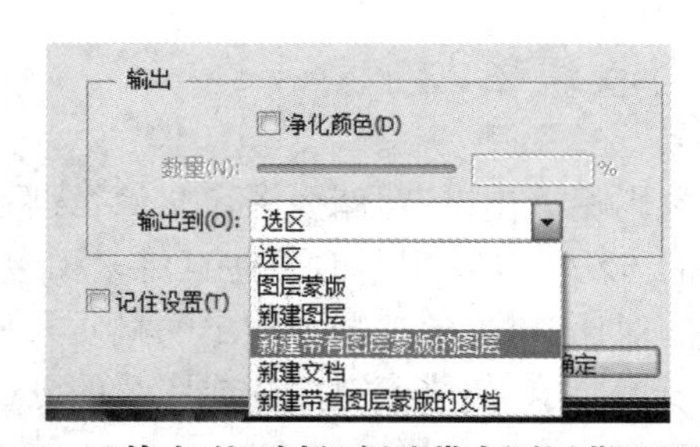

图 12.33 “输出到”选择“新建带有图层蒙版的图层”

④用“橡皮擦”擦除局部未完全去除的背景,完成抠图(图 12.34)。

2)磁性套索工具抠图

如图 12.35 所示,荷花的色彩和绿色的背景色彩反差较大,而且轮廓清晰简洁,这种情况可以用“磁性套索工具”直接抠图。

①点击“磁性套索工具”,沿荷花边界移动鼠标(图 12.35),遇到边界不够清晰的局部手动点击边界,最后回到起始点处套索自动闭合为选区。

②按〈Ctrl + J〉键,复制选区并形成一个新图层。

③将底图图层删除,荷花则出现在了透明的背景上(图 12.36)。

图 12.34　透明背景的浮雕

图 12.35　磁性套索自动捕捉到荷花的边界

图 12.36　荷花抠图完成

3)钢笔工具抠图

如图 12.37 所示,景石的色彩和背景色彩有些反差不大,这种情况用前两种方法无法快速完成,可以用“钢笔工具”直接抠图。

①点击“钢笔”工具,沿荷花边界移动鼠标,最后回到起始点处自动闭合。

②按〈Ctrl + Enter〉键,将路径转化为选区。

③按〈Ctrl + J〉键,复制选区并形成一个新图层。

④将底图图层删除,景石则出现在了透明的背景上(图 12.38)。

4)色彩范围抠图

如图 12.39 所示,红色的雕塑和绿色的背景色彩反差较大,但雕塑的边缘轮廓细碎,而且中间存在大量的缝隙,这种情况适合用“色彩范围”的方法进行抠图。

①点击前景色,用吸管吸取树木区域的绿色。

②用画笔工具涂抹常绿树缝隙中的红色建筑的部分,只留下雕塑的红色。

③点击【选择】菜单|【色彩范围】,出现色彩范围对话框(图 12.40)。将颜色容差设置在 40 左右;在“吸管”选项中点击“添加到取样”,在图像红色区域的不同位置多次点击,直到在预览窗口中看到雕塑部分全部出现为止(图 12.41)。点击“确定”按钮,则红色雕塑周围出现选

中的蚂蚁线选区。

图 12.37　景石抠图原图

图 12.38　景石抠图完成

图 12.39　雕塑抠图原图

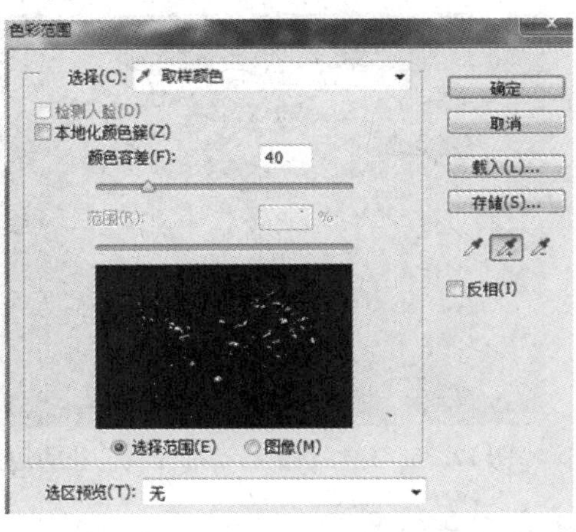

图 12.40　"色彩范围"对话框

图 12.41　在红色区域取样

图 12.42　雕塑抠图完成

④按〈Ctrl + J〉键,复制选区并形成一个新图层。

⑤将底图图层删除,蝴蝶雕塑则出现在了透明的背景上(图 12.42)。

12.4.3 存储

存储为 Photoshop 专用 PSD 格式文件或 PNG 格式文件。

存储为 PSD 格式,可以保持图像的透明背景,在 Photoshop 中使用时可直接拖入到效果图窗口中,也不必像其他类型的文件那样需要先去除背景,但是这种格式文件较大,不便于存储;PNG 格式的图片则可节省存储空间,因此是目前最为常用的素材存储格式。

案例实训

1)目的要求

掌握 Photoshop 中常用工具、滤镜、图像菜单中调整命令的使用方法,以及利用 Photoshop 制作园林效果图中背景的方法技巧。

2)方法步骤

①打开本书配套光盘本章文件夹中的"实训修图原图",运用所学修图工具将画面中的两个蓝色标示牌去除,完成的最后结果如图 12.43 所示。

图 12.43 修图的最后效果

②通过拍照搜集一张开花灌木的照片,将其背景去除,改为透明背景,并保存为 PNG 格式。

3）考核标准

考核项目	分　值	考核标准	得　分
工具的应用	30	掌握各种工具的操作步骤	
熟练程度	20	能在规定时间内完成绘制	
灵活应用	30	能综合运用多种工具绘制，能举一反三	
准确程度	20	绘制完成的图形正确	

复习思考题

1. 修复工具和图章工具有什么异同？
2. 橡皮擦工具和背景橡皮擦工具有什么异同？
3. 什么是外部滤镜？如何安装与使用外部滤镜？
4. 滤镜在园林效果图后期处理中可以产生哪些效果？举例说明。
5. 如何建立园林设计素材库？

13 园林应用实例

【知识要求】

- 掌握背景的制作方法;
- 掌握各种配景的制作;
- 掌握水面倒影效果的制作。

【技能要求】

- 会利用快速蒙版法制作背景;
- 能在效果图中添加树木、花卉、灌木等配景;
- 会给人物、树制作阴影;
- 能进行水面的制作,会表现倒影效果和倒影扭曲效果。

13.1 园林彩平图制作

13.1.1 园林彩平图概述

彩平图即彩色平面效果图的简称,是园林设计的方案阶段必备的表现图之一,能直观地表达园林布局、总体构思和设计意图。

需要进行后期处理的园林设计平面图基本有以下 3 种情况:

(1)手绘设计草图　通过扫描得到位图,直接在 Photoshop 中打开并进行处理。

(2)CAD 绘制的设计图　通过输出 eps 格式图或通过虚拟打印,在 Photoshop 中置入或打开并处理。

(3)3ds Max 建立模型渲染得到的平面图　直接在 Photoshop 中打开并处理。

其中,前两种情况的处理是基本一样的。园林设计的各要素,如园路、地形、水体、山石、园建及植物等,都需在已有线条的基础上一一制作。第三种情况的处理相对简单,因为在 3ds Max 中将园路、地形、水体、园建、绿地等要素均建立了模型并赋予了材质,通过灯光的设置还使它们渲染得到的平面图具备了光影效果,所需处理的部分要素(乔灌木、地被植物、山石等)已不多了。

进行后期处理时要充分利用 Photoshop 的分层功能,把不同配景图像分别放置在不同层上,由于对一个层上的图像进行操作不影响其他层,这样当设计者对效果图中某些部分不满意时,可以非常方便地进行修改。另外 Photoshop 强大的滤镜插件,能方便地为配景加上阴影、倒影,调节其饱和度、清晰度、色彩等,使整个画面更加优美而富有艺术感染力。

13.1.2 彩平图配色技巧

园林设计大多数以植物为主,这样一方面容易以绿调子为主使画面协调感较强,另一方面有可能因为和建筑小品存在较大色差使画面太突兀。园林专业设计范畴以结合自然元素的户外环境为主,由设计范畴决定了园林专业设计图纸协调融合的表现效果更适合体现以植物元素为主的户外环境。当针对园林建筑、小品或标志性空间设计时,方案有可能以视觉标识为主要目的,这时又会对色彩的突出性提出要求。因此在彩平图配色时,宜融合为主,兼具突出。以下案例展示了不同情况下的不同配色方案。不同配色体系的选择由设计内容、设计师色感、甲方喜好等多方面原因决定,设计师应根据具体情况选择合适配色方案。

1)以灰色系为主的配色

以灰色系为主的配色方案能够拉近不同元素的色差,降低各种色彩的饱和度,营造出协调、素雅的氛围。选色应以近似色为主,如图 13.1 所示。

图 13.1 以灰色系为主的配色

2)以绿色为主的配色

在大尺度的规划方案中,往往存在大面积的绿地,在配色方案中为了协调图面效果,往往采用在不同分区选用有差异性的绿色的配色方法,以营造协调的画面,但为了体现具体设计内容,还需使用部分对比色进行点状强调，如图 13.2 所示。

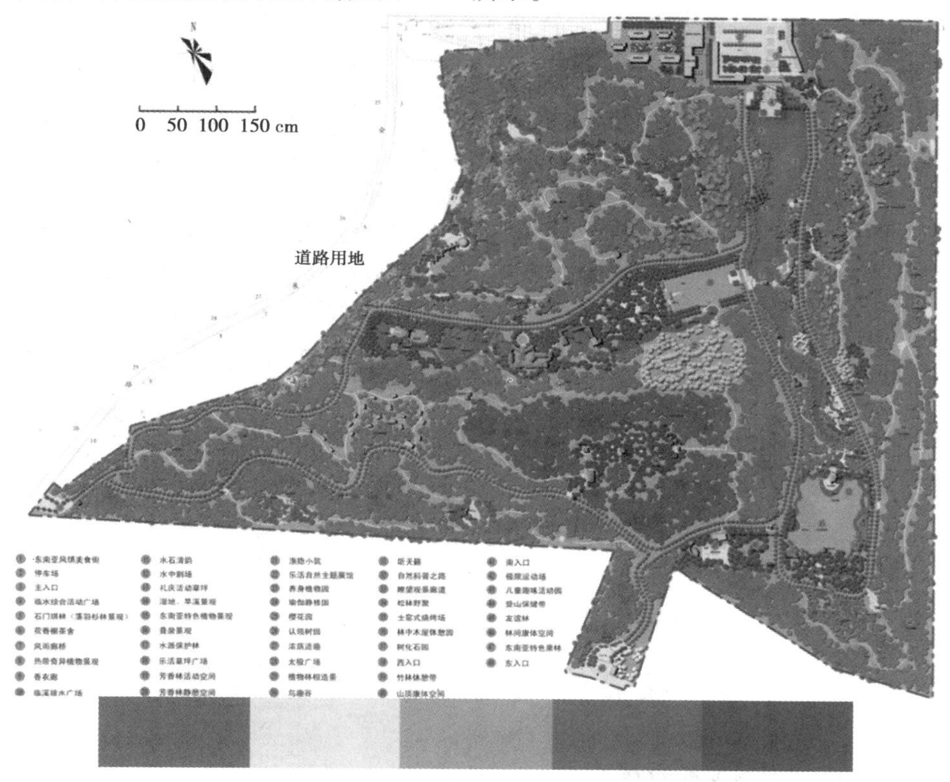

图 13.2　以绿色为主的配色

3）对比色配色

对比色配色可使图面效果醒目、活跃。如图 13.3 所示展示了以艳色系为主的配色方案，该方案中的不同设计元素都选择了不同色相，而每种色相的饱和度都较高，选色中也分元素选择了相对色进行对比。

4）邻近色配色

为体现设计细节，配色选用纯度较高的色调，为保证图纸的整体效果统一，水体、绿地、铺地的选色都分别保持在同一色系的临近色中，如图 13.4 所示。

5）统一明度配色

在较小尺度的设计方案中，因表现细节很多，导致用色较多，很难在色相上取得统一，这时往往整张图使用色调的统一，即统一明度与纯度，保持整张图的风格统一，如图 13.5 所示。

图 13.3 对比色配色

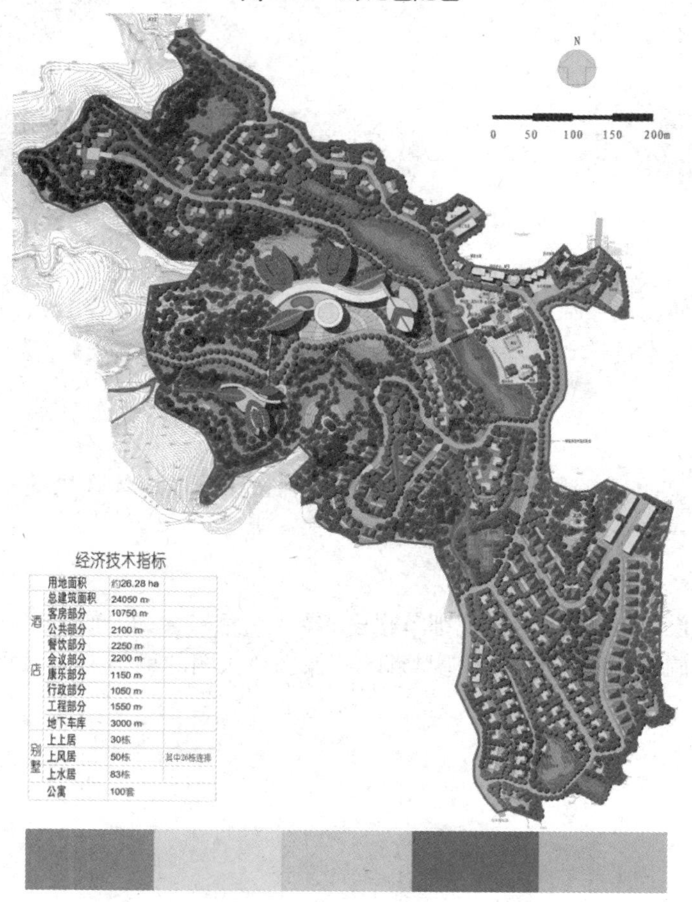

经济技术指标

	用地面积	约26.28 ha	
酒店	总建筑面积	24050 m²	
	客房部分	10750 m²	
	公共部分	2100 m²	
	餐饮部分	2250 m²	
	会议部分	2200 m²	
	康乐部分	1150 m²	
	行政部分	1050 m²	
	工程部分	1550 m²	
	地下车库	3000 m²	
别墅	上上居	30栋	
	上风居	50栋	其中26栋连排
	上水居	83栋	
	公寓	100套	

图 13.4 邻近色配色

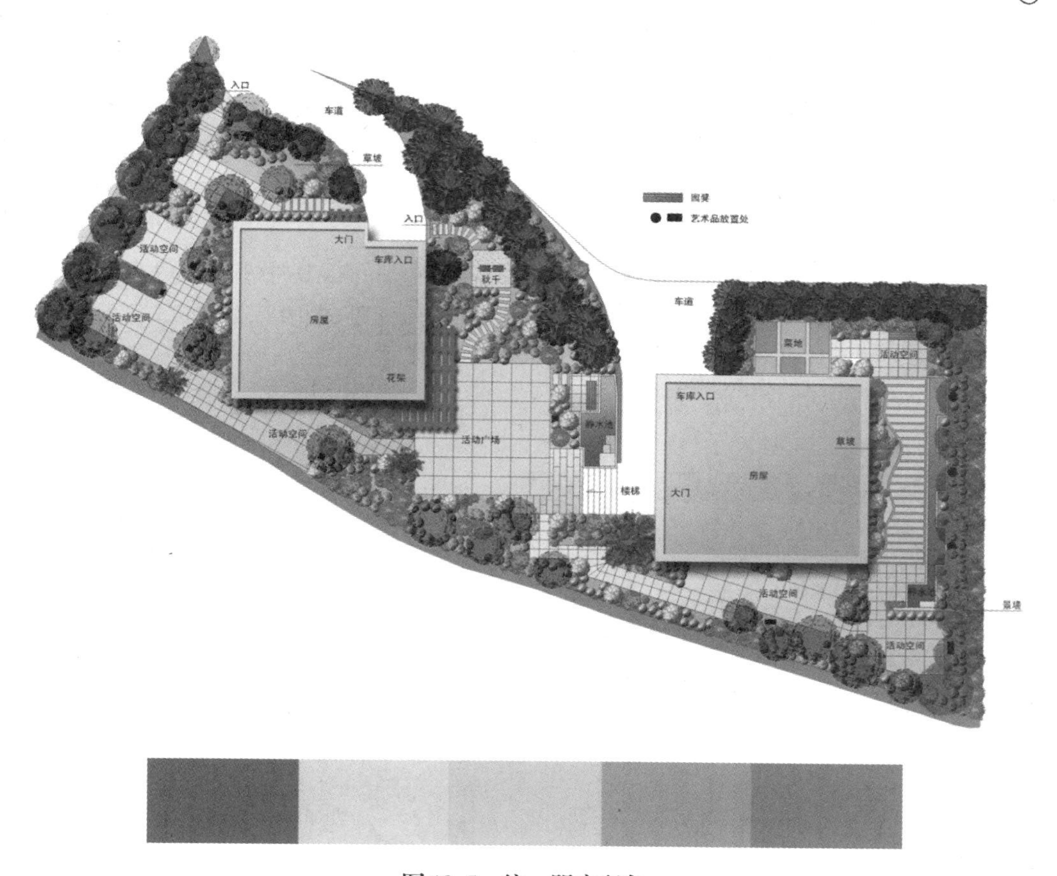

图 13.5　统一明度配色

13.1.3　彩平图制作实例

1）底图的导入

（1）AutoCAD 底图的处理　启动 AutoCAD，打开本书配套光盘本章文件夹中的“小游园总平面. dwg”文件。

在 AutoCAD 中完成的园林平面图中，如果植物已绘制完成，在输出之前应将植物的图层隐藏（云线部分保留），道路广场部分如果已经进行了填充，也要隐藏或删除。为了保证输出的图像清晰，可将全图的颜色都改为黑白。确定各部分不再改动后，进行下一步导入 Photoshop 中的工作。

（2）图形的转化　在 AutoCAD 软件中，可以通过输出文件和虚拟打印的方法处理原图，转化为 Photoshop 能够打开的格式。

①输出文件的方法：单击【文件】|【输出】选项，在打开的“输出数据”对话框中【文件类型：】下拉框中选择“封装 PS *. eps”，在【文件名：】中输入文件名后，再通过【保存于：】选择指定图形输出的位置，然后单击“确定”按钮，返回图形界面。

②虚拟打印的方法：单击【文件】|【打印】选项，打开“打印-模型”对话框，如图 13.6 所示，

在打印机/绘图仪名称窗口中点击下拉三角形选择 PublishToWeb JPG. pc3，在图纸尺寸选项中选择合适的图纸尺寸，如果现有的图纸尺寸都不合适，则可自定义图纸尺寸。步骤为：点击"特性"按钮，在弹出的"绘图仪配置编辑器"对话框中选择自定义图纸尺寸→添加→创建新图纸→下一步，在弹出的"介质边界"对话框中设定图纸的尺寸，点击下一步→完成。此时在图纸尺寸选项窗口中已经存在了建好的尺寸，选择它，设置图形方向等内容后，点击"确定"，给文件制定保存路径和文件名，点击"保存"按钮。

③底图导入 Photoshop：运行 Photoshop 软件，打开在 AutoCAD 中输出的"小游园总平面-Model. jpg"。在"亮度/对比度"对话框中，调整滑块到图质清晰的程度，如图 13.7 所示。

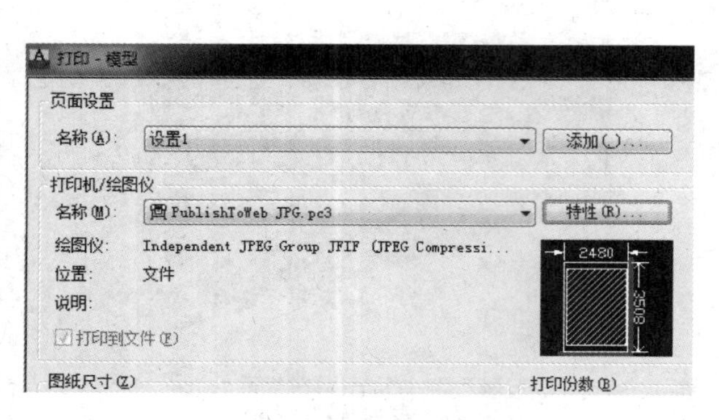

图 13.6 "打印模型"对话框

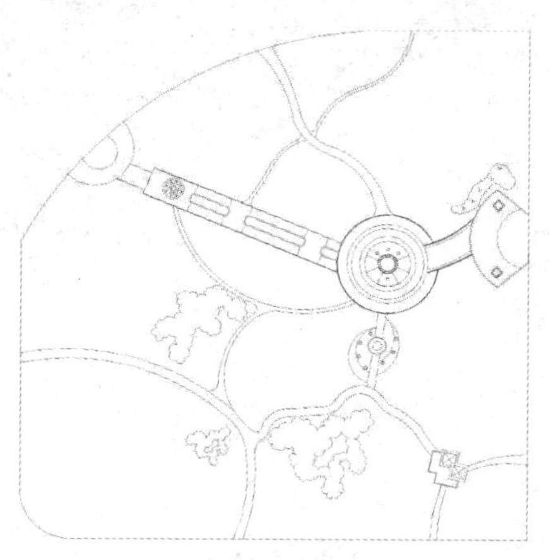

图 13.7 Photoshop 打开 AutoCAD 输出的底图

2）路面的处理

①使用工具箱中的"魔棒工具"，对图纸中的主路部分进行选取。

②打开本书配套光盘本章"彩平图"文件夹中的"主路铺装 . jpg"文件，然后使用快捷键〈Ctrl + A〉将图像区域选择，再选择【编辑】|【定义图案】菜单命令，在弹出的"图案名称"对话框中为定义图案命名。

③新建图层并命名为"主路"，使其为当前层。执行【编辑】|【填充】菜单命令，在弹出的"填充"对话框中选择上一操作步骤中定义的图案。确定填充图案后，单击【好】按钮，进行填充，按〈Ctrl + D〉快捷键取消选择。填充后的人行路面效果如图 13.8 所示。

④打开本书配套光盘本章"彩平图"文件夹中的"卵石路铺装 . jpg"文件，选择【图像】菜单 |【图像大小】，将其宽度改为 60 像素，单击"确定"按钮。再选择【编辑】|【定义图案】菜单命令，在弹出的"图案名称"对话框中为定义图案命名。在背景层将次路选中，新建图层并命名为"次路"，使其为当前层。执行【编辑】|【填充】菜单命令，在弹出的"填充"对话框中选择卵石路图案。确定填充图案后，单击"确定"按钮，进行填充，按〈Ctrl + D〉快捷键取消选择。填充后的效果如图 13.9 所示。

3）制作草地

①使用工具箱中的"魔棒工具"在背景层将草坪区域选中。

②打开本书配套光盘本章"彩平图"文件夹中的"草地 1. jpg"图片文件，在草地图像上选择色调较自然的部分，然后定义图案。新建"草坪"层并设为当前层，填充草坪图案，设置不透明

度为85%，然后返回界面，选择的区域已填充草坪，按下〈Ctrl + D〉快捷键取消选择，其结果如图13.10所示。

图13.8 填充主路面效果

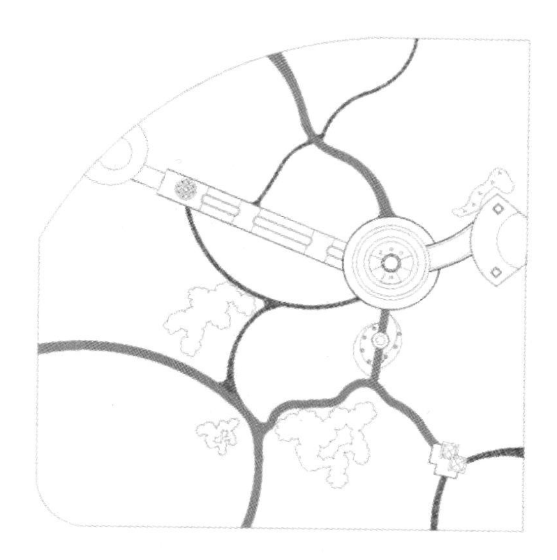

图13.9 次路路面填充后的效果

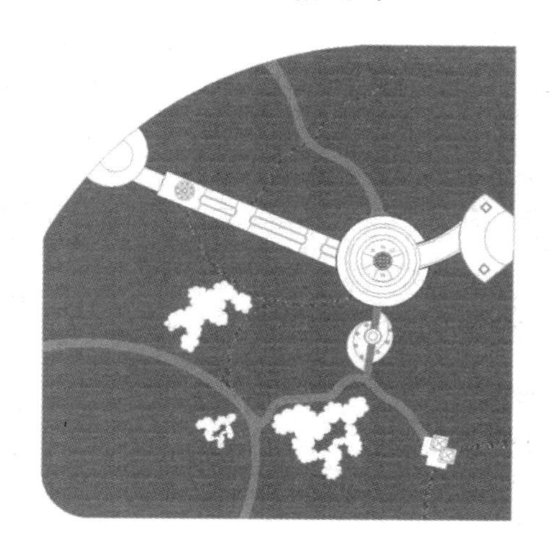

图13.10 添加草坪后的效果

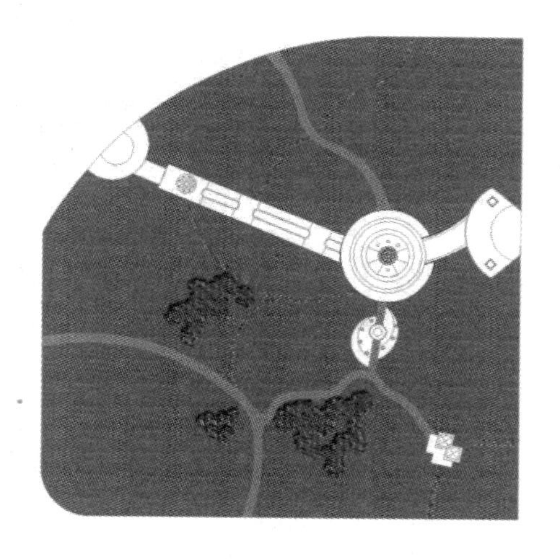

图13.11 填充云线中地被图案后的效果

4）填充地被

①打开本书配套光盘本章“彩平图”文件夹中“地被.jpg”文件，用矩形选框工具选择花朵均匀的部分，定义图案。

②激活背景层，选择云线的区域范围并创建新图层“地被”。填充图案，取消选择，完成地被图案的填充，用仿制图章工具对填充边界生硬的地方进行修饰。效果如图13.11所示。

5）填充中心广场

①打开本书配套光盘本章“彩平图”文件夹中“中心广场.jpg”文件并定义为填充图案。

②激活背景层，选择圆形区域范围内的较宽的区域、圆形中心3个扇形部分，以及入口处的扇形广场部分，并创建新图层“中心广场”。填充广场图案，设置不透明度100%，确定返回界

面，取消选择；选择扇形广场与圆形广场相连的区域、圆形中心3个扇形之外的部分，填充“主路铺装”图案，完成中心广场内铺装图案的填充，效果如图13.12所示。

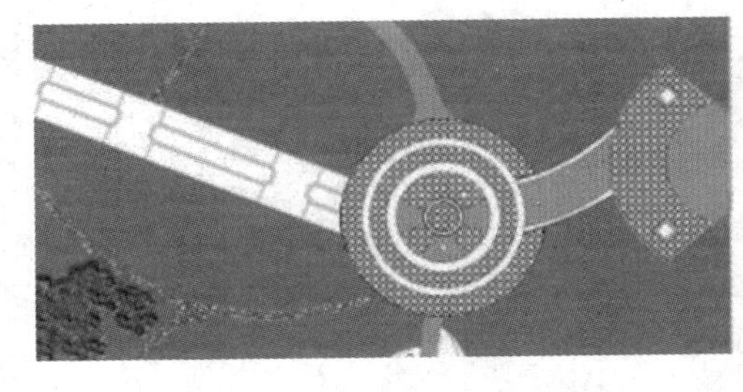

图13.12 中心广场填充后的效果

6）填充迎宾大道地砖

①激活背景层，选择迎宾大道水池之间的部分、半圆形广场的外圈部分，并创建新图层“中心步道方砖1”，将前景色设置为粉色，对所选区域进行填充。

②新建一个图层“调整地砖方向”，用矩形选框工具绘制一个能将半圆形广场和迎宾大道完全包含在内的区域，填充“中心广场”图案。

图13.13 图层的置入

③按住〈Alt〉键，在图层调板中点击“调整地砖方向”图层和“中心步道方砖1”图层中间的位置，将其置入（图13.13）。

④确定当前图层为“调整地砖方向”图层，按〈Ctrl + T〉快捷键进行自由变换，旋转方向，将地砖的铺装方向调整到和迎宾大道的走向一致的效果，如图13.14所示。

⑤同样的方法，将迎宾大道其他的位置填充成“主路铺装”图案，并调整方向，如图13.15所示。

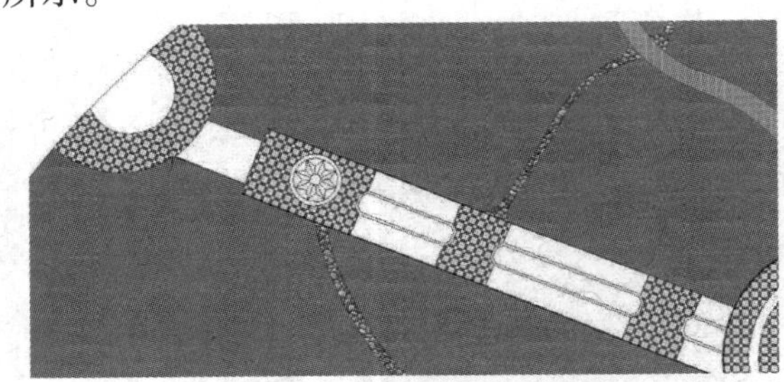

图13.14 地砖铺装与迎宾大道走向一致

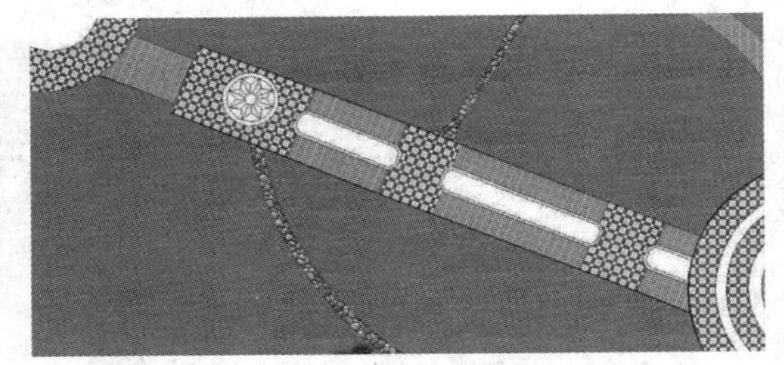

图13.15 迎宾大道地砖效果

7）填充迎宾大道水面

①用工具箱中“缩放工具”放大迎宾大道水面区域，在背景图层用“魔棒工具”选取水池区域，新建图层并命名为“水面”。

②点击前景色，设【前景色】的R、G、B值分别为:62、108、192，并进行填充。

③按〈Ctrl + D〉快捷键取消选择，用工具箱“减淡工具”处理水面，使水面颜色有深浅变化，如图13.16所示。

8）填充迎宾大道圆形小广场

①用工具箱中“缩放工具”放大迎宾大道圆形小广场区域，点击前景色，用吸管吸取其周围方砖的深色区域。

②在背景图层用“魔棒工具”间隔选取星状小广场的区域、圆环区域。

③新建图层，并命名为“圆形小广场”，填充前景色，取消选择。

④在背景图层用“魔棒工具”选取小广场星状未被填充的区域，点击前景色，用吸管吸取其周围方砖的浅色区域。

⑤切换到“圆形小广场”图层，填充前景色，取消选择。

⑥在背景图层用“魔棒工具”选取小广场星状周围的区域，点击前景色，用吸管吸取其“主路铺装”方砖的棕色区域。

⑦切换到“圆形小广场”图层，填充前景色，取消选择。填充效果如图 13.17 所示。

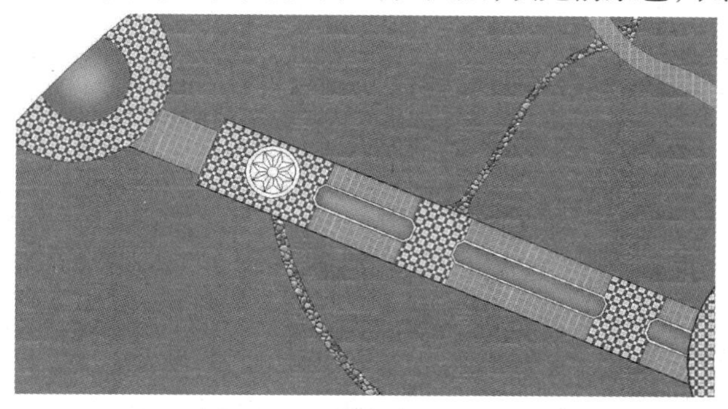

图 13.16 填充水面的效果

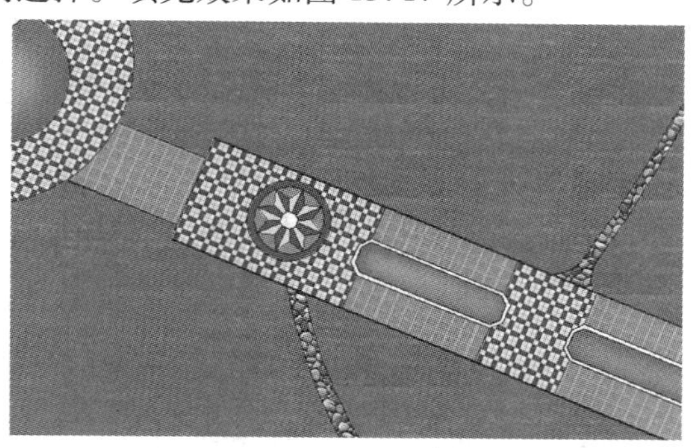

图 13.17 填充圆形小广场的效果

9)填充中心广场和水池边缘的灰色

①将前景色设置成灰色。

②在背景图层用“魔棒工具”选取中心广场未被填充的区域、水池边缘区域。

③新建图层，填充前景色，取消选择。填充效果如图 13.18 所示。

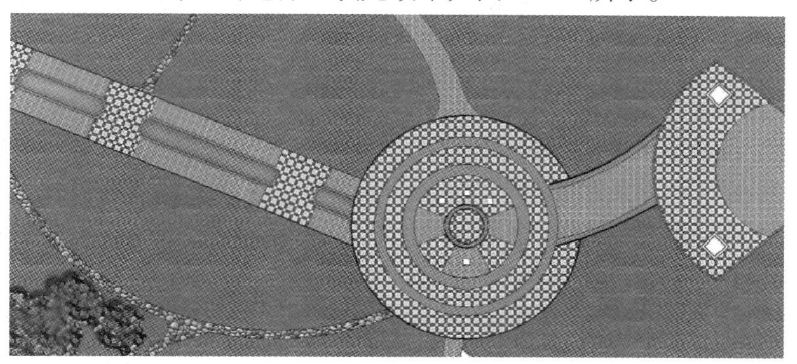

图 13.18 填充灰色区域的效果

10)填充中心广场南侧小广场

①打开本书配套光盘本章“彩平图”文件夹中“圆形铺装 . jpg”文件。

②用工具箱中的椭圆选框工具，按住〈Shift〉键选择圆形部分。

③点击移动工具，用鼠标直接将其拖曳到圆形部分。

④其余部分用填充前景色的方法填充。填充效果如图 13.19 所示。

11)制作双亭区域

①打开本书配套光盘本章“彩平图”文件夹中“亭顶 . png”文件。

②点击移动工具，用鼠标直接将其拖曳到亭的位置，用自由变换调整位置，并通过旋转调整方向。

③按住〈Alt〉键，拖动，复制一个。利用〈Ctrl + E〉快捷键将两个亭合并成一个图层。

④点击图层调板下方的“fx”，选择投影，调整方向和距离，为双亭制作投影。

⑤在背景图层用“魔棒工具”点击双亭下方的铺装区域，新建一个图层，用前景色进行填

充。在其上方再新建一个图层,用矩形选框区域在铺装的位置绘制一个稍大于铺装区域的选区,用“主路铺装”图案进行填充。

⑥按住〈Alt〉键,点击两个图层中间的区域,完成置入。此时观察到图案出现在了铺装区域。

⑦利用自由变换调整图案的位置和角度,使之和铺装的角度吻合,如图 13.20 所示。

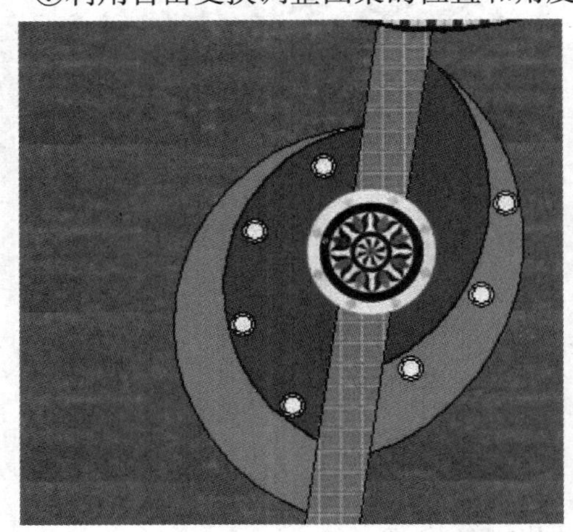

图 13.19　中心广场南侧小广场的效果

图 13.20　双亭区域的效果

12)绘制植物

①打开配套光盘本章“彩平图”文件夹中的“花灌木素材.jpg”,选择【选择】菜单|【色彩范围】,点击花灌木图案以外的区域,设置适当容差,直到观察到花灌木全部选中,勾选“反选”,单击“确定”按钮。此时花灌木被选中。利用移动工具将其拖曳到草坪合适位置并调整大小。为其制作投影,并复制多个。

②打开本书配套光盘本章“彩平图”文件夹中的“树的平面 1.png”,直接拖曳到草坪合适位置并调整大小。为其制作投影,并复制多个。

③为多个树种重复上述步骤。

④将图层切换到“地被”图层,利用复制并自由变换的方法复制适量的地被在合适的位置。最终效果如图 13.21 所示。

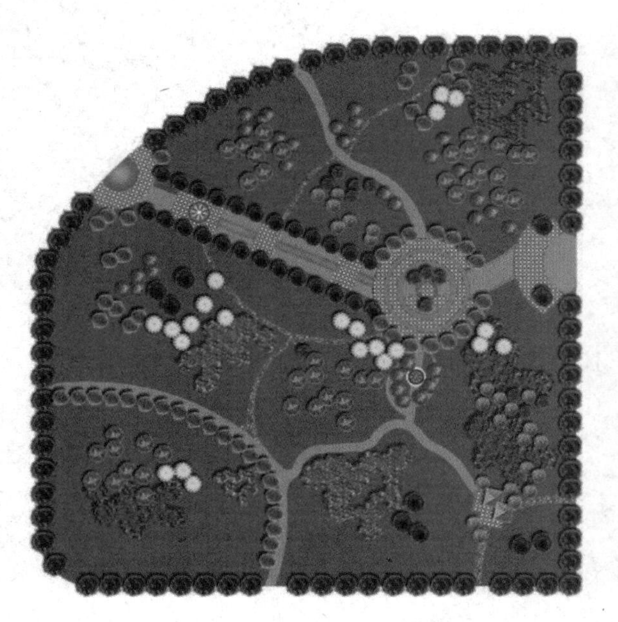

图 13.21　绘制植物完成的效果

13)彩平图的整体调整

(1)调整草坪　观察整体效果,发现草坪颜色过深。用工具箱“减淡工具”处理草坪,使草坪颜色有深浅变化。

(2)纠正双亭的明暗关系　观察发现双亭的明暗关系和投影方向不对,利用自由变换工具旋转方向。

(3)添加文字　激活工具箱中的“文字工具”,在图的左上角空白处单击,单击文字工具属性栏中的“颜色”框,将颜色调整为黑色,在属性栏中单击“字体”的下拉按钮选择“黑体”;在“字体大小”框中直接改变数值为“60”,输入“小游园彩平图”。拖动鼠标将文字移动到合适的位置。

(4)添加指北针　打开本书配套光盘本章“彩平图”文件夹中的“指北针. png”,直接拖曳到图的左上角合适位置并调整大小。

(5)整体调整色调　将当前图层切换到最上图层,右键点击图层调板下方的,在菜单中选择“曲线”(图 13.22),创建调整图层,调整整幅图的亮度、对比度、色彩等。最终结果如图 13.23 所示。

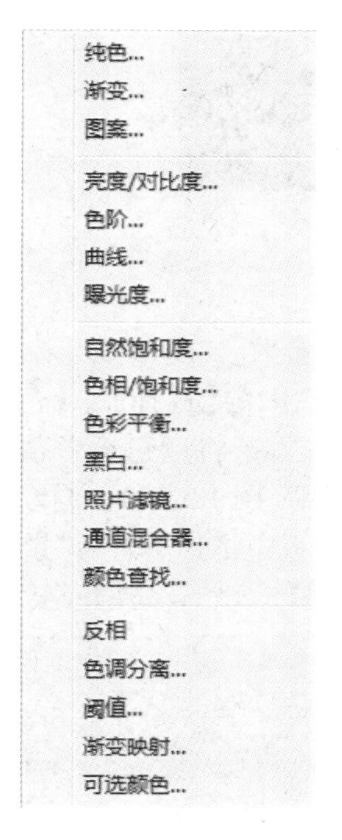

13.22　**创建调整图层**

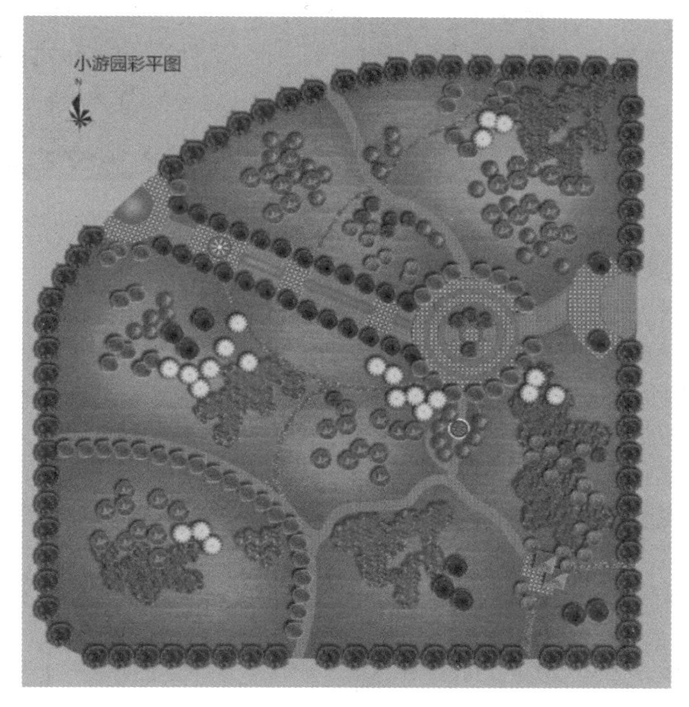

图 13.23　**小游园彩平图最终效果**

13.2　3ds Max 建模小品配景的后期制作

3ds Max 完成建模后,后期常常需要经过 Photoshop 加入配景并进行适当的美化。Photoshop 可以创建现实生活中各种真实的材质,还可以创建虚幻的材质,经过精心的创建设计可真实再现设计模型的各种质感和特性,但是园林设计要素中的立体的植物形象、人物、天空等一般不在 3ds Max 中制作,而是在 Photoshop 中后期添加。这时需要使用大量配景素材,与其他类型的效果图一样,园林效果图中的配景文件可通过 4 种途径获得:图库文件,市面上有许多含各种配景的软件商品,可供选购;通过扫描仪扫描获得书刊图片中相关配景的图片资料,然后在 Photoshop 中进行必要加工得到;通过使用数码相机直接从现实中拍摄获得;自己制作,可用一些专用绘图软件,自己制作或建造。也可以从互联网上获得一些共享资源。

园林效果图还强调表现环境的真实性,设计者可以用数码相机拍摄下设计的实际环境,再与效果图进行合成,能直观真实地再现竣工后真实场景的效果。

对于园林小品的效果图来说,后期的制作要突出小品的主题,表现小品的细节,加入的配景主要起到衬托和美化的作用。下面以在 3ds Max 中建模完成的景墙(图 13.24)为例,介绍园林小品的后期表现。

图 13.24　3ds Max 中完成的景墙建模

1)新建文件并调入底图

打开 Photoshop,单击菜单栏中的【文件】|【新建】命令,调整各项参数,如图 13.25 所示,新建文件的目的是保存原有文件。打开图 13.24 的效果图,单击菜单栏中的【选择】|【色彩范围】命令,出现色彩容差对话框(图 13.26),单击预览图像中的黑色区域,将颜色容差值改为 25,勾选"反相",单击"确定"按钮。此时在景墙图像周围出现选区范围(图 13.27)并自动将黑色区域排除。使用"移动"工具将其拖动到新建空白文件中,在图层面板中将其命名为"景墙"。

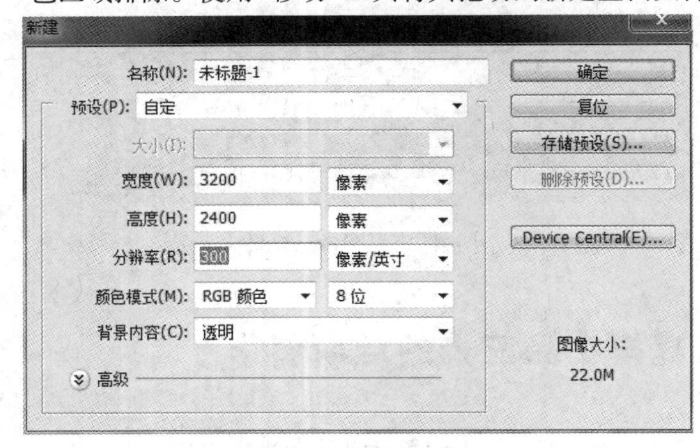

图 13.25　新建文件

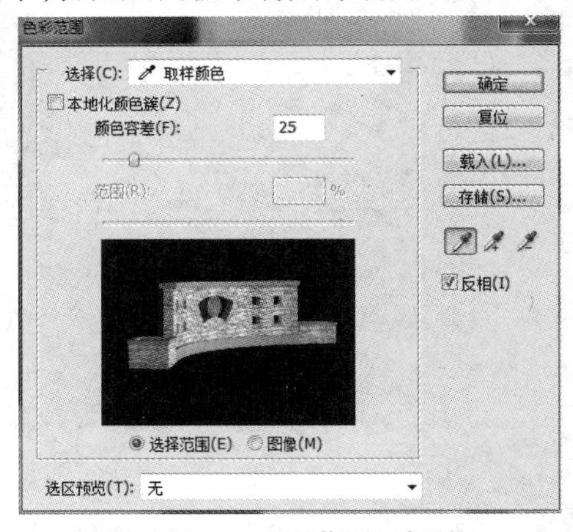

图 13.26　"色彩范围"对话框

2)制作背景

①新建一个图层,并将其拖动到景墙图层下面,命名为"天空",将其作为当前图层。

②将前景色设置为蓝色,背景色设置为白色。使用"渐变"工具,从图像的顶部向中间拖动,效果如图 13.28 所示。

图 13.27 景墙边缘出现选区范围

图 13.28 加入蓝色渐变背景

3）制作配景

园林小品的效果图在进行后期处理时，为了突出小品的造型，在配景上宜简不宜繁。本图中必须要做的只有花池里的花卉，其他的配景则适当简化。在本例中，我们只在花池中种植美人蕉，在景墙的背后加入一棵乔木。

打开光盘中本章“景墙后期”文件夹的“美人蕉 01”和“美人蕉 02”素材，单击移动工具，分别将其拖至花池中，通过〈Ctrl + T〉快捷键自由变换调整高度，并复制多个。注意根据透视关系调整两边花池中美人蕉的高度。

打开光盘中本章“景墙后期”文件夹的“乔木”素材，拖动到本图中，将其图层置于“景墙”图层的下面、“天空”图层的上面。通过〈Ctrl + T〉快捷键自由变换调整高度到合适大小，如图 13.29所示。为了使构图取得均衡，将乔木通过【编辑】菜单｜【变换】｜【水平翻转】，将其左右对调，如图 13.30 所示。

图 13.29 加入植物配景

图 13.30 调整构图

13.3 园林效果图的后期处理

园林效果图的后期处理过程是把由渲染处理阶段所得的影像文件进行润色加工、调整。对园林效果图来说主要是进行配景和背景的必要添加、修改，是所有工作中最重要的一步，耗时相对较长，使用的软件主要是 Photoshop。配景的透视角度，如植物的透视效果是相对于渲染所得的影像中的透视角度的，依其透视规律和经验将决定插入的配景进行大小、方向、位置和色彩的调整而得到，需要进行精心的设计和调整。

13.3.1 制作背景

在后期处理中，背景既反映了环境气氛，又衬托出画面的主体氛围，对于反映场景主体有着决定性作用。一般情况下，我们采用天空作为背景，在选择天空素材时应注意天空的色彩及气氛是否与主体建筑相匹配、天空的效果是否符合整体画面所要表达的效果要求。

①单击菜单栏中的【文件】|【打开】命令，打开本书配套光盘本章“室外别墅作倒影”文件夹中的“别墅效果图.tif”图像文件，如图13.31所示。

②在【图层】面板中，用鼠标将图像拖到【创建新的图层】按钮上，将其复制一层，命名为“别墅”。删除背景层。

③单击菜单栏中的【图像】|【调整】|【可选颜色】命令，在弹出的【可选颜色】对话框中设置各选项参数，如图13.32所示，单击“确定”按钮。

图13.31 别墅底图

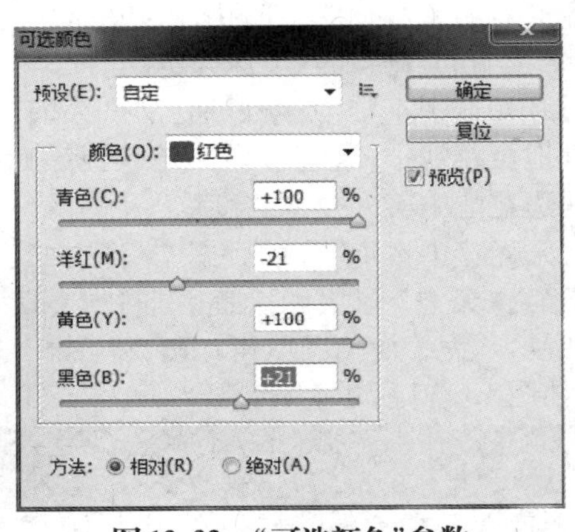

图13.32 “可选颜色”参数

④单击菜单栏中的【窗口】|【通道】命令，调出【通道】面板。

⑤按住〈Ctrl〉键，单击【通道】面板中的“Alpha1”通道，选择图像中的建筑，然后按〈Ctrl+Shift+I〉快捷键，图像中的黑色区域即被选择，按〈Delete〉键，将黑色区域删除，然后按〈Ctrl+D〉快捷键将选区取消，此时的图像效果如图13.33所示。

⑥单击工具箱中的【多边形套索工具】按钮，其属性栏参数值为默认值，将中间处于远景的别墅选择，如图13.34所示。

图13.33 将背景删除后的图像效果

图13.34 创建的选区

⑦单击菜单栏中的【图层】|【新建】|【通过剪切的图层】命令，将选择的别墅剪切为一新图层，命名为“远处别墅”。在【图层】面板中，将剪切的新图层“远处别墅”的【不透明度】值调整为90，这样可以增加画面的层次感。

⑧打开本书配套光盘本章“室外别墅作倒影”文件夹中的“远山.jpg”素材文件，将远山图像调入别墅效果图场景中，并使远山所在层位于别墅所在层的下面。将所在层命名为“远山”。

⑨按〈Ctrl + T〉快捷键，弹出自由变换框，用鼠标调整远山图像，按〈Enter〉键，确认变形操作。添加配景后的效果如图13.35所示。

⑩单击工具箱中的【多边形套索工具】按钮，设置羽化值为40像素，在图像中创建如图13.36所示的选区。

图13.35 添加远山配景后的效果

图13.36 创建的选区

⑪按〈Delete〉键，将选区内的内容删除，并将该层的【不透明度】值调整为80，然后按〈Ctrl + D〉快捷键，将选区取消。

⑫打开本书配套光盘本章“室外别墅作倒影”文件夹中的“天空.jpg”素材文件，将天空图像调入别墅效果图场景中，并使天空所在层位于别墅所在层和远山所在层的下面。将天空所在层命名为“天空”，按〈Ctrl + T〉快捷键，弹出自由变换框，缩放天空图像，确认变形操作。效果如图13.37所示。

⑬将前景色设置为纯黑色，其RGB值分别设置为0、0、0。

⑭单击工具箱中的【渐变工具】按钮，选择【由前景到透明】渐变类型，其他为默认设置。确认“天空”图层为当前工作层，按〈Q〉键，进入快速蒙板状态。用渐变工具在天空所在层上由上向下拖动鼠标创建一图层蒙板。按〈Q〉键，退出快速蒙板状态，此时图像中会出现一选区，如图13.38所示。

图13.37 添加天空后的图像效果

图13.38 退出蒙版后形成的选区

⑮按〈Delete〉键，将选区内的内容删除，此时天空呈现由上向下渐变的效果。

13.3.2 制作配景

在进行效果图后期处理的过程中，为了营造真实的环境气氛，通常要使用大量的自然植物配景素材，如草地、灌木、花卉、树木等，使用这些配景可以将建筑与自然环境融为一体。

1）添加草地配景

①单击菜单栏中的【文件】|【打开】命令，打开本书配套光盘本章“室外别墅作倒影”文件夹中的“草地.psd”素材文件。

②将草地图像调入别墅效果图场景中，并使草地所在层位于别墅所在层的下方。

③在【图层】面板中，将草地所在层命名为“草地”。

图 13.39 添加草地配景后的图像效果

④按〈Ctrl + T〉快捷键，弹出自由变换框，将草地图像缩放一定比例，并调整其位置，按〈Enter〉键，确认变形操作。添加草地后的效果如图 13.39 所示。

2）添加树木配景

配景可以分为近景树、中景树、远景树 3 种，分层次地处理好 3 种树木关系，可以增强效果图场景的透视感。在进行处理时，要特别注意由近及远的透视关系与空间关系。树木的透视关系主要表现为近大远小，空间关系主要表现为色彩的明暗和对比度的变化。调整好透视关系和空间关系后，还要为树木制作阴影效果，在制作阴影效果时，注意处理好树木的受光面与阴影的关系，注意阴影要与场景的光照方向相一致，要有透明感。

①单击菜单栏中的【文件】|【打开】命令，打开本书配套光盘本章“室外别墅作倒影”文件夹中的“树 67.psd”素材文件，将树木图像调入别墅效果图场景中，并使其所在层位于“别墅”图层与“远山”图层之间。在【图层】面板上，将“树 67.psd”所在层命名为“树林”。

②按〈Ctrl + T〉快捷键，弹出自由变换框，将树图像缩放一定比例，并调整其位置如图 13.40 所示，确认变形操作。

由图中可以看出，添加的树木配景色调与场景整体色调不太协调，树木配景的色调偏暖。用相应的色彩调整命令对其进行调整。

③单击菜单栏中的【图像】|【调整】|【色彩平衡】命令，在弹出的“色彩平衡”对话框中设置各项参数，如图 13.41 所示。

图 13.40 添加树木配景后的图像效果

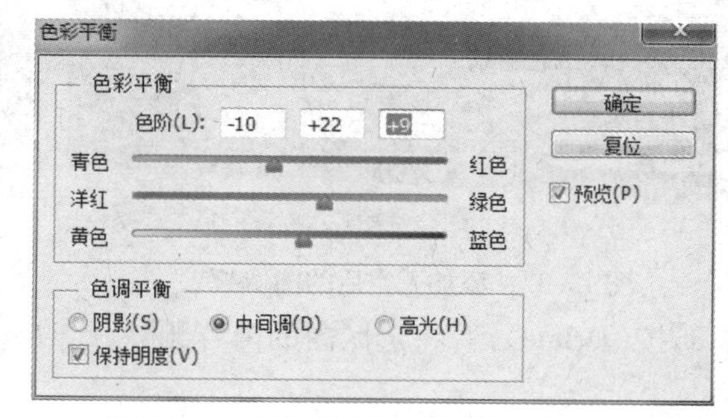

图 13.41 “色彩平衡”对话框参数设置

④在【图层】面板中将其【不透明度】值调整为 85。

由图中可以看出，树木配景与草地的衔接处比较生硬，用工具箱中的【橡皮擦工具】虚化树木配景的边缘，使其与草地衔接得更加自然。

⑤单击工具箱中的【橡皮擦工具】按钮，设置其属性栏各项参数如图 13.42 所示。

模式：画笔　不透明度：85%　流量：70%　抹到历史记录

图 13.42　“橡皮擦工具”属性栏参数设置

⑥在图像中树木与草地的相交区域拖曳鼠标进行虚化。

⑦用同样的方法将本书配套光盘本章“室外别墅作倒影”文件夹中的“树 17. psd”素材文件，调入别墅效果图场景中，并使其所在层位于“别墅”图层的下面。在【图层】面板上，将“树 17. psd”所在层命名为“常绿树”。

⑧用以上同样的方法将树木图像缩放一定比例，并调整其位置，如图 13.43 所示。在【图层】面板中将“常绿树”层的【不透明度】值调整为 90。

⑨在【图层】面板中，将“常绿树”层拖到【创建新的图层】按钮上，将其复制一层，命名为“常绿树副本”，将“常绿树副本”所在层的【不透明度】值调整为 69。

⑩将树木图像缩放一定比例，并调整其位置，如图 13.44 所示。

图 13.43　添加树木后的图像效果

图 13.44　将图像调整后的效果

3）添加灌木与花卉配景

灌木与花卉配景可以增强草地的空间透视感，巧妙地使用灌木与花卉还可以掩盖画面的不足之处。

①用同样的方法打开配套光盘本章“室外别墅作倒影”文件夹中的“花圃. jpg”素材文件。

②单击工具箱中的“魔棒工具”按钮，设置其属性栏参数，如图 13.45 所示。

取样大小：取样点　容差：32　消除锯齿　连续　对所有图层取样　调整边缘...

图 13.45　“魔棒工具”属性栏参数设置

③在“花圃 . jpg”图像文件中的白色区域单击鼠标左键，白色区域被全部选择，按〈Ctrl + Shift + I〉组合键，将选区反选。

图 13.46　添加花卉配景后的效果

④将选区内的花卉图像调入别墅效果图场景中，并使花圃所在层位于“别墅”层的上面。

⑤在【图层】面板上，将花圃所在层命名为“花卉”。

⑥按〈Ctrl + T〉快捷键，弹出自由变换框，将花卉图像缩放一定比例，并调整其位置，如图 13.46 所示，确认变形操作。

所添加的花卉的色调在场景中过亮,用【亮度/对比度】命令来对其进行调整。

⑦单击菜单栏中的【图像】|【调整】|【亮度/对比度】命令,在弹出的“亮度/对比度”对话框中设置各项参数,单击“确定”按钮。

⑧单击工具箱中的【加深工具】按钮,设置其属性栏各项参数,如图13.47所示。

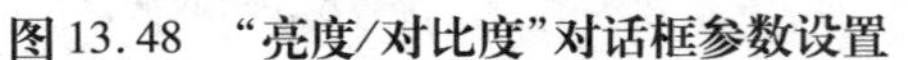

图13.47 【加深工具】属性栏参数设置

⑨回到草地所在层,在花卉与草地的相交区域拖曳鼠标。

⑩用同样的方法将本书配套光盘本章“室外别墅作倒影”文件夹中的“花盆.jpg”图像调入别墅效果图场景中,在【图层】面板上,将花盆所在层命名为“花钵”。同样,用菜单栏中的【亮度/对比度】命令对其进行调整。“亮度/对比度”对话框中各项参数设置如图13.48所示。调整后的图像效果如图13.49所示。

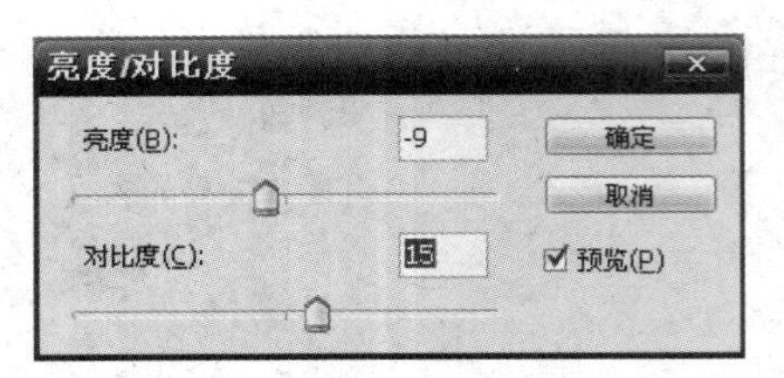

图13.48 “亮度/对比度”对话框参数设置

图13.49 调整配景的亮度、对比度后的效果

下面为花盆制作阴影效果,在制作阴影时注意与场景中建筑所产生的阴影方向相一致。

⑪在【图层】面板中,用鼠标将花盆所在层“花钵”拖到【创建新的图层】按钮上,将其复制一层,命名为“花钵副本”,将其放在“花钵”图层的下面。

⑫按〈Ctrl+T〉快捷键,弹出自由变换框,按住〈Ctrl〉键,用鼠标拖曳变换框四角上的控件点,对其进行变形处理,敲击〈Enter〉键,确认变形操作。

⑬按住〈Ctrl〉键,单击【图层】面板上的“花钵副本”层,调出其选区。

⑭将前景色设置为纯黑色,按〈Alt+Delete〉快捷键,填充选区,然后在【图层】面板中,将“花钵副本”层的【不透明度】值调整为30,按〈Ctrl+D〉快捷键,取消选区。

⑮单击菜单栏中的【滤镜】|【模糊】|【高斯模糊】命令,在弹出的“高斯模糊”对话框中设置半径为2.0像素。

⑯用同样的方法分别调入本书配套光盘本章“室外别墅作倒影”文件夹中的“花.jpg”“花卉.psd”素材文件,并利用【橡皮擦工具】对花卉的边缘进行虚化,虚化后的效果如图13.50所示。

图13.50 添加花卉后的效果

图13.51 添加池塘配景后的效果

⑰用同样的方法调入本书配套光盘本章“室外别墅作倒影”文件夹中的“池塘.psd”素材文

件为场景添加池塘配景，并利用【橡皮擦工具】对池塘边灌木的边缘进行虚化，如图 13.51 所示。

⑱为了增强画面的空间感，现在为效果图场景添加近处的灌木配景。用同样的方法调入本书配套光盘本章“室外别墅作倒影”文件夹中的“灌木.tif”到别墅效果图场景中，调整它的大小与位置。由于灌木的色调与场景中的色调不协调，用【色相/饱和度】命令对其进行调整，参数分别为 -45、28、-46，添加后的灌木位置及图像效果如图 13.52 所示。

图 13.52　添加灌木配景后的效果

4）添加人物配景

在进行室外效果图后期处理时，适当地为场景添加人物是必不可少的，因为人物配景的大小为建筑尺寸的体现提供了参照。添加了人物后，不仅可以烘托主体建筑、丰富画面、增加场景的透视感与空间感，还使得画面更加贴近生活，富有生活气息。

在添加人物配景时，需要注意以下几点：所添加人物的形象和数量要与建筑的风格相协调；人物与建筑的透视关系以及比例关系要一致；为人物制作的阴影要与建筑的阴影相一致，还要有透明感。

①单击菜单栏中的【文件】|【打开】命令，打开本书配套光盘本章“室外别墅作倒影”文件夹中的“人物-1.psd”图像文件。

②单击工具箱中的【魔棒工具】按钮，选择人物图像中的蓝色区域，按〈Ctrl + Shift + I〉组合键，将选区反选。

③用【移动工具】将人物图像调入别墅效果图场景中，并使“人物-1”所在层位于别墅所在层的上面。在【图层】面板上，将“人物-1”所在层命名为“人物”。

④按〈Ctrl + T〉快捷键，弹出自由变换框，将人物缩放一定比例，并调整其位置如图 13.53 所示。

⑤在【图层】面板中，将“人物”图层拖曳到【创建新图层】按钮上，将“人物 5”复制一层，将复制层命名为“人物副本”，然后将“人物副本”层拖到“人物”图层的下方。

⑥按住〈Ctrl〉键，在【图层】面板上，单击“人物副本”层，则人物图像被选取。

⑦将工具箱中的前景色设置为黑色，按〈Alt + Delete〉组合键，选区被填充为黑色。

⑧单击菜单栏中的【编辑】|【变换】|【扭曲】命令，调出扭曲变形框，用鼠标将图像调整到如图 13.54 所示的形态。

图 13.53　添加人物配景的图像效果

图 13.54　扭曲变形的效果

⑨点击〈Enter〉键，确认变形操作，然后按〈Ctrl + D〉快捷键，取消选区。

⑩单击菜单栏中的【滤镜】|【模糊】|【高斯模糊】命令，在弹出的“高斯模糊”对话框中设置半径为 2.0 像素。

⑪在【图层】面板中，将“人物副本”层的【不透明度】值调整为 60。

⑫运用同样的方法为场景中再添加几个人物配景，分别将“儿童-1. psd”“儿童-2. psd”“儿童-3. psd”“人群-1. psd”选择并调入到别墅效果图场景中，依次为人物制作出阴影效果，此时的图像效果如图 13.55 所示。

图 13.55　添加上人物的效果

5）为效果图添加近树配景

近景一般包括小灌木、树木、枝叶等配景，通过添加一些近景可以增强画面的空间感，还可以调整画面结构，使构图更显均衡。但是近景数量要适度，过多则太杂，喧宾夺主，过少则显单调。处理的原则就是，把握好画面的整体感。

①单击菜单栏中的【文件】|【打开】命令，打开本书配套光盘本章“室外别墅作倒影”文件夹中的“树枝. psd”图像文件。

②用【移动工具】将树枝图像调入别墅效果图场景中，并调整它的大小与位置。

③在【图层】面板上，将“树枝”所在层命名为“树枝”。

可以看出，所添加的近景在场景中不协调，用【亮度/对比度】命令调整其明暗度，使其与画面更加协调。

④单击菜单栏中的【图像】|【调整】|【亮度/对比度】命令，在弹出的“亮度/对比度”对话框中设置各项参数，亮度 -10，对比度 27。

⑤为添加的近景树木制作阴影效果，在【图层】面板中，用鼠标将树枝所在层“树枝”拖曳到“创建新图层”按钮上，将树枝复制一层“树枝副本”。

⑥按住〈Ctrl〉键，单击“树枝副本”层，树枝图像被选取。

⑦按〈Ctrl + T〉快捷键，弹出自由变换框，按住〈Ctrl〉键，用鼠标拖曳变换框四角的控制点，调整图像的形态。

⑧将前景色设置为黑色，按〈Alt + Delete〉快捷键，选区被填充为黑色，按〈Ctrl + D〉快捷键，取消选区。

⑨单击菜单栏中的【滤镜】|【模糊】|【动感模糊】命令，在弹出的“动感模糊”对话框中设置角度为 0°，距离为 251 像素。

图 13.56 调整阴影后的效果

⑩单击"确定"按钮,在【图层】面板中,将其【不透明度】值调整为40。

⑪用【加深工具】或【减淡工具】来调整枝叶投影的明暗变化,以增强画面的透视感。调整后的图像效果如图13.56所示。

6)添加其他配景

①单击菜单栏中的【文件】|【打开】命令,打开本书配套光盘本章"室外别墅作倒影"文件夹中的"栏杆.psd"图像文件。

②用前面学习的方法将其调入别墅效果图场景中。

③在【图层】面板上,将"栏杆"所在层命名为"栏杆"。

④在【图层】面板中,用鼠标将树枝所在层"栏杆"拖曳到"创建新的图层"按钮上,将"栏杆"复制多层,用移动工具调整栏杆的位置。

⑤在【图层】面板上,将"栏杆"与它的复制层合并。

⑥单击菜单栏中的【编辑】|【变换】|【扭曲】命令,用鼠标拖动扭曲变换框四角的控制点,调整栏杆到合适的形态,然后按〈Enter〉键,确认变形操作。

⑦在【图层】面板上,将"栏杆"复制一层"栏杆副本"。

⑧单击菜单栏中的【编辑】|【变换】|【扭曲】命令,用鼠标拖动扭曲变换框四角的控制点,调整复制栏杆的形态。

⑨利用工具箱中的【橡皮擦工具】按钮,擦除多余的栏杆。

⑩打开本书配套光盘本章"室外别墅作倒影"文件夹中的"路灯.psd""汽车.psd""鸟.psd"图像文件,用同样的方法将其调入别墅效果图场景中,并对它们进行相关调整及处理,完成图像的最终效果如图13.57所示。

图 13.57 图像的最终效果

⑪单击菜单栏中的【文件】|【保存为】命令,保存为"别墅效果图.jpg"。

13.3.3 水面倒影效果

要表现水面的波纹纹理效果，一般都是通过对面片施加噪波来实现的；在 Photoshop 软件中，可以通过菜单栏中的【滤镜】|【扭曲】命令来实现。水面上的图像是反射周围其他事物的结果，根据光线的反射原理形成。在三维软件中，可以用光景跟踪材质来模拟此效果，在 Photoshop 软件中，可以通过对图像进行调整来实现该效果。

1）水面制作

①单击菜单栏中的【文件】|【打开】命令，打开本书配套光盘本章"室外别墅作倒影"文件夹中的"室外别墅-1. psd"图像文件，如图 13.58 所示。

图 13.58　打开的"室外别墅-1. psd"图像文件

这是一幅室外效果图，需要在 Photoshop 软件中为其制作水面效果。制作水面效果一般有两种方法：一种是针对水面没有波纹效果的制作方法，这种情况可以在工具箱中设置一个合适的颜色，然后用工具箱中的【渐变工具】在图像中的水面位置拉一个渐变，使用这种方法制作出来的水面比较单一。另一种就是要介绍的制作方法，先为场景中的水面位置添加上真正的水面，然后改变图层【混合模式】来模拟真实的水面效果。

②按住〈Ctrl〉键，单击【图层】面板中的"图层 2 副本"层，调出图像中黑色区域的选区，敲击〈Delete〉键，将黑色区域删除，效果如图 13.59 所示。

图 13.59　删除黑色区域后的图像效果

图 13.60　添加水面配景后的图像效果

③单击菜单栏中的【文件】|【打开】命令，打开本书配套光盘本章"室外别墅作倒影"文件夹中的"水面 . psd"图像文件。

④单击工具箱中的【移动工具】按钮，用【移动工具】将图像拖到效果图场景中，调整图像的大小与位置，在【图层】面板上将其【混合模式】设置为"强光"。改变混合模式后的图像效果如图 13.60 所示。

2）制作周围环境的倒影效果

①在【图层】面板上，确定天空所在图层为当前工作层，然后用鼠标将其拖到【面板】中的【创建新图层】按钮上，将天空复制一层，命名为"天空副本"。

②单击菜单栏中的【编辑】|【变换】|【垂直翻转】命令，将“天空副本”垂直翻转。

③按〈Ctrl + T〉快捷键，弹出自由变换框，用鼠标调整其大小与位置。

④在【图层】面板上，将“天空副本”层的【混合模式】设置为“柔光”。

⑤运用同样的方法，复制建筑所在层“背景”层，将其作垂直翻转，并调整其大小与位置（在调整时，应时刻注意建筑与水面之间的距离）。在【图层】面板中，将复制的建筑图层命名为“背景副本”层，并将其【混合模式】设置为“柔光”，此时的图像效果如图 13.61 所示。

⑥运用同样的方法，制作另一座建筑的倒影，并在【图层】面板上，将复制层的【混合模式】设置为“柔光”，图像效果如图 13.62 所示。

图 13.61 制作天空、建筑倒影后的图像效果

图 13.62 制作另一建筑倒影后的图像效果

从上图可以发现，天空复制层与建筑复制层之间互相通透，这是因为调整了它们的【混合模式】的原因，下面对此进行调整。

⑦在【图层】面板中，确定“天空副本”层为当前工作层，然后按住〈Ctrl〉键，单击“背景副本”层，获取该层选区。

⑧点击〈Delete〉键，将选区内的图像删除，然后敲击键盘中的〈Ctrl + D〉快捷键，将选区取消。

由上图可以看出，反射在水面上的建筑倒影没有产生扭曲效果。但是，水面是不停流动的，建筑反射在水面上的倒影必定会产生一定的扭曲变化。为建筑的倒影制作出波纹效果。

⑨确定“背景副本”层为当前工作层，单击【滤镜】|【扭曲】|【波纹】命令，在弹出的“波纹”对话框中，设置【数量】值为“250”，【大小】为“中”，单击“确定”按钮。

⑩运用同样的方法，为另一座建筑反射在水面上的倒影制作波纹效果。至此，建筑在水面上的倒影就制作完成了。

下面制作河岸在水面上的倒影效果。

⑪在【图层】面板中确定“图层 0”为当前工作层。

⑫单击工具箱中的【多边形套索工具】按钮，其属性栏参数为默认值，在图像中将河岸部分选择，考虑河岸副本层垂直翻转后成原图像的吻合问题，创建的选择区域不宜过大。

⑬将选区复制，用菜单栏中的【编辑】|【变换】|【垂直翻转】命令将其垂直翻转。按〈Ctrl + T〉快捷键，弹出自由变换框，按住〈Ctrl〉键，对复制的河岸进行调整，并用【移动工具】调整其位置。在【图层】面板上，将其【不透明度】数值调整为 60。

⑭运用同样的方法，制作其他河岸部分的倒影，效果如图 13.63 所示。

下面制作栏杆的倒影效果。在制作时要注意到，栏杆有一拐弯处，如果直接将其复制后执行【垂直翻转】命令，将无法调整到合适的形态，因此要将其分开来制作。

⑮单击工具箱中的【多边形套索工具】按钮，其属性栏参数为默认值，在栏杆所在层创建如

图 13.64 所示的选区。

图 13.63　制作河岸倒影后的图像效果

图 13.64　创建的选区

⑯将其复制后并垂直翻转，然后敲击〈Ctrl + T〉快捷键，弹出自由变换框，按住〈Ctrl〉键，对复制的栏杆进行调整，并用【移动工具】将其移动。

⑰确定栏杆复制层为当前工作层，单击菜单栏中的【滤镜】|【扭曲】|【波纹】命令，弹出“波纹”对话框，其对话框中，设置【数量】值为“150”。

⑱在【图层】面板上，将栏杆复制层的【不透明度】数值调整为 60。

⑲将栏杆原始层作为当前工作层，用【多边形套索工具】将栏杆另一部分创建如图 13.65 所示的选区，然后将其复制、垂直翻转，并调整其形态与位置。

⑳同样对它执行【滤镜】|【扭曲】|【波纹】命令，参数设置同上，然后单击“确定”按钮。

㉑在【图层】面板上，将其【不透明度】值调整为 60，此时的图像效果如图 13.66 所示。

图 13.65　创建的另一部分选区

图 13.66　制作栏杆倒影后的图像效果

下面为场景中的树木制作倒影效果。

㉒在【图层】面板上，将前景树木复制一层，然后按〈Ctrl + T〉快捷键，弹出自由变换框，按住〈Ctrl〉键的同时对复制的树木进行调整，并用【移动工具】将其移动到如图所示的位置。

㉓在【图层】面板上，将树木倒影层的【混合模式】设置为“柔光”。

㉔运用同样的方法，给树木复制层制作出波纹效果，其参数设置同上。然后在【图层】面板中将其【不透明度】值调整为 60。

㉕运用同样的方法，为场景中的其他配景制作水面倒影，然后为场景添加树木、人物等配景，最终效果如图 13.67 所示。

㉖单击菜单栏中的【文件】|【存储为】命令，将图像另存为“室外别墅-1. jpg”。

图 13.67　图像的最终效果

13.4　鸟瞰效果图的后期制作

制作鸟瞰效果图是园林设计的一项重要内容，一般先在 3ds Max 中完成建模，包括地形制作、合并场景、设置相机和灯光、鸟瞰效果图的渲染输出。而鸟瞰效果图的后期处理一般在 Photoshop 中进行。图 13.68 所示为住宅鸟瞰效果图的最终效果，其建模部分已在 9.3 中完成，下面详细介绍该效果图的后期制作方法。

图 13.68　住宅小区鸟瞰效果图

鸟瞰效果图由于是俯视角度，所以在后期处理中要表现的内容比较多，包括完整的建筑群绿化和建筑群外环境绿化、景观以及画面整体协调等内容，清楚需要制作的内容，把握住画面的整体效果，就能制作出好的鸟瞰效果图。

13.4.1 修饰建筑和地形

①启动 Photoshop 软件,打开本书配套光盘中本章"鸟瞰图"文件夹中的"鸟瞰 . tga"和"鸟瞰 x. tga"图像文件。

②激活"鸟瞰 x"图像,打开【通道】面板,按住〈Ctrl〉键单击"Alpha 1"通道,选择其中的图像。

③选择工具箱中的"移动"工具,按住〈Shift〉键将选择的图像拖动到"鸟瞰"图像中,并将图像所在的图层命名为"选区",然后隐藏该层。

④在鸟瞰图像中选择"背景"层为当前层,按住〈Ctrl〉键单击【通道】面板的"Alpha 1"通道,将图像选择,按〈Ctrl + J〉快捷键,将选择的图像复制到一个新图层中,将复制的图层命名为"建筑"。

⑤在【图层】面板中选择"背景"层为当前层,设置前景色为白色,按〈Alt + Delete〉快捷键,将背景色填充为白色。

⑥单击菜单栏中的【图像】|【画面大小】命令,在弹出的"画面大小"对话框中调整参数如图 13.69 所示。

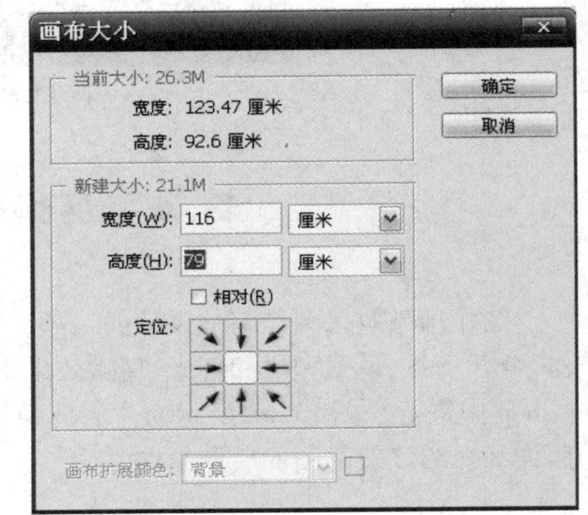

图 13.69 "画面大小"对话框参数设置

⑦在【图层】面板中确认"建筑"层为当前层,单击菜单栏中的【图像】|【调整】|【亮度|对比度】命令,在弹出的"亮度|对比度"对话框中设置参数为:亮度【10】、对比度【15】。

⑧单击菜单栏中的【滤镜】|【锐化】|【USM 锐化】命令,在弹出的"USM 锐化"对话框中设置参数为:数量【56】。

⑨在【图层】面板中将"选区"层显示出来,利用工具箱中的"魔棒"工具,在草场选区上单击鼠标,将整个草地选区选择。然后在【图层】面板中将"选区"层隐藏,选择"建筑"层为当前层,创建的草地选区。

⑩按〈Ctrl + U〉快捷键,在弹出的"色相|饱和度"对话框中设置参数为:色相【10】、饱和度【53】、明度【15】。

⑪按〈Ctrl + B〉快捷键,在弹出的"色彩平衡"对话框中设置参数为:暗调,色阶【-6,6,12】;高光【8,0,-6】,将文件另存为"鸟瞰 . psd"文件。

13.4.2 制作植物绿化

在鸟瞰效果图中经常制作一些行道树,这样可以将画面的道路关系勾勒出来,使人一目了然。树木能够丰富画面效果,使效果更加逼真。

①打开本书配套光盘本章"鸟瞰图"文件夹中的"行道树 . psd"文件,这是一幅树木图片。

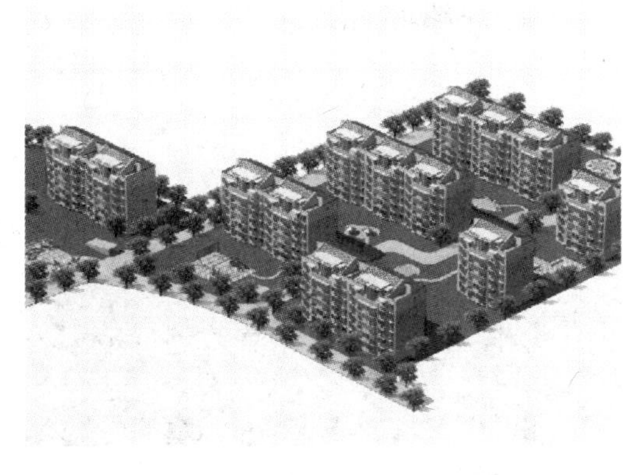

图 13.70 添加行道树后的效果

②利用“移动”工具将树木图片拖动到鸟瞰图像中，将所在的图层命名为“行道树”。

③按住〈Ctrl〉键单击“图层”面板中的“行道树”层将其选择。

④选择工具箱中的“移动”工具，按住〈Alt〉键将选择的行道树沿小区内的道路错落有致地复制多棵。

⑤确认选择的行道树仍处于选择状态，按住〈Alt〉键在小区周围复制多棵，注意利用“套索”工具将被建筑挡住的行道树部分删除，整体效果如图 13.70 所示。

⑥利用相同的方法，打开本书配套光盘本章“鸟瞰图”文件夹中的“乔木 01. psd”文件，利用“移动”工具将树木图片搬运到鸟瞰图像中，将所在的图层命名为“乔木 01”，将其拖动到“行道树”层的下方，按住〈Alt〉键将选择的乔木复制多棵，并利用【自由变换】命令进行缩放调整，使其大小不一，错落有致。

⑦利用同上方法，打开本书配套光盘本章“鸟瞰图”文件夹中的“乔木 02. psd”文件，这是一幅树木图片。将树木图片拖动到鸟瞰图像中，将所有图层命名为“乔木 02”选择的乔木复制多组。

⑧同上方法，打开本书配套光盘本章“鸟瞰图”文件夹中的“红枫 . psd”文件，这是一幅枫树图片。将红样图片拖动到鸟瞰图像中，将所在的图层命名为“红枫”，复制多棵红枫，并利用【自由变换】命令进行缩放。

⑨打开本书配套光盘本章“鸟瞰图”文件夹中“灌木球 . psd”文件。

⑩在【图层】面板中选择“建筑”层为当前层，将灌木球图片拖动到鸟瞰图像中，将所在的图层命名为“灌木球”。按〈Ctrl + T〉快捷键，利用【自由变换】命令将灌木球等比例缩小，将选择的灌木球沿道路两侧疏密有致地复制多棵，选择工具箱中的“套索”工具，在工具选项栏中调整【羽化】值为 5，将处在建筑阴影处的灌木球选择，按〈CTRL + U〉快捷键，在弹出的“色相｜饱和度”对话框中调整选择灌木球的饱和度和明度。

⑪打开本书配套光盘本章“鸟瞰图”文件夹中的“棕榈 1. psd”文件，棕榈树图片拖动到鸟瞰图像中，将所在的图层命名为“棕榈 1”，然后利用【自由变换】命令将棕榈树等比例缩小，调整其位置，按〈Ctrl + B〉快捷键，在弹出的“色彩平衡”对话框中对棕榈树进行颜色调整，将选择的棕榈树复制多棵。

⑫打开本书配套光盘本章“鸟瞰图”文件夹中的“柏树 . psd”文件，将柏树图片拖动到鸟瞰图像中，将所在的图层命名为“柏树”，并利用【自由变换】命令将柏树等比例缩小，调整其位置。单击菜单栏中的【图像】｜【调整】｜【亮度｜对比度】命令，将调整后的柏树增大对比度，将选择的柏树复制多棵。

⑬打开本书配套光盘“鸟瞰图”本章文件夹中的“棕榈 2. psd”文件，将棕榈树图片拖动到鸟瞰图像中，将所在的图层命名为“棕榈 2”，并利用【自由变换】命令将其等比例缩小，调整其位置。将选择的棕榈树复制多棵。

⑭打开本书配套光盘本章“鸟瞰图”文件夹中的“灌木 1. psd”文件，将灌木图片拖动到鸟瞰图像中，将所在图层命名为“灌木 1”，并利用【自由变换】命令将其等比例缩小，调整其位置。按〈Ctrl + U〉快捷键，在弹出的“色相｜饱和度”对话框中调整【明度】值为 -35，将选择的灌木复

制多棵,并利用【自由变换】命令将灌木等比例缩放,保存对文件所做的修改。

13.4.3 制作水、人物等其他配景

在后期处理中人物是不可缺少的配景。在为画面添加人物时,应掌握好人物的比例关系、明暗关系以及光照的方向等。

①打开本书配套光盘本章“鸟瞰图”文件夹中的“水1.jpg”图像文件。

②利用工具箱中的“矩形选框”工具选择如图13.71所示的水区域。

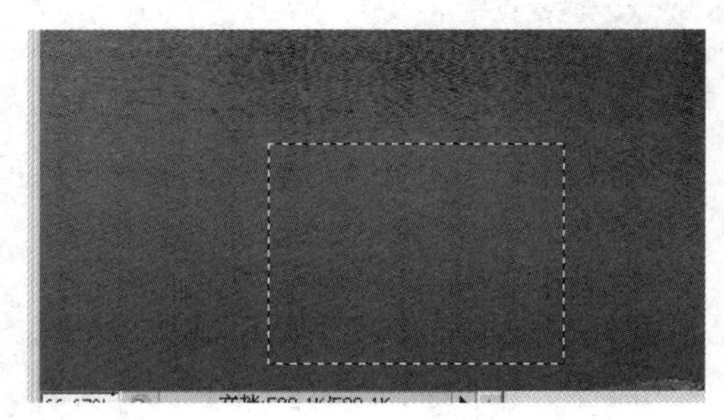

图13.71 创建的选区

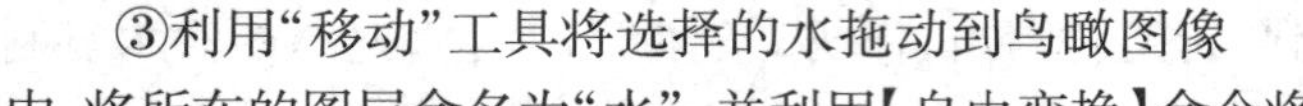

③利用“移动”工具将选择的水拖动到鸟瞰图像中,将所在的图层命名为“水”,并利用【自由变换】命令将水等比例缩放到与水池大小基本相同。

④单击菜单栏中的【图像】|【调整】|【亮度|对比度】命令,对水进行调整,其参数设置为:亮度【24】、对比度【58】。

⑤在【图层】面板中将“选区”层显示出来,利用工具箱中的“魔棒”工具选择蓝色代表的水区域。

⑥在【图层】面板中将“选区”层隐藏,选择“水”层为当前层,然后单击“蒙版”按钮为“水”层添加蒙版。

⑦打开本书配套光盘本章“鸟瞰图”文件夹中的“雕塑.psd”文件,这是一幅雕塑图片。

⑧在【图层】面板中选择“行道树”层为当前层,利用“移动”工具将雕塑图片拖动到鸟瞰图像中,将所在的图层命名为“雕塑”,并利用【自由变换】命令将其等比例缩小。

⑨打开本书配套光盘本章“鸟瞰图”文件夹中的“人.psd”文件,这是一幅多人图片。

⑩利用工具箱中的“套索”工具,在“人.psd”图像中选择一组人。

⑪利用“移动”工具将选择的人拖动到鸟瞰图像中,将所在图层命名为“人”。

⑫单击菜单栏中的【图像】|【调整】|【亮度|对比度】命令,提高人的对比度。

⑬运用相同的方法,将其他的人选择并将其拖动到鸟瞰图像中,再利用【亮度|对比度】命令提高人的对比度,位置及效果如图13.72所示,保存对文件所做的修改。

图13.72 人物添加的位置

13.4.4 制作背景

鸟瞰效果图的背景有很多种效果，具体使用哪一种效果，要根据具体的要求以及效果图的构图等灵活运用，最终的图像效果如图 13.72 所示。

案例实训

1）目的要求

通过实训练习 Photoshop 的综合应用。

2）实训内容

①打开本书配套光盘本章文件夹中的“第 13 章彩平图实训”文件夹，找到“环岛 . dwg 文件”，为其制作彩平图。最后效果如图 13.73 所示，将其保存为 psd 和 jpg 两种格式的文件。

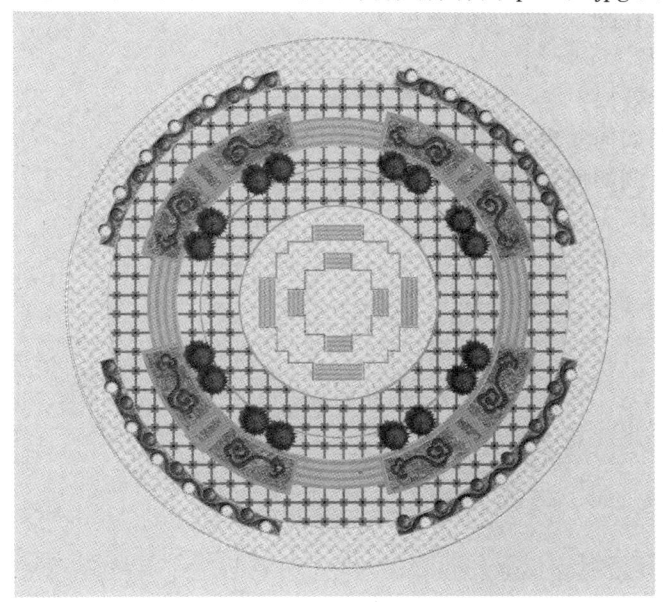

图 13.73 环岛彩平图

②完成 13.2 景墙效果图的制作。

③完成 13.3 园林效果图的后期制作。

④完成 13.4 鸟瞰效果图的制作。

3）考核标准

考核项目	分　值	考核标准	得　分
工具的应用	30	掌握各种工具的操作步骤	
熟练程度	20	能在规定时间内完成绘制	
灵活应用	30	能综合运用多种工具绘制，能举一反三	
准确程度	20	绘制完成的图形和尺寸正确	

复习思考题

1. 叙述利用快速蒙版制作背景的方法步骤。
2. 人物配景阴影的制作方法。
3. 添加灌木与花卉配景后如何调整色调。
4. 怎样制作水面？
5. 怎样制作倒影效果？
6. 倒影扭曲效果如何实现？
7. 树木配景的色调如何调整？

第4篇

SketchUp

14 SketchUp简介及绘图环境设置

【知识要求】

- 熟悉 SketchUp 操作界面;
- 了解 SketchUp 菜单栏和工具栏中的具体内容。

【技能要求】

- 掌握 SketchUp 中单位及坐标轴的设置方法;
- 掌握 SketchUp 中“模板”的使用方法。

SketchUp 又名草图大师,是一个极受欢迎并且易于使用的 3D 设计软件,官方网站将它比喻成电子设计中的“铅笔”。它的主要特点就是使用简便,人人都可以快速上手,是一套直接面向设计方案创作过程的设计工具,其创作过程不仅能够充分表达设计师的思想而且完全满足与客户即时交流的需要,它使得设计师可以直接在计算机上进行十分直观的构思,是三维建筑设计方案创作的优秀工具。本教材以 Google SketchUp 7 汉化版为例讲授。

14.1 SketchUp 操作界面

与其他 Windows 平台的操作软件一样,SketchUp 也是使用“下拉菜单”“工具栏”进行操作,具体的信息与步骤提示,也是通过“状态栏”显示出来。

SketchUp 的初始操作界面主要由标题栏、菜单栏、主要工具栏、视图工作区、状态栏、参数控制区等几个部分组成,如图 14.1 所示。

14.1.1 标题栏

标题栏(在绘图窗口的顶部)包括右边的标准窗口控制(关闭,最小化,最大化)和窗口所打开的文件名。开始运行 SketchUp 时名字是未命名,说明还没有保存此文件。

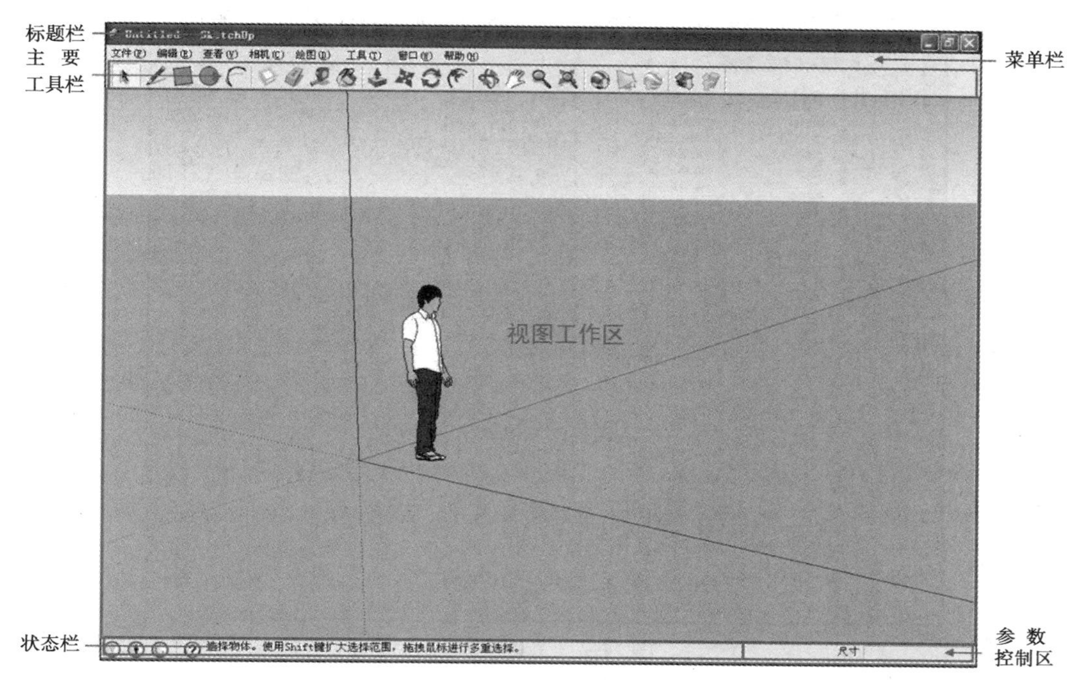

图 14.1　初始操作界面

14.1.2　菜单栏

菜单栏在标题栏的下面,包含大部分 SketchUp 的工具、命令和设置。默认出现的菜单包括【文件】【编辑】【查看】【相机】【绘图】【工具】【窗口】和【帮助】8 个主菜单。

14.1.3　主要工具栏

主要工具栏在菜单栏的下面,其中列举了软件最常用的部分工具,但还有一部分常用工具未能显示在窗口,我们可以对工具栏进行优化。

具体优化方法是打开“查看”菜单,点击“工具栏”命令,勾选“大工具栏”,并复选“风格”“图层”“标准”和“视图”等选项,如图 14.2 所示,并调整好各工具栏的位置。SketchUp 的工具栏和其他应用程序的工具栏类似。可以游离或者吸附到绘图窗口的边上,也可根据需要拖曳工具栏窗口,调整其窗口大小。

14.1.4　视图工作区

对模型的编辑和操作都在视图工作区中显示。

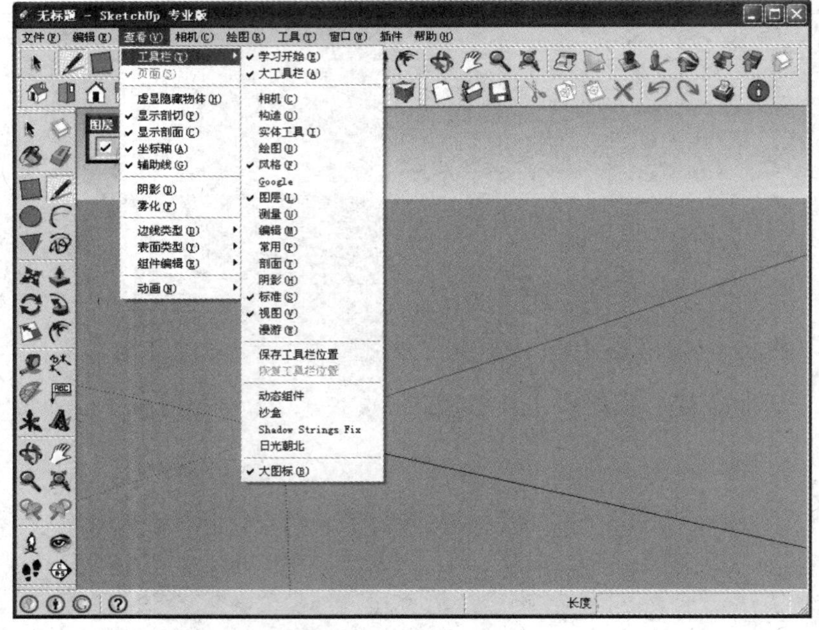

图 14.2 工具栏优化

14.1.5 状态栏

状态栏位于绘图窗口下面，当光标在软件操作界面上移动时，状态栏中会有相应的文字提示，根据这些提示可以帮助使用者更容易地操作软件。

14.1.6 参数控制区

状态栏的右边是参数控制区。会显示绘图中的尺寸信息，也可以根据当前的作图情况输入“长度”“距离”“角度”“个数”等相关数值，以起到精确建模之用。

14.2 设置绘图环境

设置绘图环境主要就是调整当前的系统单位，将其更改为我国建筑业常用的“毫米”作为单位。若每一次使用 SketchUp 都要设置单位，则太过繁琐，这时可以使用单位模板。

14.2.1 设置单位

SketchUp 在默认的情况下是以美制英寸为绘图单位的。这就需要将系统的绘图单位改回

到我国规范中的要求——公制毫米为主单位,精度为“0 mm”。具体操作如下:

①选择【窗口】→【模型信息】命令,弹出【模型信息】对话框。选择【单位】选项,可以在出现的对话框中设置长度与角度的单位,如图 14.3 所示。

②可以看到,在默认的情况下,长度单位是美制的英寸,需要改过来。在【长度】选项区域中作如下调整:

将【格式】改为“十进制”,并以“毫米”为最小单位。

将【精确度】改为“0 mm”,如图 14.4 所示。

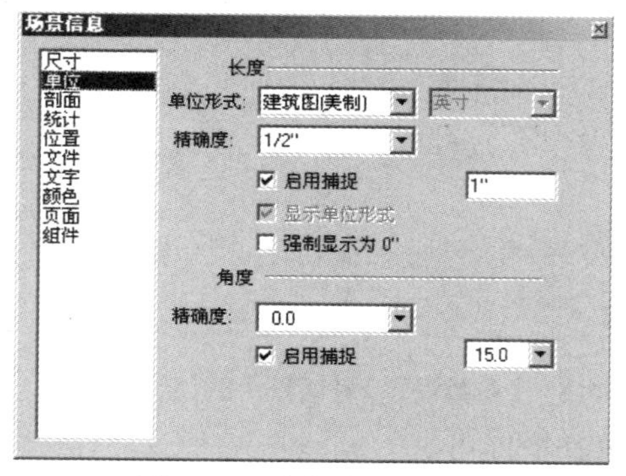

图 14.3 **系统默认的单位**

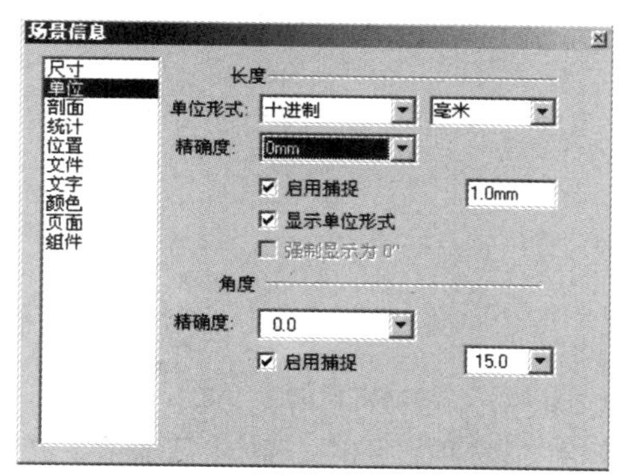

图 14.4 **实际绘图需要的单位**

③按〈Enter〉键完成绘图单位的设置。

注意:角度单位不用设置,国外与国内都是统一使用“度”为单位。

14.2.2 设置场景的坐标系

与其他三维建筑设计软件一样,SketchUp 也使用坐标系来辅助绘图。启动 SketchUp 后,会发现屏幕中有一个三色的坐标轴。红色的坐标轴代表“X 轴向”,绿色的坐标轴代表“Y 轴向”,蓝色的坐标轴代表“Z 轴向”,其中实线轴为坐标轴正方向,虚线轴为坐标轴负方向,如图 14.5 所示。

根据设计师的需要,可以将默认的坐标轴的原点、轴向进行更改。具体操作如下:

①单击工具栏中的【坐标轴】按钮,发出重新定义系统坐标的命令,可以看到此时屏幕中的鼠标指针变成了一个坐标轴,如图 14.6 所示。

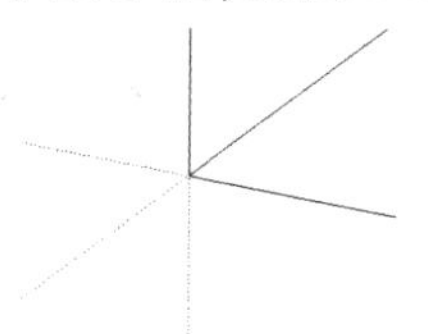

图 14.5 **坐标轴向**

图 14.6 **鼠标指针的变化**

②移动鼠标到需要重新定义的坐标原点,单击鼠标左键,完成原点的定位。

③转动鼠标到红色的 X 轴需要的方向位置,单击鼠标左键,完成 X 轴的定位。

④再转动鼠标到绿色的 Y 轴需要的方向位置,单击鼠标左键,完成 Y 轴的定位。

⑤此时可以看到屏幕中的坐标系已经被重新定义了。

如果想在绘图时出现如图 14.7 所示的用于辅助定位的 XYZ 轴定位光标，就像在 AutoCAD 中绘图时的屏幕光标一样，可以使用以下方法来开启：

选择【窗口】→【参数设置】命令，在弹出的【参数设置】对话框中选择【绘图】选项，如图 14.8所示。

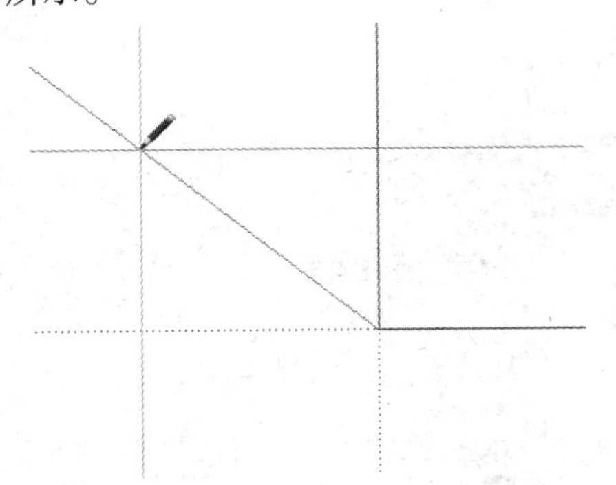

图 14.7　辅助定位的十字光标　　**图 14.8　【参数设置】对话框中的【绘图】选项**

在【绘图】选项区域中，选中【显示十字光标】复选框即可。

注意：本节中讲解的“设置场景坐标轴”与“显示十字光标”这两个操作并不常用，特别对于初学者来说，不需要过多地去研究，有一定的了解即可。

14.2.3　使用模板

如果每一次绘图都要设置绘图的单位，那么就很繁琐了。在 SketchUp 中可以直接调用“模板”来绘图，“模板”中已经将绘图的单位设置好了。具体操作如下：

①选择【窗口】→【参数设置】命令，在弹出的【系统属性】对话框中选择【模板】选项，如图 14.9 所示。

②在模板列表中选择【毫米】，这是以公制的毫米为单位作图，单击【确定】按钮，完成模板的选择。

但是此时系统并不是以【毫米】为单位作为模板。需要关闭 SketchUp，然后重新启动软件，系统才装载指定的【毫米】模板。

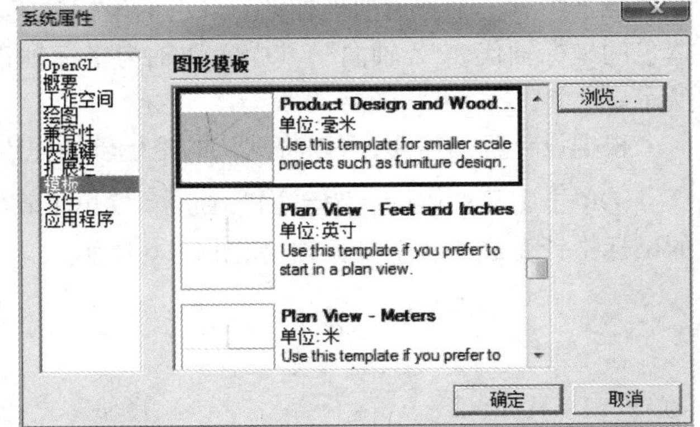

图 14.9　【系统属性】对话框中的【模板】选项

注意：实际上在第一次使用 SketchUp 这个软件时就应该加载【毫米】模板，这是个一劳永逸的做法，以后作图就不需要再设置绘图单位了。

案例实训

1)目的要求

通过实训掌握绘图环境的设置方法。

2)实训内容

(1)打开 SketchUp 软件,将其单位设置成 mm,并重新定义一个新的坐标轴。

(2)在开始绘图前,将绘图环境设置为以【毫米】为单位作为模板。

复习思考题

1. SketchUp 中怎样设置绘图单位?
2. SketchUp 中怎样制作模板?

15 SketchUp显示设置

【知识要求】

- 掌握视图切换、旋转、平移、缩放的方法；
- 掌握物体不同显示模式下的区别；
- 掌握背景、天空和阴影的设置方法。

【技能要求】

- 能熟练地控制视图效果；
- 能熟练控制物体显示模式，以方便绘图操作。

15.1 视图显示

15.1.1 切换视图

平面视图有平面视图的作用，三维视图有三维视图的作用，各种平面视图的作用也不一致。设计师在三维作图时经常要进行视图间的切换。而在 SketchUp 中只用一组工具栏，即【视图】工具栏就能完成，如图 15.1 所示。

图 15.1 【视图】工具栏

【视图】工具栏中有 6 个按钮，从左到右依次是【等角透视】【顶视图】【前视图】【右视图】【后视图】和【左视图】。在作图的过程中，只要单击【视图】工具栏中相应的按钮，SketchUp 将自动切换到对应的视图中。

15.1.2 旋转三维视图

计算机的屏幕是平面的，但是建立的模型是三维的。在建筑制图中常用“平面图”“立面图”“剖面图”组合起来表达设计的三维构思。在 3ds Max 这样的三维设计软件中，通常用 3 个平面视口加上一个三维视口来作图,这样的好处是直接明了,但是会消耗大量的系统资源。

SketchUp 只用一个简洁的视口来作图,各视口之间的切换是非常方便的。图 15.2—图 15.5分别表达了平、立、剖、三维视图在 SketchUp 中的显示。

注意:由于计算机屏幕观察模型的局限性,为了达到三维精确作图的目的,必须转换到最精确的视图来操作。真正的设计师往往会根据需要及时地调整视口到最佳状态,这时对模型的操作才准确。

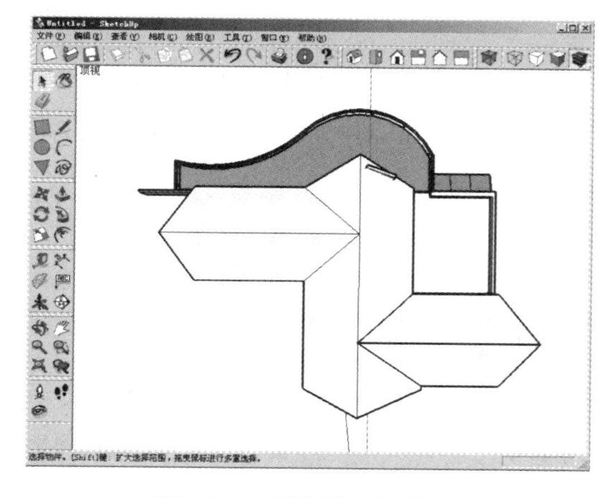

图 15.2 顶视图(平面图)

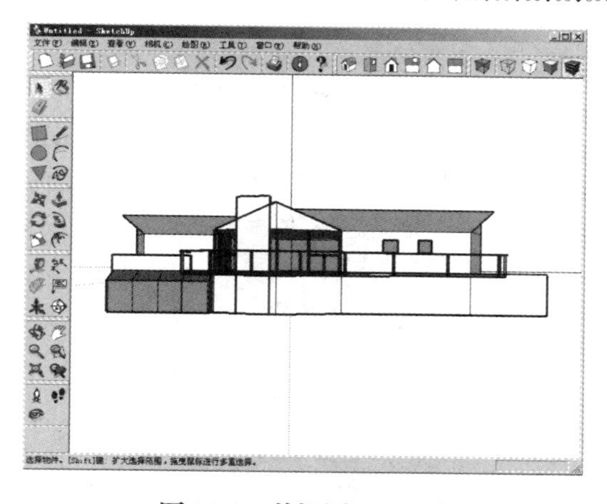

图 15.3 前视图(立面图

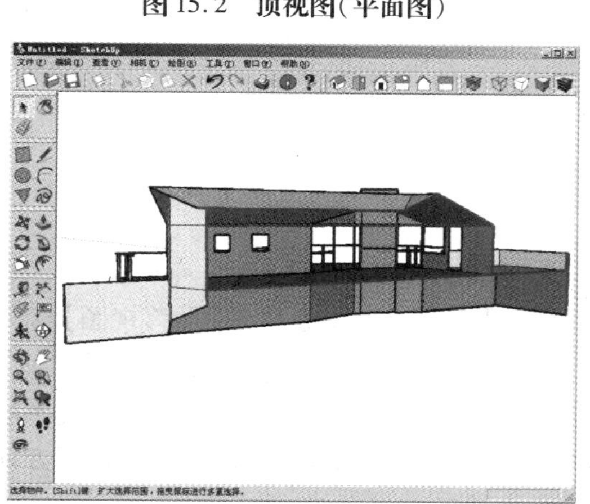

图 15.4 剖面图

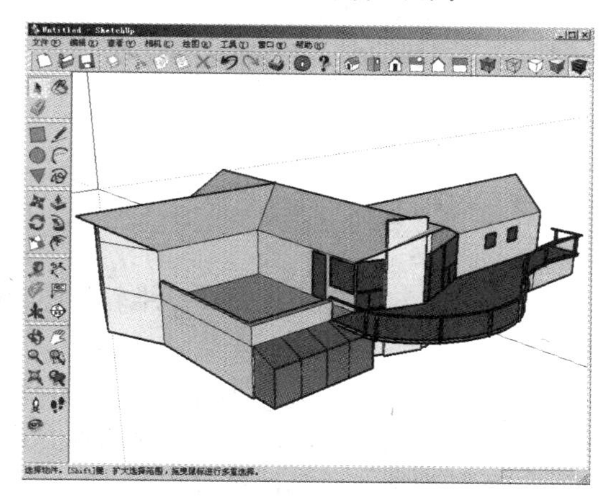

图 15.5 透视图

在三维视图中作图是设计人员绘图的必需步骤。在 SketchUp 中切换到三维视图是非常方便的。在介绍如何切换到三维视图之前,首先介绍有关三维视图的两个类别:透视图与轴测图。

透视图是模拟人的视觉特征,使图形中的物体有“近大远小”的消失关系,如图 15.6 所示。而轴测图虽然是三维视图,但是没有透视图的“近大远小”的关系,距离视点近的物体与距离视点远的物体是一样的大小,如图 15.7 所示。

在 SketchUp 中,以三维操作为主体,经常绘制好二维底面后还要在三维视图中操作。切换到三维视图有两种方法:一种是直接单击工具栏中的【转动】按钮,然后按鼠标左键,在屏幕上任意转动以达到希望观测的角度,再释放鼠标;另一种方法是按住鼠标中键不放,在屏幕上转动以找到需要的观看角度，再释放鼠标。

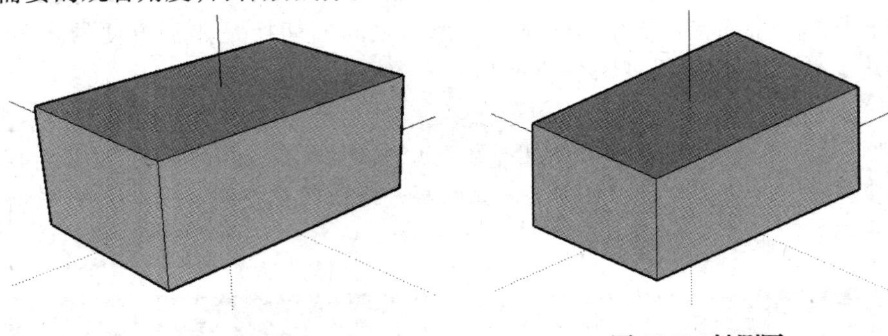

图 15.6　透视图　　　　图 15.7　轴测图

在 SketchUp 中默认的三维视图是“透视图”。如果想切换到“轴测图”，可以在【相机】菜单中取消选择【透视显示】命令，如图 15.8 所示。

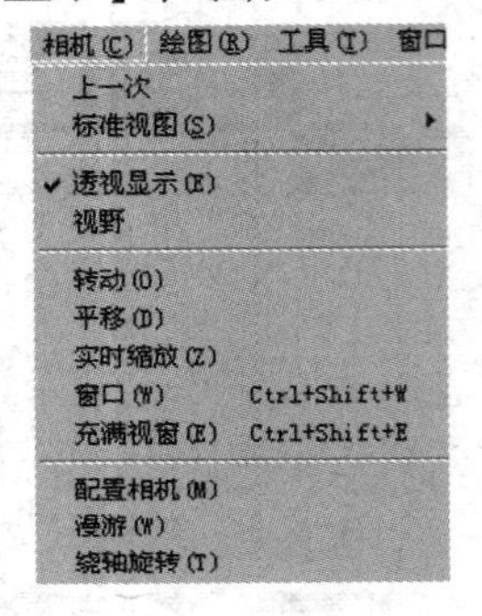

图 15.8　切换到透视图

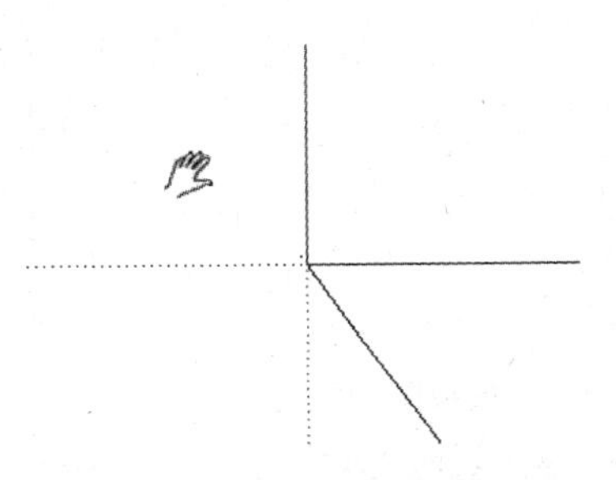

图 15.9　【平移】工具

15.1.3　平移

不论是在二维软件中还是在三维软件中绘图，用得最多的两个命令都是【平移视图】与【缩放视图】。

平移视图有两种方法：一是直接单击工具栏中的【平移】按钮；二是按住〈Shift〉键不放，再单击鼠标中键进行视图的平移。这两种方式都可以实现对屏幕视图的水平方向、垂直方向、倾斜方向的任意平移。具体操作如下：

①在任意视图下单击工具栏中的【平移】按钮，光标将变成手的形状，如图 15.9 所示。

②向任意位置移动鼠标，以达到观测的最佳视图。

15.1.4　缩放视图

绘图是一个不断地从局部到整体，再从整体到局部的过程。为了精确绘图，设计师需要放大图形以观察局部的细节；为了进行全局的调整，设计师会缩小图形以查看整体的效果。SketchUp 缩放视图共有 4 个工具，如图 15.10 所示。4 个按钮的功能依次是【实时缩放】【充满视窗】【上一视图】和【下一视图】。

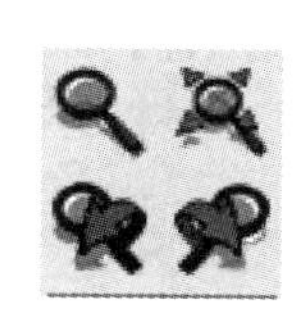

图15.10 视图缩放工具

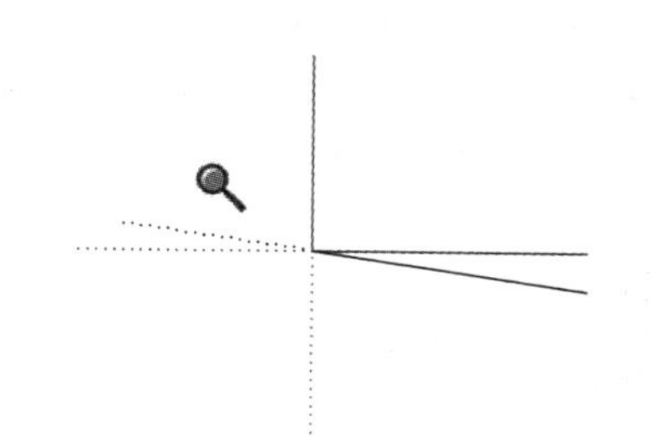

图15.11 【实时缩放】工具

视图缩放工具的作用是将当前视图动态地放大或缩小，能够实时地看到视图的变换过程，以达到设计师作图的要求。具体操作如下：

①单击工具栏中的【实时缩放】按钮，此时屏幕中的鼠标会变为如图15.11所示的放大镜形状。

②按住鼠标左键不放，从屏幕上方往下方移动是缩小视图；按住鼠标左键不放，从屏幕下方往上方移动是扩大视图。

③当视图放大或缩小到希望达到的范围时，松开鼠标左键完成操作。

④可以在任何情况下，用上下滑动滚轮鼠标的滚轮来完成缩放功能。滚轮鼠标向下滑动是缩小视图，向上滑动是放大视图。

【充满视窗】工具的作用是将整个可见的模型以屏幕的中心为中心最大化地显示于视图之上。其操作步骤非常简单，单击工具栏中的【充满视窗】按钮即可完成。

【上一视图】工具的作用是恢复显示上一次视图。单击工具栏中的【上一视图】按钮即可完成。

【下一视图】工具的作用是重新显示下一次视图。单击工具栏中的【下一视图】按钮即可完成。

注意：当今的计算机大多数都配带滚轮的鼠标，滚轮鼠标可以上下滑动，也可以将滚轮当中键使用。为了加快SketchUp作图的速度，对视图进行操作时应该最大程度地发挥鼠标的如下功能：

①按住中键不放并移动鼠标实现【转动】功能。

②按住〈Shift〉键不放加鼠标中键实现【平移】功能。

③将滚轮鼠标上下滑动实现【缩放】功能。

15.2 物体的显示模式

在做设计方案时，设计师为了让甲方能更好地了解方案形式，理解设计意图，往往会从各种角度，用各种方式来表达设计成果。SketchUp作为面向设计的软件，提供了大量的显示模式，以便设计师选择表现手法。

做设计时，周围都有闭合的墙体。如果要观察室内的构造，就需要隐去一部分墙体，但隐藏墙体后不利于房间整个效果的观察。有些计算机的硬件配置较低，需要经常切换“线框”模式与“实体显示”模式。这些问题在 SketchUp 中都得到了很好地解决。

SketchUp 提供了一个【风格】工具栏。可通过单击“查看”菜单，点击“工具栏”命令，勾选“风格”选项来打开【风格】工具栏，如图 15.12 所示。

【风格】工具栏共有 6 个按钮，分别代表了对模型常用的 6 种显示模式，如图 15.13 所示。这 6 个按钮的功能从左到右依次是【X 光模式】【线框】【消隐】【着色】【材质贴图】【单色】。

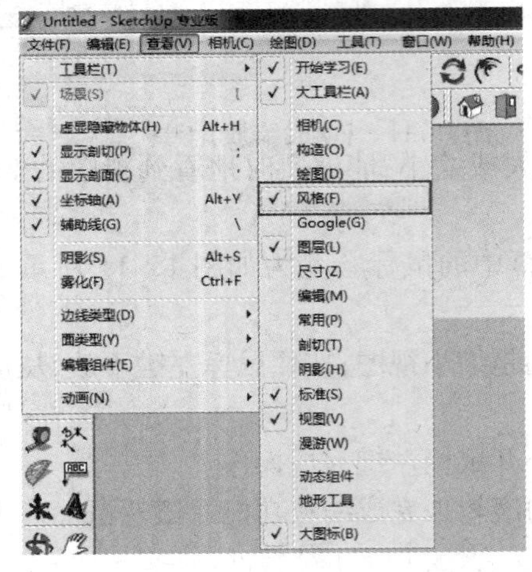

图 15.12 【风格】工具栏

图 15.13 【风格】工具栏

(1)【X 光模式】按钮的功能　其功能是使场景中所有的物体都是透明的，就像用“X 光”照射的一样。在此模式下，可以在不隐藏任何物体的情况下非常方便地查看模型内部的构造，如图 15.14 所示。

图 15.14 【X 光模式】

(2)【线框】按钮的功能　其功能是将场景中的所有物体以线框的方式显示，在这种模式下场景中模型的材质、贴图、面都是失效的，但此模式下的显示速度非常快，如图 15.15 所示。

(3)【消隐】按钮的功能　其功能是在【线框】的基础上将被挡在后部的物体隐去，以达到“消隐”的目的。此模式更加有空间感，但是由于在后面的物体被消隐，无法观测到模型的内部，如图 15.16 所示。

(4)【着色】按钮的功能　其功能是将模型的表面用所贴材质的颜色来表示，只显示贴图颜色，不显示贴图纹理，如图 15.17 所示。

图 15.15　【线框】模式

图 15.16　【消隐】模式

(5)【材质与贴图】按钮的功能　其功能是在场景中的模型被赋予材质后,可以显示出材质与贴图的效果,如图 15.18 所示。如果模型没有材质,此按钮无效。

图 15.17　【着色】模式

图 15.18　【材质与贴图】模式

(6)【单色】按钮的功能　其功能是将模型用默认材质的单色来表示,如图 15.19 所示。在没有重新设置颜色的情况下系统用黄色来表示正面,用蓝色表示反面。

图 15.19　【单色】模式

注意:对于这 7 种显示模式,要针对具体情况进行选择。在绘图时,需要看到内部的空间结构,可以考虑用【X 光模式】;在图形没有完成的情况下可以使用【着色】,这时显示的速度会快一些;图形完成后可以使用【材质与贴图】来查看整体效果。

15.3 边线的效果

SketchUp 的中文名称是“草图大师”，即该软件的功能有些趋向于设计方案的手绘。手绘方案时图形的边界往往会有一些特殊的处理，如两条直线相交时出头、使用有一定弯曲变化的线条代替单调的直线，这样的表现手法在 SketchUp 中都可以实现。

选择【窗口】→【风格】命令，弹出【风格】对话框，单击【编辑】选项卡，显示如图 15.20 所示。【编辑】下【边线设置】选项区域中共有 5 个复选框，分别为【轮廓线】【深粗线】【延长线】【端点线】【草稿线】。如图 15.21 所示的模型是这 5 个复选框都没有选中时的显示模型，此时边线是以最细的线条显示。

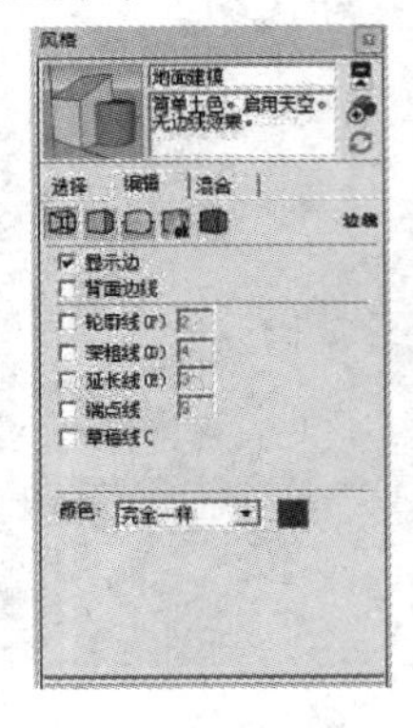

图 15.20 风格

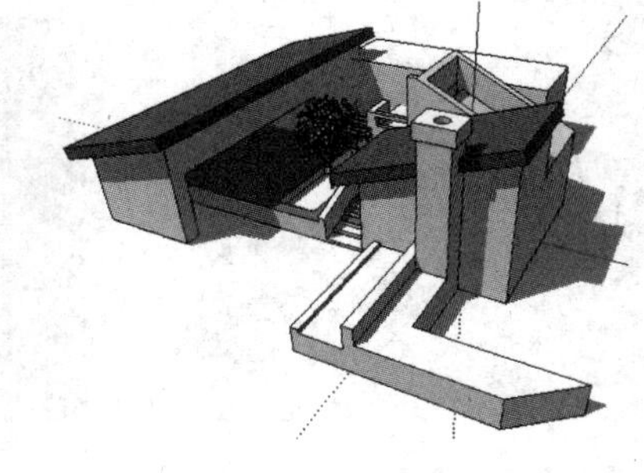

图 15.21 细线显示

(1)【轮廓线】 选中此复选框，系统以较粗的线条显示边界线，如图 15.22 所示。

(2)【深粗线】 选中此复选框，系统以非常粗的深色线条显示边界线。此复选框一般情况下不选。

(3)【延长线】 选中此复选框，系统在两条或多条边界线相交处用出头的延长线表示，这是一种手绘线条的常用表现方法，如图 15.23 所示。

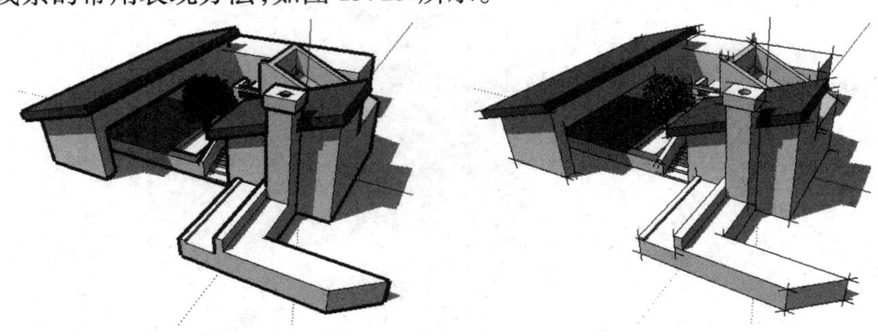

图 15.22 轮廓　　图 15.23 延长线

(4)【端点线】 选中此复选框，系统在两条或多条边界线相交处用较粗的端点线表示，这也是一种手绘线条的常用表现方法，如图 15.24 所示。

(5)【草稿线】 选中此复选框，系统以一定弯曲变化的手绘线条来表示边界线，如图 15.25 所示。

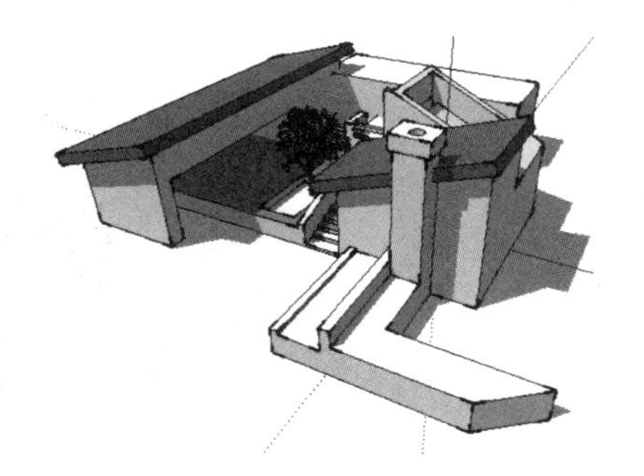

图 15.24 端点线

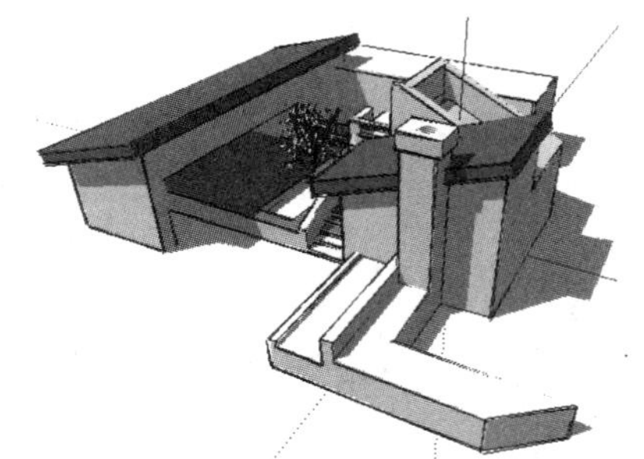

图 15.25 草稿线

注意:对于【边线设置】选项区域中的 5 个选项并不是只能选择一项,而是可以进行多项选择。但是过多的选择会占用计算机系统资源,所以一般情况下在建模时并不选择,只是在完成模型后根据具体情况选择需要的边线效果。

15.4 背景与天空

实际中的建筑物不是孤立存在的,必须通过周围的环境烘托出来,而最大的"环境"就是背景与天空。在 SketchUp 中,可以直接显示出背景与天空。如果设计师觉得这样过于单调与简单,可以将图形输出到专业软件,如 Photoshop 中进行深度加工。显示背景与天空的具体操作步骤如下:

①选择【窗口】→【风格】命令,在弹出的【风格】对话框中【选择】选显卡下选择【默认风格】,如图 15.26 所示。

②在【默认风格】选项区域中,选中【简单风格】,此时可以观察到屏幕中已经有了一个基本的天空与背景。

③从后书所附光盘中打开一个建立好的模型"儿童游戏器材",调整好角度大小,就可以生成一般的效果图了,如图 15.27 所示。

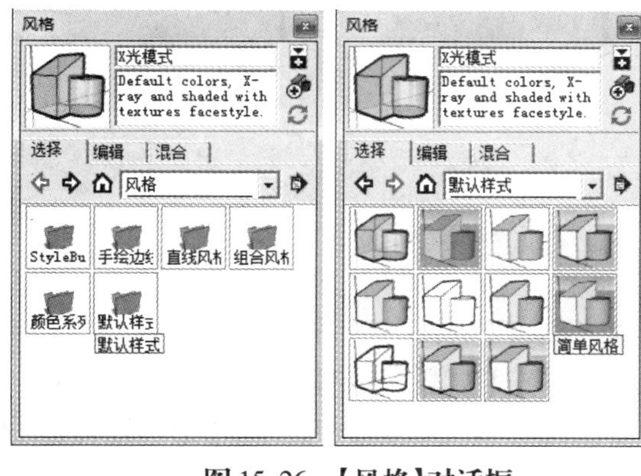

图 15.26 【风格】对话框

图 15.27 【简单风格】效果图

在【风格】中,除了可以设置边线和背景以外,还可以选择各种不同风格,如图 15.28 所示。

可以自己尝试调整,直到找到自己需要的风格。

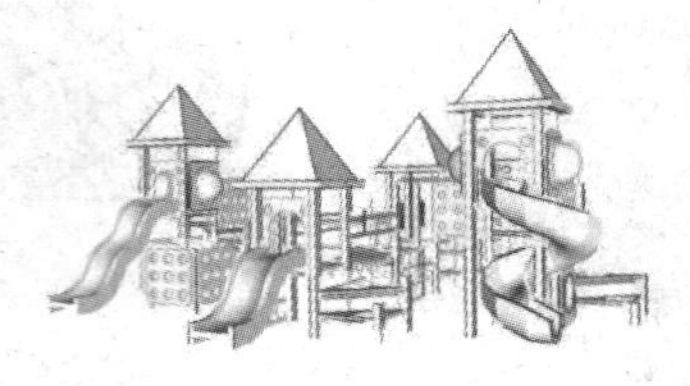

图 15.28　各种不同风格效果

15.5　阴影的设置

物体在阳光或天光的照射下会出现受光面、背光面、阴影区。通过阴影效果与明暗对比,能衬托出物体的立体感。在作方案设计时,设计师往往需要自己的作品有很强的立体感,这时阴影的设置就显得格外重要。在 SketchUp 中阴影的设置虽然很简单,但是功能并不弱,甚至在 SketchUp 中还能制作阴影的动画。

15.5.1　设置地理位置

南、北半球的建筑物接受日照不一样。就是同一半球、同一个国家,由于经纬度的不同,日照的情况也不一样。所以在设置建筑物的阴影之前,第一步就是要设置建筑物所处的地理位置。具体操作如下:

选择【窗口】→【模型信息】命令,弹出【模型信息】对话框,选择【位置】选项。在选项区域中,根据需要,设置【位置】和【太阳方位】参数信息。设置完成后,按〈Enter〉键完成操作。

注意:很多用户往往不重视地理位置的设置。由于纬度的不同,不同地区的太阳高度角、照射的强度与时间也不一致。如果地理位置设置不正确,则阴影与光线的模拟会失真,进而影响整体的效果。

15.5.2　设置阴影

对于阴影的设置主要有两项:一是时间段,一是强度。SketchUp 在默认的情况下没有显示【阴影】工具栏,所以需要首先启动此工具栏。具体操作如下:

①选择【查看】→【工具栏】→【阴影】命令,弹出【阴影】工具栏,如图 15.29 所示。

②在【阴影】工具栏中,左侧两个按钮的功能分别是【阴影对话框】和【阴影显示切换】。后面两个滑块的功能分别是调整阳光照射的日期与具体的时间。

③单击【阴影】工具栏中的【阴影对话框】按钮,会弹出【阴影对话框】,如图 15.30 所示。

图 15.29 【阴影】工具栏

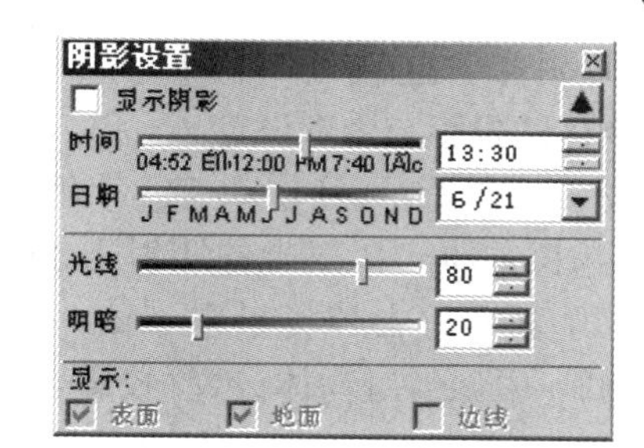

图 15.30 【阴影设置】对话框

④如果选中【阴影对话框】中的【显示阴影】复选框，则在场景中显示阴影；反之则不显示阴影。这个功能与图 15.29 所示【阴影】工具栏中的第二个按钮【阴影显示切换】的功能是一样的。

⑤【阴影设置】对话框中的【时间】与【日期】这两个滑块的功能与【阴影】工具栏中的滑块是一致的，都是调整生成阴影当天的具体时间。

⑥【光线】滑块最左侧的数值是 0，最右侧的数值是 100。【光线】的数值越小，则太阳光的强度越弱；【光线】的数值越大，则太阳光的强度越强。

⑦【明暗】滑块最左侧的数值是 0，最右侧的数值是 100。【明暗】的数值越小，则背光的暗部越暗；【明暗】的数值越大，则背光的暗部越亮。

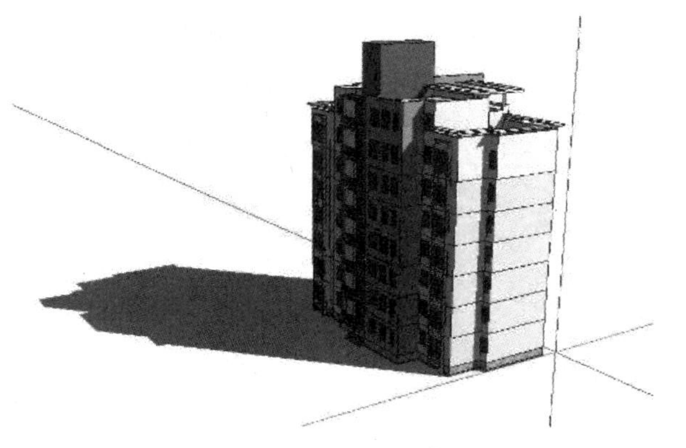

图 15.31 北京地区的建筑物光影效果

如图 15.31 所示是在北京地区 9 月 22 日（秋分日）14:30 建筑物在阳光照射下的阴影状况。可以看到，增加了实际地理位置的设置，调整了日照的具体时间，建筑物在阳光的照射之下显得栩栩如生。

注意：选中【显示阴影】复选框对计算机硬件要求较高，特别是 CPU 的运算与显卡的 3D 功能。在一般作图时，不要选中【显示阴影】复选框，否则会消耗掉大量的系统资源，作图速度会受到影响。在把模型的细部做好后，为了观看整体效果，可以选中【显示阴影】复选框。最后的成果图，不论是输出效果图还是动画，肯定需要逼真的阴影来烘托建筑模型。

15.5.3 物体的投影与受影设置

一般来说，在太阳的照射下，除了完全透明的物体外，其他所有物体都应留下阴影，半透明的物体只不过阴影略浅一些。不过在作效果图时，场景中的有些次要构件或非重要的形体如果留下阴影会影响主体建筑的形态，这时可以考虑不让这些物体留下阴影或在主体建筑上不接受来自这些物体的阴影。这就是 SketchUp 中阴影设置的一个特殊环节——物体的投影与受影设置。

如图 15.32 所示，场景中有 3 个物体，从上往下依次是三棱柱、圆柱和长方体。在阳光的照射下，出现如图 15.32 所示的 3 处阴影。下面通过去掉场景中三棱柱在圆柱上的投影，来说明在 SketchUp 中如何对物体设置“投影”与“受影”的阴影关系。

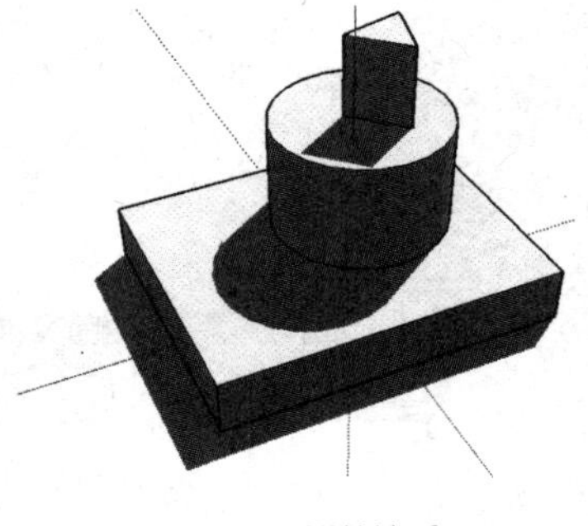

图 15.32 阴影关系

去掉投影有两种方法：一是在受影面上不接受投影；二是去掉由于遮挡阳光产生投影物体的投影选项。

(1)第一种方法的具体操作方法

①选择圆柱，保证圆柱处于被选择状态。单击鼠标右键，弹出如图 15.33 所示的【实体信息】对话框。

②在对话框中取消选中【受影】复选框，关闭对话框，场景中圆柱顶面已经没有来自三棱柱的阴影显示了，如图 15.34 所示。

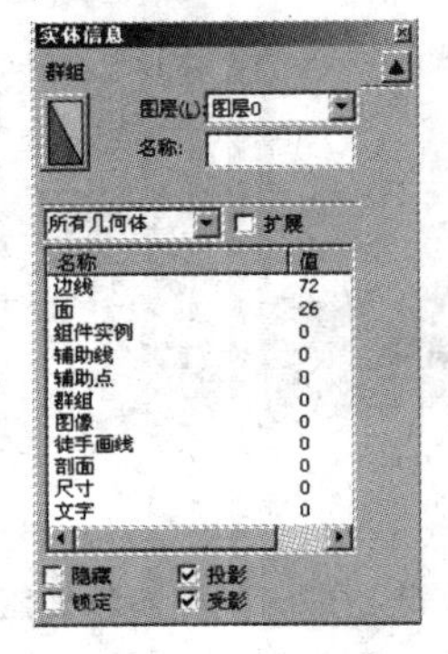

图 15.33 【实体信息】对话框

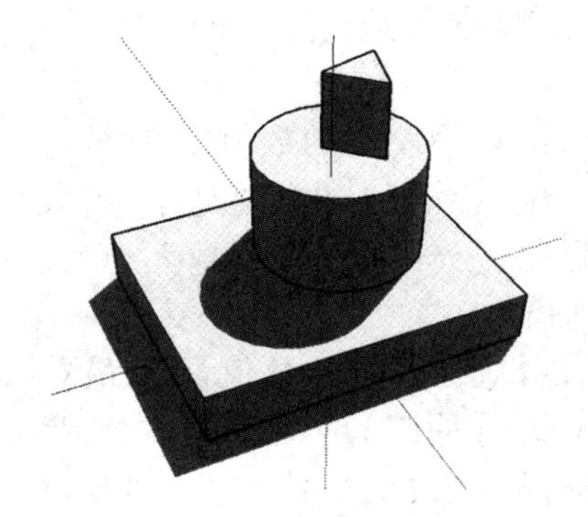

图 15.34 去掉三棱柱在圆柱上的投影

(2)第二种方法的具体操作方法

①选择三棱柱，并保证三棱柱处于被选择状态，单击鼠标右键，弹出如图 15.33 所示的【实体信息】对话框。

②在对话框中取消选中【投影】复选框，关闭对话框，场景中圆柱顶面已经没有来自三棱柱的阴影显示了，如图 15.34 所示。

用同样的方法还可以去掉圆柱在长方体上的投影，去掉长方体在地面上的投影，这里不一一介绍，可以自己练习。弹出【实体信息】对话框还有一个方法，即先选择物体，然后选择【窗口】→【实体信息】命令。

注意：在本例场景中的 3 个咬合物体，即三棱柱、圆柱、长方体分别是“3 个物体”，而不是一个物体的 3 个部分。所以在操作本例时，应使用配套光盘中的场景文件进行操作。具体如何建立这 3 个物体，本书后面还会详细介绍。

案例实训

1)目的要求

(1)通过实训掌握视图切换、旋转、平移、缩放的方法;

(2)掌握物体不同显示模式下的区别;

(3)掌握背景、天空和阴影的设置方法。

2)实训内容

(1)打开一个 SketchUp 文件,尝试视图切换、旋转、平移、缩放等操作,观察视图显示的变化。

(2)将显示模式相互切换,观察物体显示风格的不同。

(3)在 SketchUp 中,通过设置使背景与天空直接显示出来。

通过设置打开物体的阴影显示,并将其调整为10月1号8点左右的投影效果。

复习思考题

1. SketchUp 中如何实现视图的转换?

2. SketchUp 中怎样根据日期和地理位置调整阴影?

16 SketchUp基本工具

【知识要求】

- 掌握直线、圆弧、徒手线、矩形、圆、多边形等绘图工具的用法；
- 掌握移动、旋转、缩放、推/拉等编辑工具的用法；
- 掌握测量距离、量角器、尺寸标注等构造工具的用法；
- 掌握相机位置、绕轴旋转等漫游工具的用法。

【技能要求】

- 能通过绘图工具画出需要的图形；
- 能应用编辑工具修改编辑图形从而建出三维模型；
- 能应用材质工具实现物体的贴图；
- 能应用构造工具物体相关信息；
- 能通过漫游工具设置页面和视角。

SketchUp 基本工具位于工具栏内，当鼠标放在工具栏某个图标位置停留时，SketchUp 会自动显示该命令名称，并在状态栏给出该命令的功能提示。

16.1 绘图工具

16.1.1 直线工具

直线工具可以用来画单段直线，多段连接线，或者闭合的形体，也可以用来分割表面或修复被删除的表面。直线工具能让你快速准确地画出复杂的三维几何体。

(1)画一条直线　激活直线工具，点击确定直线段的起点，往画线的方向移动鼠标。此时在数值控制框中会动态显示线段的长度。可以在确定线段终点之前或者画好线后，从键盘输入一个精确的线段长度。也可以点击线段起点后，按住鼠标不放，拖曳，在线段终点处松开，也能画出一条线来。

(2)创建表面 3条以上的共面线段首尾相连,可以创建一个表面。必须确定所有的线段都是首尾相连的,在闭合一个表面的时候,会看到"端点"的参考工具提示,如图16.1所示。创建一个表面后,直线工具就空闲出来了,但还处于激活状态,此时可以开始画别的线段。

(3)分割线段 如果在一条线段上开始画线,SketchUp会自动把原来的线段从交点处断开。例如,要把一条线分为两半,就从该线的中点处画一条新的线,再次选择原来的线段,就会发现它被等分为两段了,如图16.2所示。

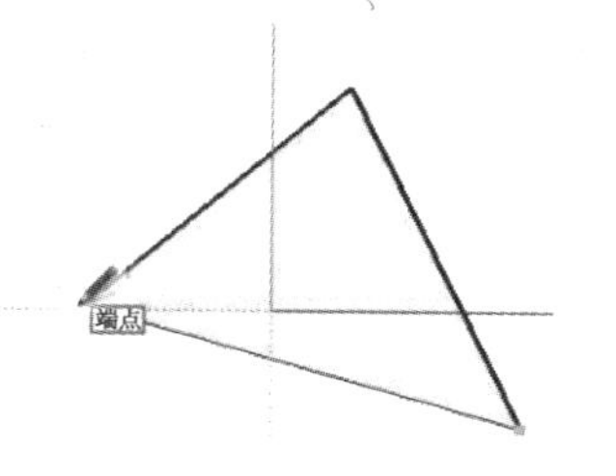

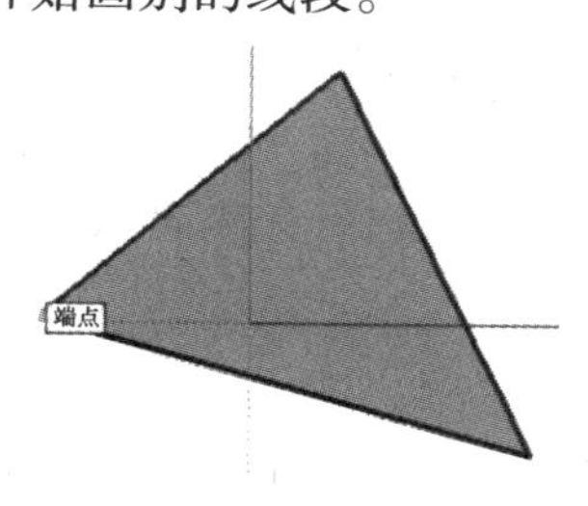

图16.1 用线创建表面

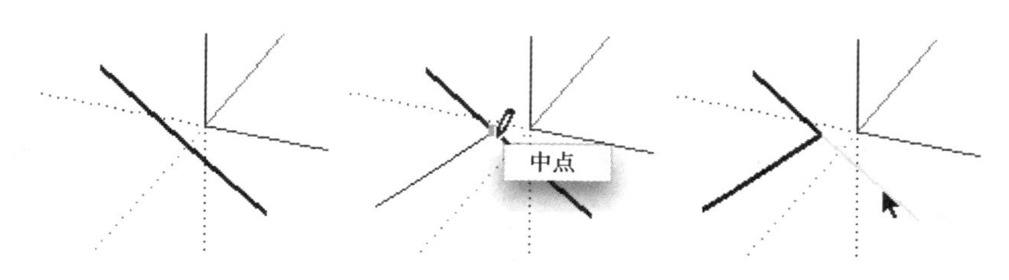

图16.2 分割线段

(4)分割表面 要分割一个表面,只要画一条端点在表面周长上的线段就可以了,如图16.3所示。

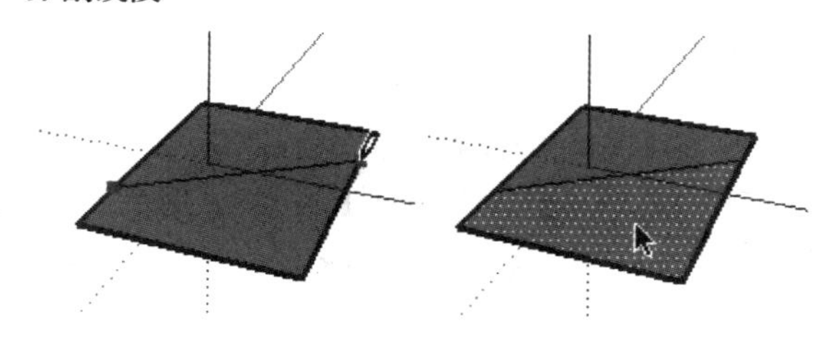

图16.3 分割表面

有时候,交叉线不能按你的需要进行分割。在打开轮廓线的情况下,所有不是表面周长一部分的线都会显示为较粗的线。如果出现这样的情况,用直线工具在该线上描一条新的线来进行分割。SketchUp会重新分析你的几何体并重新整合这条线,如图16.4所示。

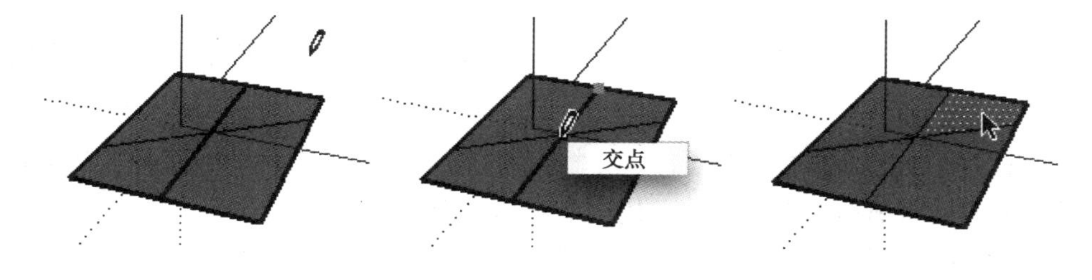

图16.4 描线分割表面

(5)直线段的精确绘制 画线时,绘图窗口右下角的参数控制区中会以默认单位显示线段的长度。此时可以输入数值。

长度	<3,5,7>

图16.5 输入三维坐标

①输入长度值:输入一个新的长度值,按回车确定。如果只输入数字,SketchUp会使用当前文件的单位设置。也可以为输入的数值指定单位,例如,英制的(1′16″)或者公制

的（3.652 m）。SketchUp 会自动换算。

②输入三维坐标：除了输入长度，SketchUp 还可以输入线段终点的准确的空间坐标。可以用尖括号输入一组数字，表示相对于你的线段起点的坐标。格式 <x，y，z>，x，y，z 是相对于线段起点的距离，如图 16.5 所示。

(6)利用参考来绘制直线段　利用 SketchUp 强大的几何体参考引擎，可以用直线工具在三维空间中绘制。在绘图窗口中显示的参考点和参考线，显示了要绘制的线段与模型中的几何体的精确对齐关系，如图 16.6 所示。

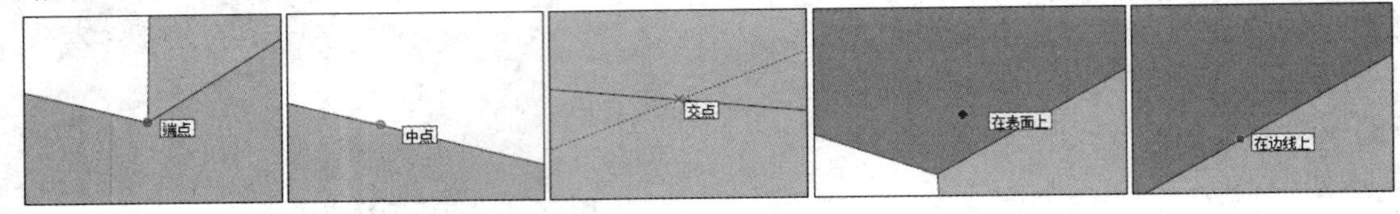

图 16.6　绘图参考

例如，要画的线平行于坐标轴时，线会以坐标轴的颜色亮显，并显示“在轴线上”的参考提示。

(7)参考锁定　有时，SketchUp 不能捕捉到需要的对齐参考点。捕捉的参考点可能受到别的几何体的干扰。这时，可以按住〈Shift〉键来锁定需要的参考点。例如，如果移动鼠标到一个表面上，等显示“在表面上”的参考工具提示后，按住〈Shift〉键，则以后画的线就锁定在这个表面所在的平面上。

(8)等分线段　线段可以等分为若干段。在线段上右击鼠标，在关联菜单中选择“等分”，输入段数后确认，线段便被等分成相应的段数，如图 16.7 所示。

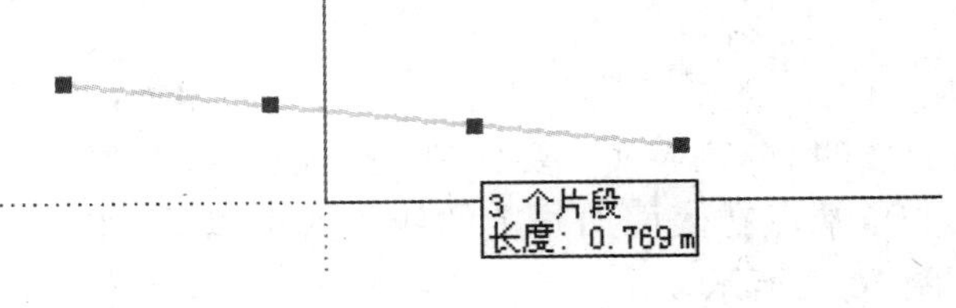

图 16.7　等分线段

16.1.2　圆弧工具

圆弧工具用于绘制圆弧实体，圆弧是由多个直线段连接而成的，但可以像圆弧曲线那样进行编辑。

(1)绘制圆弧　激活圆弧工具，点击确定圆弧的起点，再次点击确定圆弧的终点，移动鼠标调整圆弧的凸出距离。也可以输入确切的圆弧的弦长、凸距、半径、片段数。

(2)画半圆　调整圆弧的凸出距离时，圆弧会临时捕捉到半圆的参考点。注意“半圆”的参考提示。

(3)画相切的圆弧　从开放的边线端点开始画圆弧，在选择圆弧的第二点时，圆弧工具会显示一条青色的切线圆弧。点取第二点后，可以移动鼠标打破切线参考并自己设定凸距。如果要保留切线圆弧，只要在点取第二点后不要移动鼠标并再次点击确定，如图 16.8 所示。

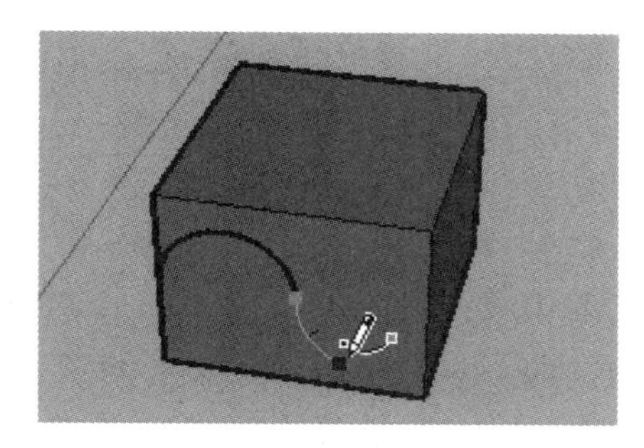

图 16.8 画相切的圆弧

(4)指定精确的圆弧数值　当画圆弧时,数值控制框首先显示的是圆弧的弦长。然后是圆弧的凸出距离。可以输入数值来指定弦长和凸距。圆弧的半径和片段数的输入需要专门的输入格式。

可以只输入数字,SketchUp 会使用当前文件的单位设置;也可以为输入的数值指定单位,例如,英制的(1′6″) 或者公制的(3.652 m)。

①指定弦长:点取圆弧的起点后,就可以输入一个数值来确定圆弧的弦长。可以输入负值(-3.6 m)表示要绘制的圆弧在当前方向的反向位置。必须在点击确定弦长之前指定弦长。

②指定凸出距离:输入弦长以后,还可以再为圆弧指定精确的凸距或半径。

输入凸距值,按回车键确定。只要数值控制框显示“距离”,就可以指定凸出距离。负值表示圆弧往反向凸出。

③指定半径:可以指定半径来代替凸距。要指定半径,必须在输入的半径数值后面加上字母r,(例如,24 r 或 3′6″ r 或 5 mr),然后按回车键确定。可以在绘制圆弧的过程中或画好以后输入。

16.1.3 徒手画笔工具

徒手画笔工具允许绘制不规则的共面的连续线段或简单的徒手草图物体。绘制等高线或有机体时很有用。

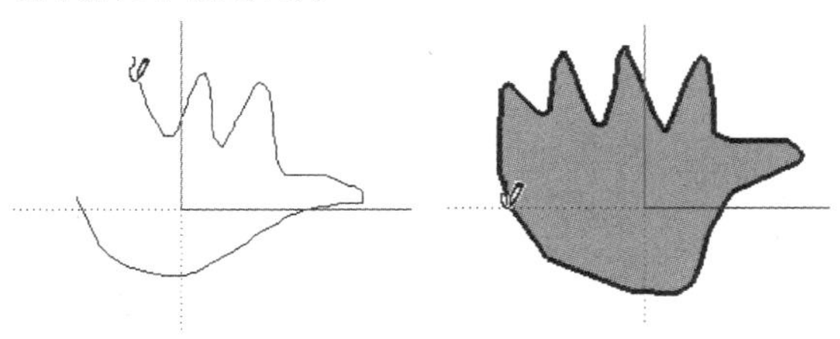

图 16.9 徒手画笔画线

激活徒手画笔工具 ,在起点处按住鼠标左键,然后拖动鼠标进行绘制,松开鼠标左键结束绘制,如图 16.9 所示。

用徒手画笔工具绘制闭合的形体,只要在起点处结束线条绘制,SketchUp 会自动闭合形体。

16.1.4 矩形工具

矩形工具通过指定矩形的对角点来绘制矩形表面。

1)绘制矩形

激活矩形工具■,点击确定矩形的第一个角点,移动光标到矩形的对角点,再次点击完成,如图 16.10 所示。

2)绘制方形

激活矩形工具,点击,从而创造第一个对角点,将鼠标移动到斜对角。将会出现一条有虚线的对角线和“平方”的提示。点击结束,将会创建出一个方形。

提示:当出现“黄金分割”的提示时,可绘制一个长宽比呈黄金分割的矩形。

另外,也可以在第一个角点处按住鼠标左键开始拖曳,在第二个角点处松开。不管用哪种方法,都可以按〈Esc〉键取消。

3)输入精确的尺寸

绘制矩形时,它的尺寸在数值控制框中动态显示。可以在确定第一个角点后,或者刚画好矩形之后,通过键盘输入精确的尺寸,如图 16.11 所示。

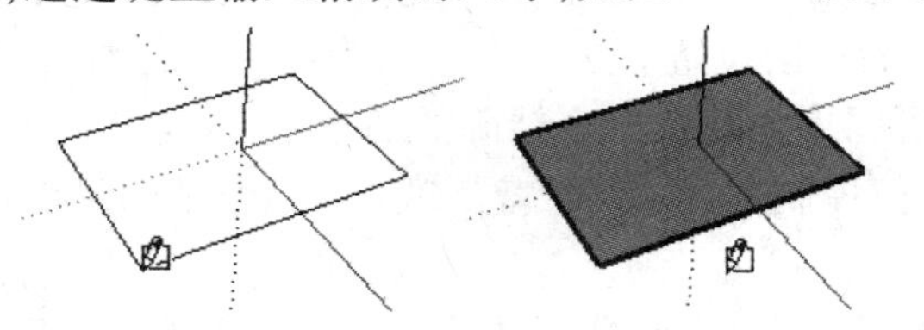

图 16.10 绘制矩形

尺寸标注 200,300

图 16.11 键盘输入精确尺寸

如果只是输入数字,SktechUp 会使用当前默认的单位设置。也可以为输入的数值指定单位,例如,英制的(1′6″)或者公制的(3.652 m)。

可以只输入一个尺寸。如果输入一个数值和一个逗号(3′,)表示改变第一个尺寸,第二个尺寸不变。同样,如果输入一个逗号和一个数值(,3′)就是只改变第二个尺寸。

4)利用参考来绘制矩形

利用 SketchUp 强大的几何体参考引擎,可以用矩形工具在三维空间中绘制。在绘图窗口中显示的参考点和参考线,显示了要绘制的线段与模型中的几何体的精确对齐关系。

例如,单击确定矩形的起点,移动鼠标到已有边线的端点上,然后再沿坐标轴方向移动,会出现一条点式辅助线,并显示“起始点”的参考提示,表示正对齐这个端点。也可以用“起始点”的参考在垂直方向或者非正交平面上绘制矩形,如图 16.12 所示。

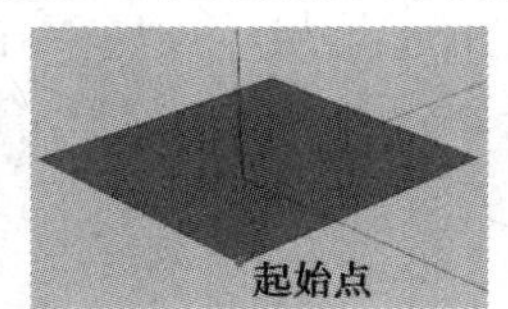

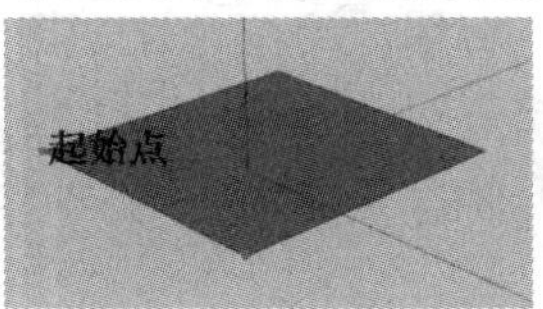

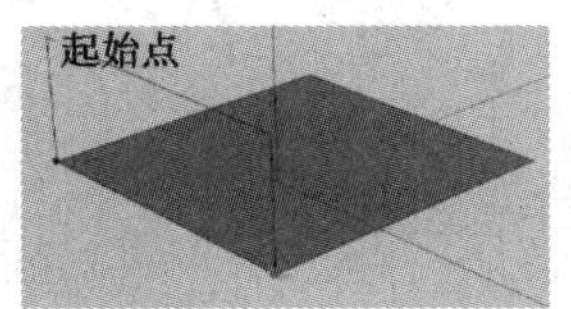

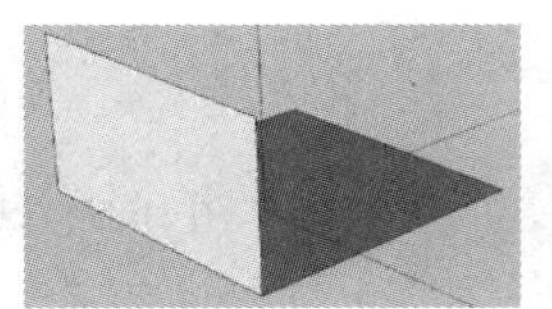

图 16.12 利用参考来绘制矩形

16.1.5 画圆工具

圆形工具用于绘制圆实体。圆形工具可以从工具菜单或绘图工具栏中激活。

1）画圆

①激活圆形工具。在光标处会出现一个圆，如果要把圆放置在已经存在的表面上，可以将光标移动到那个面上。SketchUp 会自动把圆对齐上去。不能锁定圆的参考平面（如果没有把圆定位到某个表面上，SketchUp 会依据你的视图，把圆创建到坐标平面上）。也可以在数值控制框中指定圆的片段数，确定方位后，再移动光标到圆心所在位置，点击确定圆心位置。这也将锁定圆的定位，从圆心往外移动鼠标来定义圆的半径。半径值会在数值控制框中动态显示，可以从键盘上输入一个半径值，按回车确定，如图16.13所示。

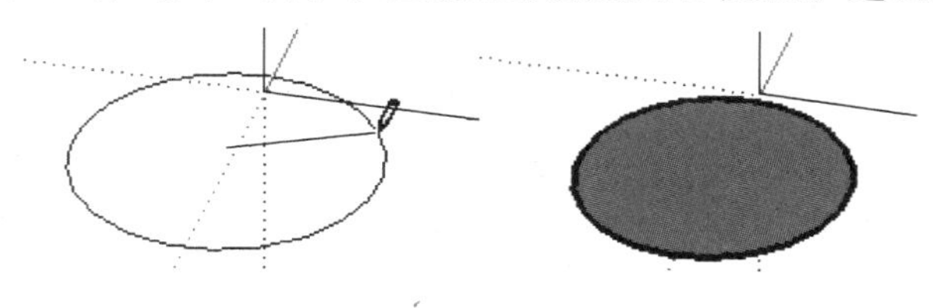
图16.13 画圆

②再次点击鼠标左键结束画圆命令。另外，可以点击确定圆心后，按住鼠标不放，拖出需要的半径后再松开即可完成画圆。刚画好圆，圆的半径和片段数都可以通过数值控制框进行修改。

2）指定精确的数值

画圆时，它的值在数值控制框中动态显示，数值控制框位于绘图窗口的右下角。可以在这里输入圆的半径和构成圆的片段数。

(1)指定半径　确定圆心后，可以直接在键盘上输入需要的半径长度并回车确定。输入时可以使用不同的单位。例如，系统默认使用公制单位，而你输入了英制单位的尺寸：(3′6″)，SktechUp 会自动换算。

也可以在画好圆后再输入数值来重新指定半径。

(2)指定片段数　刚激活圆形工具，还没开始绘制时，数值控制框显示的是“边”。这时可以直接输入一个片段数。

一旦确定圆心后，数值控制框显示的是“半径”，这时直接输入的数就是半径。如果要指定圆的片段数，应该在输入的数值后加上字母 s，如图 16.14 所示。

半径 8s

图16.14 数值后加‘s’指定片段数

画好圆后也可以接着指定圆的片段数。片段数的设定会保留下来，后面再画的圆会继承这个片段数。

3）圆的片段数

SketchUp 中，所有的曲线，包括圆，都是由许多直线段组成的。

用圆形工具绘制的圆，实际上是由直线段围合而成的。虽然圆实体可以像一个圆那样进行修改，挤压的时候也会生成曲面，但本质上还是由许多小平面拼成。所有的参考捕捉技术都是针对片段的。

圆的片段数较多时，曲率看起来就比较平滑。但是，较多的片段数也会使模型变得更大，从而降低系统性能。根据需要，可以指定不同的片段数。较小的片段数值结合柔化边线和平滑表面也可以取得圆润的几何体外观。

16.1.6 多边形工具

多边形工具可以绘制3~100条边的外接圆的正多边形实体。多边形工具可以从工具菜单或绘图工具栏中激活。

1)绘制多边形

①激活多边形工具。在光标下出现一个多边形,如果想把多边形放在已有的表面上,可以将光标移动到该面上。SketchUp会进行捕捉对齐。不能给多边形锁定参考平面(如果没有把鼠标定位在某个表面上,SketchUp会根据视图,在坐标轴平面上创建多边形)。可以在数值控制框中指定多边形的边数,平面定位后,移动光标到需要的中心点处,点击确定多边形的中心。同时也锁定了多边形的定位。向外移动鼠标来定义多边形的半径。半径值会在数值控制框中动态显示,可以输入一个准确数值来指定半径,如图16.15所示。

②再次点击完成绘制。(也可以在点击确定多边形中心后,按住鼠标左键不放进行拖曳,拖出需要的半径后,松开鼠标完成多边形绘制)。画好多边形后,马上在数值控制框中输入,可以改变多边形的外接圆半径和边数。

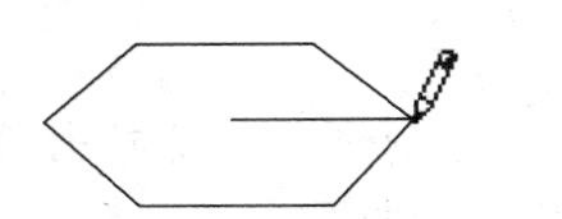
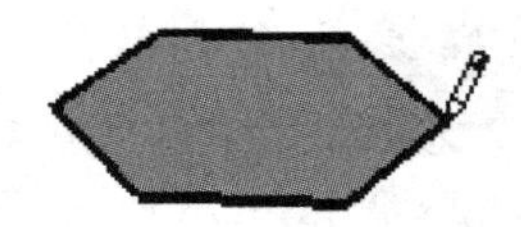

图16.15 绘制多边形

2)输入精确的半径和边数

(1)输入边数 刚激活多边形工具时,数值控制框显示的是边数,也可以直接输入边数。绘制多边形的过程中或画好之后,数值控制框显示的是半径。此时若还想输入边数,要在输入的数字后面加上字母s(例如8s表示八角形),指定好的边数会保留给下一次绘制。

(2)输入半径 确定多边形中心后,就可以输入精确的多边形外接圆半径。可以在绘制的过程中和绘制好以后对半径进行修改。

16.2 编辑工具

16.2.1 移动工具

移动工具可以移动、拉伸和复制几何体。

1)移动几何体

①用选择工具指定要移动的元素或物体。

②激活移动工具。

③点击确定移动的起点。移动鼠标,选中的物体会跟着移动。一条参考线会出现在移动的起点和终点之间,数值控制框会动态显示移动的距离。也可以输入一个距离值,具体方法如下。

④再次点击确定移动的终点。

（1）选择和移动

①如果没有选择任何物体的时候激活移动工具，这时移动光标会自动选择光标处的任何点、线、面或物体。但用这个方法，一次只能移动一个实体。另外，用这个方法，点取物体的点会成为移动的基点。

②如果想精确地将物体从一个点移动到另一个点，应该先用选择工具来选中需要移动的物体，然后用移动工具来指定精确的起点和终点。

（2）移动时锁定参考　在进行移动操作之前或移动的过程中，可以按住〈Ctrl〉键来锁定参考。这样可以避免参考捕捉受到别的几何体的干扰。

2）复制

①用选择工具选中要复制的实体。

②激活移动工具。

③进行移动操作之前，按住〈Ctrl〉键，进行复制。

④在结束操作之后，注意新复制的几何体处于选中状态，原物体则取消选择。可以用同样的方法继续复制下一个，或者使用多重复制来创建线性阵列。

3）创建线性阵列（多重复制）

①按上面的方法复制一个副本。

②复制之后，输入一个复制份数来创建多个副本。例如，输入 2x（或 *2）就会复制 2 份。另外，也可以输入一个等分值来等分副本到原物体之间的距离。例如，输入 4/（或 /4）会在原物体和副本之间复制 4 个副本，如图 16.16 所示。在进行其他操作之前，可以持续输入复制的份数，以及复制的距离。

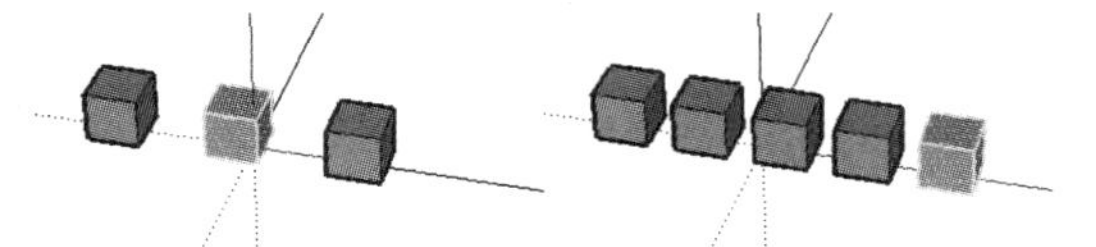

图 16.16　多重复制

4）拉伸几何体

当移动几何体上的一个元素时，SketchUp 会按需要对几何体进行拉伸。可以用这个方法移动点、边线以及表面。例如，下面所示的表面可以向红轴的负方向移动或向蓝轴的正方向移动，如图 16.17 所示。也可以移动线段来拉伸一个物体。在下面这个例子里，所选线段往蓝轴正方向移动，形成了坡屋顶，如图 16.18 所示。

提示：使用自动折叠进行移动/拉伸：如果一个移动或拉伸操作会产生不共面的表面，SketchUp 会将这些表面自动折叠。任何时候都可以按住〈Alt〉键，强制开启自动折叠功能。

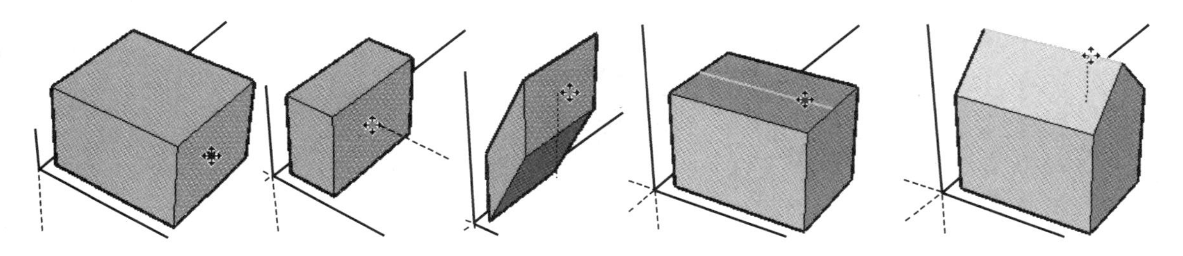

图 16.17　移动面来拉伸物体　　图 16.18　移动线段来拉伸物体

5）输入准确的移动距离

移动、复制、拉伸时，数值控制框会显示移动的距离长度，长度值采用用户设置对话框中的单位标签里设置的默认单位。可以指定准确的移动距离、终点的绝对坐标或相对坐标，以及多重复制的线性阵列值。

（1）输入移动距离　在移动中或移动后，都可以输入新的移动距离，按回车键确定。如果只输入数字，SketchUp 会使用当前文件的单位设置。也可以为输入的数值指定单位，例如，英制的（3′6″）或者公制的（3.652 m），SketchUp 会自动换算。输入负值（－35 cm）表示向鼠标移动的反方向移动物体。

（2）输入三维坐标　除了输入距离长度，SketchUp 也可以按准确的三维坐标来确定移动的终点。使用 < > 符号，可以指定相对坐标。格式为 <x, y, z>，x，y，z 是相对于移动起点的坐标值，如图 16.19 所示。

长度 <3,5,7>

图 16.19　输入三维坐标

（3）输入多重复制的阵列数值　按住〈Ctrl〉键进行移动复制时，可以通过键盘输入来实现多重复制。例如，输入（3x）或（*3）会复制 3 份。使用等分符号，（3/）或（/3），也会复制 3 份，但副本是将源物体和第一个副本之间的距离等分。可以持续输入复制的份数，以及复制的距离。

16.2.2　旋转工具

可以在同一旋转平面上旋转物体中的元素，也可以旋转单个或多个物体。如果是旋转某个物体的一部分，旋转工具可以将该物体拉伸或扭曲。

1）旋转几何体

①用选择工具选中要旋转的元素或物体。

②激活旋转工具。

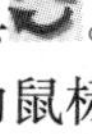

③在模型中移动鼠标时，光标处会出现一个旋转“量角器”，可以对齐到边线和表面上。可以按住〈Shift〉键来锁定量角器的平面定位。

④在旋转的轴点上点击放置量角器。可以利用 SketchUp 的参考特性来精确地定位旋转中心。

⑤选取旋转的起点，移动鼠标开始旋转。如果开启了用户设置中的角度捕捉功能，会发现在量角器范围内移动鼠标时有角度捕捉的效果，光标远离量角器时就可以自由旋转了，如图 16.20 所示。

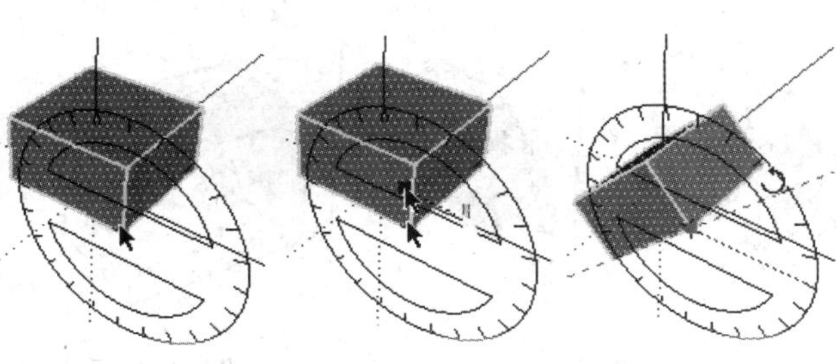

图 16.20　旋转几何体

⑥旋转到需要的角度后，再次点击确定。可以输入精确的角度和环形阵列值。

提示：旋转拉伸和自动折叠。当只选择物体的一部分时，旋转工具也可以用来拉伸几何体。如果旋转会导致一个表面被扭曲或变成非平面时，将激活 SketchUp 的自动折叠功能，如图 16.21 所示。

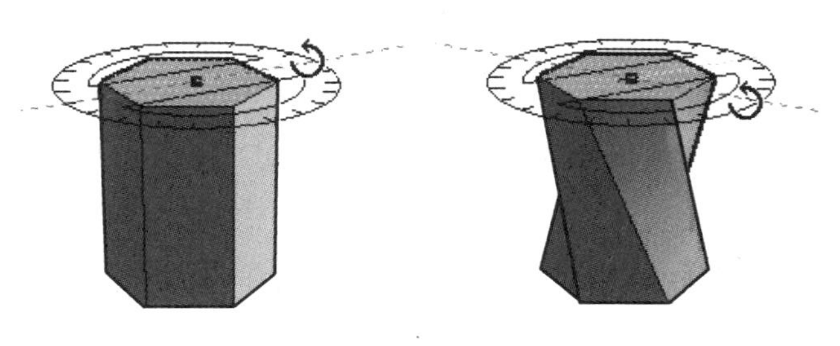

图 16.21 旋转自动折叠

2）旋转复制

和移动工具一样，旋转前按住〈Ctrl〉键可以开始旋转复制。

3）利用多重复制创建环形阵列

用旋转工具复制好一个副本后，还可以用多重复制来创建环形阵列。和线性阵列一样，还可以在数值控制框中输入复制份数或等分数。例如，旋转复制后输入“ 5x ”表示复制 5 份，如图 16.22 所示。

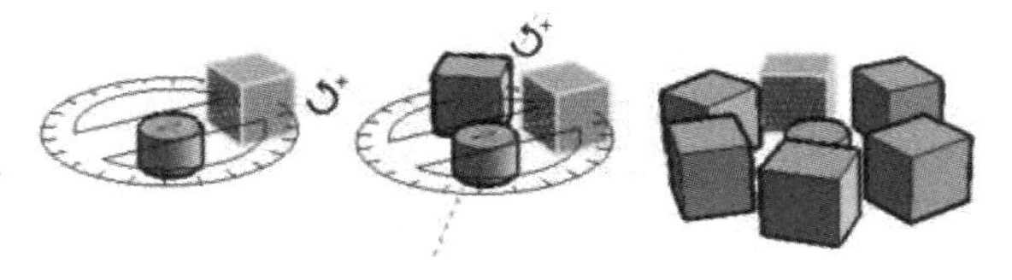

图 16.22 利用多重复制创建环形阵列

使用等分符号“ 5/ ”，也可以复制 5 份，但它们将等分源物体和第一个副本之间的旋转角度。在进行其他操作之前，可以持续输入复制的份数，以及复制的角度。

4）输入精确的旋转值

进行旋转操作时，旋转的角度会在数值控制框中显示。在旋转的过程中或旋转之后，可以输入一个数值来指定角度。

（1）输入旋转角度　要指定一个旋转角度的度数，输入数值即可。也可以输入负值表示往当前指定方向的反方向旋转。

（2）输入多重复制的环形阵列值　按住〈Ctrl〉键进行旋转复制之后，可以输入复制份数或等分数来进行多重复制。

16.2.3 缩放工具

比例工具可以缩放或拉伸选中的物体。

1）缩放几何体

①使用选择工具选中要缩放的几何体元素。

②激活缩放工具，此时被选择物体会呈现出绿色夹点，如图 16.23 所示。

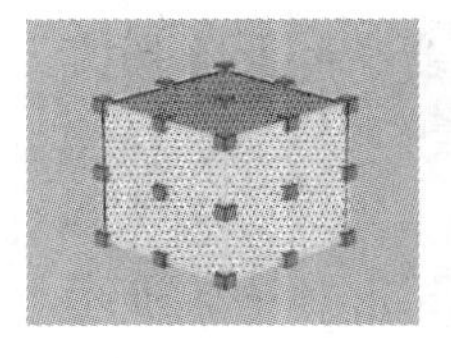 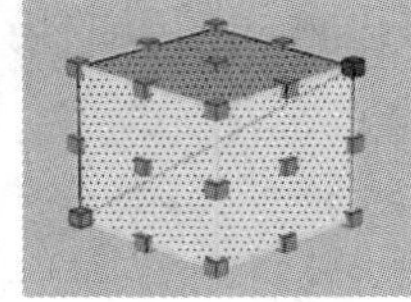 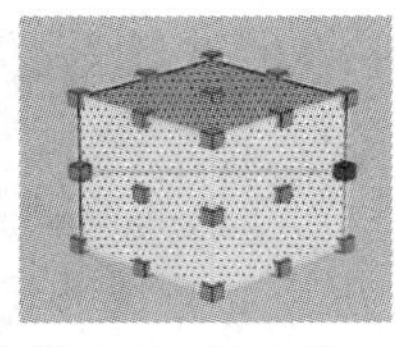 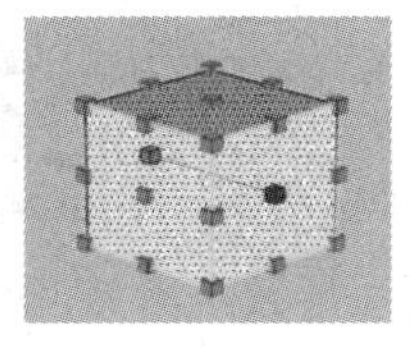

图 16.23 同的夹点支持不同的操作

③点击缩放夹点并移动鼠标来调整所选几何体的大小。不同的夹点支持不同的操作,如等比缩放、红/绿色轴(缩放)、绿色轴(缩放)等,鼠标旁会给出相应的提示。在鼠标拖曳过程中会自动捕捉整倍和0.5倍的缩放。

④数值控制框会显示缩放比例。可以在缩放之后输入一个需要的缩放比例值或缩放尺寸。

2)缩放/拉伸选项

除了等比缩放,还可以进行非等比缩放,即一个或多个维度上的尺寸以不同的比例缩放。非等比缩放也可以看作拉伸。

可以选择相应的夹点来指定缩放的类型,如图16.24所示,缩放工具显示所有可能用到的夹点。有些隐藏在几何体后面的夹点在光标经过时就会显示出来,而且也是可以操作的。也可以打开X光透视显示模式,这样就可以看到隐藏的夹点了。

图 16.24 可选择相应夹点来指定缩放的类型

(1)对角夹点　对角夹点可以沿所选几何体的对角方向缩放。默认行为是等比缩放,在数值控制框中显示一个缩放比例或尺寸。

(2)边线夹点　边线夹点同时在所选几何体的对边的两个方向上进行缩放。默认行为是非等比缩放,物体将变形。数值控制框中显示两个用逗号隔开的数值。

(3)表面夹点　表面夹点沿着垂直面的方向在一个方向上进行缩放。默认行为是非等比缩放,物体将变形。数值控制框中显示和接受输入一个数值。

3)缩放修改快捷键

(1)〈Ctrl〉键:中心缩放　夹点缩放的默认行为是以所选夹点的对角夹点作为缩放的基点。但是可以在缩放的时候按住〈Ctrl〉键来进行中心缩放,如图16.25所示。

(a)开始缩放

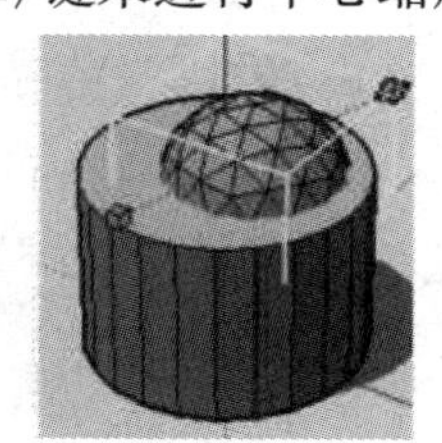

(b)默认行为

(c)同〈Ctrl〉键锁定为中心缩放

图 16.25 〈Ctrl〉键中心缩放

(2)〈Shift〉键:等比/非等比缩放　〈Shift〉键可以切换等比缩放。虽然在推敲形体的比例关系时,边线和表面上的夹点的非等比缩放功能是很有用的,但有时候保持几何体的等比例缩放也是很有必要的。

在非等比缩放操作中,可以按住〈Shift〉键,这时就会对整个几何体进行等比缩放而不是拉伸变形,如图 16.26 所示。

(a)小树

(b)操作顶面的夹点

(c)用<Shirt>键锁定为等比例

图 16.26 〈Shift〉键强制等比缩放

同样的,在使用对角夹点进行等比缩放时,可以按住〈Shift〉键切换到非等比缩放。

(3)〈Ctrl〉+〈Shift〉 同时按住〈Ctrl〉键和〈Shift〉键,可以切换到所选几何体的等比/非等比的中心缩放。

4)输入精确的缩放值

要指定精确的缩放值,可以在缩放的过程中或缩放以后,通过键盘输入数值。

(1)输入缩放比例 直接输入不带单位的数字即可。2.5 表示缩放 2.5 倍。-2.5 也是缩放 2.5 倍,但会往夹点操作方向的反方向缩放。这可以用来创建镜像物体。缩放比例不能为 0。

(2)输入尺寸长度 除了缩放比例,SketchUp 可以按指定的尺寸长度来缩放。输入一个数值并指定单位即可。例如,输入 2′6" 表示将长度缩放到 2 英尺 6 英寸,2 m 表示缩放到 2 米。

(3)镜像:反向缩放几何体 通过往负方向拖曳缩放夹点,比例工具可以用来创建几何体镜像。注意缩放比例会显示为负值(-1, -1.5, -2),还可以输入负值的缩放比例和尺寸长度来强制物体镜像。

16.2.4 推/拉工具

推/拉工具可以用来扭曲和调整模型中的表面。可以用来移动、挤压、结合和减去表面。不管是进行体块研究还是精确建模,都是非常有用的。

> **注意**:推/拉工具只能作用于表面,因此不能在线框显示模式下工作。

1)使用推/拉

激活推/拉工具后,有两种使用方法可以选择:

(1)在表面上按住鼠标左键,拖曳、松开。

(2)在表面上点击,移动鼠标,再点击确定。

根据几何体的不同,SketchUp 会进行相应的几何变换,包括移动、挤压或挖空。推/拉工具可以完全配合 SketchUp 的捕捉参考进行使用。

提示：输入精确的推/拉值　推/拉值会在数值控制框中显示。可以在推拉的过程中或推拉之后，输入精确的推拉值进行修改。在进行其他操作之前可以一直更新数值。也可以输入负值，表示往当前的反方向推/拉。

2）用推/拉来挤压表面

推/拉工具的挤压功能可以用来创建新的几何体。可以用推/拉工具对几乎所有的表面进行挤压（不能挤压曲面），如图16.27所示。

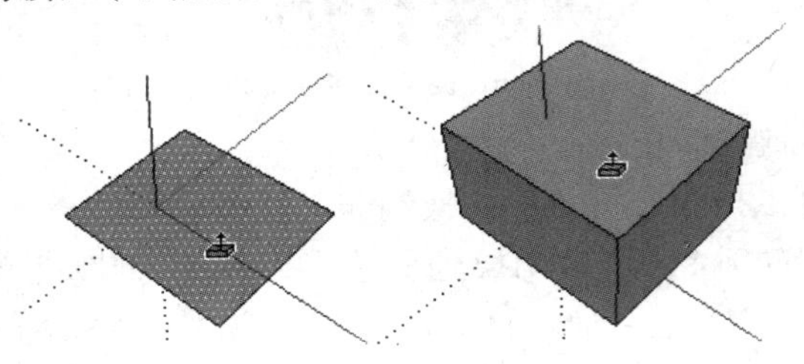

图16.27　用推/拉来挤压表面

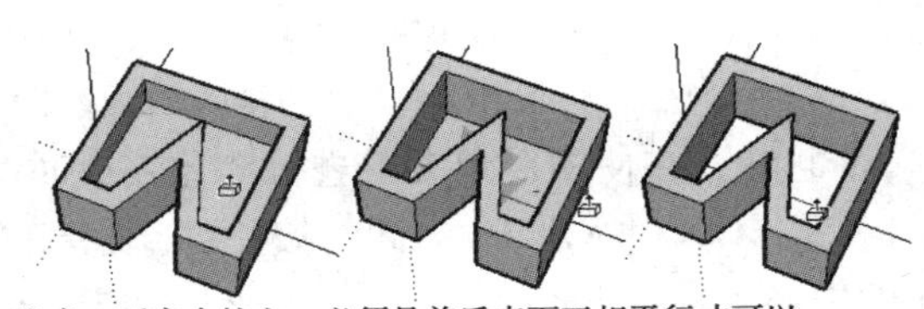

图16.28　用推/拉来挖空

3）重复推/拉操作

完成一个推/拉操作后，可以通过鼠标双击对其他物体自动应用同样的推/拉操作数值。

4）用推/拉来挖空

如果在一面墙或一个长方体上画了一个闭合形体，用推/拉工具往实体内部推拉，可以挖出凹洞。如果前后表面相互平行，可以将其完全挖空，SketchUp会减去挖掉的部分，重新整理三维物体，从而挖出一个空洞，如图16.28所示。

5）使用推/拉工具垂直移动表面

使用推/拉工具时，可以按住〈Alt〉键强制表面在垂直方向上移动。这样可以使物体变形，或者避免不需要的挤压。同时，会屏蔽自动折叠功能，如图16.29所示。

使用推/拉工具时，也可以按住〈Ctrl〉键，这时推/拉工具起到挤压并复制面的作用。

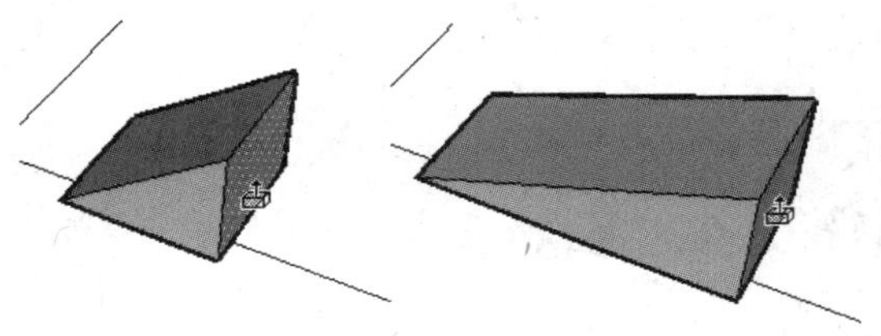

图16.29　使用推/拉工具垂直移动表面

16.2.5　跟随路径工具

跟随路径可以使一个截面沿着线（路径）挤压成体。在细化模型时，非常有用。

1）沿路径手动挤压成面

使用跟随路径工具手动挤压成面，操作如下：

①确定需要修改的几何体的边线。这个边线称为“路径”。

②绘制一个沿路径放样的剖面。确定此剖面与路径垂直相交，如图16.30所示。

③激活跟随路径工具，点击剖面。

④移动鼠标沿路径修改。在 SketchUp 中，沿模型移动指针时，边线会变成红色，如图 16.31 所示。为了使跟随路径工具在正确的位置开始，在放样开始时，必须点击邻近剖面的路径。否则，放样工具会在边线上挤压，而不是从剖面到边线。

⑤到达路径的尽头时，点击鼠标，执行跟随路径命令，如图 16.32 所示。

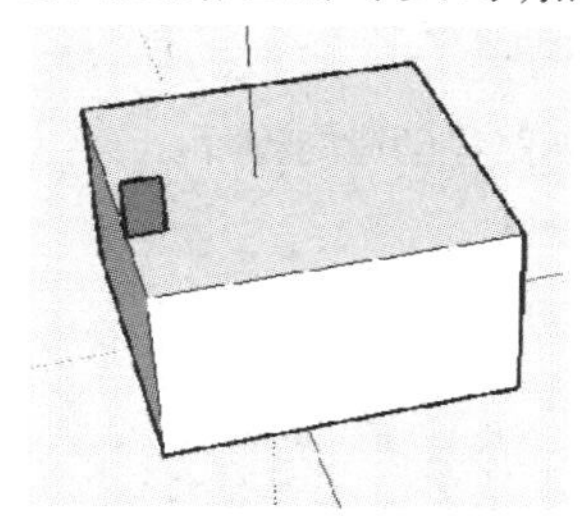

图 16.30 剖面与路径垂直相交

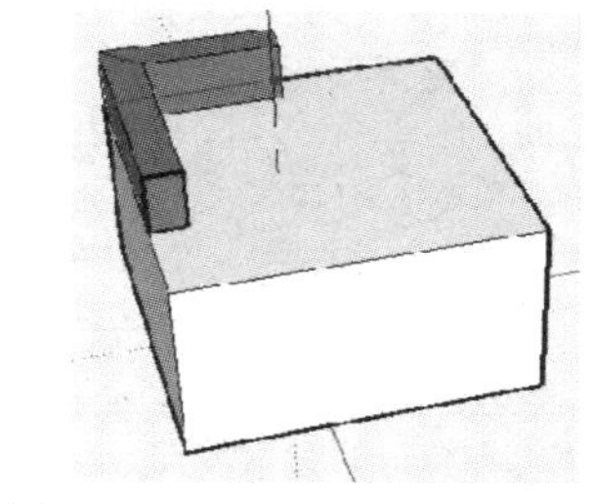

图 16.31 移动鼠标沿路径修改

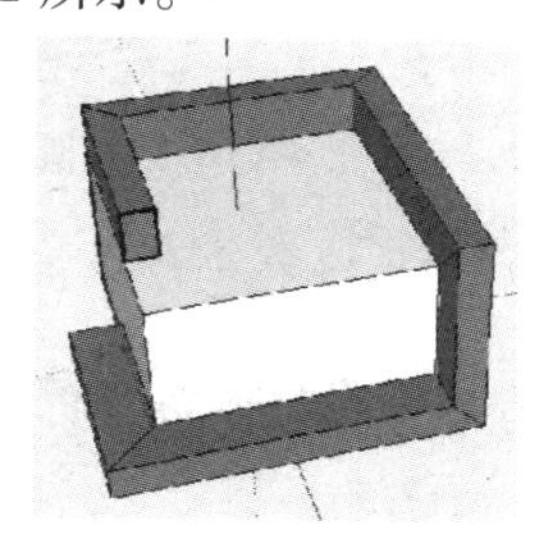

图 16.32 执行跟随路径

2）预先选择路径

使用选择工具预先选择路径，可以帮助跟随路径工具沿正确的路径放样。

①选择一系列连续的边线。

②选择跟随路径工具。

③点击剖面。该面将会一直沿预先选定的路径挤压。

3）自动沿某个面跟随路径另一个面

最简单和最精确的跟随路径方法，是自动选择路径。使用放样工具自动沿某个面路径挤压另一个面，操作如下：

①确定需要修改的几何体的边线。这个边线就称为“路径”。

②绘制一个沿路径放样的剖面。确定此剖面与路径垂直相交，如图 16.33 所示。

③在工具菜单中选择跟随路径工具，按住〈Alt〉键，点击剖面。

④从剖面上把指针移到将要修改的表面。路径将会自动闭合，如图 16.34 所示。

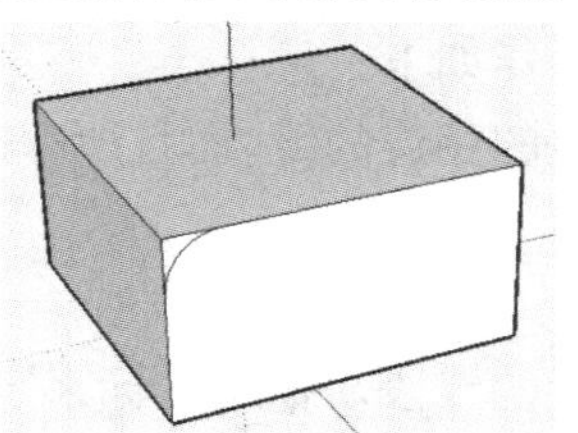

图 16.33 剖面与路径垂直相交

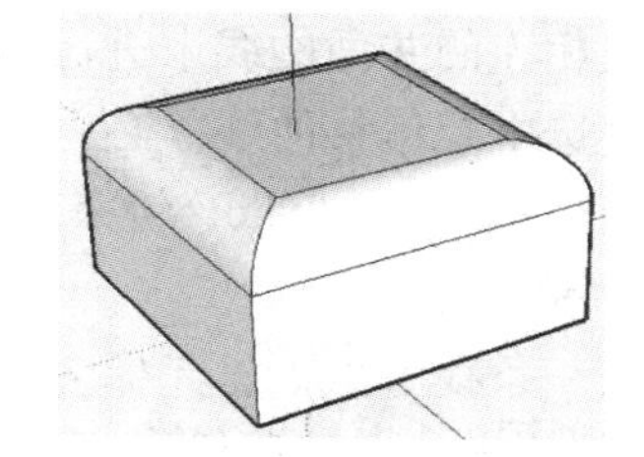

图 16.34 沿某个面跟随路径另一个面

注意：如果路径是由某个面的边线组成，可以选择该面，然后跟随路径工具自动沿面的边线放样。

4）创造旋转面

使用跟随路径工具沿圆路径创造旋转面，操作如下：

①绘制一个圆，圆的边线作为路径。

②绘制一个垂直圆的表面，如图 16.35 所示。该面不需要与圆路径相交。

③使用以上方法沿圆路径放样，如图 16.36 所示。

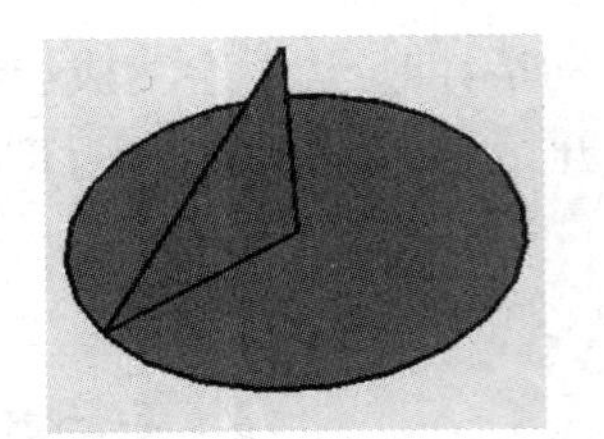
图 16.35　圆和垂直圆的面

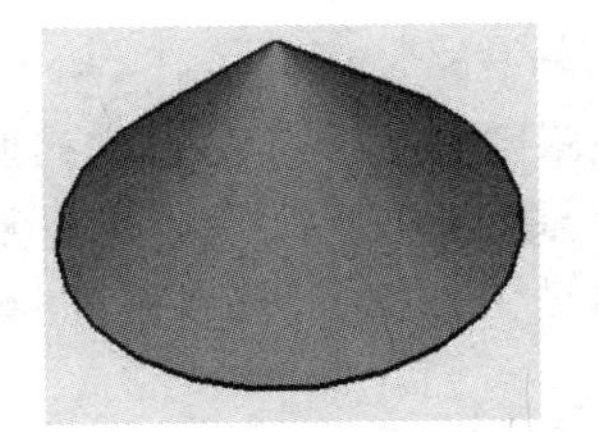
图 16.36　跟随路径创造旋转面

16.2.6　偏移复制工具

偏移复制工具可以对表面或一组共面的线进行偏移复制。可以将表面边线偏移复制到源表面的内侧或外侧。偏移之后会产生新的表面。

1）面的偏移

①用选择工具选中要偏移的表面。（一次只能给偏移工具选择一个面）

②激活偏移复制工具 。

③点击所选表面的一条边。光标会自动捕捉最近的边线。

④拖曳光标来定义偏移距离。偏移距离会显示在数值控制框中。

⑤点击确定，创建出偏移多边形，如图 16.37 所示。

提示：可以在选择几何体之前就激活偏移工具，但这时先会自动切换到选择工具，单击确定面后会继续执行“偏移复制”命令。按〈Esc〉键或回车，也可以回到偏移命令。

2）线的偏移

可以选择一组相连的共面的线来进行偏移复制。操作如下：

①用选择工具选中要偏移的线。必须选择两条以上的相连的线，而且所有的线必须处于同一平面上。可以用〈Ctrl〉键或〈Shift〉键来进行扩展选择。

②激活偏移复制工具。

③在所选的任一条线上点击。光标会自动捕捉最近的线段。拖曳光标来定义偏移距离。

④点击确定，创建出一组偏移线，如图 16.38 所示。

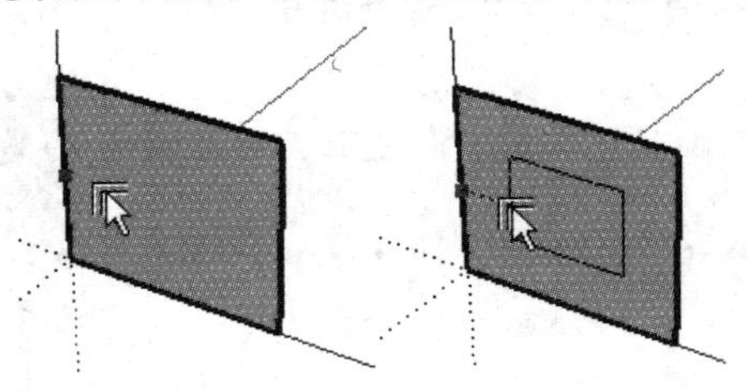
图 16.37　面的偏移

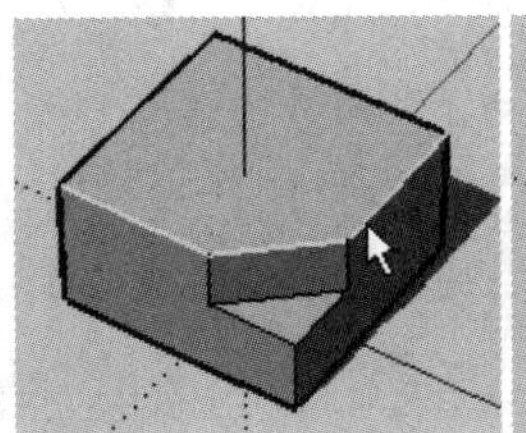
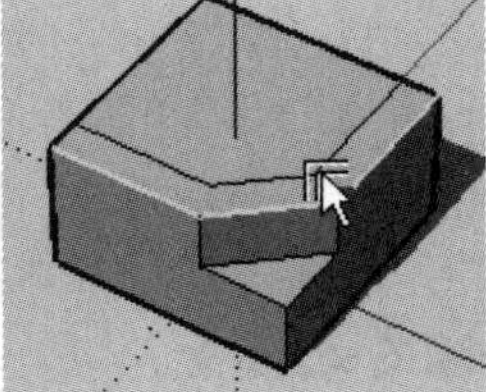
图 16.38　线的偏移

提示：也可以在线上点击并按住鼠标进行拖曳，然后需要的偏移距离处松开鼠标。

3）输入准确的偏移值

进行偏移操作时，绘图窗口右下角的数值控制框会以默认单位来显示偏移距离。可以在偏移过程中或偏移之后输入数值来指定偏移距离。

提示：输入一个偏移值　输入数值，并回车确定。如果输入一个负值，表示往当前偏移的反方向进行偏移。

当要鼠标来指定偏移距离时，数值控制框是以默认单位来显示长度。也可以输入公制单位或英制单位的数值，SketchUp会自动进行换算。负值表示往当前的反方向偏移。

16.3　常用工具

16.3.1　选择工具

选择工具可以给其他工具命令指定操作的实体。可以手工增减选集，选择工具也提供一些自动功能来加快工作流程。

1）选择单个实体

①激活选择工具 。

②点击实体，选中的元素或物体会以黄色亮显。

2）窗口选择和交叉选择

可以用选择工具拖出一个矩形来快速选择多个元素和/或物体。注意，从左往右拖出的矩形选框只选择完全包含在矩形选框中实体，称为“窗口选择”；从右往左拖出的矩形选框会选择矩形选框以内的和接触到的所有实体，称为“交叉选择”。

（1）窗口选择　只选择完全包含在矩形选框中实体，如图16.39所示。

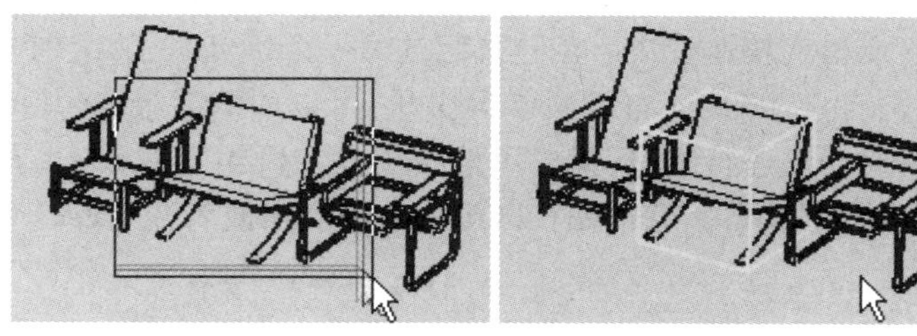

图16.39　窗口选择

（2）交叉选择　选择矩形选框以内的和接触到的所有实体，如图16.40所示。

3）选择的修改键

可以用〈Ctrl〉和〈Shift〉这两个修改键来进行扩展选择：

按住〈Ctrl〉键，选择工具变为增加选择，可以将实体添加到选集中。

按住〈Shift〉键，选择工具变为反选，可以改变几何体的选择状态（已经选中的物体会被取消选择，反之亦然）。同时按住〈Ctrl〉键和〈Shift〉键，选择工具变为减少选择，可以将实体从选集中排

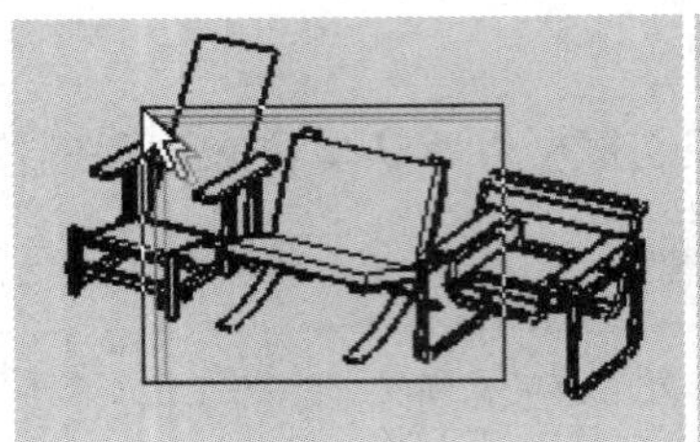
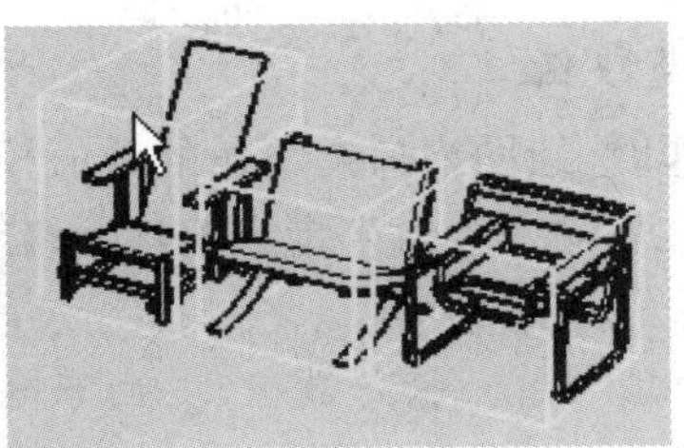

图 16.40 交叉选择

除,如图 16.41 所示。

4)扩展选择

用选择工具在物体元素上快速点击数次会自动进行扩展选择。例如,在一个表面上点击两次会同时选择表面及其边线。在表面上点击 3 次会同时选择该表面和所有与之有邻接的几何体,如图 16.42 所示。

选择修改键：反选,增加,减少

图 16.41 选择的修改键

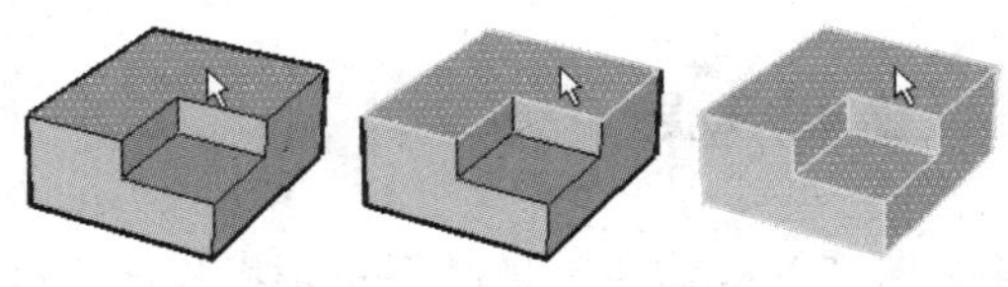

图 16.42 扩展选择

使用选择工具时,也可以右击鼠标弹出关联菜单。然后从“选择”子菜单中进行扩展选择,包括选择轮廓线、相邻的表面、所有的连接物体、同一图层的所有物体、相同材质的所有物体。

5)全部选择或取消选择

要选择模型中的所有可见物体,可以使用菜单命令(编辑 > 全选),或按〈Ctrl + A〉组合键 。

取消当前的所有选择,只要在绘图窗口的任意空白区域点击即可。也可以使用菜单命令(编辑 > 取消选择),或按〈Ctrl + T〉组合键。

6)创建群组和编辑群组

创建一个选集后,如果想在以后快速重新选择,可以将其创建为一个群组(编辑 > 创建群组)。一旦定义了一个群组,群组中的所有元素就被看作一个整体,选择时会选中整个群组。这样可以用来创建诸如车或树的快速选集。创建群组的另一个优点是,群组内的元素和外部物体分隔开了,这样就不会被直接改变。(右键菜单 > 炸开)可以取消群组,将几何体恢复为正常的线和面。不取消群组而对群组进行编辑,只要用选择工具在群组上双击,或者选中群组后再按回车键,这样就可以进入内部编辑。编辑完在群组的外部点击或者按 < Esc > 键退出。

16.3.2 制作组件

组件是将一个或多个几何体的集合定义为一个单位,使之可以像一个物体那样进行操作。

1)制作组件

如图 16.43 所示,先绘制一块条石,当我们需要多块相同的条石时,可先将对象制作成组件,再进行复制。具体方法是:

①框选条石对象,单击制作组件工具,弹出创建组件对话框,如图 16.44 所示。也可通

过单击“编辑”菜单下的“制作组件”弹出创建组件对话框。

②在“制作组件”对话框中勾选“替换选择”,必要的话可以为自己的组件取一个名字,单击创建完成组件制作。这时条石已被定义为一个独立单元。

③此时单击便可选中条石,应用“移动复制”命令复制出多块条石,如图16.45所示。

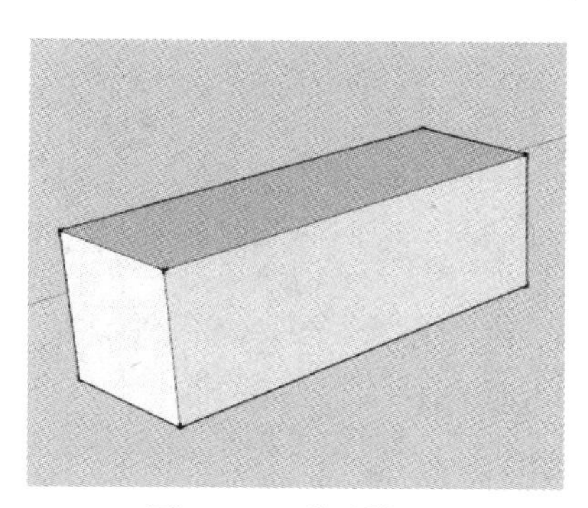

图16.43 绘制条石

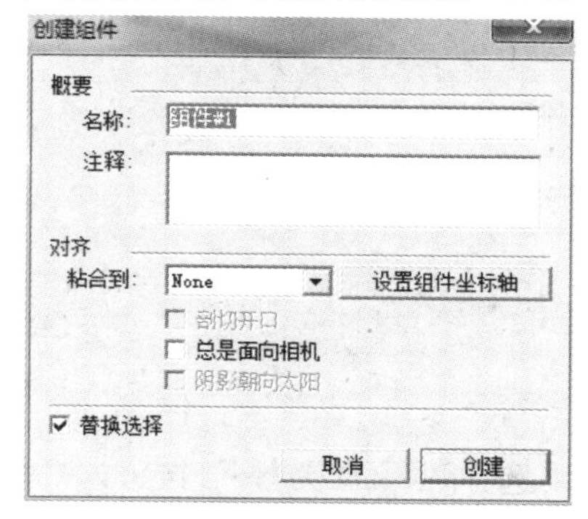

图16.44 创建组件对话框

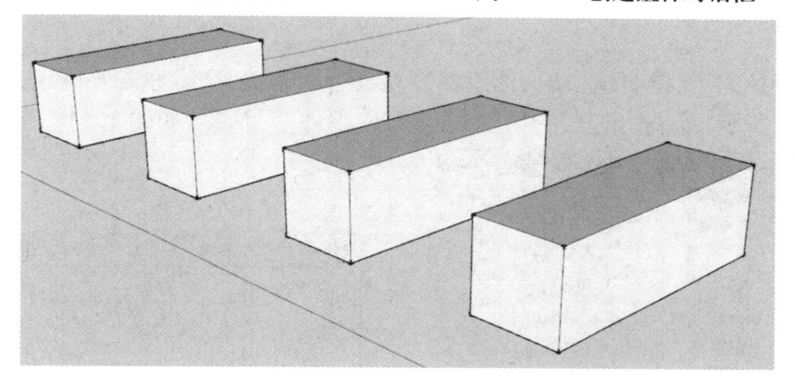

图16.45 复制多个组件

2)进入组件

当需要编辑组件时,需先进入组件内部空间,具体方法有3种:

(1)使用选择工具在组件上双击。

(2)选择组件,再按回车。

(3)在组件上右击鼠标,从关联菜单中选择"编辑组件"。

3)组件的关联行为

如果你编辑一组关联组件中的一个,其他所有的关联组件也会同步更新。可以大大减少工作量。

以图16.45条石为例,如果我们想要改变条石的长度,可双击其中的任一个组件进入内部编辑状态,这时显示状态如图16.46所示,通过推/拉命令拉长条石,这时所有关联组件都会进行更新。

4)退出组件的编辑

编辑完成后,你可以退出组件,具体方法有3种:

(1)使用选择工具点击组件外部环境。

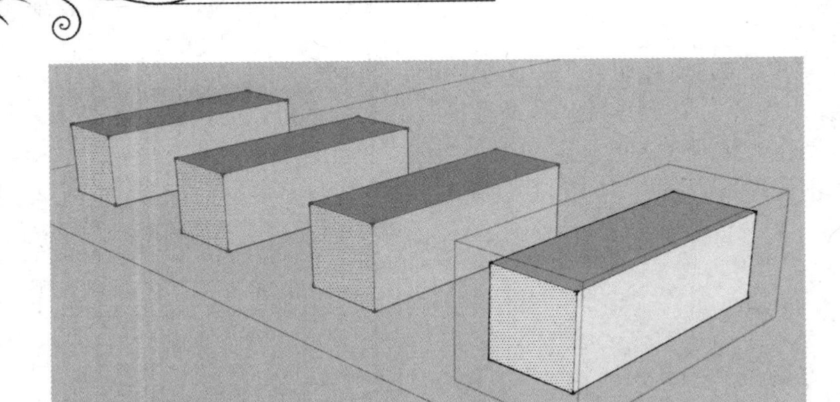

图16.46　组件的关联行为

(2)在使用选择工具的状态下,按 <ESC> 键退出。

(3)在绘图窗口的空白处右击鼠标,在关联菜单中选择“关闭组件”。

5)插入组件

当你的模型拉完了,准备渲染时,你忽然发现没有人车树,这时你需要插入一些组件。如图16.47所示,单击“窗口”→“组件”,弹出“组件”对话框,如图16.48所示。

图16.47　调取“组件”对话框

图16.48　“组件”对话框

打开之后你会看到一个对话框,其中那些组件是自带的或是以前下载的。点击下拉三角,显示如图16.49所示下拉菜单,可通过选择不同选项查看组件库或模型中的组件,单击选择其中一个,移动鼠标到模型空间中单击即可将其放入模型中。

如果没有符合你要求的,也可下载一些素材。可在如图16.50所示的搜索框内搜索你需要的组件,比如“喷泉”。点击“放大镜”图标进行搜索(此过程需要连接网络)。然后会显示如图16.51所示“3D模型库”,你会看到所有有关“喷泉”的组件。点击一个,就可以把它放到你的模型中。

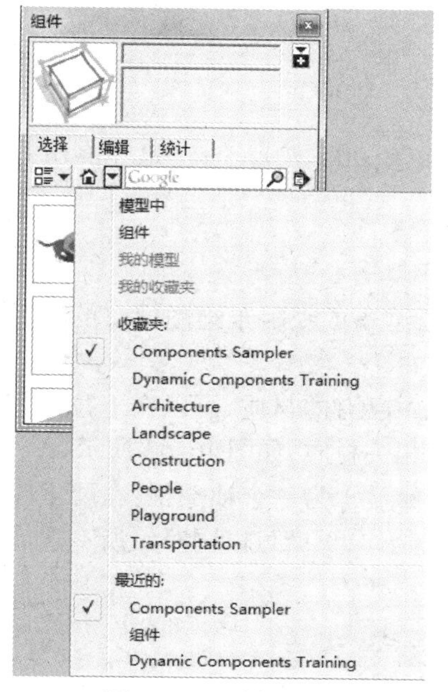

图 16.49 选择组件

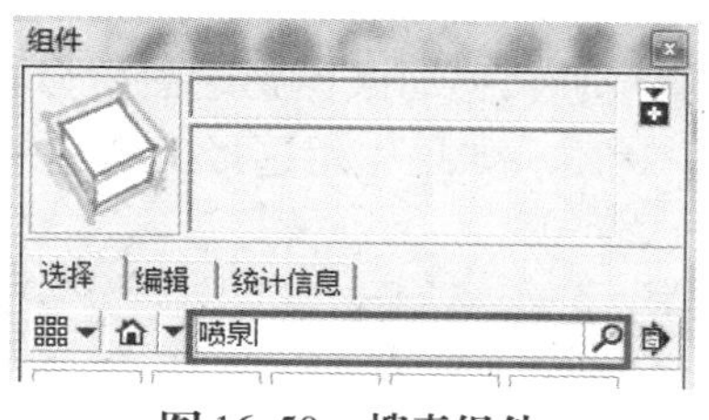

图 16.50 搜索组件

图 16.51 3D 模型库

16.3.3 删除工具

删除工具可以直接删除绘图窗口中的边线、辅助线以及其他的物体。它的另一个功能是隐藏和柔化边线。

1）删除几何体

激活删除工具，点击想删除的几何体。也可以按住鼠标不放，然后在那些要删除的物体上拖过，被选中的物体会亮显，再次放开鼠标就可以全部删除。

如果偶然选中了不想删除的几何体，可以在删除之前按〈Esc〉键取消这次的删除操作。

如果鼠标移动过快，可能会漏掉一些线，把鼠标移动得慢一点，重复拖曳的操作，就像真的在用橡皮擦那样。

提示：要删除大量的线，更快的做法应该是：先用选择工具进行选择，然后按键盘上的〈Delete〉键删除。也可以选择编辑菜单中的删除命令来删除选中的物体。

2）隐藏边线

使用删除工具时，按住〈Shift〉键，就不是在删除几何体，而是隐藏边线。

3）柔化边线

使用删除工具时，按住〈Ctrl〉键，就不是在删除几何体，而是柔化边线。同时按住〈Ctrl〉和〈Shift〉键，就可以用删除工具取消边线的柔化。

16.3.4 材质工具

材质工具用于给模型中的实体分配材质(颜色和贴图)。可以给单个元素上色,填充一组相连的表面,或者置换模型中的某种材质。

1)应用材质

(1)激活材质工具 自动打开材质浏览器。材质面板可以游离或吸附于绘图窗口的任意位置。当前激活的材质显示在面板的左上角,如图 16.52 所示。

(2)"选择"选项卡 可用来选择材质库中保存的材质和模型中已有的材质,可以在下拉框中点击选择"模型中"或需要的"材质"类别,对话框下方便会显示相关材质,如图 16.53 所示。

(3)在面板中选好需要的材质后,移动鼠标到绘图窗口中,光标显示为一个油漆桶,在要上色的物体元素上点击就可赋予材质。如果先用选择工具选中多个物体,那就可以同时给所有选中的物体上色。

图 16.52 材质浏览器

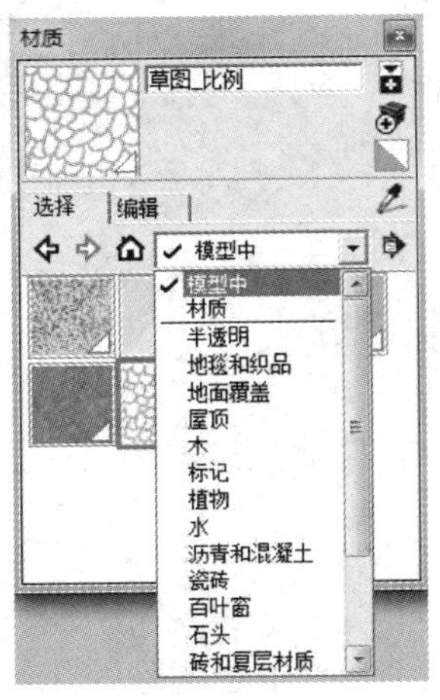

图 16.53 选择材质

2)填充的修改快捷键

利用〈Ctrl〉,〈Shift〉,〈Alt〉修改键,材质工具可以快速地给多个表面同时分配材质。这些修改键可以加快设计方案的材质推敲过程。

(1)单个填充 填充工具会给所点击的单个表面赋予材质。如果先用选择工具选中多个物体,就可以同时给所有选中的物体上色。

(2)邻接填充(Ctrl) 填充一个表面时按住〈Ctrl〉键,会同时填充与所选表面相邻接并且使用相同材质的所有表面,如图 16.54 所示。

如果先用选择工具选中多个物体,那么邻接填充操作会被限制在选集之内。

(3)替换材质(Shift) 填充一个表面时按住〈Shif〉t 键,会用当前材质替换所选表面的材质,模型中所有使用该材质的物体都会同时改变材质,如图 16.55 所示。

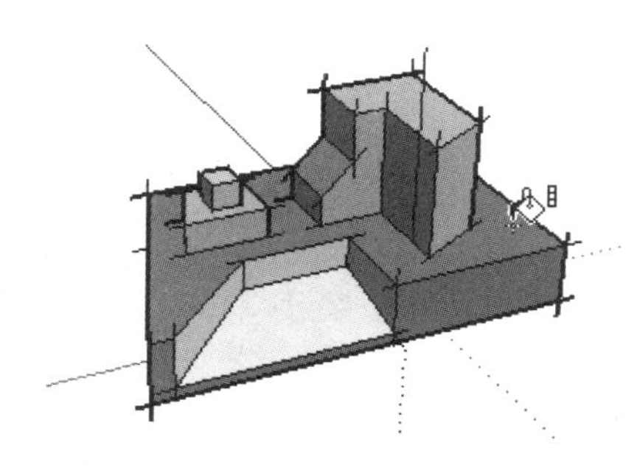

图 16.54 邻接填充(Ctrl)

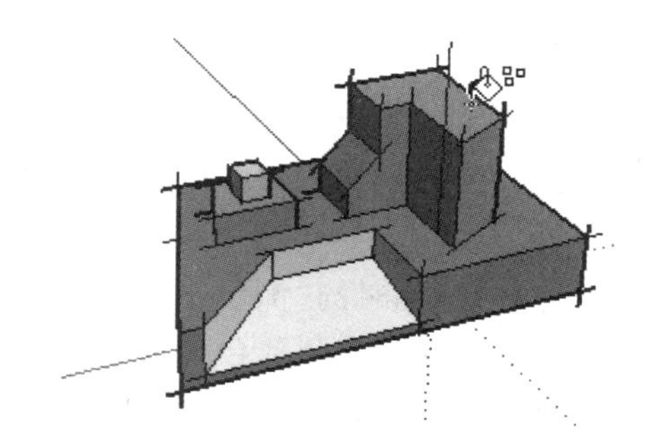

图 16.55 替换材质(Shift)

如果先用选择工具选中多个物体,那么替换材质操作会被限制在选集之内。

(4)邻接替换(Ctrl + Shift) 填充一个表面时同时按住 < Ctrl > 和 < Shift > 键,就会实现上述两种的组合效果。填充工具会替换所选表面的材质,但替换的对象限制在与所选表面有物理连接的几何体中。

如果先用选择工具选中多个物体,那么邻接替换操作会被限制在选集之内。

(5)提取材质(Alt) 激活填充工具时,按住 < Alt > 键,再点击模型中的实体,就能提取该实体的材质,如图 16.56 所示。

提取的材质会被设置为当前材质。然后就可以用这个材质来填充了。

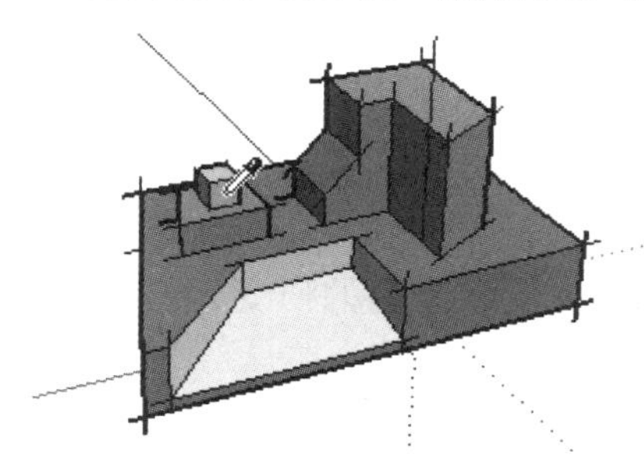

图 16.56 提取材质(Alt)

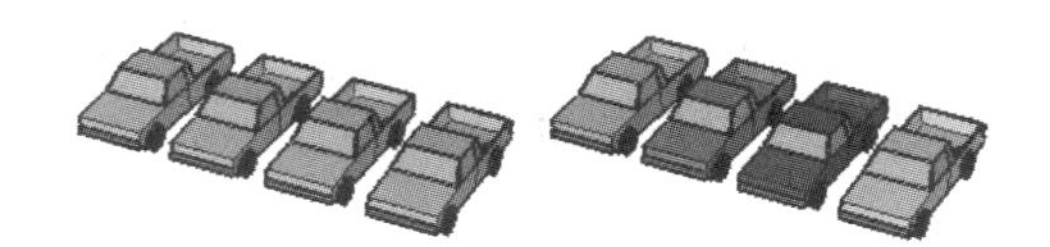

图 16.57 给群组或组件上色

3)给群组或组件上色

当给群组或组件上色时,是将材质赋予整个组或组件,而不是内部的元素。群组或组件中所有分配了默认材质的元素都会继承赋予组件的材质,而那些分配了特定材质的元素(例如下面的卡车的挡风玻璃、缓冲器和轮胎)则会保留原来的材质不变,如图 16.57 所示。将群组或组件拆开后,使用默认材质的元素的材质就会固定下来。

16.4 构造工具

16.4.1 测量距离工具

测量工具可以执行一系列与尺寸相关的操作,包括测量两点间的距离、创建辅助线、缩放整个模型。

1)测量距离

①激活测量距离工具。

②点击测量距离的起点。可以用参考提示确认点取了正确的点。也可以在起点处按住鼠标,然后往测量方向拖动。

③鼠标会拖出一条临时的“测量带”线。测量带类似于参考线,当平行于坐标轴时会改变颜色。当移动鼠标时,数值控制框会动态显示“测量带”的长度。

④再次点击确定测量的终点。最后测得的距离会显示在数值控制框中。

不需要一定在某个特定的平面上测量,测量工具会测出模型中任意两点的准确距离。

2)创建辅助线和辅助点

辅助线在绘图时非常有用,可以用工具在参考元素上点击,然后拖出辅助线。例如,从“在边线上”的参考开始,可以创建一条平行于该边线的无限长的辅助线。从端点或中点开始,会创建一条端点带有十字符号的辅助线段。创建辅助线操作步骤如下:

①激活测量距离工具。

②在要放置平行辅助线的线段上点击。

③然后移动鼠标到放置辅助线的位置,如图16.58所示。

④再次点击,创建辅助线。

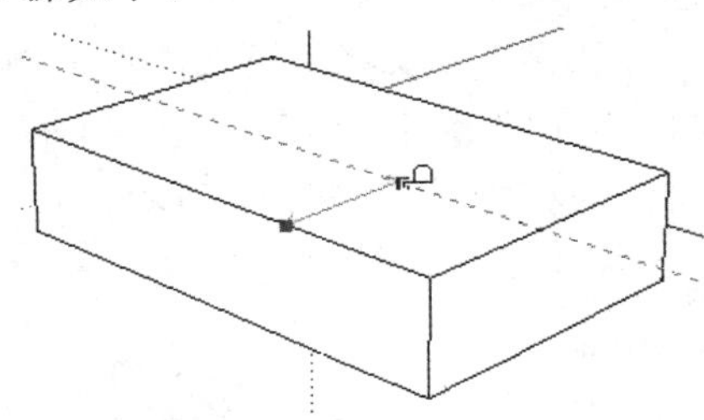

图16.58 创建辅助线

3)缩放整个模型

这个功能非常方便,因为可以在粗略的模型上研究方案。当需要更精确的模型比例时,只要重新制定模型中两点的距离即可。不同于CAD,SketchUp可以让你专注于体块和比例的研究,而不用担心精确性,直到需要的时候再调整精度。

(1)缩放模型的步骤

①激活测量距离工具。

②点击作为缩放依据的线段的两个端点。这时不会创建出辅助线,它会对缩放产生干扰。数值控制框会显示这条线段的当前长度。

③通过键盘输入一个调整比例后的长度,按<回车>键。出现一个对话框,询问是否调整模型的尺寸。选择“是”,模型中所有的物体都按你指定的调整长度和当前长度的比值进行缩放。

(2)组件的全局缩放　缩放模型时,所有从外部文件插入的组件不会受到影响。这些“外部”组件拥有独立于你的当前模型的缩放比例和几何约束。不过,那些在当前模型中直接创建和定义的内部组件会随着模型缩放。

可以在对组件进行内部编辑时重新定义组件的全局比例。由于改变的是组件的定义,因此所有的关联组件会跟着改变。

16.4.2 量角器工具

量角器工具可以测量角度和创建辅助线。

1）测量角度

①激活量角器工具。出现一个量角器（默认对齐红/绿轴平面），中心位于光标处。

②在模型中移动光标时，会发现量角器会根据旁边的坐标轴和几何体而改变自身的定位方向。可以按住〈Shift〉键来锁定自己需要的量角器定位方向，另外按住〈Shift〉键也会避免创建出辅助线。

③把量角器的中心设在要测量的角的顶点上，根据参考提示确认是否指定了正确的点，点击确定。

④将量角器的基线对齐到测量角的起始边上，根据参考提示确认是否对齐到适当的线上，点击确定。

⑤拖动鼠标旋转量角器，捕捉要测量的角的第二条边。光标处会出现一条绕量角器旋转的点式辅助线。再次点击完成角度测量。角度值会显示在数值控制框中。

2）创建角度辅助线

①激活量角器工具。

②捕捉辅助线将经过的角的顶点，点击放置量角器的中心。

③在已有的线段或边线上点击，将量角器的基线对齐到已有的线上。

④出现一条新的辅助线，移动光标到相应的位置。角度值会在数值控制框中动态显示。

量角器有捕捉角度，可以在用户设置的单位标签中进行设置。当光标位于量角器图标之内时，会按预测的捕捉角度来捕捉辅助线的位置。如果要创建非预设角度的辅助线，只要让光标离远一点就可以了。

⑤再次点击放置辅助线。角度可以通过数值控制框输入（如34.1）。在进行其他操作之前可以持续输入修改。

3）锁定旋转的量角器

按住〈Shift〉键可以将量角器锁定在当前的平面定位上，可以结合参考锁定同时使用。

4）输入精确的角度值

用量角器工具创建辅助线时，旋转的角度会在数值控制框中显示。可以在旋转的过程中或完成旋转操作后输入一个旋转角度。

直接输入十进制数就可以了，输入负值表示往当前鼠标指定方向的反方向旋转。例如，输入34.1表示34.1°的角，可以在旋转的过程中或完成旋转操作后输入旋转角度。

16.4.3 坐标轴工具

坐标轴工具允许在模型中移动绘图坐标轴。使用这个工具可以让你在斜面上方便地建构起矩形物体，也可以更准确地缩放那些不在坐标轴平面的物体。

重新定位坐标轴的方法是：

①激活坐标轴工具，这时光标处会附着一个红/绿/蓝坐标符号，它会在模型中捕捉参考对齐点。

②移动光标到要放置新坐标系的原点，通过参考工具提示来确认是否放置在正确的点上。点击确定。

③移动光标来对齐红轴的新位置，利用参考提示来确认是否正确对齐，点击确定。

④移动光标来对齐绿轴的新位置，利用参考提示来确认是否正确对齐，点击确定。

这样就重新定位好坐标轴了。蓝轴垂直于红/绿轴平面，如图16.59所示。

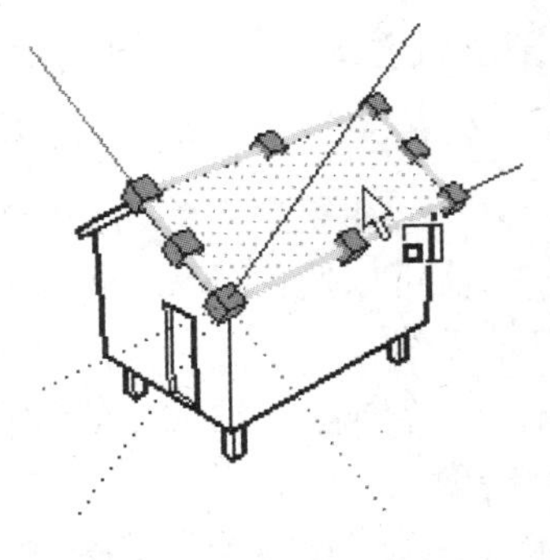

图16.59 重新定位坐标轴

16.4.4 尺寸标注工具

尺寸标注工具可以对模型进行尺寸标注，如图16.60所示。

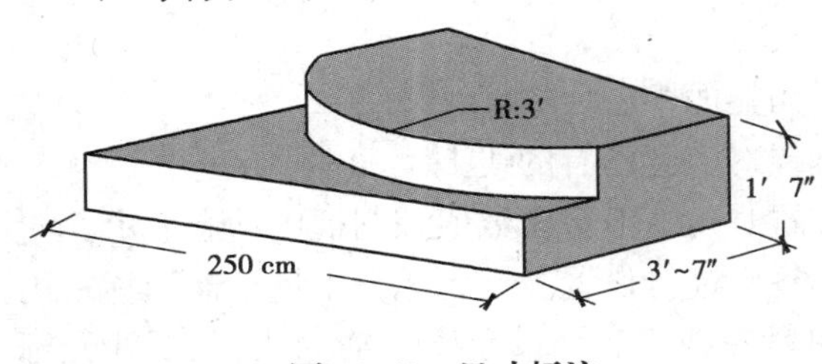

图16.60 尺寸标注

SketchUp中的尺寸标注是基于3D模型的。边线和点都可用于放置标注。适合的标注点包括端点、中点、边线上的点、交点以及圆或圆弧的圆心。

进行标注时，有时可能需要旋转模型以让标注处于需要表达的平面上。

(1)放置线性标注　在模型中放置线性标注的操作步骤：

①激活尺寸标注工具，点击要标注的两个端点。

②移动光标拖出标注。

③点击鼠标确定标注的位置。要对一条边线进行标注，也可以直接点取这条边线。

(2)放置半径标注　在模型中放置半径标注的操作步骤：

①激活尺寸标注工具，点击要标注的圆弧实体。

②移动光标拖出标注，再次点击确定位置。

(3)放置直径标注　在模型中放置直径标注的操作步骤：

①激活尺寸标注工具，点击要标注的圆实体。

②移动光标拖出标注，再次点击确定位置。

(4)直径转为半径，半径转为直径　要让直径标注和半径标注互换，可以在标注上右击鼠标，选择“类型”——半径或直径。

16.4.5 文字工具

文字工具用来插入文字物体到模型中。SketchUp中，主要有两类文字：文本标注和3D文字。

1)**放置文本标注**

①激活文本标注工具，并在实体上(表面、边线、顶点、组件、群组等)点击，指定引线所

指的点。

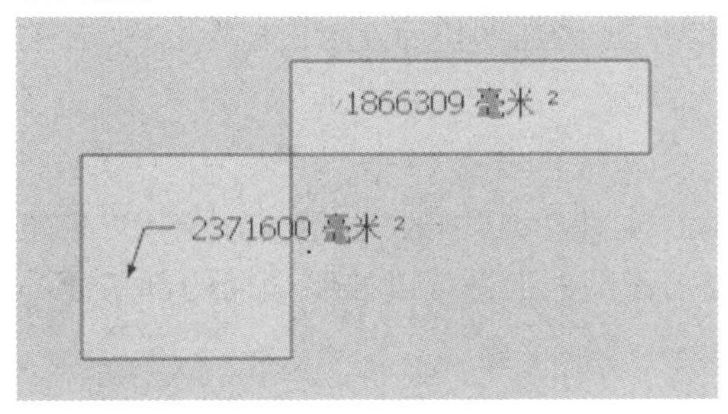

图 16.61 放置文本标注

②点击放置文字。

③在文字输入框中输入注释文字。按两次回车键或点击文字输入框的外侧完成输入。任何时候按 < Esc > 键都可以取消操作。

文字可以不需要引线而直接放置在 SketchUp 的实体上,使用文字工具在需要的点上鼠标双击就可以。引线将被自动隐藏,如图 16.61 所示。

2)放置 3D 文字

在模型中的放置 3D 文字的操作步骤:

①激活 3D 文字工具,并在屏幕的空白处点击。

②会弹出"放置 3D 文字"对话框,在"输入文字"处输入注释文字。

③可以通过"字体""高度""挤压"等参数调整 3D 文字的字体、大小、厚度等,点击"放置",在屏幕中找到要放置 3D 文字的位置,单击确定,如图 16.62 所示。3D 文字在屏幕上的位置是固定的,不受视图改变的影响。

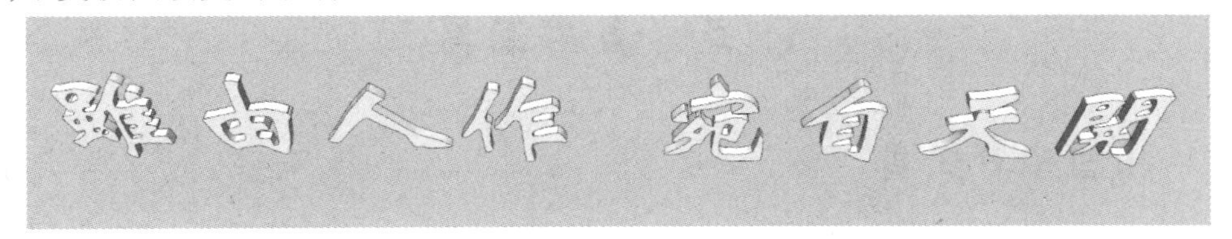

图 16.62 放置 3D 文字

16.4.6 添加剖面工具

此工具用来创造剖切效果。它们在空间的位置以及与组和组件的关系决定了剖切效果的本质。可以给剖切面赋材质,这能控制剖面线的颜色,或者将剖面线创建为组。

1)增加剖切面

①要增加剖切面,可以用工具菜单(工具 > 剖切平面)或者使用工具栏的"增加剖切面"按钮。

②光标处出现一个新的剖切面。移动光标到几何体上,剖切面会对齐到每个表面上。这时可以按住〈Shift〉键来锁定剖面的平面定位。

③在合适的位置点击鼠标左键放置。

2)重新放置剖切面

剖切面可以和其他的 SketchUp 实体一样,用移动工具和旋转工具来操作和重新放置。

(1)翻转剖切方向　在剖切面上点击鼠标右键,在关联菜单中选择"将面翻转",可以翻转剖切的方向。

(2)改变当前激活的剖面　放置一个新的剖切面后,该剖切面会自动激活。可以在视图中放置多个剖切面。但一次只能激活一个剖切面。激活一个剖切面的同时会自动呆化其他剖切面。

有两种激活的方法:用选择工具在剖切面上鼠标双击;或者在剖切面上点击鼠标右键,在关联菜单中选择"激活剖切"。

3)隐藏剖切面

可通过查看菜单(查看 > 工具栏 > 剖面)调出"剖面"工具栏,其中的"显示/隐藏剖切"按钮可以控制全局的剖切面的显示和隐藏,"显示/隐藏剖面"按钮可以控制全局的剖切面的显示和隐藏。

4)使用页面

与渲染显示信息和照相机位置信息一样,激活的剖切面信息可以保存在页面中。当切换页面时,剖切效果会进行动画演示。

5)对齐视图

在剖切面的关联菜单中选择"对齐到视图"命令,可以把模型视图对齐到剖切面的正交视图上。结合等角轴测/透视模式,可以快速生成剖立面或一点剖透视。

16.5 漫游工具

16.5.1 相机位置工具

在设计过程中,可以经常快速地检查一下屋顶的设施、临近建筑的视线,或者推敲一下建筑坐落在哪个位置比较好。

传统的做法是制作工作模型,而在设计初期绘制精确的透视图是不实际的。虽然透视草图有助于方案设计的推敲,但草图毕竟不精确,无法提供良好的视图效果,甚至会因此干扰设计意图。

使用 SketchUp,可以很好地解决这个问题。在设计过程的任何阶段,都可以得到精确的透视图。SketchUp 的放置照相机功能可以帮你:决定从某个精确的视点观察,哪些事物可见;决定从某个精确的视点观察,哪些事物不可见;将视点放置到指定的视点高度上;用较少的时间完成多个透视组合。

使用相机位置工具时,如果只需要大致的人眼视角的视图,可点击工具栏按钮调取相机位置工具,然后在绘图窗口单击确定相机放置位置就可以了。鼠标单击使用的是当前的视点方向,仅仅是把照相机放置在你点取的位置上,并设置照相机高度为通常的视点高度。如果你在平面上放置照相机,默认的视点方向向上,就是一般情况下的北向。

如果要比较精确地定位照相机的位置和视线,可以用鼠标点击并拖曳的方法。先点击确定照相机(人眼)所在的位置,放置好照相机后,会自动激活绕轴旋转工具,让你从该点向四处观察,此时拖动光标到你要观察的点,再松开鼠标即可。也可以再次输入不同的视点高度来进行调整。

注意:SketchUp 右下角的数值控制框显示的是视点高度,可以输入自己需要的高度。

提示:可以先使用测量工具和数值控制框来放置辅助线,这样有助于更精确地放置照相机。

16.5.2 漫游工具

漫游工具可以让你像散步一样地观察你的模型。漫游工具还可以固定视线高度,然后让你在模型中漫步。只有在激活透视模式(相机—透视显示)的情况下,漫游工具才有效。

①激活漫游工具(点击工具栏按钮或相机菜单中激活),在绘图窗口的任意位置按下鼠标左键。注意会放置一个十字符号。这是光标参考点的位置。

②继续按住鼠标不放,向上移动是前进,向下移动是后退,左右移动是左转和右转。距离光标参考点越远,移动速度越快。

移动鼠标的同时按住〈Shift〉键,可以进行垂直或水平移动。

按住〈Ctrl〉键可以移动得更快。"奔跑"功能在大的场景中是很有用的。

激活漫游工具后,也可以利用键盘上的方向键进行操作。

提示:(1)使用广角视野(FOV) 在模型中漫游时通常需要调整视野。要改变视野,可以激活缩放工具,按住〈Shift〉键,再上下拖曳鼠标即可。

(2)环视快捷键 在使用漫游工具的同时,按住鼠标中键可以快速旋转视点。其实就是临时切换到绕轴旋转工具。

16.5.3 绕轴旋转工具

绕轴旋转工具让照相机以自身为固定旋转点,旋转观察模型。就好像你转动脖子四处观看,既可以左右看也可以上下看。环视工具在观察内部空间时特别有用,也可以在放置照相机后用来评估视点的观察效果。

绕轴旋转工具可以点击工具栏按钮或在相机菜单中激活。

首先,激活环视工具。然后在绘图窗口中按住鼠标左键并拖曳。在任何位置按住鼠标都没有关系。

使用环视工具时,可以在数值控制框中输入一个数值,来设置准确的视点距离地面的高度。

通常,鼠标中键可以激活转动工具,但如果是在使用漫游工具的过程中,鼠标中键会激活绕轴旋转工具。

16.5.4 对齐到视图

对齐到视图命令可以精确地将 SketchUp 视图垂直对齐到图中的元素上。

(1)坐标轴 从绘图坐标轴的关联菜单中选择对齐到视图,将把 SketchUp 照相机垂直对齐到所选的坐标轴上。

(2)剖面 从剖面的关联菜单中选择对齐到视图,将把 SketchUp 照相机垂直对齐到所选的剖面上。这可用于产生一点透视的剖透视视图。

(3)表面　从表面的关联菜单中选择对齐到视图,将把 SketchUp 照相机垂直对齐到所选的表面上。这可用于产生斜面的正视图,方便测量。

案例实训

1)**目的要求**

通过实训掌握基本工具的用法。

2)**实训内容**

应用基本工具绘制如图 16.63 所示的树池座椅,并标好尺寸和文字注解。

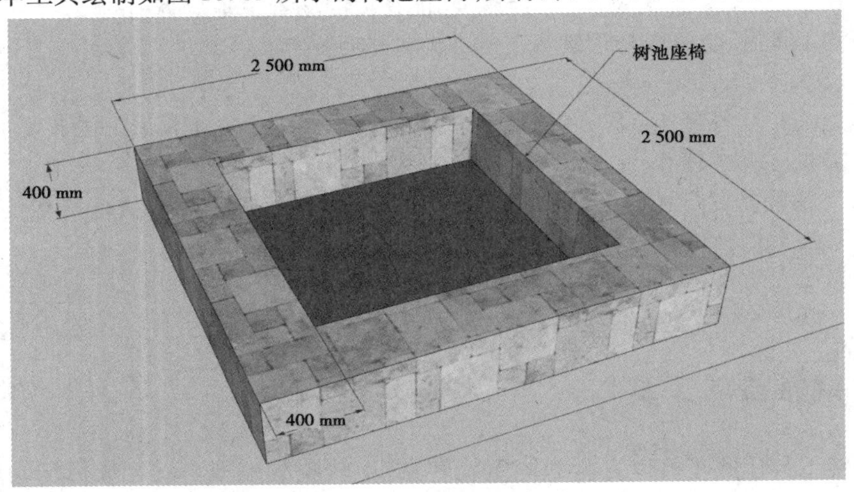

图 16.63　树池座椅

3)**考核标准**

考核项目	分　值	考核标准	得　分
工具的应用	30	掌握各种工具的操作步骤	
熟练程度	20	能在规定时间内完成绘制	
灵活应用	30	能综合运用多种工具绘制,能举一反三	
准确程度	20	绘制完成的图形和尺寸正确	

复习思考题

1. SketchUp 中模型的材质分配方式有哪些?
2. SketchUp 中如何进行尺寸标注?

17 SketchUp高级功能

【知识要求】

- 掌握常规绘图工具的基础上，熟悉一些 SketchUp 高级功能，从而提高绘图水平和工作效率。

【技能要求】

- 掌握坐标轴、智能绘图参考、隐藏、图层等绘图辅助功能的用法；
- 掌握模型交错、自动折叠、等分、内部编辑等绘图方法。

17.1 绘图辅助功能

17.1.1 绘图坐标轴

SketchUp 的绘图坐标轴是 3 条有颜色的线，互相垂直，在绘图窗口中显示。它们对在工作中保持三维空间方向感很有用处。

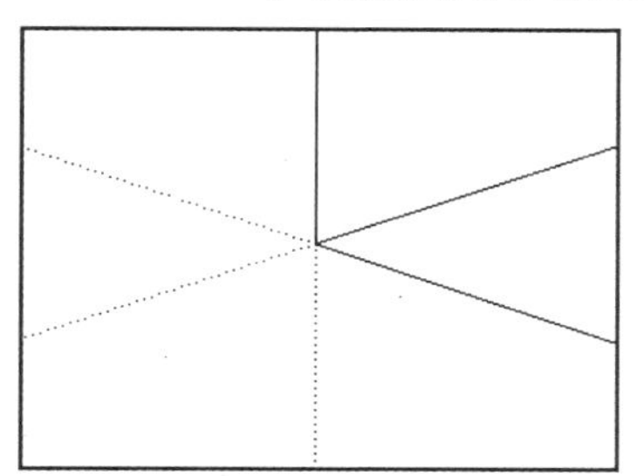

图 17.1 绘图坐标轴

在三维坐标系中，红轴、绿轴和蓝轴分别对应 X、Y、Z 轴。它们以颜色来显示，这样在 SketchUp 中可以直接分辨轴向。此外，轴线的正方向时实线，负方向是虚线。三条轴线的交点称为原点，如图 17.1 所示。

可以通过任意两条轴线来定义一个平面。例如，红/绿轴面相当于“地面”。直接在屏幕上绘图时，SketchUp 会根据你的视角来决定相应的作图平面。

(1)显示和隐藏坐标轴　绘图坐标轴的显示和隐藏可在显示菜单中切换：(显示 > 坐标轴显示)。可以在绘图坐标轴上点击鼠标右键，在关联菜单中选择“隐藏”。

注意：SketchUp 导出图像时，绘图坐标轴会自动隐藏。

(2)重新定位坐标轴　绘图坐标轴的正常位置和朝向,相当于其他三维软件的“世界坐标系”,可以根据需要临时调整坐标轴的位置。步骤如下:

①激活坐标轴工具或者在绘图坐标轴上点击鼠标右键,在关联菜单中选择“放置”。

②在模型中移动光标,会有个红/绿/蓝坐标符号跟随。这个坐标符号可以对齐到模型的参考点上。

③移动到要放置新的坐标原点的位置,可以使用参考捕捉来精确定位,点击确定。

④拖动光标来放置红轴,使用参考捕捉来准确对齐,点击确定。

⑤拖动光标来放置绿轴,使用参考捕捉来准确对齐,点击确定,这样就重新给坐标轴定位了。蓝轴会自动垂直新的红/绿轴面。

(3)重设坐标系　恢复坐标轴的默认位置,在绘图坐标轴上点击鼠标右键,在关联菜单中选择“重置”。

(4)对齐绘图坐标轴到一个表面上　在一个表面上点击鼠标右键,在关联菜单中选择“对齐到轴线”。

(5)对齐视图到绘图坐标轴　可以对齐视图到绘图坐标轴的红/绿轴面上。在斜面上精确作图时这是很有用的。在绘图坐标轴上点击鼠标右键,在关联菜单中选择“对齐到视图”。

(6)相对移动和相对旋转　可以快速准确地相对于绘图坐标轴的当前位置来移动和/或旋转绘图坐标轴。

①在绘图坐标轴上点击鼠标右键,在关联菜单中选择“移动”。

②开启移动坐标轴对话框,如图 17.2 所示,可以输入移动和旋转值。数值单位采用参数设置的单位标签里的设置。

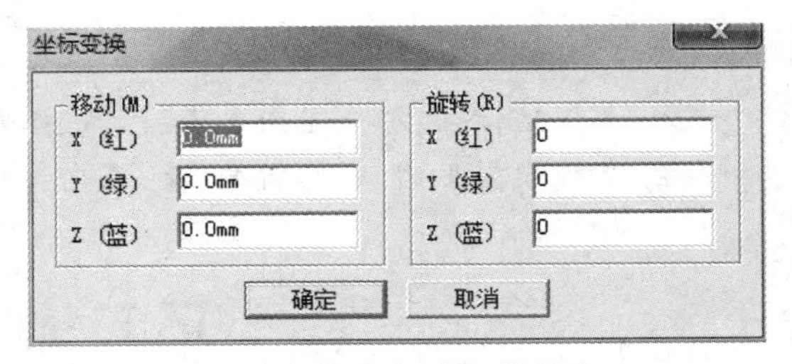

图 17.2　移动坐标轴对话框

17.1.2　智能绘图参考

SketchUp 有一个强大的几何分析引擎,可以在二维屏幕上进行三维空间中的工作。它通过对齐已有的几何体而产生的参考能帮助进行精确的绘制。SKetchUp 总是在绘图的同时推测各种对齐关系,根据鼠标的移动来预测可能需要的对齐参考。

参考提示在识别到特殊的点或几何条件时会自动显示出来。这是 SketchUp 参考引擎的重要功能,可把复杂的综合参考变得简单清楚。

有时候,需要的参考可能不会马上出现,或者 SketchUp 总是选择错误的对齐关系。这时候,可以临时移动光标到需要对齐的几何体上,来引导一个特定的参考提示。出现工具提示后,SketchUp 就会优先采用这个对齐参考。

有 3 种类型的参考:点、线、面。有时,SketchUp 可以结合几种参考形成综合参考,但最基本的就是下面这些:

1)点式参考

模型中某一精确位置的参考点,如图 17.3 所示。

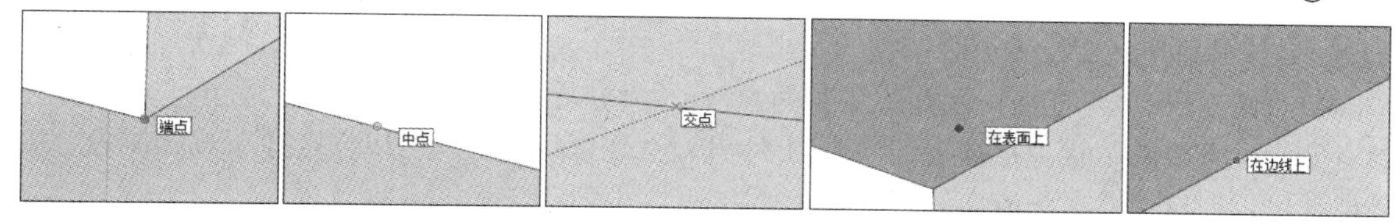

图 17.3 点式参考

(1)端点 绿色参考点,线或圆弧的端点。

(2)中点 青色参考点,线或边线的中点。

(3)交点 黑色参考点,一条线与另一条线或面的交点。

(4)在表面上 蓝色参考点,提示表面上的某一点。

(5)在边线上 红色参考点,提示边线上的某一点。

(6)边线的等分点 紫色参考点,提示将边线等分。

(7)半圆 画圆弧时,如果刚好是半圆,会出现“半圆”参考提示,如图 17.4 所示。

2)线性参考

在空间中延伸的参考线。除了工具提示外,还有一条临时的参考线,如图 17.5 所示。

图 17.4 “半圆”参考提示

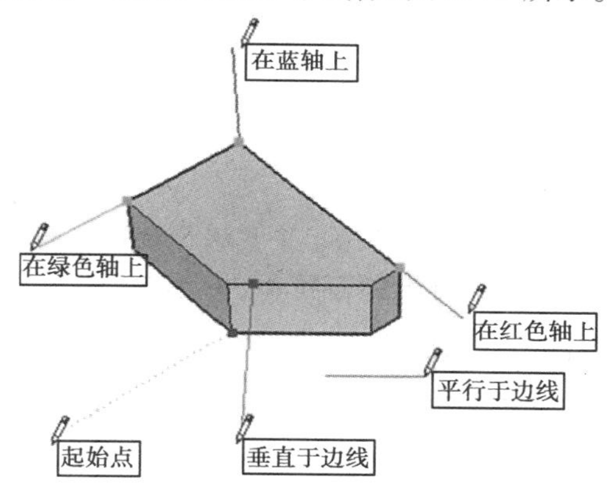

图 17.5 线性参考

(1)在红色/绿色/蓝轴上 表示沿某一条轴线延伸的参考线。

(2)起始点 从一个点上沿着坐标轴的方向延伸的虚线。

(3)垂直于边线 表示垂直于另一条边线的紫色参考线。

(4)平行于边线 表示平行于另一条边线的紫色参考线。

3)平面参考

(1)绘图平面 如果 SketchUp 不能捕捉到几何体上的参考点,它将根据你的视角和绘图坐标轴来确定绘图平面。例如,如果你俯视模型,在空白处创建的几何体将位于地平面上,即红/绿轴面。

(2)在表面上 一个表面上的参考点为蓝色,显示“在表面上”参考提示。这用于锁定参考平面。

4)组件参考

所有的几何体都可以获得组或组件内的几何体上的参考点。组和组件上的参考点都显示为紫色的点。相应的提示会告诉我们捕捉到的是哪一类型的点。

5）参考锁定

有时候，几何体可能会干扰到你需要的参考，这时候就需要用到参考锁定，防止当前的对齐参考受到不必要的干扰。在捕捉到需要的参考后，按住〈Shift〉键就可以锁定这个对齐参考。然后你就可以在这个参考的方向约束下去选择第二个参考点。

如图17.6所示，参考被锁定在左侧斜边的延长线上。按住〈Shift〉键，再捕捉到所示的边线中点，SketchUp就会知道我们要的点是在第一条边线的延长线上并对齐到第二条边线的中点上。

任何参考都可以锁定，如沿着轴线方向、沿着边线方向、在表面上、在点上、平行或垂直于边线，等等。

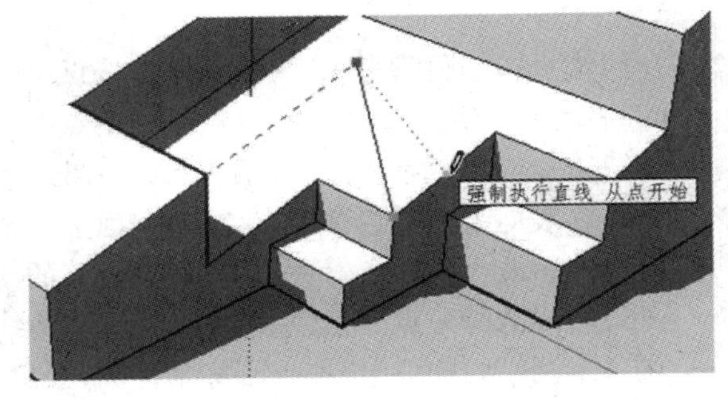

图17.6 参考锁定

6）内部编辑时的参考点

编辑组件时，只能改变组件内的几何体。不过仍然可以捕捉外部几何体上的参考点。

17.1.3 隐藏

要简化当前视图显示，或者想看到物体内部并在其内部工作，有时候可以将一些几何体隐藏起来。隐藏的几何体不可见，但是它仍然在模型中，需要时可以重新显示。

1）显示隐藏的几何体

激活查看菜单下的“虚拟隐藏物体”可以使隐藏的物体部分可见（查看 > 虚拟隐藏物体），如图17.7所示。

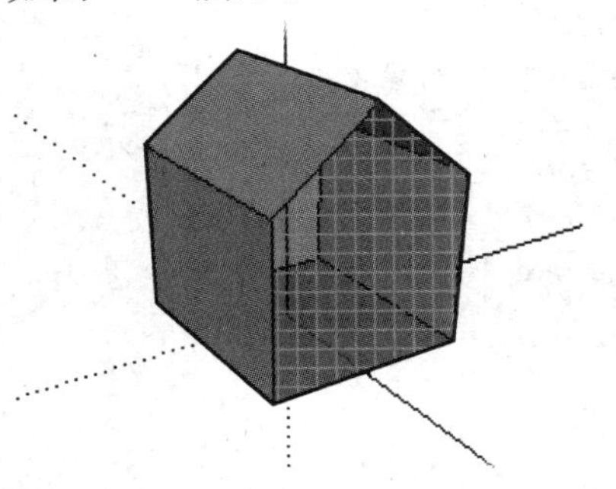

图17.7 虚拟隐藏物体

激活以后，就可以看到、选择和显示隐藏的物体。

2）隐藏和显示实体

SketchUp中的任何实体都可以被隐藏，包括组、组件、辅助物体、坐标轴、图像、剖切面、文字和尺寸标注。SketchUp提供了一系列的方法来控制物体的显示：

（1）编辑菜单　用选择工具选中要隐藏的物体，然后选择编辑菜单中的“隐藏”命令。相关命令还有：显示-选定、显示-上次和显示-全部。

（2）关联菜单　在实体上点击鼠标右键，在弹出的关联菜单中选择显示或隐藏。

（3）删除工具　使用删除工具的同时，按住〈Shift〉键，可以将边线隐藏。

（4）实体信息　在物体上点击鼠标右键，会弹出“实体信息”对话框，其左下角有个隐藏确认框，可通过勾选使物体隐藏。

3)隐藏绘图坐标轴

SketchUp 的绘图坐标轴是绘图辅助物体,不能像几何实体那样选择隐藏。要隐藏坐标轴,可以在查看菜单中取消"坐标轴"的勾选。也可以在坐标轴上右击鼠标,在关联菜单中选择"隐藏"。

4)隐藏剖切面

剖切面的显示和隐藏是全局控制。可以使用剖面工具栏来控制所有剖切面的显示和隐藏。

5)隐藏图层

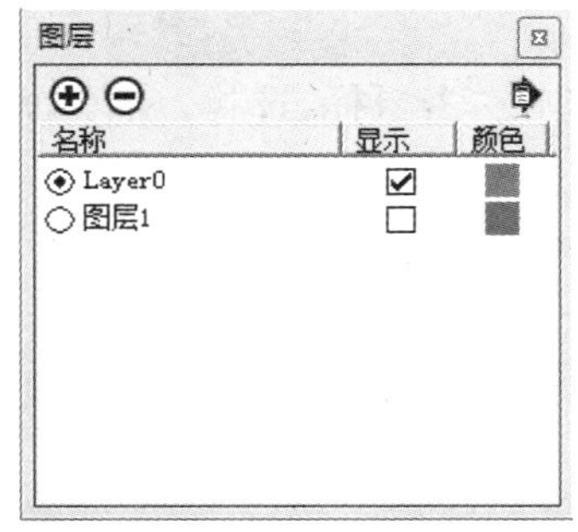

图 17.8 图层管理器

可以同时显示和隐藏一个图层中的所有几何体,这是操作复杂几何体的有效方法。图层的可视控制位于图层管理器中。

①在通过菜单查看 > 工具栏 > 图册调出"图册"工具栏,点击"图层管理"按钮打开图层管理器。

②通过取消勾选相应图层的"显示"项,如图 17.8 所示,该图层中的所有几何体就从绘图窗口中消失了。

6)使用页面

页面可以记录和快速恢复模型中实体的显示和隐藏的设置。

17.1.4 图层

在 2D 软件中,图层好比是重叠数张的描绘着图面组件的透明纸张,而在 SketchUp 这样的 3D 应用程序中基本上没有这样的图层概念,但是有类似图层的几何体管理技术。SketchUp 的图层是指分配给图面组件或对象并给予名称的属性。将对象配置在不同的图层中可以更简单地控制颜色与显示状态。

SketchUp 的图层并没有将几何体分隔开来。所以,在不同的图层里创建几何体,并不意味着这个几何体不会和别的图层中的几何体合并在一起。只有组和组件中的几何体会和外部的几何体完全分开。

由于图层的这种性质,SketchUp 提供了分层级的组和组件来加强几何体的管理。群组、组件,特别是嵌套的群组或组件,比图层能更有效地管理和组织几何体。

(1)默认"图层 0" 每个文件都有一个默认图层,叫做"图层 0"。所有分配在"图层 0"的几何体,在编组或创建组件后,会继承组或组件所在的图层。

(2)新建图层 要新建一个图层,只要点击图层管理器下方的"增加图册"按钮即可。SketchUp 会在列表中新增一个图层,使用默认名称,不过可以修改图层名。

(3)图层重命名 在图层管理器中选择要重命名的图层,然后点击它的名称。输入新的图层名,按<回车>键确定。

(4)设置当前图层 所有的几何体都是在当前图层中创建的。要设置一个图层为当前图层,只要点击图层名前面的确认框即可。也可以使用图层工具栏来实现,在确认没有选中任何物体的情况下,在列表中选择要设置为当前图层的图层名称。

(5)设置图层显示或隐藏　可以通过图层管理器的“显示”栏来设置图层是否可见。图层可见,则显示图层中的几何体;图层不可见,则隐藏图层中的几何体。不能将当前图层设置为不可见。

(6)将几何体从一个图层移动到另一个图层,具体步骤如下:

①选择要改变图册的物体。

②图层工具栏的列表框会以黄色亮显,显示物体所在图层的名称和一个箭头。如果选择了多个图层中的物体,列表框也会亮显,但不显示图层名称。

③点击图层列表框的下拉箭头,在下拉列表中选择目标图层。物体就移到指定的图层中去了,同时指定的图层变为当前图层。

也可以用实体信息的属性对话框来改变其所在的图层。在实体上右击鼠标,选择“实体信息”,然后选择图层。

(7)激活“使用图层颜色”　SketchUp 可以给图层设置一种颜色或材质,以应用于该图层中的所有几何体。当创建一个新图层时,SketchUp 会给它分配一个唯一的颜色。要按图层颜色来观察你的模型,需要在图层管理器中单击“详细信息”按钮,在下拉菜单里勾选“使用图层颜色”选项。

(8)改变图层颜色　点击图层名称后面的色块。会打开材质编辑对话框,可以在这里设置新的图层颜色。

(9)删除图层

①要删除一个图层,在图层列表中选择该图层,然后点击“删除图册”按钮。如果这个图层是空图层,SketchUp 会直接将其删除。如果图层中还有几何体,SketchUp 会提示如何处理图层中的几何体,而不会和图层一起将它删除。

②选择相应的操作,然后点击“确定”按钮确认。

(10)清理未使用的图层　要清理所有未使用的图层(图层中没有任何物体),在图层管理器中单击“详细信息”按钮,在下拉菜单里单击“清理”按钮。SketchUp 会不经提示直接删除所有未使用的图层。

17.2 绘图操作功能

17.2.1 模型交错

在 SketchUp 中,使用模型交错可以很容易地创建出复杂的几何体。在此选项中,可以将两个几何体交错,例如一个盒子和一根管子,然后自动在相交的地方创建边线和新的面。这些面可以被推、拉或者删除,用以创建新的几何体。布尔运算在右键关联菜单或者编辑菜单中激活。

使用模型交错创建复杂的几何体:

①创建两个不同的几何体,例如,一个盒子和一根管子。

②移动管子,使之以任意你希望的方式(图 17.9(a))完全插入盒子中间。注意,在管子与盒子相交的地方没有边线。

③选择管子,右击选中的管子,从右键关联菜单中选择交错 > 模型交错。这就会在盒子与

管子相交的地方产生边线(图17.9(b))。

④删除或者移动不需要的管子的部分(图17.9(c))。注意,SketchUp会在相交的地方创建新的面。

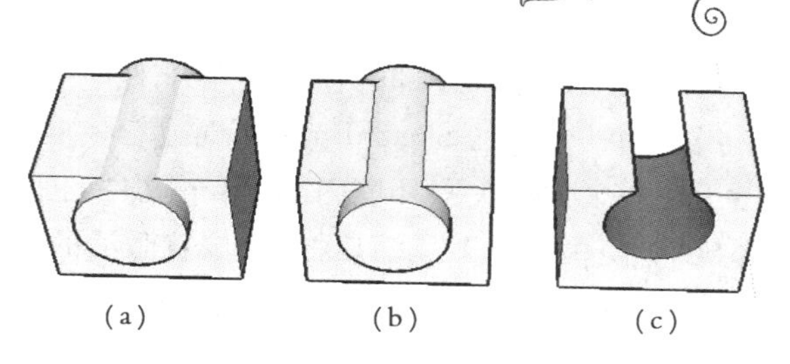

图17.9 模型交错

17.2.2 自动折叠

SketchUp中的表面在任何时候都是一个平面。如果对一个面进行扭曲,SketchUp会自动折叠,将扭曲的面划分成若干个相连的平面表面,如图17.10所示。

自动折叠在大多数情况下是自动执行的。例如,移动长方体的一个角点就会产生自动折叠,如图17.11所示。

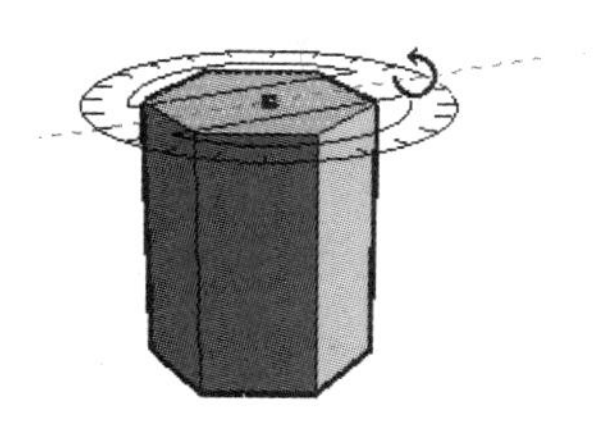
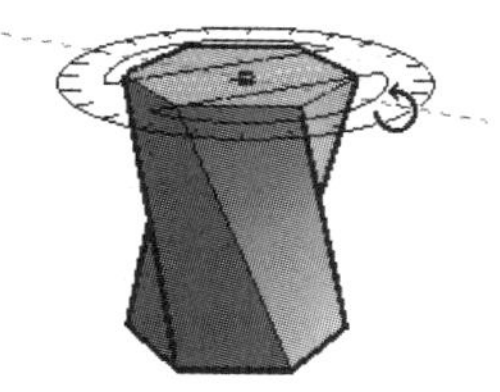

图17.10 面的自动折叠

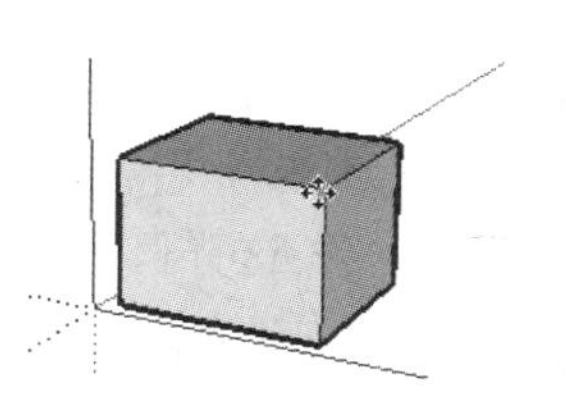
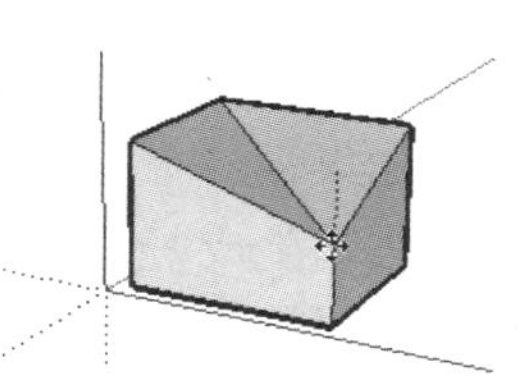

图17.11 移动长方体角点产生自动折叠

但有些时候,那些会导致产生非平面表面的操作会被限制。例如,移动长方体的一条边线,将自动在水平位置移动,而不能垂直移动。可以在移动之前按住〈Alt〉键来屏蔽这个限制。这时,就可以自由移动长方体的边线,SketchUp会对移动过程中被扭曲的表面进行自动折叠,如图17.12所示。

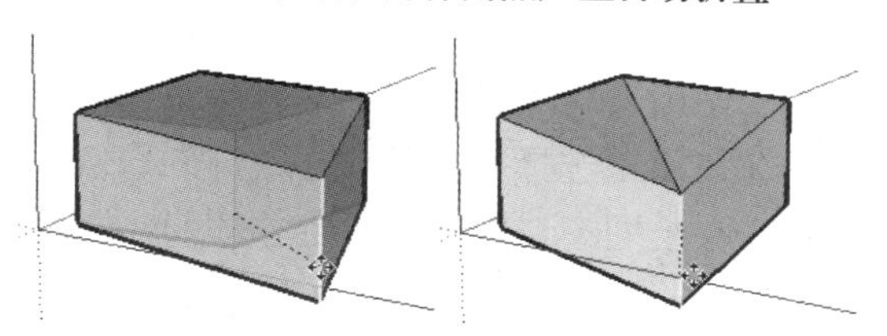

图17.12 按住<Alt>键进行自动折叠

17.2.3 内部编辑

当编辑群组和组件中的几何体时,因为这些几何体是封装在组件内部的,所以和模型的其他部分是分隔开的。你可能会发现经常需要对组件内部的物体进行编辑,不需要将其拆开、编辑,然后重新选择,重新定义。可以进行内部编辑。

内部编辑会进入群组或组件的内部,然后可以像编辑普通的几何体那样进行编辑,但不会影响到外部的几何体元素。

可以这样认为,内部编辑就相当于先编辑一个外部关联文件,然后重新打开当前文件。

1)关联环境

关联环境是SketchUp中最简单的组织实体。一个关联环境就相当于一个独立的领域,可以将内部的几何体同外部的物体分隔开来。

当开始一个新的 SketchUp 模型时，就是在一个关联环境中工作的。创建群组或组件时，就相当于在一个大的关联环境内部(.skp 文件)创建一个新的关联环境。某些命令或操作，例如，全部显示，使用测量工具缩放物体，放置激活的剖切面，都被限制在特定的关联环境中。

关联环境最大的用途就是组织几何体，防止它们不适当地合并在一起，让你能更有效地工作。

2）编辑群组或组件

有 3 种方法：

(1)使用选择工具在群组或组件上双击。

(2)选择群组或组件，再按 <回车> 键。

(3)在群组或组件上右击鼠标，从关联菜单中选择“编辑群组”或“编辑组件”。

3）组件关联

编辑组件实际上就是编辑组件定义，这意味着所有的关联组件都会同步改变。另一方面，群组不存在关联属性，组件可以有自己的绘图坐标轴。

如果在一个有关联组件的组件上右击鼠标，可以在关联菜单中选择“单独处理”。这会在编辑之前生成一个新的组件定义，这样其他的关联组件就不会受到影响了。

编辑组件时，只能改变组件内部的几何体，但仍然可以使用外部物体的参考提示。

4）退出群组或组件的编辑

编辑完成后，可以退回到上一级的关联环境中去：

①使用选择工具点击关联环境外部。

②在使用选择工具的状态下，按 <Esc> 键退出。

③在绘图窗口的空白处右击鼠标，在关联菜单中选择“关闭群组”或“关闭组件”。

5）附着或分离群组或组件的几何体

编辑时，可以通过剪贴板来进行剪切、复制和粘贴操作，这可以在群组或组件之间移动几何体。

6）显示设置

编辑群组或组件时，SketchUp 会把关联环境外部的所有物体都变为灰色，可以在多层级的关联环境中仍然能分清楚要编辑的物体。

有时，这不一定有效，但 SketchUp 允许在用户设置的组件标签中调整显示效果。

17.2.4 页面与动画

页面可以在一个文件中保存多个视图设置。通过绘图窗口上方的页面标签可以快速切换视图显示。可以使用页面标签来预设建筑模型的一些透视角度视图，不同的日照时间、不同的渲染显示模式、不同的图层可视设置等。

对模型中几何体的任何修改都会在所有的页面中显示出来。但可以设置不同的显示选项，就如在新建页面对话框中的列表,这可以使每个页面都是独具特色的。页面命令可以在页面标签上右击鼠标调出。

(1)动画　动画是一个强大的演示工具,可以直接在 SketchUp 中进行精彩演示。在两个页面之间切换时,动画就会从一个页面平滑过渡到另一个页面。动画可以幻灯演示的方式展现三维形体、阴影研究和设计推敲等。

(2)增加页面　通过菜单来新建一个页面:(查看 > 动画 > 添加页面)。

(3)动画播放　这个命令可以开启幻灯演示模式,一个页面接一个页面地播放。激活 SketchUp 的动画功能,选择菜单(查看 > 动画 > 播放)。可以在播放设置对话框中设置播放的参数,包括页面转换时间和幻灯持续时间。

17.2.5　等　分

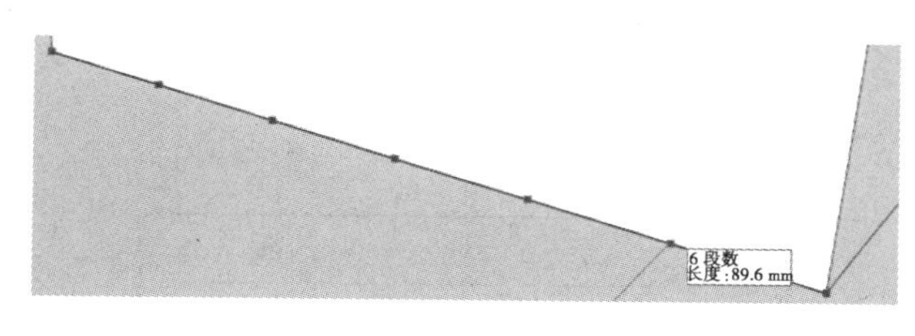

图 17.13　等分线段

等分命令可以快速地将线、圆弧、圆、或多边形等分为若干段长度相等的片段。通常可以从关联菜单中激活等分命令,然后在线上会出现一串红点。在线上前后拖动光标可以动态调节等分的片段数。

如果暂时停下光标,会出现参考提示,告诉你现在的等分片段数和每个片段的长度,如图 17.13 所示。

等分的数目也会显示在数值控制框中,可以在框中直接输入数值,然后按 < 回车 > 键确定。当确定了等分数之后,再次点击鼠标,线段就被分为若干段了。

案例实训

1)目的要求

通过实训掌握 SkctchUp 高级功能,提高绘图水平和工作效率。

技能要求:

(1)掌握坐标轴、智能绘图参考、隐藏、图层等绘图辅助功能的用法;

(2)掌握模型交错、自动折叠、等分、内部编辑等绘图方法。

2)实训内容

绘制如图 17.14 所示雕塑,并打开天空背景和阴影效果。

图 17.14　雕塑

3）考核标准

考核项目	分　值	考核标准	得　分
工具的应用	30	掌握各种工具的操作步骤	
熟练程度	20	能在规定时间内完成绘制	
灵活应用	30	能综合运用多种工具绘制，能举一反三	
准确程度	20	绘制完成的图形和尺寸正确	

复习思考题

1. SketchUp 中的图层有什么作用？
2. SketchUp 中的模型交错和 3ds Max 中的布尔运算有什么异同？

18 SketchUp导出与导入

【知识要求】

- 掌握 SketchUp 导出 3ds、dwg、jpg 等格式图纸的方法及具体设置；
- 掌握 dwg 导入 SketchUp 的方法。

【技能要求】

- 能应用导出功能从 SketchUp 中导出需要的图纸或模型；
- 能把 CAD 文件导入 SketchUp 中加以利用。

利用 SketchUp 的导入导出功能，可以很好地与多种软件进行紧密协作，如 Auto CAD、3ds Max、Photoshop 等。

18.1 导出选项

18.1.1 导出 3DS

3DS 格式最早是基于 DOS 的 3D Studio 建模和渲染动画程序的文件格式。虽然从某种意义上说已经过时了，但 3DS 格式仍然被广泛应用。3DS 格式支持 SketchUp 输出材质、贴图、和照相机，比 CAD 格式更能完美地转换 SketchUp 模型。

1）导出 3DS 文件

（1）导出 3DS 文件的步骤

①使用文件菜单：（文件 > 导出 > 3D 模型）

②打开标准保存文件对话框。确定在导出类型中选择 3D Studio（＊.3ds）。

③可以按当前设置保存文件，也可以点击“选项”按钮进行设置，如图 18.1 所示。

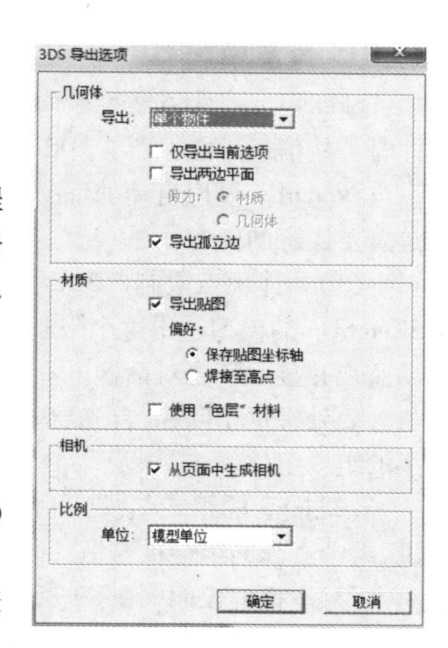

图 18.1　3DS 导出选项

2) 导出选项

(1)导出为单个物体　将整个模型导出为一个已命名的物体。在为大型基地模型创建物体时有用,例如导出一个单一的建筑模型。

(2)按几何体导出　对 SketchUp 模型进行分析,按几何体、组和组件定义来导出各个物体。请注意,输出时只有最高一级的物体会转化为物体。换句话说,任何嵌套的组或组件只能转换为一个物体。而且 3DS 格式也不支持 SktechUp 的图层。

(3)导出材质贴图　导出 3DS 文件时也将 SketchUP 的材质导出。要注意几个限制:3DS 文件的材质文件名限制在 8 个字符以内,不支持长文件名。此外,不支持 SketchUp 对贴图颜色的改变。这个选项只影响贴图。UV 贴图坐标是随着表面导出的,不受贴图影响。

(4)导出双面　SketchUp 使用两种技术来很好地再现几何体的显示:"双面材质"选项能开启 3DS 材质定义中的双面标记。这个选项导出的多边形数量和单面导出的多边形数量一样,但渲染速度会下降,特别是开启阴影和反射效果时。另外,这个选项无法使用 SketchUp 中的表面背面的材质。相反,"双面几何体"选项则是将每个 SketchUp 的面都导出两次:一次导出正面,另一次导出背面。导出的多边形数量增加一倍,同样的渲染速度也会下降,但是导出的模型和 SketchUp 模型最相似:两个面都可以渲染,正反两面可有不同的材质。

(5)导出独立边线　独立边线是大部分 3D 程序所没有的功能,所以无法经由 3DS 格式直接转换。此选项创建非常细长的矩形来模拟边线。不幸的是,这是可能导致无效贴图坐标的妥协方案,而且在别的程序中渲染之前必须重新指定 UV 贴图坐标。此外,导出独立边线还可能使整个 3DS 文件无效。因此,默认情况下是关闭该选项的。如果要导出边线,可以使用 VRML。

(6)使用"图层颜色"材质　3DS 格式不能直接支持图层。这个选项以 SketchUp 的图层分配为基准来分配 3DS 材质。可以按图层对模型进行分组。

(7)根据视图生成照相机　为当前视图创建照相机,也给每个 SketchUp 页面创建照相机。

(8)单位　指定导出模型使用的测量单位。默认设置是"模型单位",即 SketchUp 的参数设置中指定的当前单位。

3)3DS 格式的问题和限制

SketchUp 专为方案推敲而设计,它的一些特性不同于其他的 3D 建模程序。在导出 3DS 文件时一些信息不能保留。3DS 格式本身也有一些局限性。

SketchUp 可以自动处理一些限制性问题,并提供一系列导出选项也适应不同的需要。以下是需要注意的内容:

(1)物体顶点限制　3DS 格式的一个物体被限制为 64 000 个顶点和 64 000 个面。如果 SKetchUp 的模型超出这个限制,导出的 3DS 文件可能无法在别的程序中导入。SKetchUp 会自动监视并显示警告对话框。

要处理这个问题,首先要确定选中"按几何体导出"选项。然后试着把你的模型分解成较小的组或组件。

(2)嵌套的组或组件　目前,SketchUp 不能导出组合组件的层级到 3DS 文件中。换句话说,组中嵌套的组会被打散并附属于最高层级的组。

(3)双面的表面　在一些 3D 程序中,多边形的表面法线方向是很重要的,因为默认情况下只有表面的正面可见。这好像违反了直觉,真实世界的物体并不是这样的,但这样能提高渲染效率。

SketchUp 中，一个表面的两个面都可见，所以不必担心面的朝向。例如，在 SketchUp 中创建了一个带默认材质的立方体，立方体的外表面为棕色而内表面为蓝色。如果内外表面都赋予相同材质，那么表面的方向就不重要了。

但是，导出的模型如果没有统一法线，那在别的应用程序中就可以出现“丢失”表面的现象。并不是真的丢失了，而是面的朝向不对。

解决这个问题的一个方法是用翻转表面命令对表面进行手工复位向，或者用同一相邻表面命令将所有相邻表面的法线方向同一，这样可以修正多个表面法线的问题。

3DS 导出选项对话框中的“导出双面”的设置，包括“材质”和“几何体”，也可以修正这个问题。这是一种强力有效的方法，如果没时间手工修改表面法线时，用这个命令非常方便。

(4)复数的 UV 顶点　SketchUp 会自动处理一般在 3DS 几何体无法封装的所有材质贴图，3DS 文件中每个顶点只能使用一个 UV 贴图坐标，所以共享相同顶点的两个面上无法具有不同的贴图。为了打破这个限制，SketchUp 通过分割几何体，让在同一平面上的多边形的组各自拥有各自的顶点，如此虽然可以保持材料贴图，但由于顶点重复，也可能会造成无法正确进行一些 3D 模型操作，如平滑或布尔运算。

幸运的是当前的大部分 3D 应用程序都可以保持正确贴图，结合重复的顶点，在由 SketchUp 导出的 3DS 文件中进行此操作，不论是在贴图、模型都能得到理想的结果。

注意：若表面的正反两面都赋予材质，背面的 UV 贴图将被忽略。

(5)独立边线　一些 3D 程序使用的是“顶点-面”模型，不能识别 SketchUp 的独立边线定义。3DS 文件也是如此。要导出边线，SketchUp 会导出细长的矩形来代替这些独立边线，但可能导致无效的 3DS 文件。如果可能，不要把独立边线导出到 3DS 文件中。

(6)贴图名称　3DS 文件使用的贴图文件名格式有基于 DOS 系统的 8.3 字符限制。不支持长文件名和一些特殊字符。

SketchUp 在导出时会试着创建 DOS 标准的文件名。例如，一个命名为“corrugated metal. jpg”的文件在 3DS 文件中被描述为“corrug ~ 1. jpg”。别的使用相同的头 6 个字符的文件被描述为“corrug ~ 2. jpg”，并以此类推。

但如果要在别的 3D 程序中使用贴图，就必须重新指定贴图文件或修改贴图文件的名称。

(7)贴图路径　保存 SketchUp 文件时，使用的材质会封装到文件中。这样，当把文件 Email 给他人时，不需要担心找不到材质贴图的问题。但是，3DS 文件只是提供了贴图文件的链接，没有保存贴图的实际路径和信息。这一局限很容易破坏贴图的分配。最容易的解决办法就是在导入模型的 3D 程序中添加 SketchUp 的贴图文件目录，这样就能解决贴图文件找不到的问题。

如果贴图文件不是保存在本地文件夹中，就不能使用。另一方面，别人将 SketchUP 文件 Email 给你，该文件封装了自定义的贴图材质，这些材质无法导出到 3DS 文件中。这就需要另外再把贴图文件传送过来，或者把 .SKP 文件中贴图导出为图像文件。

(8)可见性　只有当前可见的物体才能导出到 3DS 文件中去。隐藏的物体或处于隐藏图层中的物体是不会被导出的。

(9)图层　3DS 格式不支持图层，所有 SketchUp 图层在导出时都将丢失。如果要保留图层，最好导出为 DWG 格式。另外，可以勾选使用“图层颜色”材质，这样在别的应用程序中就可以基于 SketchUp 图层来选择和管理几何体。

(10)单位　SketchUp 导出 3DS 文件时可以在选项中指定单位,这是有影响的。例如,在 SketchUp 中边长 1 m 的立方体在设置单位为“米”时,导出到 3DS 文件中,边长为 1。如果将导出单位设成厘米,则该立方体的导出边长为 100。

3DS 格式通过比例因子来记录单位信息,这样别的程序读取 3DS 文件时都可以自动转换为真实尺寸。例如上面的立方体虽然边长一个为 1,一个为 100,但导入程序后却是一样大小。

不幸的是,有些程序忽略了单位缩放信息,这样,边长 100 cm 的立方体在导入后是边长 1 m 的立方体的 100 倍。碰到这种情况,只能在导出时就把单位设成其他程序导入时需要的单位。

18.1.2　导出 dwg

SketchUp 能导出 3D 几何体为几种 AutoCAD 格式: R13、R14、CAD2000、CAD2004 等。SketchUp 使用工业标准的 OpenDWG Alliance 文件导入/导出模型库来保证和 AutoCAD 的最佳兼容性。

1)导出 CAD 文件的步骤

①使用文件菜单:(文件 > 导出 > 3D 模型)。

②开启一个标准的保存文件对话框,在导出类型下拉列表中选择适当的格式。

③可以按当前设置保存,也可以点击“选项”按钮进入 DWG/DXF 导出选项对话框,如图 18.2 所示。

图 18.2　AutoCAD 导出选项

2)导出选项

SketchUp 可以导出面、线(线框)或辅助线。所有 SketchUp 的表面都将导出为三角形的多义网格面。

导出 AutoCAD 文件时,SketchUp 使用当前的文件单位。例如,SketchUp 的当前单位设置是十进制/米,则 SketchUp 以此为单位导出 DWG 文件,在 AutoCAD 程序中也必须将单位设置为十进制/米才能正确转换模型。注意: 导出时,复数的线实体不会被创建为 P-line 多义线实体。

18.1.3　导出 jpg

SketchUp 允许导出二维光栅图像,格式:JPG, BMP, TGA, TIF, PNG 和 Epix。

1)导出 jpg 的步骤

①在绘图窗口中设置好需要导出的模型视图,包括显示模式、边线渲染模式、阴影和视图方位等。

②设置好视图后,从文件菜单中选择命令:菜单项: (文件 > 导出 > 2D 图像)。

③开启标准保存文件对话框。在导出类型下拉列表中选择适当的格式。可以按当前设置保存,也可以点击“选项”按钮进入导出选项对话框,如图 18.3 所示。

2)图像导出选项

(1)图像大小　导出图像大小取决于图像尺寸、像素。

(2)使用视图尺寸　导出的图像的尺寸大小等于当前视图窗口的大小,一样的像素比。取消该项,则可以自定义图像尺寸。

(3)宽度/高度　以像素为单位控制图像的尺寸。指定的尺寸越大,导出时间越长,消耗内存越多,生成的图像文件也越大。最好只按需要导出相应大小的图像文件。

(4)绘图表现:平滑(抗锯齿)　开启后,SketchUp 会对导出图像做平滑处理。需要更多的导出时间,但可以减少图像中的线条锯齿。

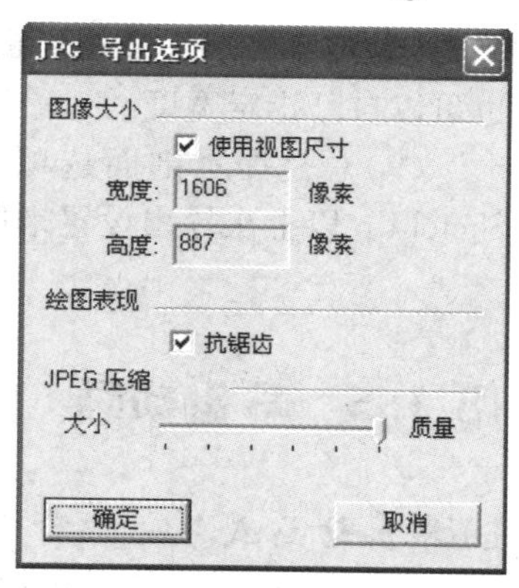

图 18.3　JPG 导出选项

18.1.4　导出二维剖切

SketchUp 能以 DWG/DXF 格式来将剖面切片导出为二维矢量图。

1)导出步骤

从文件菜单中选择命令:(文件 > 导出 > 二维剖切),开启“导出二维剖切”对话框。在文件类型下拉列表中选择适当的格式。可以按当前设置保存,也可以点击“选项”按钮进入导出 2D 剖面选项对话框,如图 18.4 所示。

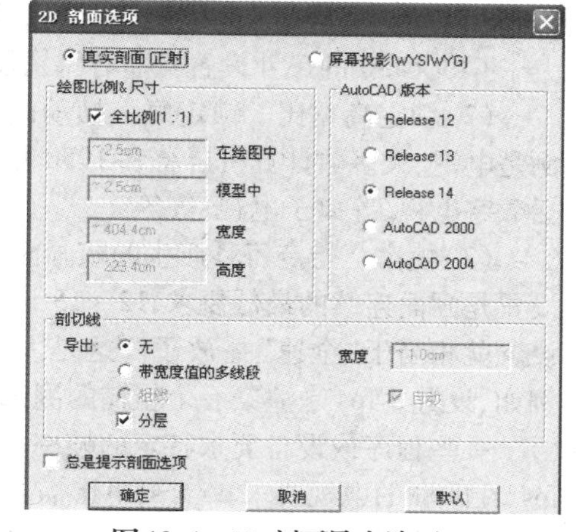

图 18.4　2D 剖面导出选项

2)剖面导出选项

(1)真实剖面(正投影)　导出剖面切片的正交视图,可以创建施工图模版或者别的精确可测的切片。

(2)屏幕投影(所见即所得)　将屏幕上看到的剖面视图导出,包括透视角度,可以得到剖透视等不需要测量的图形。

(3)全比例(1:1)　以 1:1的比例将剖面切片导出到 CAD 中。

(4)缩放比例　指定图形的缩放比例,使之符合建筑惯例。“输出尺寸”和“真实尺寸”的比例就是输出时的缩放比例。

例如,输出尺寸/真实尺寸 = 1 厘米/1 米,那就相当于输出 1:100 的图形。

注意:开启透视模式时不能定义缩放比例,即使在轴测模式下,也必须是表面的法线垂直视图时才行。

(5)指定剖切线宽度　给剖面切片的线条指定一个输出宽度。

(6)带线宽值的多线段　将线导出为多义线实体。

(7)粗线　将线导出为粗实线实体。只在 AutoCAD 2000 以上版本中有效。

(8)自动宽度　分析你指定的输出尺寸,并匹配轮廓线的宽度,让它和屏幕上显示的相似。也可以自己指定宽度。

(9)总是提示剖面选项　每次导出剖面切片时都打开选项对话框。如果关闭该项,则 SketchUp 以上次导出设置来保存文件。

18.1.5　导出动画

1)导出动画文件

①使用文件菜单:(文件 > 导出 > 动画.);

②开启标准保存文件对话框;

③可以按当前设置保存,也可以点击"选项"按钮进入导出选项对话框,如图 18.5 所示。

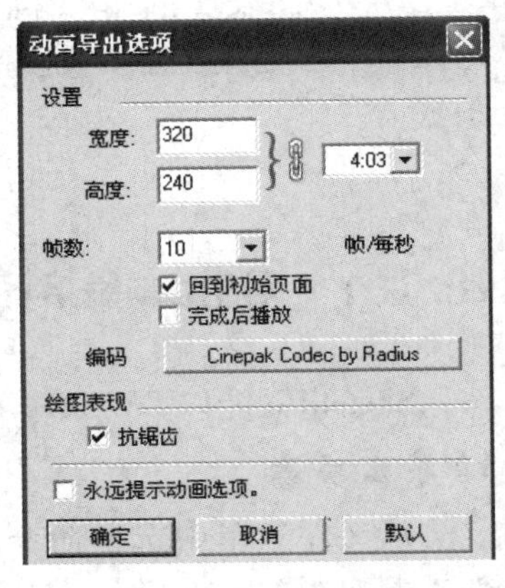

图 18.5　动画导出选项

2)导出选项

(1)宽度/高度　控制每帧画面的尺寸,以像素为单位。一般设置为 320×240,可以在 CD 播放机上放映,也可转为录像带。640×480 是"全屏幕"的帧画面尺寸,也能提供较高的压缩率。大于 640×480 的尺寸设置除非有特别需要,不然不建议采用。

(2)锁定高宽比　锁定每一帧动画图像的高宽比。4:3的比例是电视、大多数计算机屏幕和 1950 年之前的电影的标准。16:9的比例是宽银幕显示标准,包括数字电视、等离子电视,等等。

(3)帧率　指定每秒产生的帧画面数。帧率和渲染时间以及视频文件大小成正比。8~10 设置是画面连续的最低要求,12~15 设置既可以控制文件的大小也可以保证流畅播放,24~30 设置就相当于"全速"播放了。这是大致的分界线,但完全可以根据自己的需要来设置帧率。例如,设置 3 fps 来渲染一个粗糙的测试动画。

一些程序或设备要求特定的帧率。例如,在美国和其他一些国家的电视要求帧率为 29.97 fps,在欧洲的电视要求 25 fps,电影需要 24 fps,等等。

(4)循环至开始页面　产生额外的动画从最后一个页面倒退到第一个页面。可以用于创建无限循环的动画。

(5)平滑(抗锯齿)　开启后,SketchUp 会对导出图像做平滑处理。需要更多的导出时间,但可以减少图像中的线条锯齿。

(6)编码器　指定编码器或压缩插件,也可以调整动画质量设置。

(7)导出完成后播放　一创建好视频文件,马上用默认的播放机来播放该文件。

(8)始终提示动画导出选项　在创建视频文件之前总是先显示这个选项对话框。

18.2　导入 Dwg

作为真正的方案推敲工具,SketchUp 必须支持方案设计的全过程。粗略抽象的概念研究是重要的,但精确的图纸、文档和协同工作也同样重要。因此,SketchUp 一开始就支持工业标准的 AutoCAD 的 DWG/DXF 文件的导入和导出。@ Last Software 公司也是 OpenDWG Alliance 的成员之一,这让 SketchUp 能提供最可靠的 DWG 文件转换。

1)导入 CAD 文件

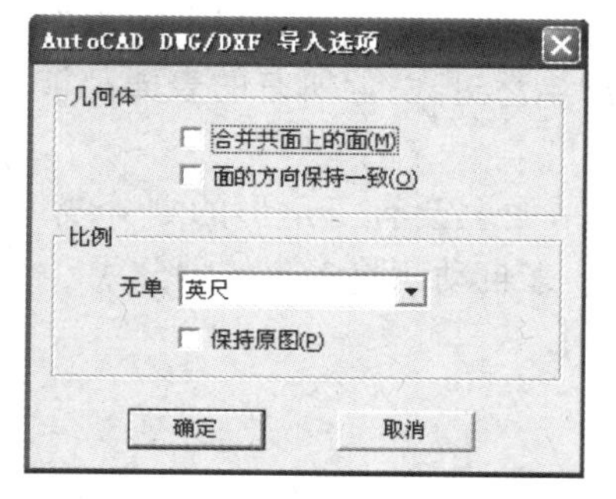

图 18.6 CAD 导入选项

首先,使用文件菜单:(文件 > 导入 > DWG/DXF),开启打开文件对话框,选择要导入的文件。根据导入文件的天生属性,你需要制定一个导入的单位,或者让 SketchUp 对导入的实体进行处理。点击“选项”按钮进行设置,如图 18.6 所示。点击“确定”以后,开始导入文件。大的文件可以需要几分钟的时间,因为 SketchUp 的几何体与大部分 CAD 软件中的几何体有很大的区别,转换需要大量的运算。导入完成后,SketchUp 会显示一个导入实体的报告。如果导入之前,SketchUp 中已经有了别的实体,所有导入的几何体会合并为一个组,以免干扰(粘住)已有的几何体。导入空白文件中不会创建组。导入完成后,可以需要点击全屏缩放按钮来显示。

2)支持的实体

支持的 CAD 实体包括:线、圆弧、圆、多义线、面、有厚度的实体、三维面、嵌套的图块,还能支持 CAD 图层。目前,SketchUp 还不能支持 AutoCAD 实心体、区域、Splines、锥形宽度的多义线、XREFS、填充图案、尺寸标注、文字和 ADT/ARX 物体。这些在导入时将被忽略。如果想导入这些未被支持的实体,可能要在 CAD 中先将其拆开。有些物体还需要拆开多次才能在导出时转换为 SketchUp 几何体。

3)文件大小

尽量使导入的文件简化。导入一个大的 CAD 文件需要很长的时间,因为每个图形实体都必须进行分析。而且,一旦导入,复杂的 CAD 文件也会拖慢 SketchUp 的系统性能,因为 SketchUp 中智能化的线和表面需要比 CAD 更多的系统资源。要记住 SketchUp 不是一个 CAD 系统,不是专为绘制线条图而设计的。因此,在导入之前,最好先清理 CAD 文件,保证只导入需要的几何体。

一个策略是使用不同的细节等级。例如,导入的 3 个 CAD 文件,一个是地形图,一个是建筑平面图,一个是建筑详图。将 3 个文件分别导入为不同的组,参考一个组时,可以先将另外两个还没马上用到的组隐藏起来。

4)导入选项

有些文件可以包含非标准的单位、共面的表面,或者朝向不一的表面。可以强制 SketchUp 在导入时进行自动分析,纠正这些问题。

5)导入单位

在 SketchUp 中,以真实尺寸来建立模型,可以指定尺寸单位。

一些 CAD 文件格式,例如 DXF,以统一单位来保存数据。这意味着导入时必须指定导入文件使用的单位以保证进行正确的缩放。如果知道 CAD 文件使用的单位就可以准确指定,不然就只能猜了。注意最好猜比较大的单位(警告:SketchUp 只能识别 0.001 平方单位以上的表面)。

如果导入的模型有 0.01 单位长度的边线,将不能导入,因为 0.01 ×0.01 = 0.000 1 平方单位。例如,如果 DWG/DXF 中的建筑的边长为 35 个单位(英尺),如果在导入时指定单位为毫米,则导入的模型边长只有 35 毫米。模型比例缩小会使一些过小的表面在 SketchUp 中被忽略,剩余的表面也可能发生变形。如果指定单位为米,导入的模型虽然过大,但所有的表面都被正确导入了。可以缩放模型到正确的尺寸。

合并同一平面上的面:导入 DWG/DXF 文件时,会发现一些平面上会有三角形的划分线。手工删除这些多余的线是很麻烦的。可以使用该选项让 SketchUp 来自动删除多余的划分线。

统一表面方向:分析导入表面的朝向,并统一表面的法线方向。

案例实训

1)目的要求

通过实训掌握不同格式图纸相互切换的方法。

2)实训内容

(1)将实训练习中绘制的物体调整视图后导出 jpg 格式的效果图。

(2)将 CAD 文件进行整理后导入 SketchUp 中,作为建模的参考(注意单位的设置)。

3)考核标准

考核项目	分 值	考核标准	得 分
工具的应用	30	掌握各种工具的操作步骤	
熟练程度	20	能在规定时间内完成绘制	
灵活应用	30	能综合运用多种工具绘制,能举一反三	
准确程度	20	图形完成和尺寸正确	

复习思考题

1. SketchUp 中怎样实现图形的导出?
2. SketchUp 中如何导入 dwg?

19 建模实例——美国贝克公园

【知识要求】

- 掌握 SketchUp 建模的基本流程。

【技能要求】

- 能把 CAD 文件导入 SketchUp 中加以利用。
- 能独立完成基本模型的绘制。
- 能将 SketchUp 模型场景批量导出图纸。

19.1 在 CAD 中绘制平面图

通常在设计任务之初设计师会勾画一些草图来表示最初的设计理念,然后经过深化修改之后得到一个具体而又合理的设计方案,在此阶段平面图仍然可以是手绘为主。

当手绘的方案得到认可之后要做的就是在 CAD 中绘制精确的平面图,如图 19.1 所示,然后将平面图导入 SU 建模。

绘制用于 SU 建模的 CAD 图形需要注意以下几点:

①合理的划分图层,便于管理模型,提高工作效率。比如,模型中放置了多种植物组件,而在建模中组件总是晃来晃去影响操作。可以把这些不同的植物组件放在一个图层上,只需点一下鼠标就可以将它们全部隐藏了。

②模型中要出现的组件,最好在 CAD 里先做成块,便于定位和调整大小。

③该闭合的线条一定要闭合,方便在 SU 中封面。

④执行清理命令(PURGE)让模型更加简洁。

注意:DWG 图形导入 SU 之后填充图案不会被识别,SU 不会显示填充的图案。如果想让 SU 显示填充图案就要在 CAD 中将填充拆开,然后再导入 SU。

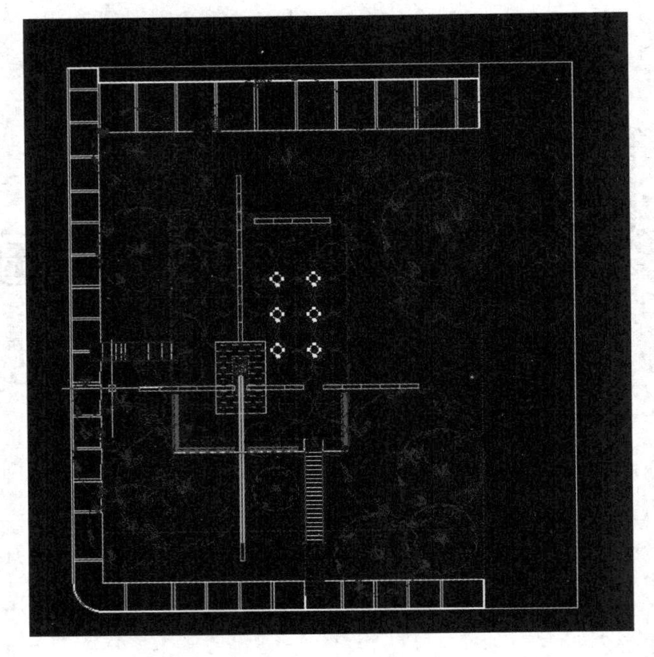

图 19.1　CAD 平面图

19.2　将平面图导入 SU

①导入图形后立即保存,如图 19.2 所示。

图 19.2　CAD 导入 SketchUp

②检查导入的线条是否有丢失或者其他问题,及时修正。

③运用线段工具封面，使所有面闭合，如图 19.3 所示。

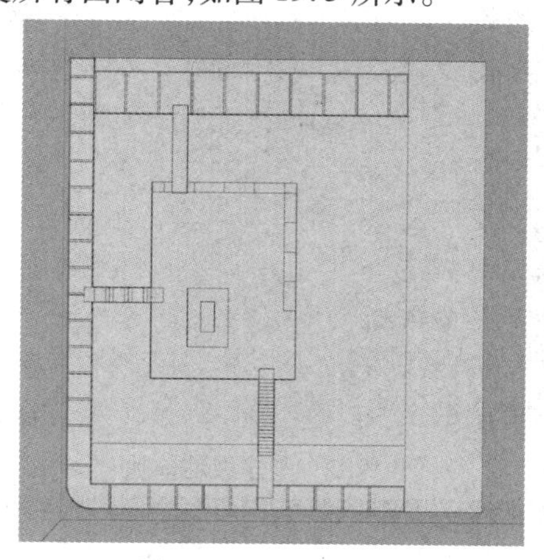

图 19.3 封面完成后

④如果发现在已闭合的面的边线仍然显示为粗线，用线段工具重新画一次。

⑤封面完成后记得保存模型。

19.3 建造场地

针对本案例，建模步骤如下：

(1)利用拉伸工具将铺装边线拉起一个高度 高度要比坡地最高点高出一些，以便模型交错后删除多余的线条，如图 19.4 所示。

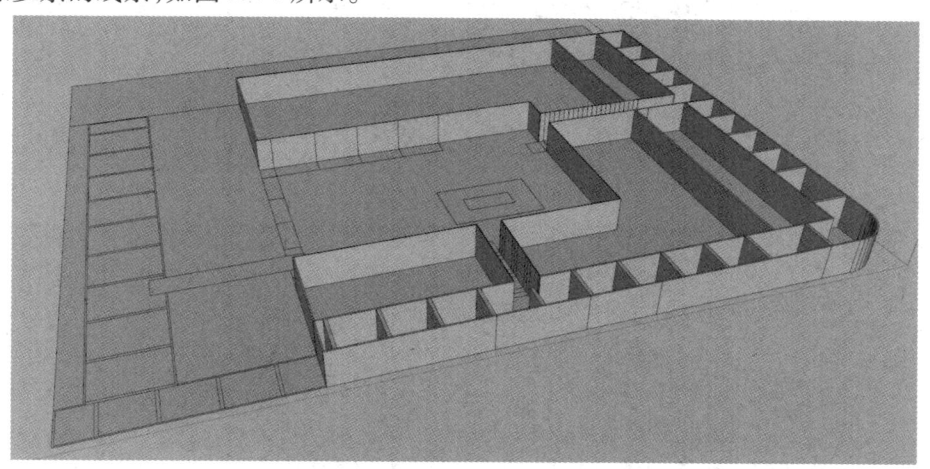

图 19.4 拉伸后

(2)利用模型交错创建坡地

①在场地模型的旁边参照竖向图纸创建一个坡地体块，如图 19.5 所示。

②移动坡地体块与场地模型对准之后进行模型交错，如图 19.6 所示。

③删除辅助坡地体块，删除多余线面，如图 19.7 所示。

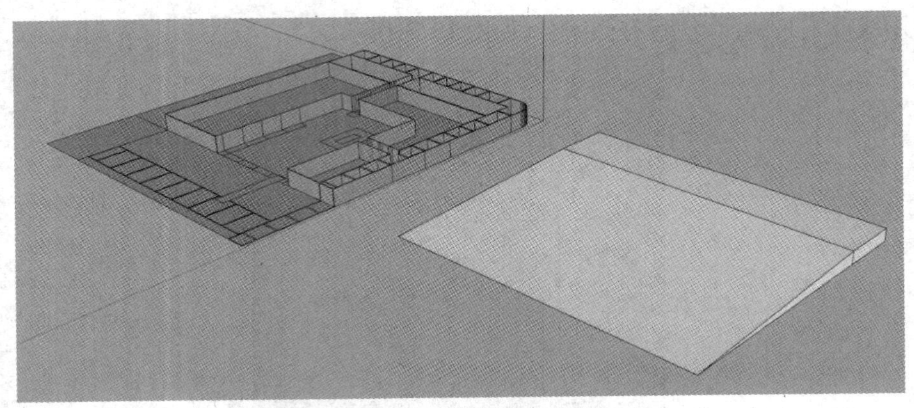

图 19.5 创建坡地体块

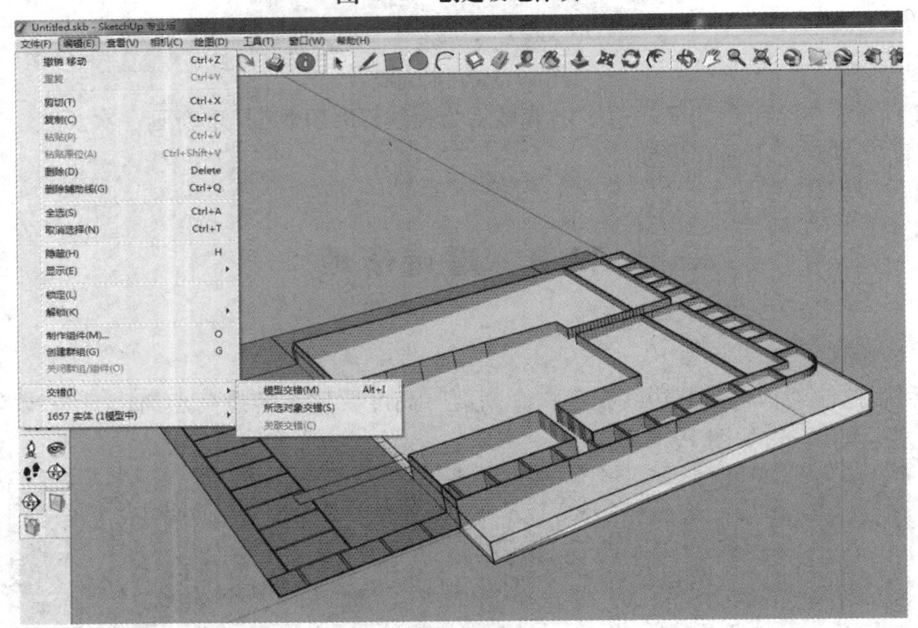

图 19.6 模型交错

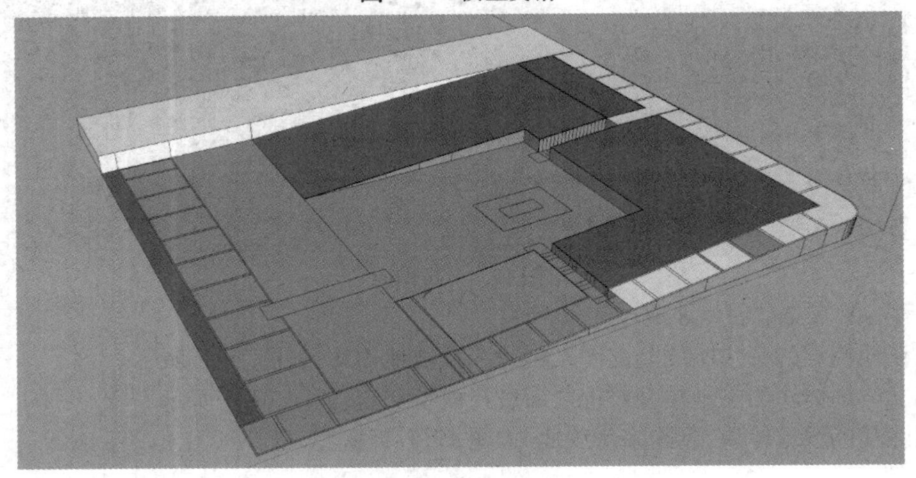

图 19.7 创建坡地

(3)创建台阶　如图 19.8 所示。

图 19.8　创建台阶

(4)创建跌水池　如图 19.9 所示。

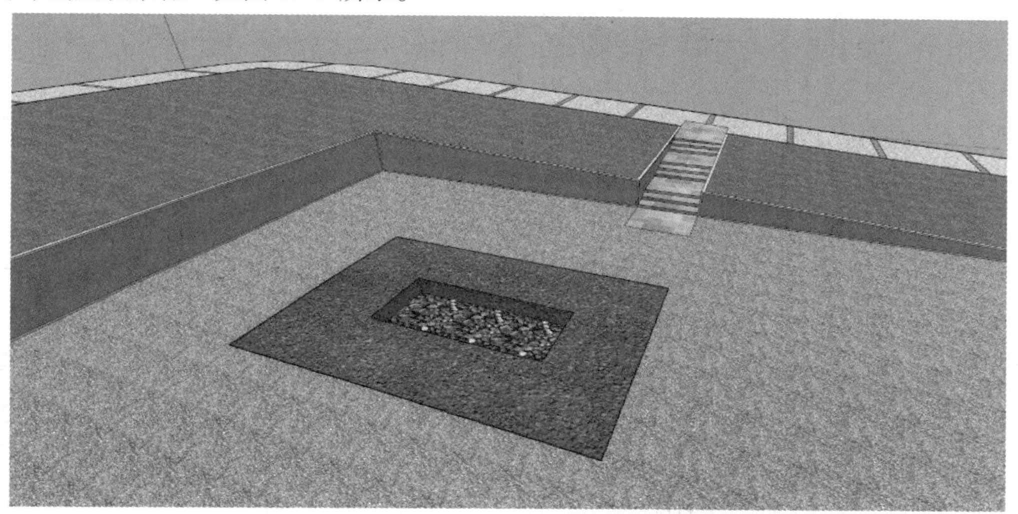

图 19.9　创建跌水池

(5)创建混凝土景墙

①创建一个长 2 000 mm、宽 450 mm、高 600 mm 的长方体,并创建群组。

②进入长方体组内赋予材质,一块"墙砖"就做好了。

③按照 CAD 中的位置将刚才的"墙砖"复制、阵列,按照预想的高度把墙"砌"起来,如图 19.10 所示。

④用文字工具写出文字,放置在墙上并调整大小,如图 19.11 所示。

(6)放置桌椅　从组件库中找出一组桌椅放置在 CAD 创建的桌椅组件中,如图 19.12 所示。

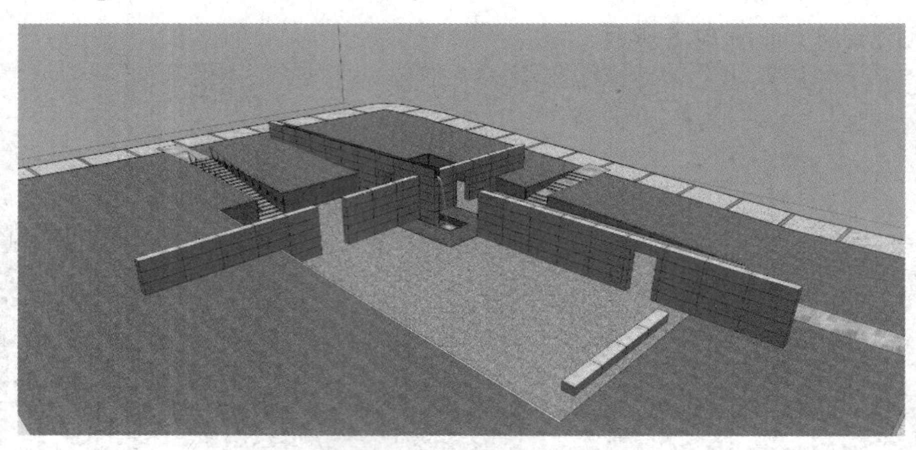

图 19.10　创建混凝土景墙

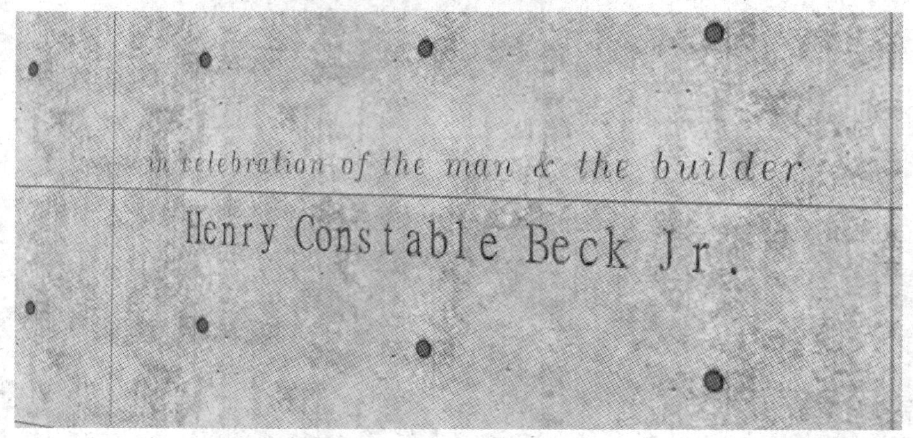

图 19.11　在墙上放置文字

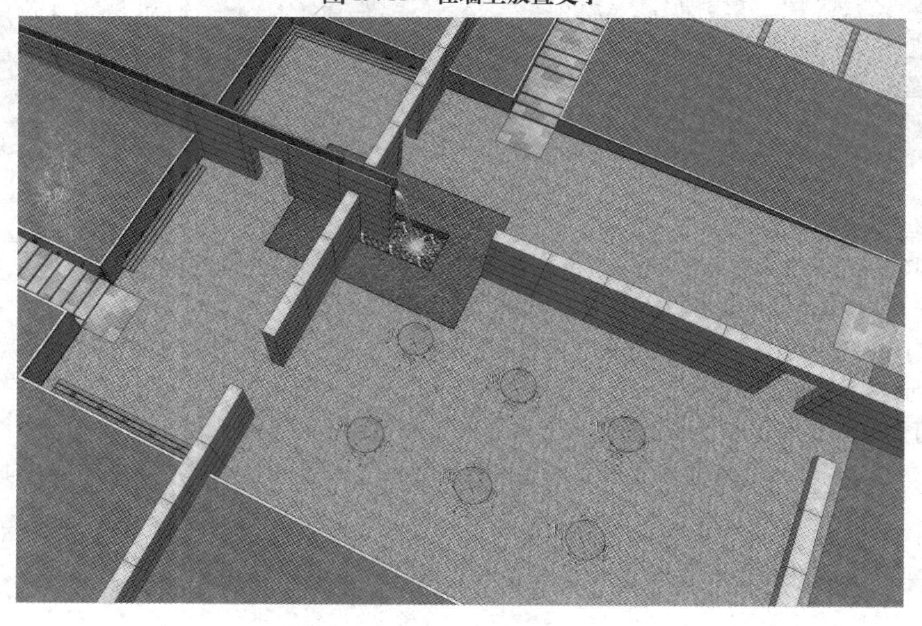

图 19.12　制作桌椅

(7)放置树木　将合适的树木组件拖入模型中,移动树木组件到合适位置,并调整大小和高矮,如图 19.13 所示。

图 19.13　放置树木

19.4　整理模型并出图

(1)检查、整理模型,完善细节。

(2)设定页面准备出图。

局部节点展示如图 19.14、图 19.15、图 19.16、图 19.17 所示。

图 19.14　节点一

注意:在出图时,使用漫游工具,便于视角选取,使图片更加真实。

图 19.15　节点二

图 19.16　节点三

图 19.17 节点四

案例实训

1)目的要求

掌握 SketchUp 建模的基本流程。

2)实训内容

将光盘中的“游园平面图 . dwg”(图 19.18)导入 SU 中,参考图 19.19 的彩平和图 19.20 的鸟瞰效果在 SU 中建好模型,并导出 1 张鸟瞰图和 3 张局部效果图。

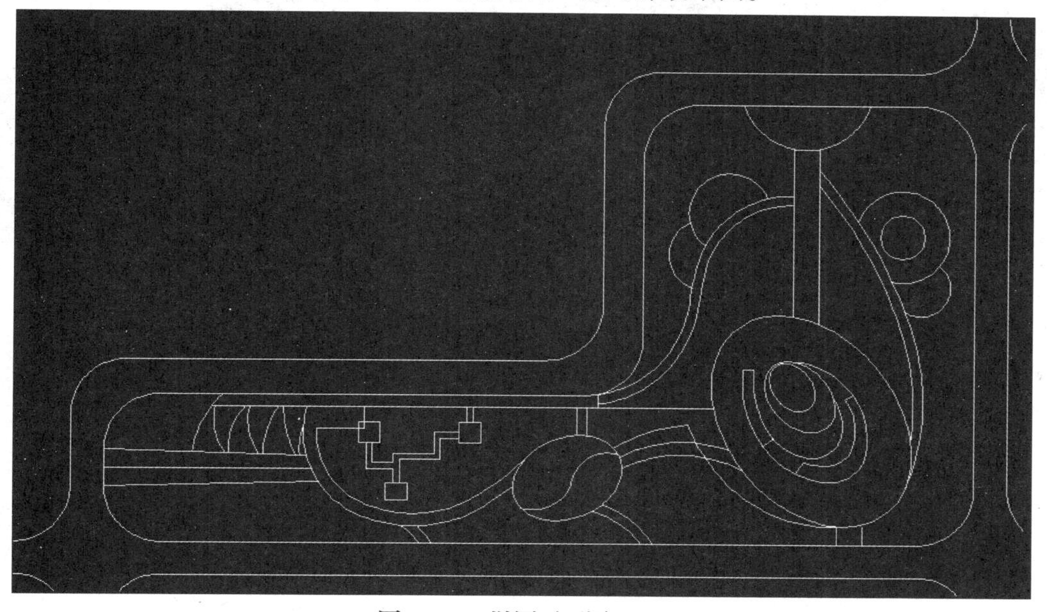

图 19.18 游园平面图 . dwg

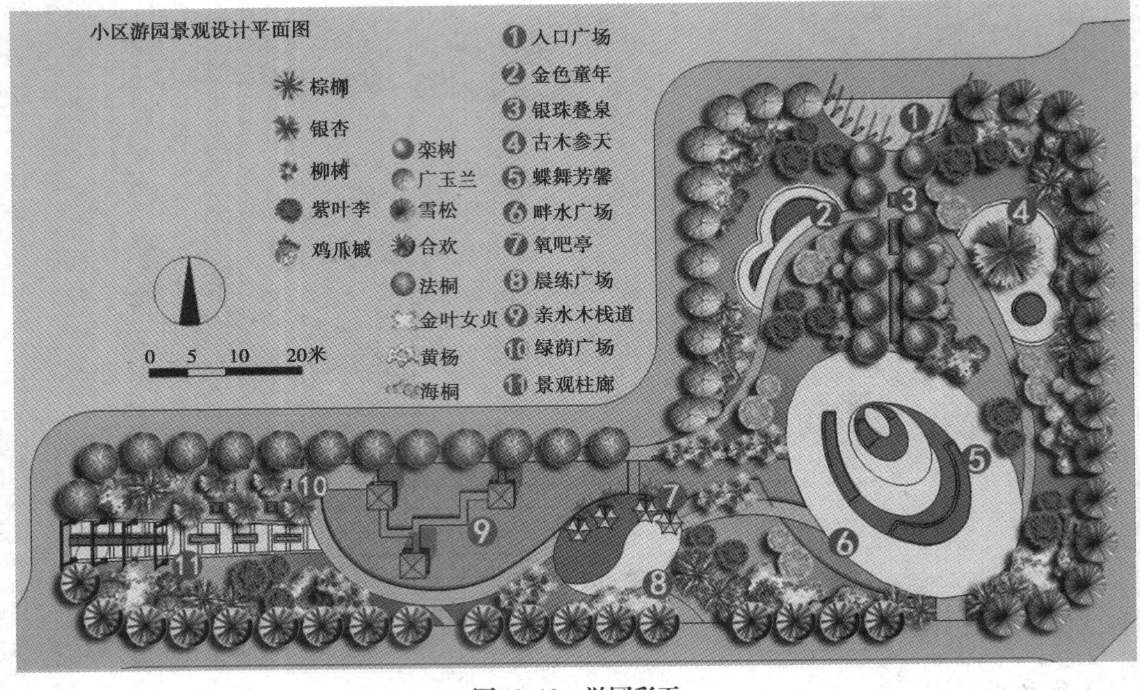

图 19.19 游园彩平

图 19.20 游园鸟瞰图

3) 考核标准

考核项目	分值	考核标准	得分
工具的应用	30	掌握各种工具的操作步骤	
熟练程度	20	能在规定时间内完成绘制	
灵活应用	30	能综合运用多种工具绘制,能举一反三	
图纸效果	20	完成的图纸内容完整、效果良好	

参考文献

[1] 王子崇. 园林计算机辅助设计[M]. 北京:中国农业大学出版社,2007.
[2] 周峰,王征. 3ds Max 9 中文版基础与实践教程[M]. 北京:电子工业出版社 ,2008.
[3] 袁阳,马永强. 3ds Max 9 中文版标准教程[M]. 北京:中国青年出版社 ,2008.
[4] 朱仁成. 中文版 3ds Max9 室内外效果图精彩实例创作通[M]. 西安:西安电子科技大学出版社 ,2009.
[5] 常会宁. 园林计算机辅助设计[M]. 北京:高等教育出版社 ,2010.
[6] 黄心渊 园林计算机辅助设计[M]. 北京:电子工业出版社 ,2008.
[7] 张伦,沈大林. 中文 Photoshop CS5 案例教程[M]. 北京:电子工业出版社 ,2014.
[8] 徐峰. Photoshop 辅助园林制图[M]. 北京:化学工业出版社 ,2014.
[9] 高志清. 效果图后期处理培训手册[M]. 北京:中国水利水电出版社 ,2006.
[10] 邢黎峰. 园林计算机辅助设计教程(第 2 版)[M]. 北京:机械工业出版社 ,2007.
[11] 刘亚利,郑庆荣. Photoshop CS3 中文版图像处理与平面设计[M]. 北京:电子工业出版社 ,2014.
[12] 杨学成. 计算机辅助园林设计[M]. 重庆:重庆大学出版社 ,2012.
[13] 高成广. 风景园林计算机辅助设计[M]. 北京:化学工业出版社 ,2010.
[14] 卢圣. 计算机辅助园林设计(第三版) [M]. 北京:气象出版社 ,2014.
[15] 韩振兴等. SketchUp 与景观设计[M]. 武汉:华中科技大学出版社,2010.
[16] 胡海辉. 园林计算机辅助设计[M]. 北京:化学工业出版社 ,2012.
[17] 韩高峰. 中文版 SketchUp8. 0 入门与提高[M]. 北京:人民邮电出版社,2013.
[18] 云海科技. SketchUp 设计新手快速入门[M]. 北京:化学工业出版社,2014.